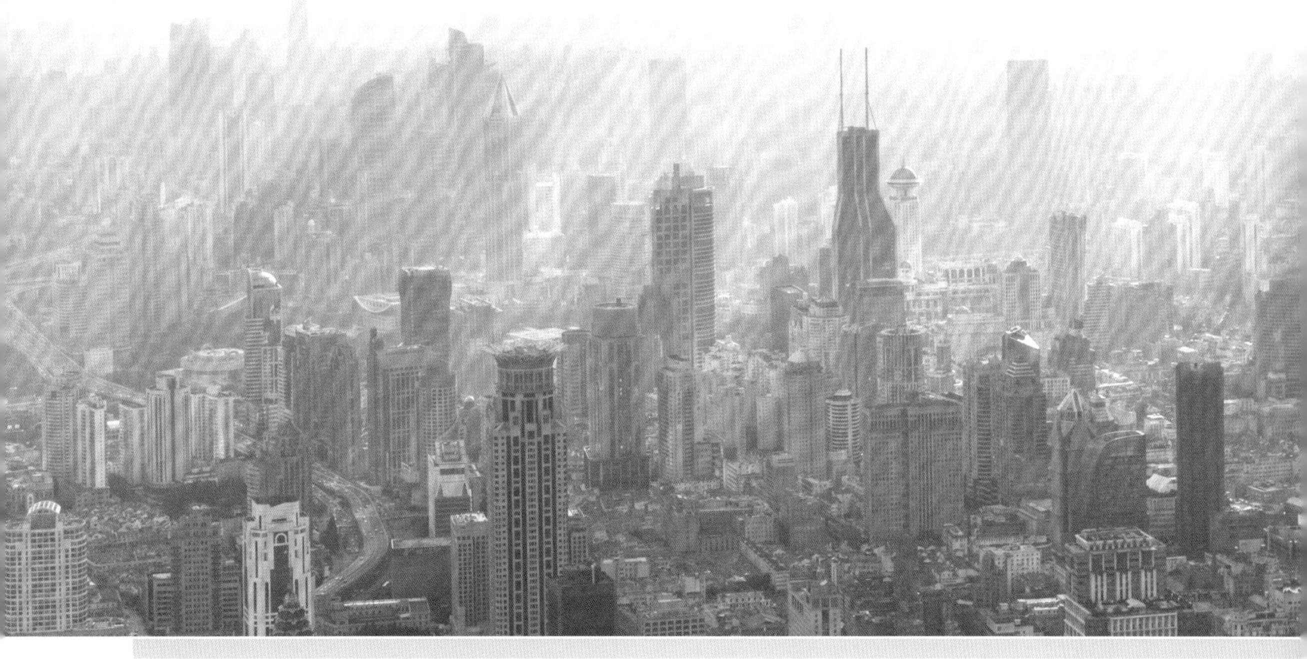

URBAN AIR POLLUTION FORECAST

城市空气污染预报

主　编：王式功
副主编：辛金元　周春红　张　莹

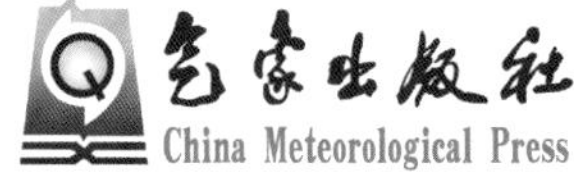

内 容 简 介

本书面向城市空气质量预报业务和污染防控需求，就开展空气污染预报的理论、知识和方法进行了系统的阐述。全书共分8章，首先介绍了我国城市空气污染物来源及其时空变化特征、各种经典和新研发污染气象参数计算方法及其对空气质量变化的影响；然后基于作者团队30多年来将天气动力学理论和方法应用于研究城市空气污染预报问题的成果积累及国内外相关研究进展，重点推介复杂地形区域的污染天气分型、静稳型和沙尘型污染的差异以及冬季干西南涡对四川盆地形成重污染的"锅盖效应"；接着论述了冷锋和沙尘天气过境对途经之地所产生的大气环境效应及其影响机理；最后对大气环境容量、空气污染统计预报和污染数值预报三方面做了系统介绍，指出了各自在空气污染预报和防控中的作用、优势和不足。

本书可供大气科学与环境科学专业领域的科研、教学和业务人员参考，也可作为高等院校相关专业本科生、研究生的教学参考书。

图书在版编目(CIP)数据

城市空气污染预报/王式功主编. --北京：气象出版社，2021. 3

ISBN 978-7-5029-7104-5

Ⅰ. ①城… Ⅱ. ①王… Ⅲ. ①城市空气污染-预报 Ⅳ. ①X51

中国版本图书馆CIP数据核字(2020)第035431号

审图号：GS(2020)2348号

城市空气污染预报

CHENGSHI KONGQI WURAN YUBAO

出版发行：气象出版社

地　　址：北京市海淀区中关村南大街46号　**邮政编码**：100081

电　　话：010-68407112(总编室)　010-68408042(发行部)

网　　址：http://www.qxcbs.com　**E-mail**：qxcbs@cma.gov.cn

责任编辑：吴晓鹏　黄红丽　**终　　审**：张　斌

特邀编辑：倪东鸿　张福颖　**责任技编**：赵相宁

责任校对：张硕杰

封面设计：博雅锦

印　　刷：北京地大彩印有限公司

开　　本：787 mm×1092 mm　1/16　**印　　张**：18.5

字　　数：470千字

版　　次：2021年3月第1版　**印　　次**：2021年3月第1次印刷

定　　价：180.00元

前　言

自 20 世纪中叶以来，空气污染事件在世界各地时有发生，备受关注。近 30 年来，随着经济快速发展，我国城市化进程的加快，城市人口和机动车保有量迅猛增长，能源消耗大幅增加，过量污染物排放所导致的以城市或城市群为中心的区域大气复合污染日趋凸显，已成为影响我国国际形象、制约我国经济可持续发展、危害民众健康的重大环境问题。

虽然城市空气污染起因于当地污染物的过量排放，但污染物浓度的变化却受控于当地大气环境容量及其变化，而大气环境容量又是随气象条件而变的。不同季节不同天气条件下，其环境容量可相差几倍乃至十几倍。因此，从制约大气环境容量的污染气象条件预报入手，开展城市空气污染预报，据此管控当地污染源合理排放，便成为我国目前有效遏制城市（群）重污染天气发生，优化城市环境效益和经济效益，不断提高全民环保意识，保障居民健康的最现实和有效的途径之一。基于此，1997 年初国务院环境保护委员会审议通过了由中国环境监测总站提出的《关于在部分城市开展空气污染预报工作的建议》的报告；进入新世纪初，我国开始在省会等重点城市开展空气污染预报工作；2013 年国务院颁布《大气污染防治行动计划》（简称《大气十条》）以来，城市空气质量预报已成为常态化的业务工作，并逐渐从省会城市拓展到地州市级城市。

本书的研究成果积累历时 30 余年，始于 20 世纪 80 年代对我国第一个发现光化学烟雾污染、第一个出现大气复合污染的城市——兰州市大气环境问题的研究，当时本人有幸参与了陈长和教授主持的国家自然科学基金重点项目“复杂地形上大气边界层和大气扩散的试验和数值模拟研究”（48770254，1988—1991），成为一个难忘的开端。20 世纪 90 年代，得到兰州市科委、甘肃省环保局等部门多项相关科研项目的支持；进入新世纪后，获得国家自然科学基金面上项目“兰州地区日间稳定边界层形成机制研究”（49875004）、“沙尘天气对兰州地区空气质量影响的观测分析与数值模拟研究”（40675077）资助；特别是国家《大气十条》发布之后，又得到了国家重点研发计划课题“东部大气环境关键问题长期观测研究”（2016YFC0202001）、国家自然科学基金“优秀青年科学基金项目”（41222033）、国家自然科学基金面上项目“四川盆地多层逆温形成机制及其环境影响研究”（41775147，2018—2021）、国家重点研发计划“全球变化及应对”重点专项（2016YFA0602004）、“四川盆地大气污染多尺度气象条件协同关键技术”（2018SZDZX0023）等的支持。

本书的出版得到了2017年度国家出版基金、国家自然科学基金重大研究计划重点支持项目“冬春季四川盆地西南涡活动对大气复合污染影响与机制研究”(91644226)、国家重点研发计划课题“东部大气环境关键问题长期观测研究”(2016YFC0202001)和科技部大气污染专项项目(2019YFC0214601)的共同资助,特表感谢!

本书在编撰过程中,中国气象科学研究院徐祥德院士给予了思路方面的指导;兰州大学大气科学学院的尚可政教授、王金艳副教授,成都信息工程大学大气科学学院的张小玲教授、倪长健教授、向卫国副教授,中国科学院大气物理研究所的王跃思研究员、胡波研究员、孙扬正研级高工、宋涛副研究员、刘广仁高工、温天雪高工、王迎红高工都曾给予重要的帮助与合作。在此谨向他们表达真诚的感谢。

鉴于科学认知和编著水平所限,书中难免有疏漏或不妥之处,敬请读者指正。

王式功

2019年5月

目录

第1章
绪论

随着世界经济的快速发展和国家工业化、城镇化的深入推进，能源资源消耗持续增加，人口、资源、环境与发展的矛盾日趋凸显，由此带来严重的环境污染和地球生态危机，时常威胁到经济的增长、社会的和谐和人类的生存，已经在全球范围内广泛受到各国政府的高度重视和人民群众的密切关注。2011 年 9 月 26 日，世界卫生组织（World Health Organization，以下简称WHO）在日内瓦发布的《应对全球清洁空气挑战》报告（世界卫生组织，2011）中称，根据对全球 91 个国家和地区 1100 座城市的空气质量报告进行的分析结果，全球不少城市空气质量堪忧，与先前在 2004 年估计的城市室外空气污染共造成的 115 万人死亡相比，2008 年共有 134 万人出现过早死亡，而如果空气质量普遍达到 WHO 推荐的标准，估计可避免 109 万人死亡。城市空气污染目前已成为全球十大环境问题之一，是继气候变暖、臭氧层破坏、生物多样性减少、酸雨蔓延、森林锐减、土地荒漠化之后的第七大环境问题。

近年来我国各级政府一直致力于节能减排工作，由于我国仍是耗能大国，能源消耗仍然有增无减。国家环保部于 2017 年发布的《全国环境统计公报（2015 年）》显示，全国废气中二氧化硫（SO_2）年排放量高达 1859.1 万 t，氮氧化物（NO_x）排放量为 1851.9 万 t，烟（粉）尘排放量为 1538.0 万 t，与 2014 年相比虽有微弱下降，但排放总量仍居高不下，因此，大气污染位列我国“十大环境问题”之首。具体表现在近年来冬季我国各地阶段性出现重度空气污染，如：2015 年 11 月 30 日，北京市遭遇严重污染天气，当日 12 时北京市气象台升级发布霾橙色预警信号；2017 年 12 月 31 日，上海遭遇入冬后的第二次空气重度污染；2018 年 1 月 18 日，广州遭遇当年首次重度污染。

目前，我国大气污染防治压力仍然很大。道路机动车、工业源的超标排放，油气溶剂挥发污染和城市无序排放源的持续增长，导致城市群区域大气污染物的类型和浓度的时空变化因叠加了前期煤烟型污染而变得更加复杂。特别是近年来时常发生的雾-霾天气，仍是我国区域性大气环境问题的强信号。以可吸入颗粒物（PM_{10}）、细颗粒物（$PM_{2.5}$）为特征污染物的区域性大气环境问题仍时有发生，既危害人民群众身体健康，又对国家经济发展产生制约。

2012 年，党的十八大首次将生态文明建议纳入中国特色社会主义事业“五位一体”总体布局之中。2017 年习近平总书记在党的十九大报告中也深刻指出，要加快生态文明体制改革，坚持全民共治、源头防治，持续实施大气污染防治行动，着力解决我国环境问题。自党的十八大以来，为保护和改善环境，促进社会节能减排，推进生态文明建设，国家和各级政府实施了一系列举措。2013 年 9 月，国务院印发了《大气污染防治行动计划》（简称《大气十条》），提出了防治大气污染的总体要求，明确了全国空气质量改善的短期和长期目标以及具体指标。2016 年根据《大气十条》相关要求，中国工程院组织 50 余位相关领域院士和专家，对《大气十条》实

施情况进行中期评估，认为各级执行和保障措施得力，空气质量改善取得了阶段性的成效（图1.1），但“蓝天保卫战”仍在“攻坚”阶段，环境空气质量面临形势依然严峻，冬季重污染问题突出，个别省份的 PM_{10} 年均浓度有所上升，今后要加大力度释放能源结构调整的污染削减潜力，并构建精准化治霾体系，提升重污染天气应对能力，保障空气质量长效改善。

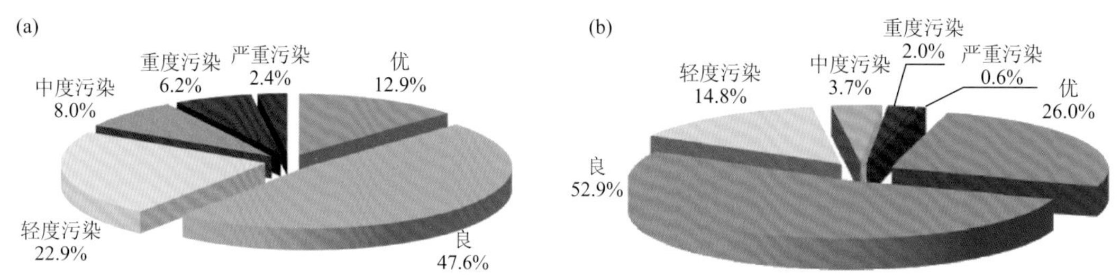

图1.1　2013年(a)、2016年(b)全国338个城市环境空气质量级别的比例

（引自中华人民共和国环境保护部，2014，2017）

大气环境保护事关人民群众根本利益，事关经济持续健康发展，事关全面建成小康社会，事关实现中华民族伟大复兴中国梦。为深入开展区域性大气污染防治、全面改善区域大气环境治理，彻底打赢“蓝天保卫战”，同时有效引导大众科学地应对和有效防范空气污染，加强城市空气污染形成机制和预报预警方法研究是极其重要的。我国环保与气象部门密切协作，积极开展城市空气污染预报预警研究，通过分级预警的方式，提出相应的健康防护建议和强制性污染减排等措施，提高了污染控制能力和排放管理水平，有效控制了排放总量，为相关城市或地区的环境治理提供了决策依据，收到了显著的效果。因此，不断推进空气污染预报预警研究，是大气环境保护事业未来长期发展的重点方向之一。

1.1　空气污染的基本概念

1.1.1　空气污染的定义

空气污染又称大气污染，是大气中污染物浓度达到有害程度，超过了环境质量标准、破坏生态系统和人类正常生活条件，对人和物造成危害的现象。大气污染的发生源一般认为有两方面：一是自然源，如火山爆发、森林失火、植物释放、海浪飞沫和沙尘天气等，这是局部、暂时的现象；二是人为源，即人类活动造成的，其污染是严重、普遍和经常的现象。由人类活动所产生的大气污染源主要有四类：一是各种燃料诸如煤、石油、天然气和木柴等的燃烧释放，是全国普遍性的污染来源之一；二是工业生产过程中大量废气的排放，是当前我国大气污染重要来源之一；三是交通运输过程中大量废气的排放，近年来占比逐年增高；四是农业生产活动比如农药、化肥等有害物质的挥发、散逸，也是不可忽视的来源之一。

1.1.2　空气污染的危害

空气污染对人类及其生存环境造成的危害与影响，主要有如下几方面：①危害人体健康（Dockery et al.，1993；Katsouyanni et al.，1997；Anderson et al.，2001；白志鹏等，2006；Tie et al.,2009;Li et al.,2013c;向荣等,2014;Li et al.,2015;李沛,2016)。通过吸入污染空气、表面皮肤接触污染空气和食入含空气污染物的食物,引起人体呼吸道和肺部疾病,还可进入人体对心血管系统、肝脏等产生危害,引起人体急性中毒、慢性呼吸系统疾病、重要机能障碍以及其他系统疾病,甚至导致癌症,严重的可夺去人的生命。如众所周知的英国伦敦烟雾事件和美国洛杉矶光化学烟雾事件等,在短时间内就造成了数千人死亡。美国癌症协会进行了对5万成人从1981—1998年的长期跟踪研究,结果发现:空气中 $PM_{2.5}$ 每增加10 $\mu g \cdot m^{-3}$,心血管疾病和肺癌死亡危险分别上升6%和8%。世界卫生组织表示,全球每年超过200万人因吸入过多可吸入颗粒物而死亡,PM_{10} 能被吸入肺部,并随血液循环,进而引发心脏病、肺癌、哮喘和内呼吸道疾病。②危害生物(朱蓓蕾,1989;刘宗平等,1994)。动物因吸入污染空气或吃含污染物食物而发病或死亡,空气污染物可使植物抗病力下降、影响生长发育、叶面产生伤斑或枯萎死亡。③对物品的危害。如对纺织衣物、皮革、金属制品、建筑材料、文化艺术品等,造成玷污或化学性损害。④对生态环境的破坏,如造成酸性降雨,对农业、林业、淡水养殖业等产生不利影响(王文兴,1994;张新民等,2010);破坏高空臭氧层,形成臭氧空洞,对人类和生物的生存环境产生危害(李文杰,2001;胡德良,2007)。⑤对全球气候产生影响(吴兑等,2009;师华定等,2012;IPCC,2007),如:二氧化碳等温室气体的增多会导致地球大气增暖,全球气象灾害增多;烟尘等气溶胶粒子增多,使大气混浊度增加,减弱太阳辐射,影响地球长波辐射,可能导致天气气候异常。

1.1.3 空气污染物的分类

空气污染物的种类很多,目前引起人们注意的已有上百种,从存在形式上可分为颗粒污染物(灰尘、烟尘、沙尘等)和气态污染物(气体和挥发物)两大类。从污染来源上可分为天然污染物和人为污染物。天然污染物主要包括沙尘暴、火山活动、森林大火和来自氧气形成的放射性颗粒,而大部分人为污染物来自诸如生产、生活等各种燃料的燃烧。从污染物的形成过程可以分为一次污染物和二次污染物两大类。一次污染物是指直接从污染源排放的污染物质,如 SO_2、NO_2、CO、颗粒物等;二次污染物是指由一次污染物在大气中互相作用经化学反应或光化学反应形成的与一次污染物的物理、化学性质完全不同的新的大气污染物。常见的二次污染物如硫酸及硫酸盐气溶胶、硝酸及硝酸盐气溶胶、臭氧、光化学氧化剂(O_x),以及许多不同寿命的活性中间物(又称自由基),如 HO_2、HO等。按照化学性质不同,还可以把空气污染物分为氮化物、硫化物、碳化物、有机化合物、卤化物、过氧化物和颗粒物等多类。

目前,世界各国及地区对空气污染物定义的标准不尽相同。1955年,美国通过了《空气污染控制法》,界定空气污染物主要包括6种:CO、NO_2、TSP、O_x、HC、SO_2。2011年英国空气污染物界定为 PM_{10}、$PM_{2.5}$、NO_2 和 O_3。欧盟大陆地区的空气污染物,主要是指 SO_2、氨(NH_3)、挥发性有机化合物(VOCs)、CO、NO_x、黑碳、有机碳、$PM_{2.5}$ 和甲烷(CH_4)。1997年12月,《京都宣言》中指定 CO_2、O_3、CH_4、氧化亚氮(N_2O)、全氟碳化物(PFCs)、氢氟碳化物(HFCs)、含氯氟烃(HCFCs)及六氟化硫(SF_6)等气体是造成地球变暖的主要因素,称为"温室气体"。为保护人类健康,WHO于1997年12月在瑞士日内瓦召开了专家组工作会议,对大气颗粒物($PM_{2.5}$ 和 PM_{10})、SO_2、NO_2、O_3、CO和铅(Pb)这六种空气污染物的污染水平及趋势做了简要介绍,又于2005年在德国波恩召开的WHO工作组会议上重新修订了大气质量基准

(AQG)，并给出了大气颗粒物、SO_2、NO_2 和 O_3 这四项关键污染物的空气质量准则值。

我国常见的空气污染物主要有大气颗粒物、NO_x、SO_2、CO、O_3、VOCs 等。大气颗粒物根据粒径不同又可以分为总悬浮颗粒物（TSP，空气动力学直径≤100 μm）、可吸入颗粒物（PM_{10}，空气动力学直径≤10 μm）、细颗粒物（$PM_{2.5}$，空气动力学直径≤2.5 μm）和超细颗粒物（$PM_{1.0}$，空气动力学直径≤1 μm）。本书第 2 章将对 PM_{10}、$PM_{2.5}$ 这两种颗粒污染物以及 O_3、NO_2 和 SO_2 这三种气态污染物的来源及危害做重点介绍，对 CO、有机化合物等污染物的来源及危害做简要介绍。

1.1.4 环境空气质量标准

为保护和改善生活环境、生态环境，保障人体健康，各国都制定了较为严格的环境空气质量标准。1982 年我国首次制定并实施了《环境空气质量标准》(GB 3095—82)，1996 年进行了第一次修订(GB 3095—1996)，2000 年进行了第二次修订(部分修改)，2012 年发布了最新版《环境空气质量标准》(GB 3095—2012，从 2016 年开始实施)。由于经济的发展、污染水平的变化、监测技术的进步和公众环保意识的增强等因素，我国环境空气质量标准经过近几十年的发展演变而不断趋于完善，主要体现在污染物项目、标准形式、浓度阈值等随着国际标准的升级而不断更新。但与其他国家或组织的标准相比，我国最新标准还有需要完善的地方，比如污染物种类不够多、体系不够完善、部分项目标准仍然偏松、空气质量标准的实施缺乏有效界定等。目前，由于美国国家环境空气质量标准和 WHO 推荐的准则值具有强大的科学基础和较为成熟的演变经历，仍是世界其他国家、地区或组织制定空气质量标准的重要参考依据。

我国环境空气质量标准的一个特点是根据环境空气功能分区制定各级标准值，一类区为自然保护区、风景名胜区和其他需要特殊保护的区域，适用一级浓度限值；二类区为居住区、商业交通居民混合区、文化区、工作区和农村地区，适用二级浓度限值。以二级浓度限值为例，表 1.1 列举了我国环境空气质量标准与国际主要国家或地区的对比。整体来看，我国 NO_2、CO 标准较为严格，SO_2、O_3、PM_{10}、$PM_{2.5}$ 较为宽松。对于 NO_2 来说，国标二级限值与各国(机构)基本一致。小时均值、年均值标准与 WHO 指导值完全相同；对于 CO 来说，国标二级限值显

表 1.1 环境空气质量标准中的质量浓度限值对比

污染物	平均时间	各国(机构)浓度限值						单位
		国标二级	WHO	欧盟	美国	日本	澳大利亚	
SO_2	1 h 平均	500	500 (10 m 平均)	350	196	260	520	$\mu g \cdot m^{-3}$
	24 h 平均	150	20	125	—	100	210	
	年平均	60	—	—	—	—	52	
NO_2	1 h 平均	200	200	200	190	—	230	
	24 h 平均	80	—	—	—	—	—	
	年平均	40	40	40	—	75	56	
O_3	1 h 平均	200	—	—	—	120	200	
	8 h 平均	160	100	120	147	—	160 (4 h 平均)	

续表

污染物	平均时间	各国(机构)浓度限值						单位
		国标二级	WHO	欧盟	美国	日本	澳大利亚	
CO	1 h平均	10	30	—	40	23 (8 h平均)	—	$mg \cdot m^{-3}$
	24 h平均	4	10 (8 h平均)	10 (8 h平均)	10 (8 h平均)	11	10 (8 h平均)	
$PM_{2.5}$	24 h平均	75	25	—	35	35	25	$\mu g \cdot m^{-3}$
	年平均	35	10	25	12	15	8	
PM_{10}	24 h平均	150	—	50	150	—	50	
	年平均	70	—	40		—	—	

著低于其他各国(机构),且仅为其1/4～1/2;对于SO_2来说,国标二级限值与澳大利亚接近;对于O_3来说,国标二级限值整体上略高于其他各国(机构),尤其较WHO指导值要高出很多;对于颗粒物来说,我国PM_{10}、$PM_{2.5}$二级阈值显著高于其他各国(机构),尤其是$PM_{2.5}$日均值是WHO指导值的3倍,年均值是澳大利亚的4倍多。各国都是在参考了WHO指导值的基础上,制定出了适合本国国情的污染物浓度限值,相对来说,我国标准对于SO_2、O_3、PM_{10}、$PM_{2.5}$的限定还有待于进一步收紧。

1.1.5 空气质量评价参数

我国于1996年更新空气质量标准的同时,首次制定空气污染指数(air pollution index,API)并作为空气质量评价参数。评价指标有SO_2、NO_2、PM_{10}、CO和O_3 5种污染物。API是一种反映和评价空气质量的无量纲数,就是将常规监测的几种空气污染物的浓度简化成为单一的概念性指数值形式,并分级表征空气污染程度与空气质量状况。API的范围从0～500,被划分为5个等级(表1.2)。

表1.2 我国城市空气污染指数对应的污染物质量浓度限值及对公众健康的影响

API	污染物质量浓度/($mg \cdot m^{-3}$)					空气质量级别	对公众健康的影响
	SO_2 日均值	NO_2 日均值	PM_{10} 日均值	CO 小时均值	O_3 小时均值		
50	0.050	0.080	0.050	5	0.120	Ⅰ级,优	无影响,可正常活动。
100	0.150	0.120	0.150	10	0.200	Ⅱ级,良	极少数特别敏感人群有影响。
200	0.800	0.280	0.350	60	0.400	Ⅲ级,轻微—轻度污染	易感人群症状有轻度加剧,健康人群出现刺激症状。
300	1.600	0.565	0.420	90	0.800	Ⅳ级,中度—中度重污染	易感人群症状显著加剧,健康人群普遍出现症状。
400	2.100	0.750	0.500	120	1.000	Ⅴ级,重污染	健康人群耐受力低,有明显强烈症状,提前出现某些疾病。
500	2.620	0.940	0.600	150	1.200		

各污染物的分指数与其实测浓度呈分段线性函数关系。具体的计算公式为:

$$I_i=\frac{C_i-C_{i,j}}{C_{i,j+1}-C_{i,j}}(I_{i,j+1}-I_{i,j})+I_{i,j} \quad (j=2,3,\cdots,6;i=1,2,\cdots,n) \tag{1.1}$$

式中:I_i 为第 i 种污染物的污染分指数;C_i 为第 i 种污染物的浓度检测值;$I_{i,j}$ 为第 i 种污染物 j 转折点的污染分项指数;$I_{i,j+1}$ 为第 i 种污染物 $j+1$ 转折点的污染分项指数;$C_{i,j}$ 为第 j 转折点上第 i 种污染物的浓度限值(表 1.2);$C_{i,j+1}$ 为第 $j+1$ 转折点上第 i 种污染物的浓度限值。通过上式可得出各污染物的分指数,取 API=max($I_1,I_2,I_3,\cdots,I_n$)为该城市 API 的值,同时可确定该城市的空气首要污染物。根据计算出的 API 值,对照空气质量级别表(表 1.2),便可判断出空气质量污染等级及其对人体健康的影响。

随着我国经济社会的快速发展,以煤炭为主的能源消耗大幅攀升,机动车保有量急剧增加,经济发达地区 NO_x 和 VOCs 排放量显著增长,O_3 和 $PM_{2.5}$ 污染加剧,在 PM_{10} 和 TSP 污染还未全面解决的情况下,京津冀、长江三角洲、珠江三角洲等区域 $PM_{2.5}$ 和 O_3 污染加重,霾天气频频出现。2012 年 2 月 29 日,由环境保护部和国家质量监督检验检疫局联合发布新修订的《环境空气质量标准》(GB 3095—2012)、《环境空气质量指数(AQI)技术规定(试行)》(HJ 633—2012),对应的空气质量评价体系也由“空气污染指数(API)”变成了“空气质量指数(air quality index,AQI)”。AQI 从 0~500 划分成 6 个等级,每个等级对公众健康的影响及建议采取的措施如表 1.3 所示。

表 1.3 空气质量指数分级标准及对公众健康的影响

空气质量指数(AQI)	空气质量指数级别	空气质量指数类别及表示颜色		对健康影响情况	建议采取的措施
0~50	一级	优	绿色	空气质量令人满意,基本无空气污染	各类人群可正常活动
51~100	二级	良	黄色	空气质量可接受,但某些污染物可能对极少数异常敏感人群健康有较弱影响	极少数异常敏感人群应减少户外活动
101~150	三级	轻度污染	橙色	易感人群症状有轻度加剧,健康人群出现刺激症状	儿童、老年人及心脏病、呼吸系统疾病患者应减少长时间、高强度的户外锻炼
151~200	四级	中度污染	红色	进一步加剧易感人群症状,可能对健康人群心脏、呼吸系统有影响	儿童、老年人及心脏病、呼吸系统疾病患者避免长时间、高强度的户外锻炼,一般人群适量减少户外运动
201~300	五级	重度污染	紫色	心脏病和肺病患者症状显著加剧,运动耐受力降低,健康人群普遍出现症状	儿童、老年人和心脏病、肺病患者应停留在室内,停止户外运动,一般人群减少户外运动
>300	六级	严重污染	褐红色	健康人群运动耐受力降低,有明显强烈症状,提前出现某些疾病	儿童、老年人和病人应当留在室内,避免体力消耗,一般人群应避免户外活动

AQI 的计算方法主要有以下几个步骤。

第一步是计算各污染物的空气质量分指数。污染物项目 P 的空气质量分指数按下式计算:

$$IAQI_P=\frac{IAQI_{Hi}-IAQI_{Lo}}{BP_{Hi}-BP_{Lo}}(C_P-BP_{Lo})+IAQI_{Lo} \tag{1.2}$$

式中：$IAQI_P$ 为污染物项目 P 的空气质量分指数；C_P 为污染物项目 P 的质量浓度值；BP_{Hi} 为表 1.3 中与 C_P 相近的污染物浓度限值的高位值；BP_{Lo} 为表 1.3 中与 C_P 相近的污染物浓度限值的低位值；$IAQI_{Hi}$ 为表 1.3 中与 BP_{Hi} 对应的空气质量分指数；$IAQI_{Lo}$ 为表 1.3 中与 BP_{Lo} 对应的空气质量分指数。

第二步是从各项污染物的 $IAQI$ 中选择最大值，确定为 AQI，当 AQI 大于 50 时将 $IAQI$ 最大的污染物确定为首要污染物：

$$IAQI = \max\{IAQI_1, IAQI_2, IAQI_3, \cdots, IAQI_n\} \tag{1.3}$$

式中：$IAQI$ 为空气质量分指数；n 为污染物项目。

第三步是对照 AQI 分级标准，确定空气质量级别、类别及表示颜色、健康影响与建议采取的措施。

AQI 与原来发布的 API 有着很大的区别。一是 AQI 分级计算参考的标准是新的环境空气质量标准（GB 3095—2012），参与评价的污染物为 SO_2、NO_2、PM_{10}、$PM_{2.5}$、O_3 和 CO 六项，而 API 分级计算参考的标准是老的环境空气质量标准（GB 3095—1996），评价的污染物仅为 SO_2、NO_2 和 PM_{10} 三项。二是更加严格了 PM_{10}、NO_2 等污染物的限值要求。因此 AQI 较 API 监测的污染物指标更多，其评价结果更加客观，而且对于自动监测系统的运转要求也相应提高了。

1.1.6 空气污染的治理

室外空气污染的大多数来源远非个人所能控制，因此需要各个国家以及国际决策者们通过对城市规划、交通运输、能源废弃物管理、建筑和农业等行业共同采取行动。我国高度重视生态环境的保护和可持续发展问题。1973 年 8 月，国务院第一次召开全国环境保护会议，制定了“全面规划、合理布局、综合利用、化害为利、依靠群众、大家动手、保护环境、造福人民”的三十二字方针；1978 年，国家颁布了《中华人民共和国环境保护法（试行）》；1983 年 12 月，国务院召开第二次全国环境保护会议，正式宣布把环境保护列为一项基本国策，提出在经济发展过程中经济效益、社会效益和环境效益相统一的战略方针；1994 年，我国政府制订了《中国 21 世纪议程》，指出“通过高消耗追求经济数量增长”和“先污染后治理”的传统发展模式已不再适应当今和未来发展的要求，而必须努力寻求一条人口、经济、社会、环境和资源相互协调，既能满足当代人的需要而又不对满足后代人需求的能力构成危害的可持续发展的道路；2013 年 9 月，国务院印发了《大气污染防治行动计划》，提出了防治大气污染的总体要求，明确了全国空气质量改善的短期和长期目标以及具体指标。“十一五”以来，我国加大了大气污染防治的力度，SO_2、NO_2 和 PM_{10} 等污染物浓度持续下降，2010 年全国地级以上城市，上述污染物浓度分别比 2001 年下降了 23.9%、9.7%和 28.8%。但是随着城市化和工业化加速推进，能源消费和机动车保有量快速增长，中国大气污染类型从原来的煤烟型污染向煤烟型与机动车污染的复合型污染转变，二次污染物明显增加，$PM_{2.5}$ 及挥发性有机物等污染问题日益突出，最受关注的霾现象明显加剧。此外，2011 年世界卫生组织全球城市污染报告，涵盖了 91 个国家、1081 个城市，中国有 28 个省会城市排在了 900 位之上。其中海口市空气质量最好，排第 814 名；兰州市空气质量最差，排第 1048 名。虽然各城市空气质量普遍不高，但认为中国政府的减排措施“发挥了作用”。

作为世界节能减排力度最大的国家，中国早早地给自己定下了碳排放的硬指标，并始终不忘向广大经济、资源、技术水平较为落后的国家和地区提供力所能及的支持。作为《联合国气候变化框架公约》的缔约国之一，我国政府高度重视应对全球气候变化工作，积极参与《联合国气候变化框架公约》的谈判进程，并承担与中国发展阶段、应负责任和实际能力相符的国际义务，采取有力度的行动，为保护全球气候环境做出积极贡献。尽管我国到2000年人均CO_2排放量不到1989年世界人均水平(1.2 t/人)的一半，不及工业化国家人均水平(3.3 t/人)的1/6，但仍努力履行义务。我国已开展了有关温室气体排放状况分析及对策的研究，大力节能，改善能源结构，提高能源利用率；大力开展植树造林，增加对CO_2的吸收能力；大力回收工业废气，尽量减少温室气体的排放。2015年6月，中国如期正式向联合国提交“国家自主决定贡献”：CO_2排放在2030年左右达到峰值并争取尽早达峰，单位国内生产总值CO_2排放比2005年下降60%～65%，非化石能源占一次能源消费比重达到20%左右，森林蓄积量比2005年增加45亿m^3左右。在节能减排的目标下，中国探索出了一条中国特色的低碳发展道路。2015年，习近平主席出席气候变化巴黎大会开幕式并发表重要讲话，足以说明中国坚持走绿色发展道路、积极推进应对全球气候变化进程的勇气、决心和能力。

1.2 空气污染预报的定义及分类

空气是人类赖以生存的重要环境因素，环境保护与经济可持续发展的协调是各国政府面临的一个严峻而又亟待解决的难题。目前，对城市空气污染的防治措施主要有两方面：一是依赖于治理工程与技术，即改变城市中不合理的工业布局、燃料结构和燃烧方法等；二是开展城市空气污染预报，根据预报结果，实行浓度与总量控制来管理和制约污染源。而且，随着大气污染防治和研究工作的开展，公众也迫切需要了解空气污染的影响及变化趋势。此外，空气污染预报是加强空气污染防治、实现环境综合管理和决策科学化的重要手段，是将监测信息尽快转化为科学决策依据的重要实践。

空气污染预报是一项复杂的系统工程，内容涉及气象、物理和化学等多个学科，是当今环境科学研究的热点与难题。它主要通过各类预报方法相结合，实现对大气污染物在城市、区域及全球尺度下的不同类型污染过程进行模拟预测研究。为更好地反映环境空气污染变化趋势，为环境管理决策提供及时、准确、全面的环境质量信息，加大环境污染控制力度，预防严重污染事件发生，因此开展空气污染预报工作十分必要。实践证明，空气污染预报已成为当今城市及区域污染防控与治理的有效途径之一。

1.2.1 定义

空气污染预报是指根据污染源排放情况和气象条件(风、稳定度、降水及天气形势等)对某个区域未来的污染浓度及空间分布做出估计。若将有严重污染出现或污染浓度超过某一限值时则发出警报，为重点区域大气污染联防联控和应急响应提供技术保障，供有关部门采取措施防止污染事件发生。三十年来，世界各国都在积极展开城市空气污染预报的研究与实践，但污染预报的总体准确率仍有待不断提高。

就某一城市而言，空气污染程度不仅与污染物总排放量、污染源排放方式有关，而且还取决于城市规模和布局以及该地大气环境容量。城市大气环境容量随气象条件的变化而变化，不同季节不同天气条件下，其环境容量可相差几倍，乃至十几倍。在短期内污染物排放量变化不大的情况下，城市空气污染浓度的变化主要取决于天气条件的变化。纵观世界各地所发生的一些污染事件，都是由于过量的污染物排放和不利的气象条件两者的结合所引起的。研究表明，持续污染或者重度污染的发生一般都具有其前兆性，污染物浓度升高是在一定天气条件下的积累（王式功等，1989）。如兰州空气污染物平均浓度及同期气象资料分析（尹晓惠，2004）发现：气温与滞后 2～4 d、5～7 d 的空气污染物浓度均呈明显负相关；风速、云量、能见度、降水与滞后 2～4 d 的空气污染物浓度基本呈负相关；秋、冬、春季混合层厚度、通风系数与滞后 2～4 d 空气污染物浓度呈负相关，稳定能量与滞后 2～4 d 空气污染物浓度呈正相关。兰州上空有槽（脊）活动时，污染物浓度低（高）（杨德保等，1994；王式功等，1998）。珠江三角洲城市空气污染与盛行东北风且日平均风速小于 2 $m \cdot s^{-1}$ 有密切关系，大部分时间珠江三角洲西南部出现污染，是由于污染物沿着主导风向输送并累积造成（李颖敏等，2011）。2009 年 8—9 月成都市颗粒物污染及其与气象条件的关系研究表明：气温对大气颗粒物浓度变化没有显著影响；降水以及风速对颗粒物浓度影响较大，主要是对颗粒物的湿清除和促进扩散作用；在一定相对湿度范围内，高湿度条件容易造成大气颗粒物的较重污染；能见度与大气颗粒物浓度呈明显负相关，且与 $PM_{2.5}$ 的相关系数大于与 PM_{10} 的相关系数（邓利群等，2012）。以上均很好地说明了气象条件（风、稳定度、降水及天气形势等）与污染物扩散之间的相互影响关系。因此，从气象学角度出发开展对未来大气污染物的稀释、扩散、聚积和清除能力的预报，是空气污染预报的基础，城市空气污染气象条件预报便应运而生。

空气污染气象条件预报又称空气污染趋势预报，根据中国气象局《空气污染气象条件预报业务实施方案（2013—2015）》和《空气污染气象条件预报等级标准》（表 1.4），空气污染气象条件预报等级划分标准与 AQI 等级标准一致，分为六级。以颜色划分：鲜绿色一级、草绿色二级、黄色三级、橘黄色四级、红色五级、深棕色六级。其中前 3 个等级是好、较好和一般，后 3 个等级是较差、差和极差。空气污染气象条件预报包括空气质量及 $PM_{2.5}$、PM_{10} 等大气成分的分析，雾、霾、降水、天空状况等天气实况的分析，环流形势及水汽、风、逆温、混合层厚度、里查森数、稳定度等气象参数的分析预测等。

表 1.4　空气污染气象条件预报等级（引自赵晓妮，2013）

等级	评价	描　述
Ⅰ级	好	非常有利于空气污染物稀释、扩散和清除
Ⅱ级	较好	较有利于空气污染物稀释、扩散和清除
Ⅲ级	一般	对空气污染物稀释、扩散和清除无明显影响
Ⅳ级	较差	不利于空气污染物稀释、扩散和清除
Ⅴ级	差	很不利于空气污染物稀释、扩散和清除
Ⅵ级	极差	极不利于空气污染物稀释、扩散和清除

1.2.2　分类

空气污染预报按照空间尺度分为区域预报、城市预报和特定源预报；按照时间尺度分为短期预报、中期预报和长期预报；按其内容主要分为污染潜势预报和污染浓度预报；按预报方法可划分为气象条件预报、统计预报和数值预报。

空气污染气象条件预报是指根据事先确定的气象因子判据，预报未来天气状况下是否会出

现严重污染的可能性。污染气象条件，即指可能出现不利于大气污染物稀释扩散的气象条件。

统计预报主要依赖于对历史气象、环境空气质量数据的统计分析处理，通过对历史上实测的污染物浓度与同期的气象条件，建立具有一定可信度的统计关系或数学模型后，再根据空气污染实时监测结果和气象因子的实测和预报结果，对未来空气污染物浓度进行推算和预测。统计预报方法包括神经网络、线性回归、随机森林、深度学习等，具有简单易用性，合理恰当地选择影响因素和进行参数优化也能达到较好的空气质量预报精度，应用广泛，但其缺点在于无法对污染的过程和机制进行定量化的分析。

数值预报是以大气动力学理论为基础，通过数值计算方法求解物质守恒方程，得到近似条件下污染物浓度的分布，研究内容包括空间尺度与预报时效、高分辨率、多化学物质、理化生过程耦合、污染气象与污染物排放特征等。主要模式有烟羽模式、烟团模式、箱模式、WRT-CHem 以及其他数值模式。

2013 年 9 月 1 日，中国气象局正式开展空气污染气象条件预报工作，为政府和环境保护部门应对重污染天气提供决策支撑。其中，国家气象中心于每天 08:00 和 20:00 进行全国 24 h 空气污染气象条件预报。目前，国家级层面产品包括关于空气污染气象条件的落区预报、客观预报、中期趋势预报、概率预报和决策服务信息等 6 种产品。其中，落区预报产品涵盖全国 2513 个加密站，并拓展为 48 h 预报。

1.3 空气污染预报的研究意义及进展

1.3.1 研究意义

2013 年 11 月，中国社会科学院与中国气象局联合发布的《气候变化绿皮书：应对气候变化报告(2013)》指出，1961—2012 年，中国中东部地区(100°E 以东)平均年雾-霾日数总体呈增加趋势(张建忠等，2014)。不同历时的全国年霾日数总和统计结果(图 1.2)表明，2000 年以来增速尤为显著，且霾持续日数出现迅猛增长，其中持续 7 d 和 8 d 及以上的年霾日数总和增长

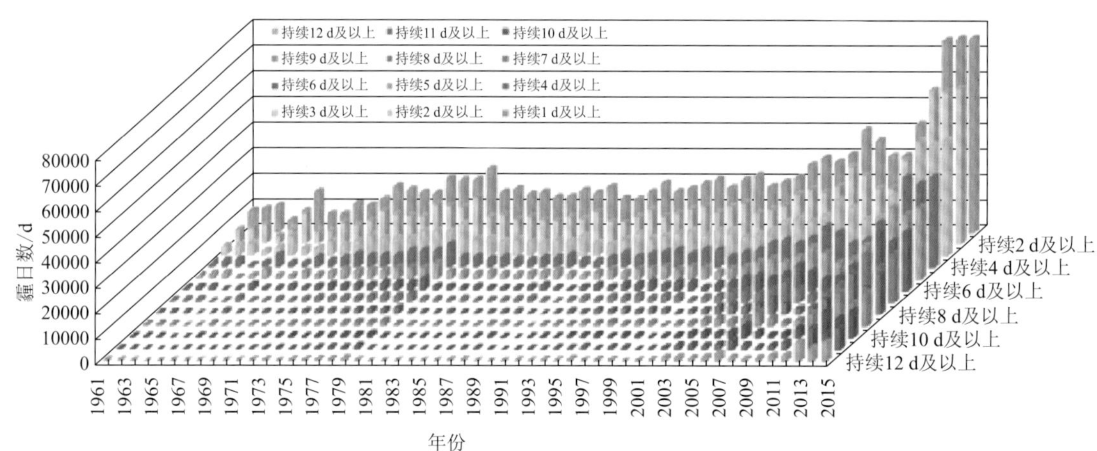

图 1.2 1961—2015 年中国年霾日数总和的时间序列(引自孔峰等，2017)

最多(孔峰等,2017)。面对如此严峻的环境空气质量形势,如何有效地对污染进行监测预警、正确合理地控制污染排放、严密防范重污染事件的发生、努力减轻污染影响、最大限度地降低民众的生命和财产损失,是各级政府急需解决的阶段性问题之一。

为了科学地反映环境污染变化趋势,为环境管理决策和民众预防提供及时准确的环境质量信息,空气污染预报预警研究具有非常重要的现实意义。首先,通过污染预报研究与服务可以全面了解和掌握大气污染的迁移变化规律和污染源、气象条件对空气质量的影响。其次,为政府和决策部门提供及时、准确和全面的空气质量信息,有针对性地提供相应的防控意见和建议。第三,通过采取各类预案措施,有效预防严重污染事件的发生。第四,正确引导公众科学有效地面对大气污染,积极做好其危害风险防范。

1.3.2 国外研究进展

空气污染预报是当今环境科学研究的热点与难题。城市空气污染预报作为预防污染事件的发生或最大限度地减轻重大污染事件危害的有效措施,对保护人民群众身心健康,提高全民环保意识,促进公众重视环保等方面起到了重要作用,已受到各国政府的高度重视。英国从1990年开始发布 O_3、NO_2 和 SO_2 三种污染物的预报,1997年又增加了CO和颗粒物(如 PM_{10})污染预报。美国于1976年公布了全面统一的污染物标准指数PSI(pollutant standard index),供各级空气污染防治机构采用,通过报纸、电视等公共媒体向公众发布空气状况和预报结果,并提醒人们在污染指数达到一定限值后采取相应措施保护身体健康。

国际上20世纪80年代后开始致力于定量的空气污染预报,包括统计预报和数值预报。高质量和高分辨率的中尺度气象预报模式,是城市大气污染预报的基础。其中,韩国、墨西哥等国家主要采用统计预报模式,美国、荷兰和日本等国家发展了数值预报方法。以美国环保局(EPA)为例,1970年迄今,已经资助开发了三代空气质量模型(舒锋敏等,2012)。一个是第5代NCAR/PENN中尺度模式MM5,它是由美国国家大气研究中心(NCAR)和宾夕法尼亚大学(PENN)大气科学系的一批气象学家经过20多年的努力联合研制成功的;另一个是美国科罗拉多州立大学Pielke教授等研制的区域中尺度大气模式系统RAMS。这两个模式都是非静力的。第三代空气质量模型Models-3/CMAQ,其核心是CMAQ(community multiscale air quality),也称为CMAQ模型。由于此模型的输入数据由中尺度气象模式MM5和污染排放模式SMOKE提供,因此完整的空气质量模型系统由MM5/SMOKE/CMAQ组成。该模式系统可用于多尺度、多污染物的空气质量的预报、评估和决策等多方面的研究与服务。未来的第四代模式系统,也就是模式系统的发展方向,是将尽可能地考虑大气圈、水圈、岩石圈和生物圈之间的相互作用,以便提供一个更加全面的方法对整个生态系统中的污染物的输送和消亡过程进行预报和评估。

从20世纪90年代开始,在欧洲科学与技术研究合作组织(COST)的领导下,开展了6个城市大气污染研究方面的合作。其中1993年5月开始的有4个(COST615、COST616、COST617、COST618)。当时只有英国、法国、瑞士、丹麦和希腊,到了1998年6月参加国已达18个。这4个项目的总名称叫作"为使欧洲城市有良好的空气质量而研究"(CITAIR)。通过这4个合作项目的活动,参加国一致认为,一定要使欧洲城市有良好的空气质量,才能满足社会和经济发展的需求。为此,要大大减少工业园区、电厂排放的污染物,着重解决的问题是如

何控制汽车尾气的排放。

欧洲空气质量预报模式大致分3类(蒙伟光等,2003)。第一类是无化学反应的预报模式,它主要由扩散模式和统计模式组成。统计模式是利用气象场参数,主要是大气边界层一些气象参数与污染物时空变化的统计关系来做预报。统计模式类型很多,如法国的神经网络模式,意大利预报 NO_2 污染的SMA-ARPA业务统计模式,以及匈牙利的化学质量平衡模式等,其中神经网络模式很有创意,发展很快。第二类是既考虑气象场的影响又考虑污染物化学反应的化学预报模式。如用于意大利Bologna区的光化学欧拉模式和光化学箱式模式,考虑了云雾化学过程的大气化学模式STEM-Ⅱ;西班牙变格点的城市空气污染预报模式UAM-V和西班牙的三维光化学扩散模式MARS等。第三类是空气质量信息系统,它是将与空气质量有关的资料系统、预报模式、预报系统、决策系统和评估系统等有机地结合在一起。如系统中可以包括各种尺度的气象资料和"预处理"模式,以及将"预处理"结果输入各种空气质量预报模式的系统模块。系统可以按用户的需求将"预处理"的结果输入用户所需用的模式,得到用户所需的结果。如挪威建立的AirQUIS系统、丹麦建立的丹麦大气化学预报系统DACFOS、芬兰建立的空气污染信息系统API-FMI等。

1.3.3 国内研究进展

我国高度重视生态环境的保护和可持续发展问题。空气污染预报作为防治城市空气污染(特别是污染事件的发生)的一项重要措施,已受到广泛重视。我国空气污染预报起步较晚,从1973年第一次全国环保工作会议开始,陆续在大气扩散模式、污染气象学以及空气污染预报等方面进行了多项研究(李宗恺,1985;王式功等,1989;雷孝恩等,1998;张美根等,2001;尚可政等,2002;王式功等,2002)。其中,1980年以前主要研究影响污染物稀释扩散的天气形势和气象条件,1980年以后,陆续在北京、沈阳、兰州、太原、长沙等城市初步开展了以 SO_2 为主的城市空气污染试验预测和预报方法研究,并基本形成了由潜势预报、统计预报和数值预报相结合的空气质量预报系统框架(王式功等,2002;王自发等,2006)。

兰州市由于空气污染比较严重,大气污染问题的研究开展得较早,研究成果颇多,因而也是国内较早开展城市空气污染预报研究的城市之一。20世纪80年代末开始,学者们对冬半年兰州市区大气污染源分布、大气污染物浓度的时空分布和动态变化、污染气象条件和气象参数特征及与污染浓度之间的关系、空气污染潜势预报和浓度预报理论和方法等多方面进行了系统的研究(王式功等,1999,2002;王勤耕等,2009)。一是兰州地区污染潜势预报的研究。如从污染天气分型和剖析冷锋天气过程入手,揭示了当高空有暖平流、地面为高压后部控制,且处在冷锋过境前时处于重污染潜势阶段,极有可能发生空气污染事件;冷锋过境后可使兰州城区边界层大气扩散条件迅速得到改善,污染浓度迅速降低,其中 SO_2 污染浓度降低最明显,平均可降低30%～50%,最大降低率达70%～80%。二是建立了城区冬季空气污染短期预报的统计预报方程、一维(垂直)和三维数值预报模型及预报专家系统(拓瑞芳等,1994;尚可政等,1998)。该地区研究成果尤其是在求最大混合层厚度的计算方法、污染潜势预报的天气分型、冷锋活动对空气污染的影响以及空气污染浓度预报专家系统的设计等方面具有一定特色,取得了较大的进展。

1997年,中国科学院大气物理研究所大气边界层物理与大气化学国家重点实验室

(LAPC)在中国科学院“九五”重大项目“大气污染预测的理论和方法研究”的资助下，积极开展了城市空气污染预报的方法研究，建立了“城市空气污染数值预报模式系统”，并成功地用于多个城市的空气污染预报。这套城市空气污染数值预报模式系统由 α 中尺度与 β 中尺度气象预报模式和城市空气污染预报模式组成，内容包括 PBL 湍流统计量参数化、污染源模式化、中尺度气象预报、污染物浓度预报和预报效果检验五个部分(中国科学院大气物理研究所大气边界层物理与大气化学国家重点实验室，1999；张美根等，2001)。该系统在广州、沈阳、济南、杭州和北京等大城市开展了预报试验，在山东省可持续发展科技示范工程项目“济南市环境空气污染综合治理技术的研究开发与示范”中获得实际应用。预报试验和应用结果表明，SO_2、TSP 和 O_3 等污染物的预报浓度指标均可达到或超过国家环保局规定的要求。

1997 年，中国气象科学研究院建立了非静稳箱格的大气污染浓度预报和潜势预报系统(city air pollution prediction system，CAPPS)(朱蓉等，2001)。CAPPS 是用有限体积法对大气平流扩散方程积分得到，它所需的排放可根据污染物 SO_2、NO_x、PM_{10}、CO 的浓度和大气环境容量反算获得，它的气象驱动场依托美国 NCAR/PSU 中尺度数值预报模式 MM5。

1999 年起，中国科学院大气物理研究所建立了基于三维欧拉硫化物的输送的以嵌套网格空气质量预报模式(NAQPMS)为核心的空气质量预报数值预报系统，该系统模式体现了中国不同区域和城市的地理、地形与污染源的排放等特点，并被广泛地运用于多尺度污染问题的研究，不但可以研究区域尺度、城市尺度的空气质量的发生机理及其变化规律，以及不同尺度之间的相互影响。该模式实现了在线的、全耦合的包括多尺度过程的数值模拟，可实现模式多区域同时计算以及双向嵌套(Wang et al.，2002；王自发等，2006)。

中国气象科学研究院自 2000 年起，将观测与数值模式系统研发紧密结合，成功研发出了将气溶胶(分 12 个粒级)与其前体气体在线耦合并包括热力学平衡、能够准确描述 6 类 7 种大气气溶胶分布的气溶胶-大气化学数值模式系统(CUACE)(Zhou et al.，2012，2015，2018)。该系统在线耦合了 60 余种气体成分和 6 类 7 种气溶胶等空气污染物，形成了对 PM_{10}、$PM_{2.5}$、$PM_{1.0}$、O_3 和能见度的数值模拟能力。CUACE 系统还包含了气溶胶的直接辐射反馈以及与云和降水的相互作用机制，用于研究污染对天气和气候的反馈作用。

在 CUACE 模式系统的基础上，开发了完全在线的亚洲沙尘暴数值预报系统 CUACE/Dust (Zhou et al.，2008)。该系统将直径小于 40 μm 的沙尘气溶胶粒子按粒级分为 12 档。CUACE/Dust 可较准确地描述亚洲沙尘浓度的空间分布，并且于 2007 年通过了中国气象局严格的业务化评估，成为中国气象局的业务数值预报模式，也使我国成为国际上第一个开展沙尘暴数值预报实时运行的国家。CUACE/Dust 也支持中国气象局于 2008 年成功申报世界气象组织亚洲区域沙尘暴业务中心，且至今一直是世界气象组织亚洲区域沙尘暴业务中心的核心预报模式。在 CUACE 模式系统的基础上，通过预报 6 类 7 种气溶胶组分的浓度及其对云雾的影响，还建立了我国雾-霾数值预报系统(CUACE/Haze-Fog)。该系统多次参加大型活动保障，提供了 PM_{10}、O_3 和以能见度预报为指示的区域性雾-霾的数值预报，取得了良好的效果。CUACE/Haze-Fog 于 2012 年在中国气象局开始实时运行，2014 年通过严格的业务化评估，确定其为业务的雾-霾数值预报系统，实时提供不同尺度的覆盖全国的雾-霾数值预报产品。该预报系统还被世界气象组织选为未来开展空气质量预报和化学天气数值预报先导性项目中的气溶胶模式系统。

近几年，面对全国重雾-霾大范围、高频次发生的严峻形势，各级政府高度重视空气质量监

测预警工作。2001 年 6 月 5 日起，中国环境监测总站与中央气象台联合在中央电视台等新闻媒体发布全国 47 个重点城市空气质量预报与日报结果。目前，已有 100 多个城市向中国环境监测总站报送空气质量预报，重点城市以 AQI 的形式，每天通过报纸、电视及网络等媒体对外发布未来 24 h 内的空气质量预报，其内容包括第 2 天的 AQI 数值、首要污染物、空气质量级别及状况等。另外，我国在 2008 年北京奥运会、2010 年上海世博会、2014 年北京 APEC 峰会等国际大型活动的空气质量保障工作中取得了显著成效。特别是上海世博会期间长三角区域空气质量自动监测网络和数据共享平台的成功搭建和有效运行，为探索区域空气质量预测预警长期合作模式提供了宝贵的经验和启示。根据《国务院关于印发大气污染防治行动计划的通知》要求，京津冀、长三角、珠三角区域之外的省(区、市)、副省级市、省会城市于 2015 年底建立了空气质量监测预警体系。2014 年 10 月成立了京津冀及周边地区大气污染防治协作小组，确定了重污染应急、监测预警、信息共享等工作制度，旨在加强区域大气污染防治的联动协作，形成协同作战和治理霾污染的合力。

1.4 城市空气污染预警及防御指南

开展城市环境空气污染预报不仅是保护人民群众健康、动员公众参与环境保护的有效措施，也是提高人民生活质量，展现人民政府形象的公益性工作。为深入落实国务院《大气十条》，气象部门积极组织开展重污染天气预警工作。2013 年 9 月 1 日，中国气象局正式开展空气污染气象条件预报和重污染天气预警工作，通过常规天气预报和电视、网站、微博、微信、智能手机终端等渠道发布预报预警信息。

1.4.1 霾天气预警标准及防御指南

众所周知，霾的出现，既影响大气能见度、也是反映大气污染状况的一种视觉现象。因此，中国气象局于 2013 年制定发布了霾天气预警标准及防御指南(表 1.5)，将霾天气预警标准分为三级，以黄色、橙色和红色表示，基本上分别与空气质量等级的中度污染天气、重度污染天气和严重污染天气相对应。

表 1.5 霾天气预警标准及防御指南(引自北京市气象局，2013)

预警级别	预警图标	预警标准	防御指南
黄色	霾 黄 HAZE	预计未来 24 h 内可能出现下列条件之一或实况已达到下列条件之一并可能持续： (1)能见度小于 3000 m 且相对湿度小于 80%的霾； (2)能见度小于 3000 m 且相对湿度大于等于 80%，$PM_{2.5}$ 浓度大于 115 $\mu g \cdot m^{-3}$ 且小于等于 150 $\mu g \cdot m^{-3}$； (3)能见度小于 5000 m，$PM_{2.5}$ 浓度大于 150 $\mu g \cdot m^{-3}$ 且小于等于 250 $\mu g \cdot m^{-3}$。	(1)地方各级人民政府、有关部门和单位按照职责做好防霾准备工作。 (2)排污单位采取措施，控制污染工序生产，减少污染物排放。 (3)幼儿园与学校停止户外体育课。 (4)减少户外活动和室外作业时间，避免晨练；缩短开窗通风时间，尤其避免早、晚开窗通风；老人、儿童及患有呼吸系统疾病的易感人群应留在室内，停止户外运动。 (5)外出时最好戴口罩，尽量乘坐公共交通工具出行，减少小汽车上路行驶；外出归来，应清洗唇、鼻、面部及裸露的肌肤。

续表

预警级别	预警图标	预警标准	防御指南
橙色		预计未来 24 h 内可能出现下列条件之一或实况已达到下列条件之一并可能持续： (1)能见度小于 2000 m 且相对湿度小于 80%的霾； (2)能见度小于 2000 m 且相对湿度大于等于 80%，$PM_{2.5}$ 浓度大于 150 $\mu g \cdot m^{-3}$ 且小于等于 250 $\mu g \cdot m^{-3}$； (3)能见度小于 5000 m，$PM_{2.5}$ 浓度大于 250 $\mu g \cdot m^{-3}$ 且小于等于 500 $\mu g \cdot m^{-3}$。	(1)地方各级人民政府、有关部门和单位按照职责做好防霾工作。 (2)排污单位采取措施，控制污染工序生产，减少污染物排放。 (3)停止室外体育赛事；幼儿园和中小学停止户外活动。 (4)避免户外活动，关闭室内门窗，等到预警解除后再开窗换气；儿童、老年人和易感人群应留在室内。 (5)尽量减少空调等能源消耗，驾驶人员停车时及时熄火，减少车辆原地怠速运行。 (6)外出时戴上口罩，尽量乘坐公共交通工具出行，减少小汽车上路行驶；外出归来，及时清洗唇、鼻、面部及裸露的肌肤。
红色		预计未来 24 h 内可能出现下列条件之一或实况已达到下列条件之一并可能持续： (1)能见度小于 1000 m 且相对湿度小于 80%的霾； (2)能见度小于 1000 m 且相对湿度大于等于 80%，$PM_{2.5}$ 浓度大于 250 $\mu g \cdot m^{-3}$ 且小于等于 500 $\mu g \cdot m^{-3}$； (3)能见度小于 5000 m，$PM_{2.5}$ 浓度大于 500 $\mu g \cdot m^{-3}$。	(1)地方各级人民政府、有关部门和单位按照职责做好防霾应急工作。 (2)排污单位采取措施，控制污染工序生产，减少污染物排放。 (3)停止室外体育赛事；幼儿园和中小学停止户外活动。 (4)停止户外活动，关闭室内门窗，等到预警解除后再开窗换气；儿童、老年人和易感人群留在室内。 (5)尽量减少空调等能源消耗，驾驶人员减少机动车日间加油，停车时及时熄火，减少车辆原地怠速运行。 (6)外出时戴上口罩，尽量乘坐公共交通工具出行，减少小汽车上路行驶；外出归来，立即清洗唇、鼻、面部及裸露的肌肤。

注：表中 $PM_{2.5}$ 浓度均指质量浓度。

1.4.2 空气污染扩散气象条件等级划分标准

为适应气象及相关行业开展空气污染扩散气象条件的监测、评价、预报及服务等工作的需要，2018 年中国气象局又制定发布了《空气污染扩散气象条件等级》(QX/T 413—2018)的气象行业标准。空气污染扩散气象条件等级依据空气污染气象指数确定，分为 6 个等级，各等级划分和描述见表 1.6。

表 1.6 空气污染扩散气象条件等级划分

等级	空气污染气象指数	描述
1 级	$0 \leqslant I < 100$	非常有利于污染物扩散
2 级	$100 \leqslant I < 150$	有利于污染物扩散
3 级	$150 \leqslant I < 185$	较不利于污染物扩散

续表

等级	空气污染气象指数	描述
4 级	$185 \leqslant I < 200$	不利于污染物扩散
5 级	$200 \leqslant I < 250$	很不利于污染物扩散
6 级	$I \geqslant 250$	极不利于污染物扩散

空气污染气象指数的算法简介：

空气污染气象指数的计算公式见式(1.4)：

$$I_{t+1}=a_1 \times a_2 \times S_{t+1}+(1-a_2)\times O_t \tag{1.4}$$

式中：I_{t+1} 为 $t+1$ 时刻的空气污染气象指数；a_1，a_2 为常数；S_{t+1} 为 $t+1$ 时刻的静稳天气指数；O_t 为 t 时刻的观测大气污染物浓度；t，$t+1$ 分别为 t 时刻和 $t+1$ 时刻，采用逐日数据计算。

a_1 的计算利用最新的完整的一年数据，通过静稳天气指数和观测大气污染物浓度数据按照式(1.5)进行线性回归得到。

$$O_t=a_1 \times S_t+b_1 \tag{1.5}$$

式中：S_t 为 t 时刻的静稳天气指数；b_1 为常数。

a_2 的计算利用最新的完整的一年数据，通过静稳天气指数和观测大气污染物浓度数据按照式(1.6)进行线性回归得到。

$$O_{t+1}-O_t=a_2 \times (a_1 \times S_{t+1}+b_1-O_t)+b_2 \tag{1.6}$$

式中：O_{t+1} 为 $t+1$ 时刻的观测大气污染物浓度；b_2 为常数。

静稳天气指数计算采用一年的观测数据，计算公式见式(1.7)：

$$S=K_1+K_2+\cdots+K_{10} \tag{1.7}$$

式中：S 为静稳天气指数；K_1，K_2，…，K_{10} 分别为 10 个气象因子对应的分指数。基于污染天气发生频率高低评估气象因子对静稳天气影响的强弱，同时得到对应的分指数。分指数具体计算见式(1.8)：

$$K_{i,n}=\frac{a_{i,n}}{a_{i,n}+b_{i,n}}\Big/\frac{a}{a+b} \tag{1.8}$$

式中：$K_{i,n}$ 为气象因子 i 在第 n 个区间内对应的分指数；$a_{i,n}$，$b_{i,n}$ 分别为统计年份内气象因子 i 分布在区间 n 的条件下，污染天气和非污染天气的样本数；a，b 分别为统计年份内污染天气和非污染天气的总样本数。由于各地大气污染程度不同，此处所指污染天气和非污染天气对应的空气质量等级需根据各地情况确定，需满足统计年份内污染天气出现概率大于或等于 15%，保证有足够的统计样本。

气象因子选取方法：按照各因子分指数最大值和最小值的比值从大到小进行排序，剔除其中相关系数通过显著性检验的自相关因子，最终选取前 10 个要素作为静稳天气指数计算因子。可选气象要素包括地面要素和高空要素，地面要素有 24 h 变温(℃)、24 h 变压(hPa)、2 m 相对湿度(%)、海平面气压(hPa)、10 m 水平风速($m \cdot s^{-1}$)、10 m 风向(°)；高空要素选取 1000 hPa/925 hPa/850 hPa/700 hPa/500 hPa 高度，包括相对湿度(%)、水平风的东西分量(U)和南北分量(V)($m \cdot s^{-1}$)、水平风速($m \cdot s^{-1}$)、垂直速度($Pa \cdot s^{-1}$)、散度(s^{-1})、24 h 变温(℃)、混合层厚度(m)，以及任意两层气压层之间的相对湿度(%)、位温(K)、风速($m \cdot s^{-1}$)的差值(高层减低层)。

区间划分方法:对同一气象因子的所有样本按照数值大小进行排序,剔除前后5%的极端高值和低值;将剩余样本按照百分位均匀划分为10个区间,使得各区间内的样本个数基本相同。统计样本由02时、08时、14时和20时(北京时)一年的观测数据构成。

1.4.3 各省(区、市)制定重污染天气应急预案

根据国家生态环境部(原国家环境保护部,简称环保部)的要求,近几年内,我国各省(区、市)政府陆续制定了各自的重污染天气应急预案,特别是2016年环保部就要求京津冀统一重污染天气预警分级标准,从2016年2月开始试行。根据统一预警分级标准,预测空气质量指数(AQI)日均值(24 h均值,下同)>200且未达到高级别预警条件时,启动蓝色预警;预测AQI日均值>200将持续2 d及以上且未达到高级别预警条件时,启动黄色预警;预测AQI日均值>200将持续3 d,且出现AQI日均值>300的情况时,启动橙色预警;预测AQI日均值>200将持续4 d及以上,且AQI日均值>300将持续2 d及以上时,或预测AQI日均值达到500并将持续1 d及以上时,启动红色预警。

依据生态环境部最近《关于加强重污染天气应对夯实应急减排措施的指导意见》(环办大气函〔2019〕648号),全国各地相关政府管理部门针对当地实际情况,都在对原来制定的重污染天气应急预案进行修订、完善,以适应更高环境质量标准的要求。

1.5 小结

(1)城市空气污染已成为全球十大环境问题之一,空气污染的加剧严重影响了人们的身体健康和居住环境,阻碍了经济的发展。加强城市空气污染形成机制和预报预警研究,是科学指导有效防止和减轻空气污染的重要途径之一。

(2)我国高度重视生态环境建设和可持续发展问题,为保护和改善生态环境,促进全社会节能减排,绿色发展,国家和各级政府采取了一系列重要举措,生态环境建设和空气质量改善取得了明显的成效。

(3)1982年我国制定实施了首个环境空气质量标准,并不断进行完善。整体来看,我国NO_2、CO标准较为严格,但对于SO_2、O_3、PM_{10}、$PM_{2.5}$的限定还有待于进一步收紧。国务院新修订的环境空气质量指数,分级计算扩充了参评的污染物项目,严格了污染物的限值要求,评价结果更加客观。

(4)空气污染预报是一项复杂的系统工程,内容涉及气象、环境、物理、数学和化学等多个学科,是当今环境科学研究及应用中的热点与难题。与西方发达国家相比,我国此方面工作起步较晚,目前已基本形成了由污染潜势预报、统计预报和数值预报相结合的空气质量预报系统框架,为大气污染防控提供了强有力的科技支持。

(5)合理地制定重污染天气预警标准及防御指南,是提升空气污染预报产品服务效能的重要基础,能更有效地提高广大民众的环保意识,更深入地贯彻落实国务院大气污染防治行动计划,从而更好地保护人民群众健康。

第2章

空气污染物来源、危害及评价方法

随着工业化和城市化的发展,机动车保有量的不断增加,空气污染已成为具有全球性的环境与健康问题,它影响着世界每一个发达国家和发展中国家。在全球范围,具有潜在危害的气体和颗粒物向大气中的排放量日趋增加,导致了对人类健康和环境的巨大危害,它正在损害着我们这个星球赖以生存和长期可持续发展所需的资源。对城市来说,当区域大气污染物浓度超过大气环境质量标准或临界负荷时,将对城市生态系统和居民健康产生重大影响。自20世纪中叶以来,全球范围内空气污染引起的突发环境事故屡屡发生、不胜枚举:1930年的比利时马斯河谷工业区烟雾事件,造成一星期之内死亡60多人,超过同期正常死亡人数的10多倍;1943、1952、1955、1970年美国洛杉矶市多次发生光化学烟雾事件,造成全市四分之三的人不适或患病,大量市民因此而死亡;1948年美国多诺拉小镇烟雾事件,造成全城14000人中约6000人眼痛、喉咙痛、头痛胸闷、呕吐、腹泻,同时导致数十人死亡;1952年的伦敦煤烟型烟雾事件,烟雾在4 d之内造成上万人死亡;1961年的日本四日市哮喘病事件,造成10年间全国因此而患哮喘病的达6000多人。

空气污染物给人体健康带来的急性和慢性影响,已经引起了相关科技人员和广大民众的极大关注。世界卫生组织(World Health Organization,WHO)(WHO,2016)估计,2012年室外空气污染可能导致全世界300万人过早死亡,其中87%发生在低收入和中等收入国家,而室内和室外两方面的空气污染估计导致全世界近700万人过早死亡,占总死亡人数的八分之一。国内学者曾估算得到我国2004年全年由于大气污染而导致的人群危害风险经济学损失低估约千亿元,达到了同期GDP的百分之一(於方等,2007);而2010年北京、西安、广州、上海4个城市因大气细颗粒物污染而造成的死亡人数超过7000人,健康经济学损失共计高达60多亿元,在大气污染有明显减轻的情况下,两年内四城市因大气细颗粒物污染导致的过早死亡人口超过8000多人,对社会造成的健康经济损失也高达近70亿元(潘小川等,2012)。因此,空气污染已经成为当今我国乃至全世界最大的环境监控风险因素。正确认识和定量分析与评估大气污染物的危害效应,可为大气环境评价和预警工作、污染防治政策的制定和完善,以及合理有效地改善区域空气质量提供重要的科学依据。

2.1 气态污染物来源及危害

大气中多种多样的气态污染物,不仅会被直接吸入人体内对健康造成一定影响,而且还会在大气环境中发生气态向颗粒态的转化,或通过在颗粒物表面的非均相反应改变大气颗粒物的粒径及化学组分,从而产生更加严重的污染及影响。因此,分析研究大气中气态污染物的来源及危害是认识空气污染及其对人体健康影响的重要前提之一。

2.1.1 二氧化硫的来源及危害

二氧化硫(SO_2)为无色透明气体,有刺激性臭味,是最常见、最简单的硫氧化物,也是主要的大气污染物之一。不仅自身是主要污染物,而且在空气中会被进一步氧化形成 SO_3,再快速发生水化作用生成硫酸,随后被 NH_3 中和,生成亚硫酸铵和硫酸铵。这些成分对环境中细小的气溶胶颗粒贡献很大,因此作为酸雨和光化学烟雾的主要前体物,SO_2 是造成区域大气复合型污染的重要因素之一。

目前,我国 SO_2 来源主要是工业排放的废气,人为源比重较小。SO_2 主要工业源为煤、石油和天然气等矿物燃料的燃烧,硫化矿石的熔炼和焙烧以及各种含硫原料的加工生产过程等也是 SO_2 的重要来源之一。国家统计局统计结果显示,2009 年全国共计排放 SO_2 约 2320.00 万 t,其中工业废气中 SO_2 达 2119.75 万 t,占 91.4%,工业废气中排放量居前几位的行业为:电力热力的生产和供应业 1068.70 万 t、非金属矿物制品业 269.44 万 t、黑色金属冶炼及压延加工业 220.67 万 t、化学原料及化学制品制造业 130.15 万 t、有色金属冶炼及压延加工业 122.04 万 t、石油加工炼焦及核燃料加工业 65.30 万 t。上述 6 个行业 SO_2 排放量合计占工业源 SO_2 排放量的 88.5%。人为源主要是指生活污染源,来自于家庭取暖、发电和机动车燃烧含有硫黄的矿物燃料,2009 年全国 SO_2 人为源排放量为 199.4 万 t,仅占 SO_2 排放总量的 8.6%,但随着工业化和城市化的快速发展,人为源的排放比重已呈逐步升高趋势。

SO_2 在大气中寿命较短,全球分布很不均匀,含硫燃料燃烧排放主要集中在北半球中纬度大陆地区,因此在北半球中纬度地区含量最高,南半球较低。城市的浓度要比乡村地区高得多,具有明显的日变化和季节变化特征,尤其是在工业城市、采暖期,SO_2 的浓度维持在较高水平。2010 年环保部发布公报指出,近 20 年来,随着污染物排放标准的加严以及除尘装置的普及和脱硫装置的增加,在煤耗持续增长的情况下,我国颗粒物排放量基本得到控制,SO_2 的增长趋势整体有所减缓,特别是近几年国家对能源结构调整力度不断加大,SO_2 排放量呈明显减少态势。

20 世纪发生的环境污染事件,有多起是直接由 SO_2 污染引起的:1930 年的比利时马斯河谷事件,1948 年的美国宾夕法尼亚州多诺拉事件,1952 年的伦敦烟雾事件,以及 1961 年的日本四日市哮喘事件。SO_2 对人体的呼吸器官有较强的毒害作用,可以引发鼻炎、支气管炎、哮喘、肺气肿和肺癌等;当短期内接触浓度(体积分数)高于 2 ppmv① 的 SO_2 时,容易刺激眼睛、口腔黏膜和呼吸道黏膜甚至影响肺部功能并造成损伤。同时,SO_2 还可通过皮肤经毛孔侵入人体,或通过食物和饮水经消化道进入人体,其极易被水吸收而黏附于人体器官黏膜上并生成具有腐蚀性的亚硫酸或硫酸,从而对人体造成危害。另外,SO_2 易吸附于颗粒物中并能被其中的金属元素氧化成 SO_3,毒性更高;SO_2 还可能与苯并芘联合作用,致癌的影响效应大大增强(黄欣欣等,2006)。WHO 研究认为,从影响人体健康的角度考虑,SO_2 的 24 h 平均质量浓度应低于 20 $\mu g \cdot m^{-3}$,10 min 平均质量浓度应低于 500 $\mu g \cdot m^{-3}$(图 2.1)。据统计,现阶段我国 SO_2 年平均质量浓度南、北方地区差异较大,北方大多数城市空气中 SO_2 年平均质量浓度

① ppmv 为体积分数,1 ppmv=10^{-6},下同。

在 40～120 μg·m^{-3}，南方在 20～60 μg·m^{-3}。采用基于时间序列的半参数广义相加模型(GAM)，控制时间长期趋势、星期效应及气象因子等混杂因素，结果发现随着大气 SO_2 质量浓度的增加，呼吸系统疾病日入院人数发生的风险也呈上升趋势(图 2.2)。进一步对单污染物模型的分析显示，当日(lag0)SO_2 质量浓度每上升一个四分位数间距(69 μg·m^{-3})，呼吸系统疾病日入院人数增加 4.8%(95%CI:3.1%～6.5%)。女性和老年人群为易感人群，且秋、冬季的影响高于春、夏季(王敏珍等，2012)。

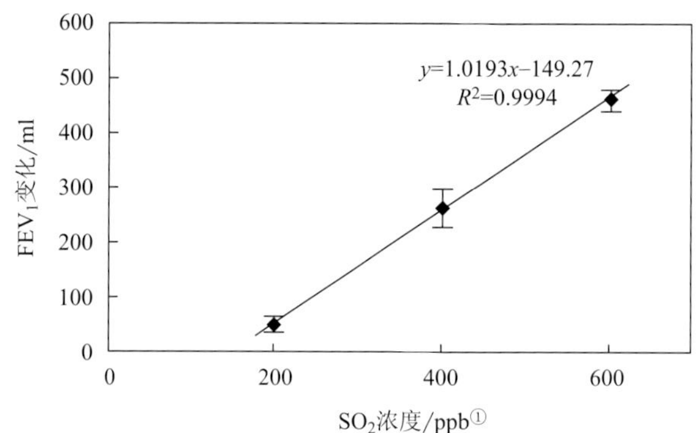

图 2.1 SO_2 浓度改变时哮喘病人每秒平均强力呼出量(FEV_1)的变化(引自 WHO，2000)

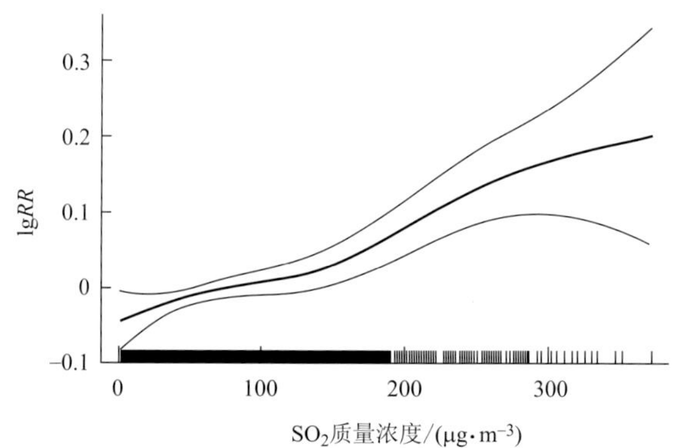

图 2.2 兰州市大气 SO_2 质量浓度与呼吸系统疾病入院人数的时间序列分析

(lg*RR*：呼吸系统疾病入院人数上升风险)(引自王敏珍等，2012)

2.1.2 氮氧化物的来源及危害

氮氧化物包括多种化合物，如一氧化二氮(N_2O)、一氧化氮(NO)、二氧化氮(NO_2)、三氧化二氮(N_2O_3)、四氧化二氮(N_2O_4)和五氧化二氮(N_2O_5)等。N_2O 主要来源于含氮有机物的微生物分解，在近地面它是占优势的氮氧化物，在对流层中，其浓度为常数，其在大气中较稳定、也无明显的污染作用。N_2O 和 N_2O_5 在大气中相对含量较少，污染作用不大。而且除 NO_2 以外，这几种氮氧化物均极不稳定，遇光、湿或热变成 NO_2 及 NO，NO 又变为 NO_2。因

① ppb 为体积分数，1 ppb=10^{-9}，下同。

此，常见的氮氧化物是几种气体的混合物，我们通常用 NO_x 表示，主要为 NO 和 NO_2，并以 NO_2 为主。它本身具有毒性，同时也是 O_3 的前体物，并与其他一些光化学反应产生的氧化剂共存。

大气中 NO_x 的主要来源是矿物燃料燃烧（包括电厂和冶炼厂、汽车尾气等）、生物质燃烧、闪电过程、平流层光化学过程、氧化、氮肥的挥发、生态系统中的微生物过程以及土壤和海洋中的光解等。国家环保部 2010 年发布的公报显示，氮氧化物全国总排放量为 1797.7 万 t，其中工业源中排放量居前几位的行业：电力热力的生产和供应业 733.38 万 t、非金属矿物制品业 201.24 万 t、黑色金属冶炼及压延加工业 81.74 万 t、化学原料及化学制品制造业 41.98 万 t、石油加工炼焦及核燃料加工业 29.80 万 t。上述 5 个行业氮氧化物排放量合计占工业源氮氧化物排放量的 91.5%，占氮氧化物排放总量的 60.5%。而生活污染源中机动车尾气排放高达 549.65 万 t，占氮氧化物排放总量的 30.6%。有研究（张兴赢等，2007）表明，机动车的尾气排放对北京地区对流层 NO_2 浓度的贡献量在非采暖期约为 70%（图 2.3）。

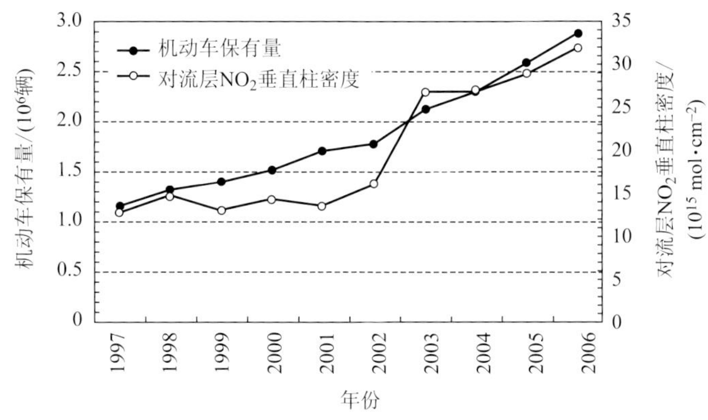

图 2.3　北京地区对流层 NO_2 垂直柱密度与机动车保有量变化趋势（引自张兴赢等，2007）

大量的流行病学研究采用 NO_2 作为燃烧相关混合污染物的标志物，尤其是在交通机动车尾气和室内燃烧源研究中，均以 NO_2 作为标志物。在这些研究中任何观察到的健康效应也同样与其他的燃烧产物相关，如 $PM_{2.5}$、NO 和苯。动物和人体实验表明，短期 NO_2 暴露质量浓度超过 200 $\mu g \cdot m^{-3}$ 时，它变成一种有毒气体，可产生显著的健康影响。高浓度的 NO_2 对人体的呼吸系统损害非常严重，当 NO_2 进入呼吸道，可进一步深入到支气管和肺泡，在此过程中可溶于呼吸道内的水分并反应生成强腐蚀性的 HNO_3，对呼吸道和肺部造成损伤，并可引发呼吸困难、咳嗽、发热和哮喘等症状。据报道，若在含有 NO_2 为 50～100 ppm 的环境中暴露一段时间可导致肺炎发生；一定浓度下的 NO_2 与 SO_2 同时作用于人体时，可加重支气管炎、哮喘病和肺气肿的发病，这对幼童和哮喘病患者格外有害（Nascimento-Carvalho et al.，2011）。此外，在阳光照射下，NO_2 还会在阳光紫外线的作用下，与其他污染物发生化学反应产生光化学烟雾，从而生成有毒的二次污染物，对人体健康产生更为严重的危害。分析 2001—2005 年兰州市大气 NO_2 质量浓度与呼吸系统疾病入院人数的暴露-反应关系表明，随着大气 NO_2 质量浓度增加，呼吸系统疾病日入院人数发生风险呈上升趋势（图 2.4）。进一步对单污染物模型的分析显示，滞后 1 天（lag1）NO_2 日均质量浓度每上升一个四分位数间距（31 $\mu g \cdot m^{-3}$），呼吸系统疾病日入院人数增加 6%（95%CI：4.6%～7.4%）。

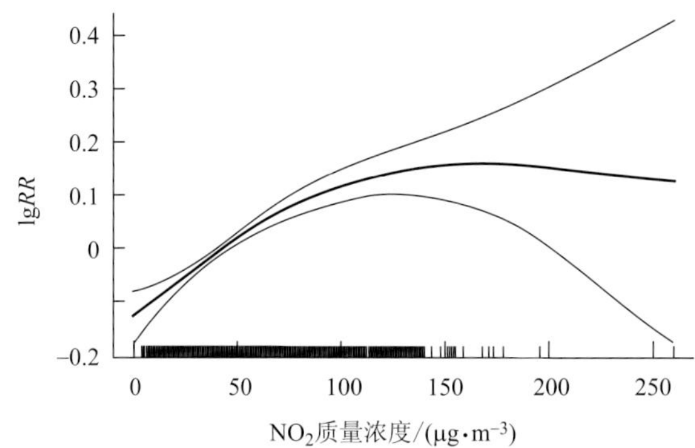

图 2.4　兰州市大气 NO_2 质量浓度与呼吸系统疾病入院人数的时间序列分析（lg*RR*：呼吸系统疾病入院人数上升风险）（引自王敏珍等，2012）

2.1.3　臭氧的来源及危害

臭氧（O_3）是大气中重要的微量组分，大部分集中在平流层中，对流层中 O_3 仅占 10%左右，但它在对流层中高浓度时则是一种污染气体，也是一个强氧剂（反应性极高），不利于人体健康和动植物生长。对流层中 O_3 的来源主要是平流层输入和光化学反应产生。许多观测事实证明，对流层大气中有一部分 O_3 来自平流层，由气团运动造成的一些对流层顶裂缝是平流层向对流层输送 O_3 的主要通道。总体上，对流层中光化学反应所生成的 O_3 是主要来源，产生的过程与 NO_x、VOCs 以及 CO 的光化学反应有关，对流层中产生 O_3 的主要前体物是 NO_2。反应机制为：

$NO_2 + h\nu \rightarrow NO + O(^3P)$

$O_2 + O(^3P) + M \rightarrow O_3 + M$

$NMHC + OH + O_2 \rightarrow RO_2$

$RO_2 + NO + O_2 \rightarrow NO_2 + HO_2 + CARB$

$HO_2 + NO \rightarrow NO_2 + OH$

$2[NO_2 + h\nu(\lambda < 0.4\ \mu m) + O_2 \rightarrow NO + O_3]$

这个循环过程的净效果是：

$NMHC + 4O_2 + h\nu \rightarrow 2O_3 + CARB$

与 CO 相关的主要反应是：

$CO + OH + O_2 \rightarrow CO_2 + HO_2$

$NO + HO_2 \rightarrow NO_2 + OH$

$NO_2 + h\nu(\lambda < 0.4\ \mu m) + O_2 \rightarrow NO + O_3$

净效果是：

$CO + h\nu(\lambda < 0.4\ \mu m) + 2O_2 \rightarrow CO_2 + O_3$

光化学烟雾的一个重要特征是大气中出现了高浓度的 O_3。污染大气中首先经过光化学反应产生高浓度的 O_3 或者 OH 自由基，而 O_3 和 OH 自由基的光化学产生过程及它们在大气中的浓度与 NO_x 和 VOCs 的浓度都有密切关系。光化学烟雾生成的化学过程大致可以分为

O_3 浓度上升过程和光化学烟雾生成阶段。大气中的 O_3 作为强氧化剂，在硫酸盐和硝酸盐等颗粒物的生成过程中起着非常重要的作用。因此，高浓度 O_3 的出现，特别是在春、夏季，有助于大气中气溶胶粒子的生成和积累。

流行病学数据分析给出了环境 O_3 浓度变化与各种健康结局变化之间的关系（WHO，2000），表明 O_3 浓度的短暂升高，与呼吸系统疾病住院人数的增加、健康人群和哮喘患者呼吸症状的加重都有关系（图 2.5）。毒理学研究结果表明，O_3 与生物体细小气道表面起反应并产生毒性，在终端和呼吸细支气管，剂量传递最大。与 NO_2 和 SO_2 不同，在哮喘患者和健康人之间，对肺功能的影响差别很小，但个体差异较大。流行病学研究结果显示，人群的日死亡率与 O_3 浓度存在弱的正相关关系，这种相关关系与颗粒物的作用无关。当 O_3 浓度的增加超过了一定量值时，它对人群健康的危害就会增大并趋于严重，尤其是在由于人类活动或炎热天气而造成的高浓度臭氧环境中，其影响更为显著。

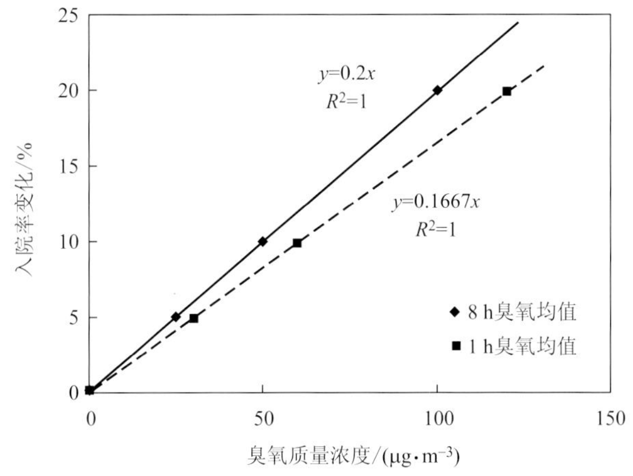

图 2.5 呼吸系统疾病入院率随 O_3 质量浓度的变化（引自 WHO，2000）

2.1.4 一氧化碳的来源及危害

CO 是主要的大气化学污染物之一，由于其高度的化学活性，导致其在大气中寿命较短、分布很不均匀，其变化特征基本反映了所在地的源汇特征，城市地区的 CO 浓度要明显高于非城市地区，说明 CO 排放受人为源的影响较大。天然环境 CO 质量浓度范围在 0.01～0.23 $mg \cdot m^{-3}$（WHO，1994）。在城市环境，8 h 平均质量浓度通常低于 20 $mg \cdot m^{-3}$，而 1 h 峰值通常低于 60 $mg \cdot m^{-3}$。城市中 CO 主要来源于矿物燃料的不完全燃烧，如汽车的尾气、电厂以及冶炼厂排放的废气中就含有大量的 CO，所以通常在主要公路附近、汽车内、地下停车场、隧道以及有内燃机运行而通风不良的其他室内环境，都会有较高浓度的 CO，在这些情况下，几小时内 CO 平均质量浓度可达 115 $mg \cdot m^{-3}$ 以上。在房间内使用无通风的燃烧取暖器，CO 质量浓度峰值可达 60 $mg \cdot m^{-3}$ 以上。多项研究表明，CO 与 O_3 和温度均呈现较好的负相关性，这是因为 CO 也是 O_3 光化学反应的前体物，太阳辐射下消耗 CO 生成 O_3，而温度的升高可以加速 CO 的氧化速率，促使其自身质量浓度降低。

CO 中毒是其常见的危害之一，CO 通过与肺部毛细血管中的血红蛋白结合，形成碳氧血

红蛋白(COHb),CO与血红蛋白的亲和力约为氧与血红蛋白亲和力的200～300倍,所以CO减少了氧从血红蛋白中的释放,使输送到人体各组织器官的血液供氧不足,导致相关人(群)发生急性中毒。急性CO中毒造成的缺氧可产生两种后果:可逆的短期神经损伤与滞后的神经危害,严重时可导致昏厥死亡。国内研究(陈献,2016)表明,CO每升高0.2 $mg \cdot m^{-3}$,将分别导致呼吸内科门诊量、心血管内科门诊量预期增长0.46%(95% CI:0.43%～0.49%)和0.51%(95% CI:0.48%～0.54%)。

2.1.5 有机化合物的来源及危害

大气中常以气态形式存在的碳氢化合物(HC)的碳原子数目主要在1～10个,一般这些烃类都能够挥发,这些分子量较小的HC是形成光化学烟雾的主要参与者,其他一些HC大部分以气溶胶的形式存在于大气中。气态污染物中的有机成分主要是指挥发性有机物(VOCs)。作为一类重要的空气污染物,VOCs通常是指沸点50～260 ℃、室温下饱和蒸汽压超过133.32 kPa的有机化合物,包括烃类、卤代烃、芳香烃、多环芳香烃等。它们虽然在大气中含量较小,但随着局部浓度的不断上升,都会不同程度地对生态环境造成一定影响。此外,VOCs经由紫外光照射,会与大气中其他化学成分(如NO)反应,形成二次污染物(如O_3、高氧化物等)或者化学活性较强的中间产物(如自由基等),增加烟雾、O_3的近地面浓度,从而间接造成危害。

作为近地层大气O_3的重要前体物,VOCs主要来自机动车排放、石化企业和燃煤释放。以北京为例,北京大气中VOCs的主要来源可粗分为4类(吴方堃等,2010):第一来源主要由甲苯、3-甲基戊烷、2-甲基戊烷、异丁烷和异戊烷等组分构成,主要来自燃烧不完全的机动车尾气排放或与汽车相关的过程排放,因此称之为机动车源,约占VOCs排放量的27.8%;第二来源主要由1,2,4-三甲苯、间-二甲苯和对-二甲苯构成,这些物质主要用于化学溶剂、胶黏剂和涂料的稀释剂等,因此称为溶剂挥发源,其占大气VOCs总量的19.0%;第三来源主要由丙烯和丙烷组成,这两种物质主要来源于高压液化石油气或天然气泄漏,因此称之为泄漏源,其占VOCs总量的15.0%;第四来源主要由芳香烃类化合物苯和乙苯组成,这些物质除了部分来源于汽车和溶剂挥发外,工业生产过程也会有一定比例排放,如石油化工、胶版印刷、家具制造和电路板清洗等过程都会产生这类物质的排放,因此称之为工业源,占VOCs总量的12.0%。

VOCs的成分复杂,以苯、甲苯、二甲苯、乙苯、苯乙烯及甲醛最为常见,所具有的特殊气味能导致人体呈现种种不适感,并具有毒性和刺激性。VOCs的毒性和它们的电负性呈正比,对人体的危害主要是切断细胞内电子的传递,损害细胞内部的代谢。一些挥发性卤代烃对动物具有致癌和致畸作用,吸入挥发性卤代烃能对中枢神经系统产生不可逆转的损害,尤其是三卤甲烷进入人体后对肝脏、肾脏、血液都具有毒害作用。毒理学研究结果表明,VOCs毒性主要体现在神经毒性、肾脏和肝脏毒性,能损害血液成分和心血管系统,引起胃肠道功能紊乱,诱发免疫系统、内分泌系统及造血系统疾病,造成代谢缺陷,甚至还具有致癌作用,而多种VOCs混合存在相互作用于人体,其危害程度将大大增加。

2.2 颗粒污染物的来源

大气颗粒物的化学成分十分复杂,但总体上主要由水溶性无机盐、含碳物质和不可溶矿物质组成(唐孝炎等,2006;胡敏等,2009;王跃思等,2014;Pan et al.,2015)。在颗粒物的化学组成中,许多成分对人和环境都有不同程度的影响和危害,由于它们的来源和粒径分布特征不同,其危害程度可能也不一样。确定各种有害成分的来源及其贡献的大小可以为制定环境标准、制定控制人为污染的策略提供科学依据。以首都北京及京津冀城市群为代表的高浓度细粒子叠加的复合型污染,在当今中国城市群污染现状中非常具有典型性和代表性,因此本节重点选取北京市作为代表对颗粒物污染及危害进行介绍。

使用富集因子法和正交矩阵因子分析法对大气颗粒物来源进行解析,发现北京市粗粒子来源较为丰富,其中二次源(NH_4^+、NO_3^-、SO_4^{2-} 和 OC,分别代表了通过光化学反应生成的二次无机离子和二次有机物)约占 20%;地壳源、道路扬尘(Mg^{2+}、Ca^{2+}、Na^+、Al^{3+} 等)次之,约占 9%;燃煤(EC、OC、Cl^- 和 Be^{2+})、生物质燃烧(K^+、EC 和 OC)、工业源(Ni^{2+}、Cd^{2+}、Ag^+ 和 Mn^{2+} 等)和机动车(EC、OC、Pb^{2+}、Zn^{2+})较小,各自占 3%～6%不等。细粒子主要来源于人为源,二次源贡献最大,约占 30%;燃煤次之,约占 6%;生物质燃烧、工业源和机动车这三类贡献较小,各自占 3%～6%不等;地壳源、道路扬尘贡献最小,仅为 2%。进一步对大气细粒子中水溶性离子进行主成分分析,结果表明,北京地区 $PM_{2.5}$ 中水溶性无机离子主要受三个因子的影响,其中因子 1 的方差贡献率最高,为 52%,载荷值较大的变量分别为 NH_4^+、SO_4^{2-}、NO_3^-、K^+、Cl^-,其结果充分代表了大气中二次气溶胶的生成对水溶性无机离子的贡献;因子 2 的方差贡献率达到了 18%,载荷值较大的变量为 Mg^{2+}、Ca^{2+},说明因子 2 受城市基建、扬尘、沙尘等影响;因子 3 的方差贡献率为 20%,载荷值较大的变量为 SO_4^{2-}、Na^+、Cl^-,因此可初步判定因子 3 可能受道路扬尘和机动车尾气排放污染的影响。3 个因子总的方差贡献率高达 90%,很好地解释了 $PM_{2.5}$ 中水溶性无机离子的主要来源,二次源贡献最大,占比一半以上;道路扬尘、机动车尾气排放、城市基建、扬尘沙尘等贡献均较小(唐孝炎等,2006;张凯,2006;刘子锐,2011;王丽,2013;Lee et al.,1999)。从无机离子的来源角度分析,为大气污染减排提供思路:首先需要着力有效控制化石(矿石)燃料的使用和机动车尾气的排放,其次要对城建施工进行严格管理和控制,同时加强城市绿化和地面、路基硬化。

2.3 颗粒污染物的危害

在目前公认的各种大气污染物中,可吸入颗粒物,特别是可入肺的细颗粒物($PM_{2.5}$),对人群危害风险、损伤强度要远高于 O_3、SO_2 等气态污染物,成为对人群健康危害风险最大、代表性最强的大气污染物,以 WHO、EU(欧盟)、EPA(美国环境保护局)等为代表的多个国际机构在评价大气污染的人群危害风险时都会重点关注大气颗粒物。近年来环境领域的相关研究充分表明,大气颗粒物污染尤其是大气细粒子污染与人群危害风险的相关关系,已经成为国际生物气象学、环境医学等学科所关注和研究的热点之一(李沛,2016;Ostro et al.,2006;Kan et al.,2006;Son et al.,2012)。这里通过建立暴露-反应模型,从多种角度对北京地区大气颗粒物(包括 PM_{10}、$PM_{2.5}$、$PM_{2.5\sim10}$)的人群危害风险进行系统、深入的量化研究,探析了近年来北京地区大气颗粒物及其化学成分在不同粒径、不同时效、不同浓度背景、不同季节环境下对相关人群健康的影响,分析讨论人群危害风险的年际变化趋势,有助于进一步提高对颗粒污染物影响健康的认识。

2.3.1 粒径与时效影响差异

颗粒物粒径不同、影响时效不同，其对人群健康的影响呈现出显著的差异，由细粒子 $PM_{2.5}$ 引起的相对危险度最大，显著高于 PM_{10}、$PM_{2.5\sim10}$ 及 API 指数（图 2.6）。PM_{10} 相对危险度较小，对人群健康危害影响最大的主要为细粒子 $PM_{2.5}$，而粗粒子 $PM_{2.5\sim10}$ 对人群健康危害风险没有显著的影响。其原因可能为：首先，由于机体的过滤作用和细粒子自身的物理特性，造成其细颗粒更容易被人体捕入，而粗粒子容易被过滤或者排出体外；其次，细粒子与粗粒子相比，由于其比表面积更大因而更容易吸附携带大量细菌、病毒等微生物进入人体，在体内大量繁殖会对人体造成额外的破坏和损伤；再次，北京细粒子主要来源于燃煤、生物质燃烧、汽车尾气产物和扬尘沙尘以及以上气态和固态物质的二次转化，造成本身就含有大量毒性更强的化学成分；而粗粒子主要来源于沙尘颗粒及道路扬尘等一次污染源，相比其危害要小一点。以上原因是造成北京市大气 $PM_{2.5}$ 人群危害风险较 PM_{10}、$PM_{2.5\sim10}$ 更加显著的主要原因。不同地区污染水平、颗粒物污染来源、形成过程、化学组成等因素可能会导致不同粒径颗粒物对人体的毒性不同（Li et al.，2013b）。

同时也可以看到，颗粒污染物多日累积影响下相对危险度普遍大于单日影响，而且随着滞后时间的延长，单日滞后影响趋于零，而多日累积影响则增至一定程度时趋于稳定。对于非意外死亡和呼吸系统疾病死亡来说，其危害影响最大时出现在滞后 3～4 d，而对于循环系统疾病来说，空气污染对人群的影响是持续加强的，这个差异与不同的健康结局有关系。

随着大气 $PM_{2.5}$ 浓度的增大，人群非意外总死亡人数的相对危险度整体呈上升态势，两者呈正相关关系，在颗粒物浓度较低的背景下其增加速率更显著，浓度较高时虽然整体仍呈增长态势，但暴露-反应曲线略变平缓（图 2.7）。PM_{10} 在污染浓度较低时其危险度也表现为快速上升，但随着质量浓度持续增大至 180 $\mu g \cdot m^{-3}$ 左右及其后时，曲线几乎变得平直，此时大气中细粒子比重逐渐减小（高浓度的 PM_{10} 往往对应着北方地区的沙尘天气），对人群健康危害风险显著的细粒子占比越来越小，因此其危害风险的增量出现停滞甚至降低，当其质量浓度大于 500 $\mu g \cdot m^{-3}$ 时其危险度甚至呈微弱下降态势。平均来说，当 $PM_{2.5}$、PM_{10} 质量浓度每上升 10 $\mu g \cdot m^{-3}$ 时，北京地区人群非意外总死亡人数的上升百分比可分别增加 0.69%（0.29%～0.80%）、0.15%（0.04%～0.22%），当 $PM_{2.5}$ 质量浓度介于 0～70 $\mu g \cdot m^{-3}$、PM_{10} 质量浓度介于 0～180 $\mu g \cdot m^{-3}$ 时，单位质量浓度变化时颗粒物对非意外总死亡的危害风险的增加速率最大，当其质量浓度超过上述范围时，非意外总死亡危害风险的增加速率明显变缓。

当 API 指数从零开始增大时，对应的相对危险度也表现为缓慢地增加；当 API 指数从 160 增至 240 时，相对危险度呈现快速的增长，并在 240 时达到最高峰值，说明大气污染 API 指数在 160～240 这一关键区间内相对危险度会出现显著的增加；之后相对危险度的增量出现快速下滑，当 API 指数大于 350～360 时又出现转折（图略）。

2.3.2 浓度背景影响差异

整理现有学者们对国外地区的 $PM_{2.5}$ 危害风险估计值（相对危险度）与国内研究结论进行对比（表 2.1）发现，当细颗粒物质量浓度每上升 10 $\mu g \cdot m^{-3}$ 时，国外地区的死亡人数上升百分比增长最高可达 11%，而国内目前研究结果最高仅为 1.09%（Ho et al.，2011），尽管国内大

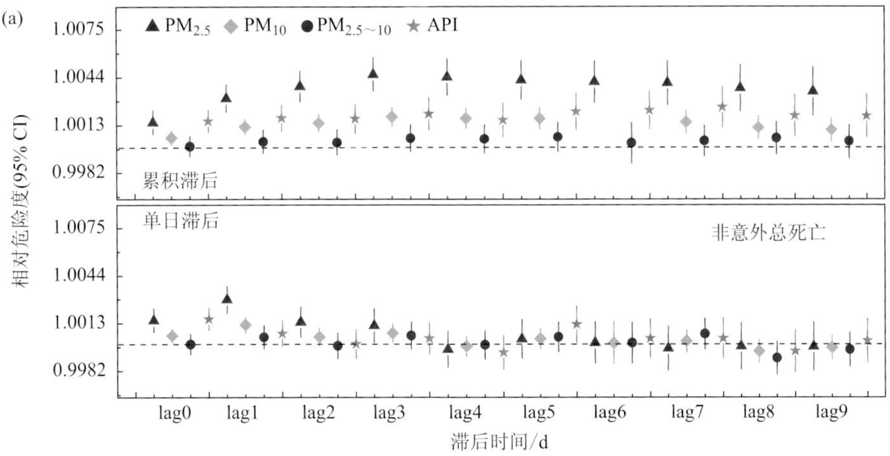

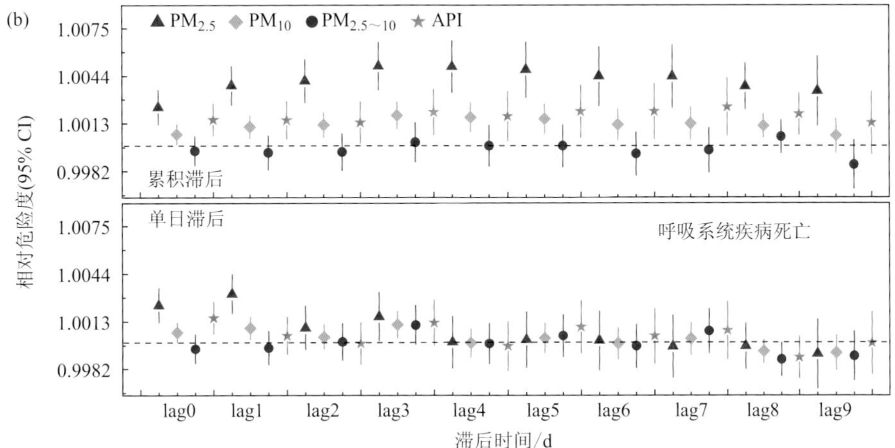

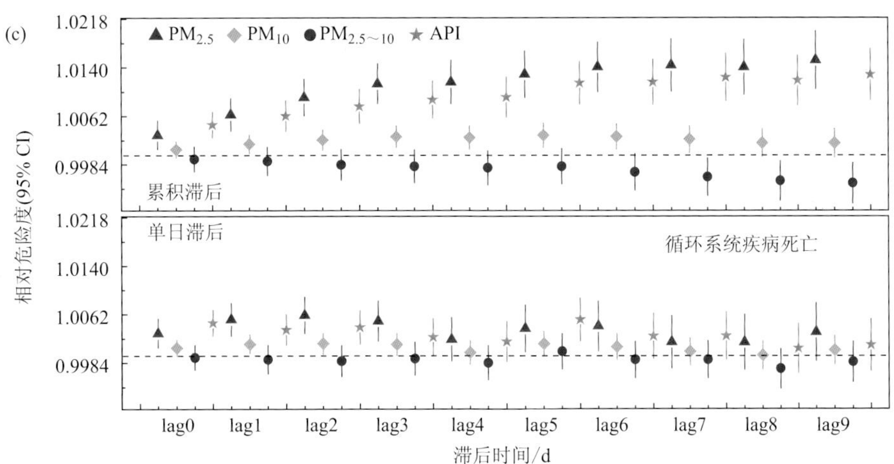

图 2.6　$PM_{2.5}$、$PM_{2.5\sim10}$、PM_{10}、API 四个变量在滞后 0～9 d 时对非意外总死亡(NAM)(a)、呼吸系统疾病死亡(RM)(b)、循环系统疾病死亡(CM)(c)人数的相对危险度,lag 是"滞后"的意思(引自 Li et al.,2013b)

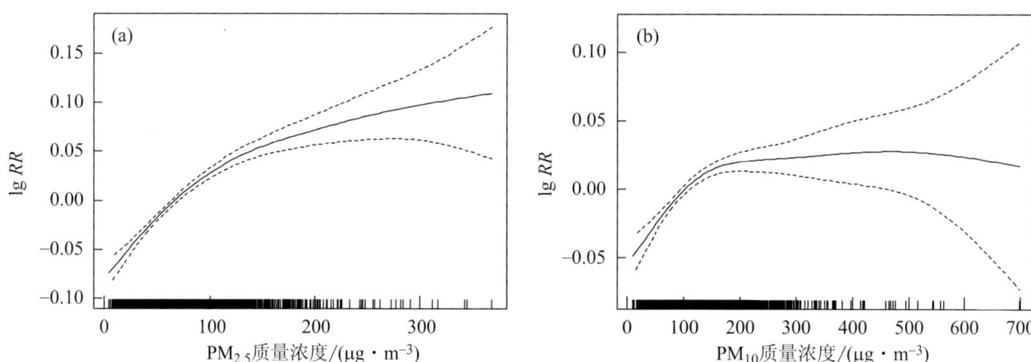

图 2.7 $PM_{2.5}$(a)、PM_{10}(b)对人群非意外总死亡的暴露-反应曲线（lg *RR* 为死亡人数上升风险）(引自 Li et al.,2013c)

陆城市的大气细粒子污染更加严重，$PM_{2.5}$ 日均质量浓度都普遍在 55 μg · m^{-3} 以上（台北地区为 35 μg · m^{-3}），最高甚至达到了 182 μg · m^{-3}，但使用广义相加模型拟合的危险度上升百分比估计值仅为 0.41%～0.95%，要明显低于国外大气细粒子污染更轻微的地区（颗粒物质量浓度为 7～23 μg · m^{-3}，而危险度上升百分比估计值为 1.03%～8.38%），表现为颗粒物污染水平与危险度水平的严重“冲突”现象。

表 2.1 国内外不同地区 $PM_{2.5}$ 的人群危害风险研究结果

地区	危害结果，年份	论文作者及出版年	方法	浓度背景	相对危险度估计值（每增加 10 μg · m^{-3}）
国内					
北京	死亡率，2007—2008	Chen et al.,2011	GLM+ns	82±52	滞后 1 d 上升 0.66%
上海	死亡率，2004—2008	Chen et al.,2011	GLM+ns	55±30	滞后 1 d 上升 0.71%
上海	死亡率，2004—2005	Kan et al.,2006	GAMs	56±30	滞后 2 d 上升 0.95%
沈阳	死亡率，2006—2008	Chen et al.,2011	GLM+ns	94±52	滞后 1 d 上升 0.41%
西安	死亡率，2004—2008	Cao et al.,2012	GLM+ns	182±110	每增加一个四分位数(115)滞后 1 d 上升 4.5%
台北	发病率，2006—2008	Ho et al.,2011	GAMs	35	滞后 1 d 上升 1.09%
国外					
Las Palmas（西班牙，拉斯帕尔马斯）	死亡率，2001—2004	Lope-Villarrubia et al.,2011	GAMs	15	滞后 3 d 上升 6.32%
Santa Cruz（美国，圣克鲁斯）	死亡率，2001—2004	Lope-Villarrubia et al.,2011	GAMs	14	滞后 3 d 上升 9%
美国 204 个县	发病率，1999—2002	Dominici et al.,2006	GAMs	—	滞后 3 d 上升 1.39%
Madrid（西班牙，马德里）	死亡率，2003—2005	Guaita et al.,2011	LOWESS	19±9	滞后 1 d 上升 1.03%
Madrid（西班牙，马德里）	发病率，2003—2005	Linares et al.,2010	LOWESS	19	滞后 1 d 上升 1.07%

续表

地区	危害结果,年份	论文作者及出版年	方法	浓度背景	相对危险度估计值(每增加 10 μg·m^{-3})
加拿大安大略省 8 城市	发病率,2003—2008	O'Donnell et al. ,2011	Meta	7±7	滞后 2 d 上升 11%
Rome(意大利,罗马)	死亡率,2001—2004	Mallone et al. ,2011	GAMs	23±13	滞后 2 d 上升 8.38%
美国 112 城市	死亡率,2003—2006	Zanobetti et al. ,2009	GAMs	7±25	滞后 3 d 上升 1.68%
美国加州 9 城市	死亡率,2002—2004	Ostro et al. ,2006	GAMs	14±29	滞后 2 d 上升 2.2%

对该数值明显差异的理解,目前国内外大都认为是由人群的生活习惯、医疗水平、经济状况、对颗粒物的敏感性及颗粒物组分不同等多种因素的差异共同导致而成。但是普遍忽视了一点,使用线性参数拟合得到的危险度估计值是平均结果,表示在该地区污染浓度范围内,每上升单位颗粒物浓度值时健康结局发生变化的平均状态,不同城市或地区的污染浓度变化范围大小差异很大,其平均相对危险度显然不具有可比性(Li et al. ,2013c)。

进一步研究表明,大气污染对人群健康的危害风险,存在一个人群敏感度快速上升的关键污染浓度段,而这个关键污染浓度段,往往起始于大气污染浓度较低或大气处于轻微污染状态时(图 2.8)。一旦本地的大气污染达到这一关键浓度段,人群危害风险变化速率就会急剧上

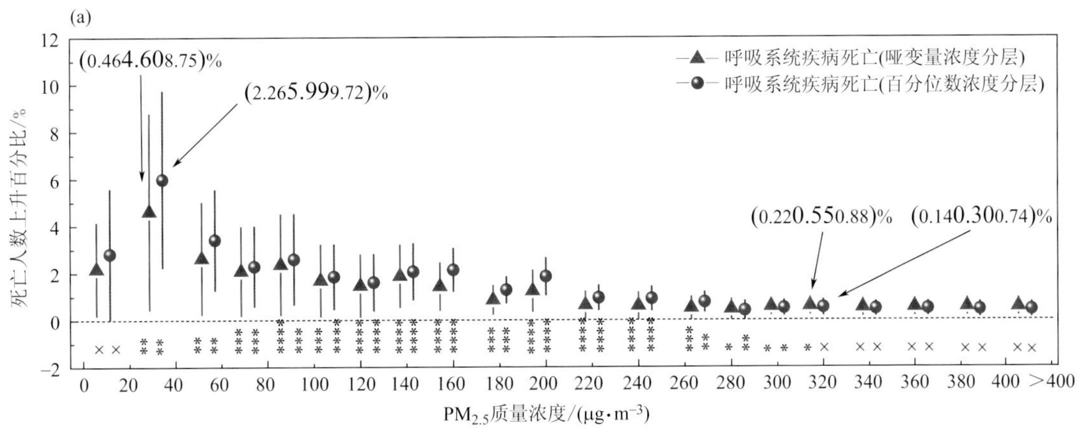

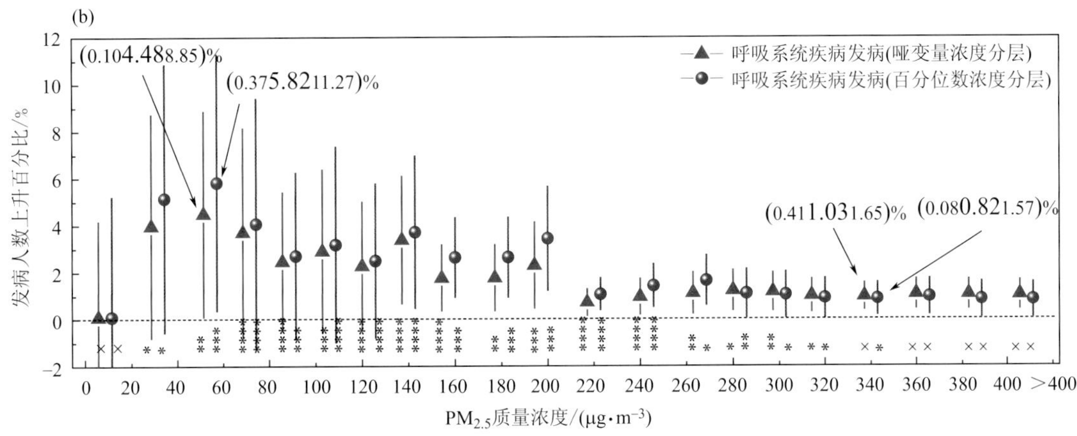

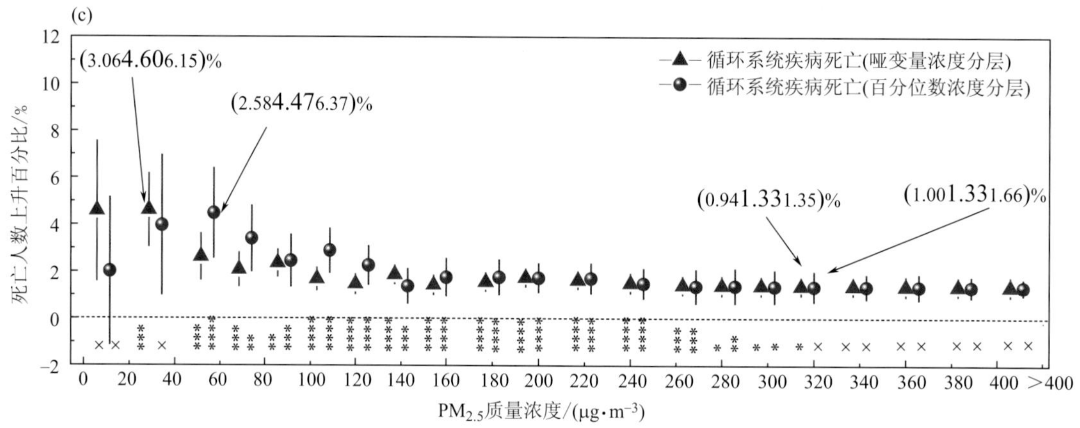

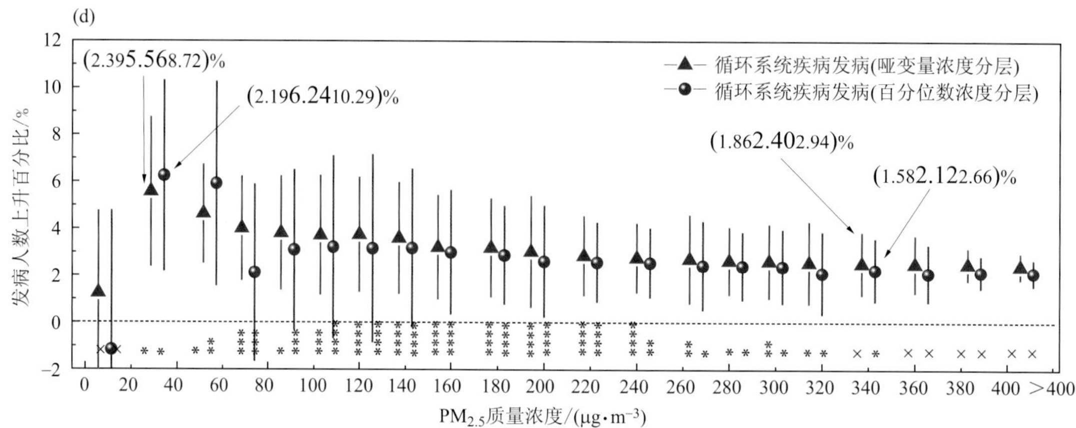

图 2.8 不同浓度污染背景下颗粒物的人群危害风险((a)呼吸系统疾病死亡;(b)呼吸系统疾病发病;(c)循环系统疾病死亡;(d)循环系统疾病发病;× $p<0.1$,* $p<0.05$,** $p<0.01$,*** $p<0.001$,**** $p<0.0001$;图中括号内数字分别为最小值、平均值、最大值)(引自 Li et al.,2013c)

升,由此而导致的死亡或发病人数的增加速率远高于高污染浓度状况下。因此,对于低浓度向高浓度大气污染转变的状况,决不能掉以轻心,由于人群自身适应能力所限,更要及时和加强对空气污染的防护,最大限度地减轻或避免其导致人群发病或死亡人数的急剧上升。

2.3.3 与气象要素的协同作用

大气污染物对人群健康的危害并不是孤立存在的,而是在特定的气象条件下发生的,目前已有多项研究成果表明,不同气象背景下的污染物危害风险具有显著的差异,但学者们在各地得到的结果差异较大,在国内不同城市或地区甚至还呈现出相反的结论(重点主要集中在高温或低温的环境是否会加强颗粒物的人群危害风险)。这也说明了气象条件与颗粒物对相关人群的健康危害风险具有协同作用,也与人体对温度、湿度等气象要素敏感程度的差异有关,不同地理气候条件下人群对自然环境的适应性也不尽相同。

以北京为例,大气颗粒物在高温或低温大气环境下对人群健康危害风险的损伤要强于中等温度或者称为舒适温度的环境,尤其是在强低温环境下其危害风险更加显著。湿度对颗粒物的人群健康危害风险的影响同样显著,大气的低湿条件会进一步加剧低温环境下的大气颗粒物对人群健康的危害风险。因此，在低温低湿气象条件下，大气颗粒物的人群健康危害风险会明显加大，表明两者具有协同作用(图 2.9)。

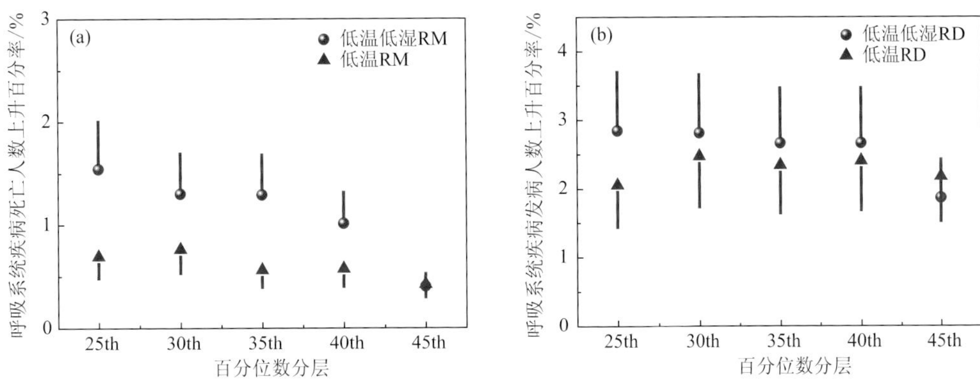

图 2.9 低温环境下湿度对颗粒物危害风险影响的差异对比(a)呼吸系统疾病死亡；(b)呼吸系统疾病发病)(RM：呼吸系统疾病死亡；RD：呼吸系统疾病发病)(引自李沛，2016)

为了考察包含温度、湿度、气压、风速、日照等诸多气象要素的大气环境与大气颗粒物的协同影响，将样本分为冬半年、夏半年两种类型，建立暴露-反应模型与全年中的暴露-反应曲线进行对比。以呼吸系统疾病发病和死亡为例，图 2.10 表示人群健康危害风险在冬半年、夏半年、全年的差异特征。可以看到，冬半年中暴露-反应曲线上升更加陡峭，夏半年曲线走向相对平缓一些，全年暴露-反应曲线较为折中，近似为两者的平均状态。说明冬半年的低温等不利气象条件与颗粒物污染的协同作用对呼吸系统疾病发病和死亡的影响更为显著，而夏半年中两者协同作用所造成的人群健康危害风险弱于全年平均状况。

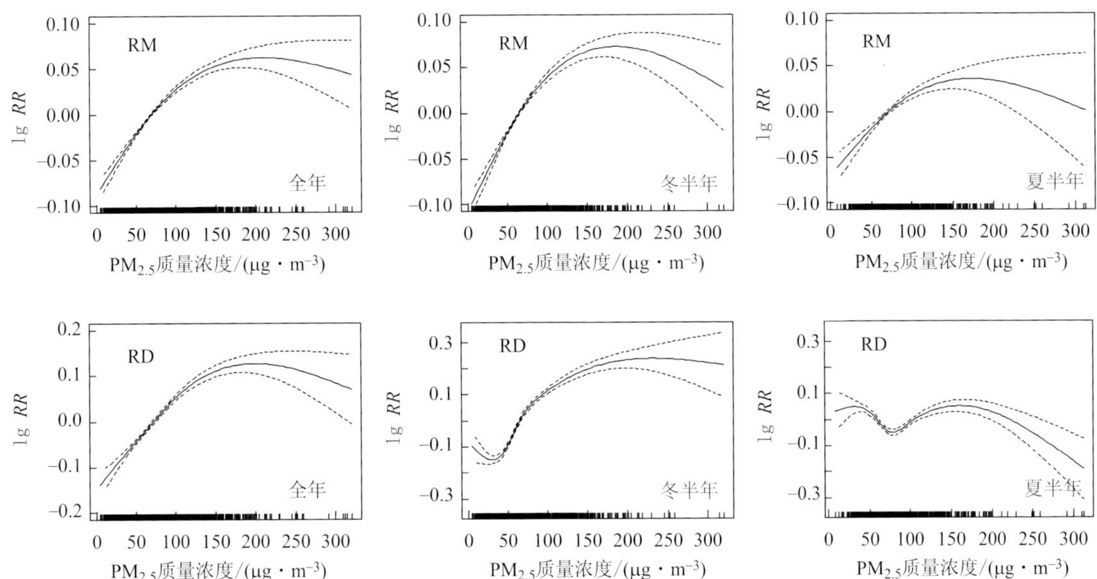

图 2.10 人群危害风险在不同大气环境下(全年、冬半年、夏半年)的差异特征(RM：呼吸系统疾病死亡；RD：呼吸系统疾病发病)(图中实线表示死亡或发病人数上升风险，虚线表示 95%置信区间)(引自 Li et al.，2013c)

2.3.4 季节与环境的协同作用

使用正弦函数拟合出全年的人群健康危害风险估计曲线(图 2.11),可见,冬、春季节 $PM_{2.5}$ 对人群健康的危害风险最为显著。不管是哪种死亡结局,危害风险峰值都较为一致地重叠在冬—春季节交替的时间段,即当 $PM_{2.5}$ 每上升 10 $\mu g \cdot m^{-3}$ 时,对于非意外总死亡来说,死亡人数上升百分比增加 1.8%;对于呼吸系统疾病来说,死亡人数上升百分比增加 1.6%;对于循环系统疾病来说,在冬、春季节交替的时候,死亡人数上升百分比增加 2.8%;平均而言,冬—春季节交替时刻 $PM_{2.5}$ 对人群健康的危害风险将增加 2.1%。而在夏—秋季节交替时,其危险效应均为最低,最高的循环系统疾病死亡人数上升百分比增加仅为 0.5%,仅为冬—春季节交替时百分比的约五分之一。这充分说明不同季节气象要素与大气颗粒物的协同作用对人群健康风险的影响具有明显的差异,尤其在冬—春季节交替时间段低温低湿气象条件与空气污染的协同作用形成了北京市人群健康危害风险的"高危时段",应当予以高度重视。

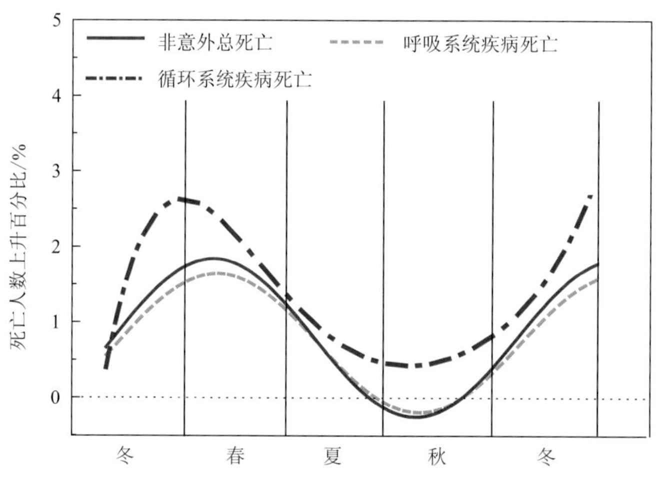

图 2.11 对应三种不同死亡结局(非意外总死亡、呼吸系统疾病死亡、循环系统疾病死亡)的风险正弦曲线拟合结果(引自李沛,2016)

2.3.5 不同化学组分的影响差异

在暴露-反应模型中引入 K^+、Ca^{2+}、NH_4^+、NO_3^-、SO_4^{2-}、Na^+、Mg^{2+}、F^-、Cl^-、NO_2^- 10 种化学组分,统计分析颗粒物中不同水溶性离子对人群健康危害的差异,结果(图 2.12)表明,K^+、Ca^{2+}、NO_3^-、SO_4^{2-} 对人群健康危害风险的影响最为显著,其他离子的影响相对较小。Fairley(2003)在美国加利福尼亚州(简称加州)研究发现,SO_4^{2-} 与总死亡人数、NO_3^- 与心血管系统疾病死亡人数有密切的关系;Son 等(2012)在尼德兰和韩国首尔的研究发现,K^+、NO_3^- 粒子组分的人群健康危害风险具有类似的特征;Burnett 等(2000)研究发现,$PM_{2.5}$ 中的 NO_3^- 会造成人群死亡率增加的风险;Pope 等(1995)和 Dockery 等(1993)在研究中指出,由于 $PM_{2.5}$ 中的 SO_4^{2-} 主要来自于化石燃料的燃烧,会增加人体心肺疾病死亡的风险;宋宇等

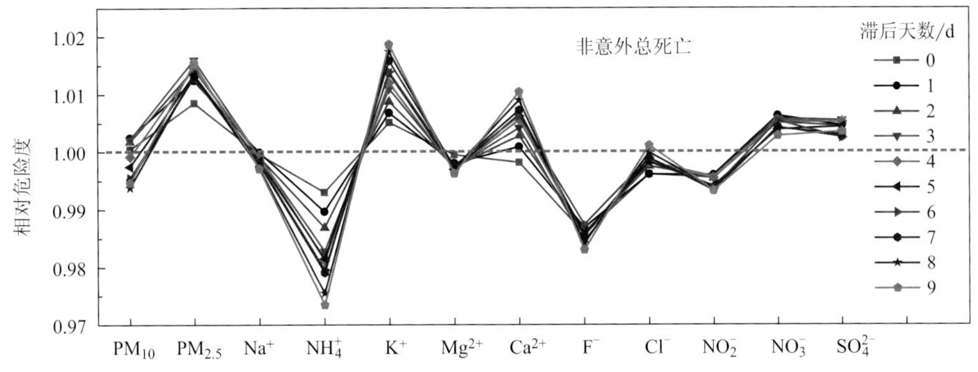

图 2.12　PM_{10}、$PM_{2.5}$ 及其不同水溶性无机离子组分的人群健康危害风险(非意外总死亡)

(引自 Li et al. ,2015)

(2002)使用因子分析方法研究认为,最初主要由燃煤生成的 SO_4^{2-}、NO_3^-,经过一系列化学反应生成硫酸盐和硝酸盐成为二次气溶胶,使人体发病率和死亡率产生明显的增长。这些研究结论都表明,$PM_{2.5}$ 中以 SO_4^{2-}、NO_3^- 为代表的无机离子,对人群健康的危害风险均具有显著的影响。综合北京市大气细粒子化学成分的来源及形成过程,燃烧产物转换而成的二次气溶胶(NO_3^-、SO_4^{2-}),机动车尾气排放转换而成的二次气溶胶(NO_3^-),生物质燃烧产物(K^+),沙尘、工业及道路扬尘(Ca^{2+}),作为北京市大气细粒子水溶性离子组分的主要来源,均会对相关人群健康产生显著的危害风险(Li et al. ,2015)。

进一步考察不同离子危害风险的季节差异特征(图 2.13),发现相对危险度估计值最大的四种离子 K^+、Ca^{2+}、NO_3^-、SO_4^{2-} 都通过了 0.01 显著性水平($p<0.01$)的检验。对于非意外总死亡来说,K^+、Ca^{2+}、SO_4^{2-}、NO_3^- 全年都有明显的影响,其中 Ca^{2+}、NO_3^- 在冬半年影响更显著,而 SO_4^{2-} 在夏半年影响相对更明显;对于呼吸系统疾病发病或死亡来说,四种离子在冬半年都有显著影响,而且对死亡的危害风险高于发病风险;对于循环系统疾病发病或死亡来说,四种离子在冬半年危害影响略明显,但对于发病和死亡来说危害风险差异不大。说明大气细粒子的离子组分对人群健康危害风险的影响具有明显的季节差异,在冬半年 K^+、Ca^{2+}、SO_4^{2-}、NO_3^- 与气象条件存在协同作用,由此表现出更强的危害风险特征,其危害风险最高可达夏半年的 4～5 倍。

结合水溶性无机离子特征分析,冬、春季节以 SO_4^{2-}、NO_3^-、Ca^{2+} 为主的水溶性无机离子的危害风险与 $PM_{2.5}$ 的危害风险的季节性变化特征具有完全一致性,说明大气颗粒物对人群健康危害的季节效应除了与温度、湿度等气象要素有关外,还与颗粒物化学组分及其浓度的季节变化密切相关,两者的共同作用造成了北京市大气环境和气象条件对人群健康危害的影响具有鲜明的季节变化特征,尤其是人群健康防护重点是在低温、低湿气象条件下空气重污染过程期间、冬季和冬—春季节交替时间段,应尽量减少大气颗粒物重污染期间的室外暴露。

在空气重污染日中($PM_{2.5}$ 日均值为 150 $\mu g \cdot m^{-3}$ 及以上),大气粗、细颗粒物及各种水溶性无机离子组分都对应更强的人群健康危害风险(图 2.14)。其中,对非意外死亡来说,K^+、Ca^{2+}、SO_4^{2-}、NO_3^- 在重污染日下对应更高的危害风险;对于呼吸系统发病或死亡来说,除 Na^+、Cl^-之外其他离子在重污染日下并没有显现出非常显著的危害风险;对于循环系统发病

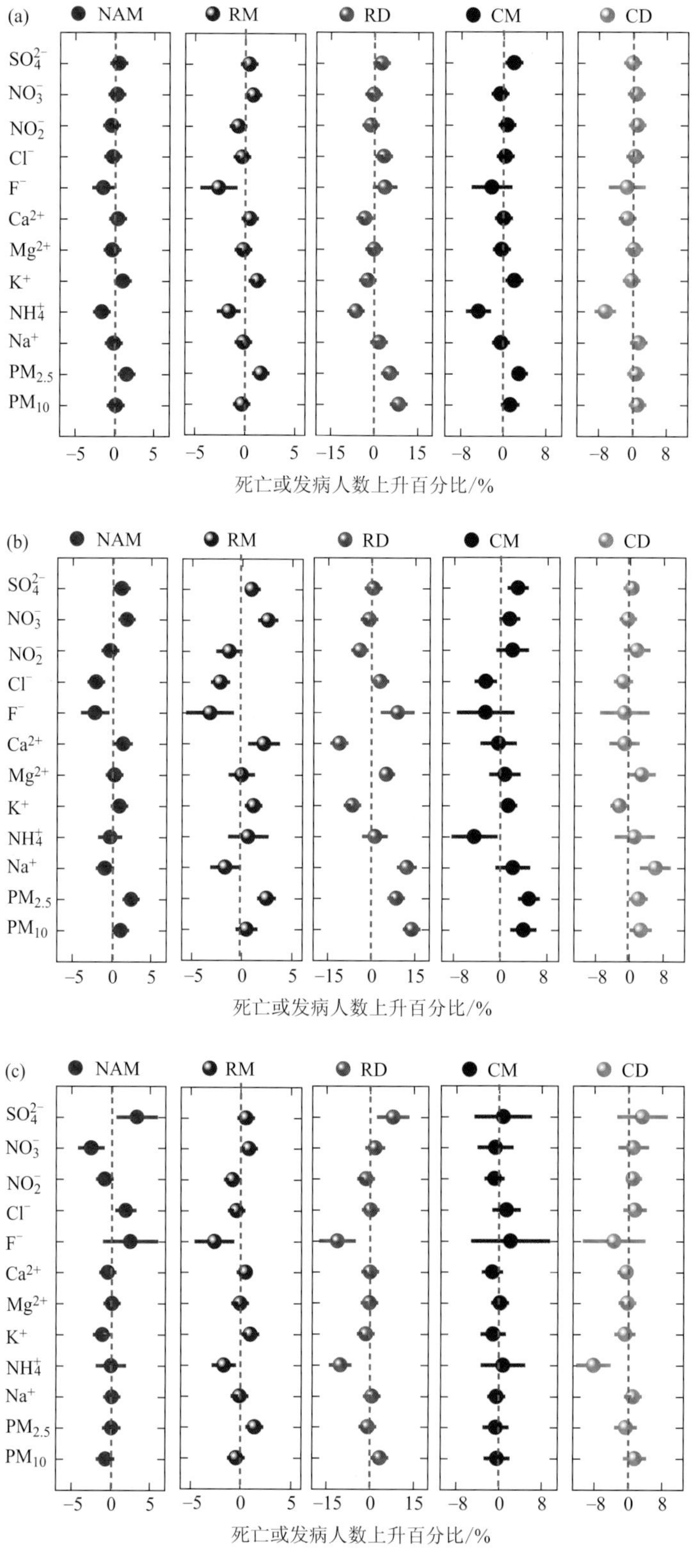

图 2.13　大气颗粒物及细粒子水溶性无机离子在全年(a)、冬半年(11 月至次年 3 月)(b)、夏半年(5—9 月)(c)对人群健康的不同结局(NAM:非意外总死亡;RM:呼吸系统疾病死亡;RD:呼吸系统疾病发病;CM:循环系统疾病死亡;CD:循环系统疾病发病)的影响差异特征(引自 Li et al.,2015)

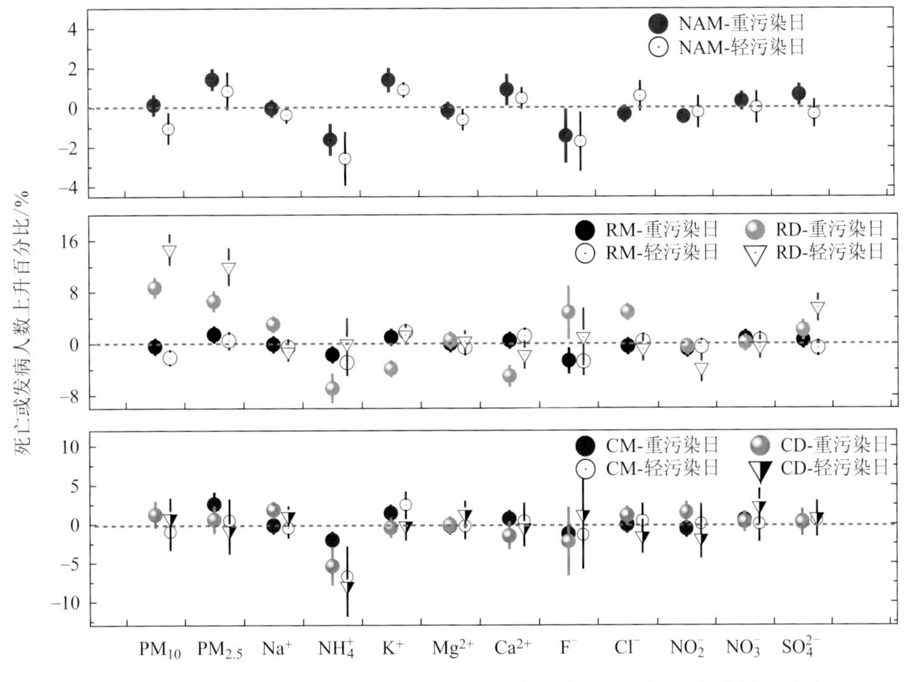

图 2.14 大气颗粒物及其水溶性无机离子组分在不同污染环境下的危害风险差异

(NAM:非意外总死亡;RM:呼吸系统疾病死亡;RD:呼吸系统疾病发病;

CM:循环系统疾病死亡;CD:循环系统疾病发病)(引自 Li et al. ,2015)

或死亡来说,K^+、Ca^{2+}、SO_4^{2-}、NO_3^-、Na^+、Mg^{2+}、Cl^-、NO_2^- 均在重污染日下表现出更高的人群健康危害风险,为轻污染状况下危害风险的 1～6 倍;这表明其与呼吸系统疾病不同,大多水溶性无机离子组分对循环系统疾病人群的危害风险要更加显著。而对于总人群来说,K^+、Ca^{2+}、SO_4^{2-}、NO_3^- 仍为暴露防护的重点(Li et al. ,2015)。

2.3.6 污染物暴露影响的年际差异

对 2005—2009 年北京地区 $PM_{2.5}$ 和四种关键离子(K^+、Ca^{2+}、SO_4^{2-}、NO_3^-)的健康危害风险年际变化态势进行初步研究(图 2.15),结果表明,监测期间人群健康的危害风险整体呈波动上升态势。其中 2005—2007 年三种健康结局(NAM:非意外总死亡;RM:呼吸系统疾病死亡;CM:循环系统疾病死亡)的人群危害风险几乎呈直线上升态势,2007—2008 年人群健康危害风险略有下降,这与 2008 年奥运年京津冀大气污染联合治理力度加大有密切联系,但 2008 年之后其相对危险度非常灵敏地出现了迅速反弹,三种健康结局均接近或超过了 2007 年水平。与 $PM_{2.5}$ 浓度年际变化结果对照来看,北京市大气污染水平自 2006 年以后呈现显著的下降趋势,但 2008 年后人群健康的危害风险却不降反升。

$PM_{2.5}$ 及其化学组分的质量浓度与人群健康的危害风险呈现截然相反的年际变化态势:研究期间大气颗粒物污染水平波动下降,但其危害风险却呈波动上升态势。这样的结果可能隐含两方面原因:其一,在高浓度污染的大气环境中,人体抵抗力有可能在持续下降;其二,随着经济发展方式的转型,我国城市区域的大气污染物及其成分也正在发生变化,尽管污染浓度

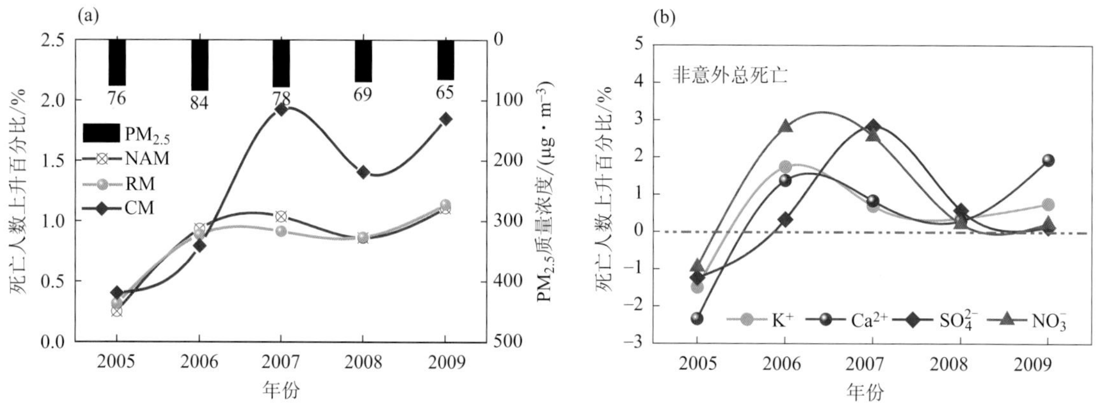

图 2.15　2005—2009 年 $PM_{2.5}$(a)及四种关键离子组分(b)的人群危害风险年际变化态势

(NAM:非意外总死亡;RM:呼吸系统疾病死亡;CM:循环系统疾病死亡)(引自 Li et al.,2013c)

在逐渐下降,但也许其危害的持续性仍在显现,$PM_{2.5}$ 中二次气溶胶粒子的作用仍然非常显著;或者这两方面原因兼而有之,属于共同作用的结果。值得注意的是,这也许是大气污染对人群健康危害风险的另一种危险信号,有待进一步深入研究。但无论是何原因,根据近年来大气颗粒物的人群健康危害风险不降反升的现实,表明当前大气污染的人群健康危害风险形势仍然十分严峻,单纯降低其质量浓度不可能完全达到降低其对当地居民健康危害的目的,更应该以消减影响人体健康的有害成分为目标,来控制区域大气复合污染,正确引导广大民众高度重视大气污染对人群健康危害风险的科学认知,最大限度地降低大气环境对人群健康的危害,实现环境改善、生态文明和循环经济的协调发展,全面提升北京首都的国际形象(Li et al.,2013c)。

2.4　空气污染物危害健康风险评价

健康风险评价作为一种评价方法,由美国环境保护局创建于 20 世纪 70 年代,在过去的几十年里得到长足的发展,已成为政府机构或环境从业者评价管理环境的一种有力工具。针对空气污染危害的健康风险评价,是以风险度为评价指标,将大气环境污染程度与人体健康联系起来,定量描述空气污染对人体产生健康危害的风险。20 世纪 80 年代以来,随着技术方法在环境医学领域的广泛应用和交叉学科的快速发展,相关学者们在全球不同城市或地区针对不同人群关于大气污染对人群健康危害风险方面的研究取得了一些很有价值的结果,初步证实了大气污染物的浓度变化与人群发病、死亡等危害风险终结密切相关,为提升人们的环境意识及其健康危害的认识起到了积极的推进作用。

2.4.1　主要研究方法

目前关于大气污染对人群危害风险的研究方法有很多种,总体上可分为生物学机制方法和统计学研究方法两类。综合来讲,统计学研究得出的结论需要生物学机制来进行解释和验证,生物学机制研究得出的成果可为统计学研究提供思路和方向。生物学机制方法由于条件所限并不能被广泛地应用到大气污染的人群危害风险研究中来,而统计学研究方法由于其普适性、可操作性强、实验可重复且易于控制，具有生物学机制方法所不可替代的优势，因此大多数研究成果都来自于统计学方法所获取的结果。

从大气污染物对人群健康危害的作用时效来看，又可分为急性作用和慢性作用两种，即短期效应和长期效应，两者各具优、缺点。急性作用研究是对人群在短期内大气污染暴露后其质量浓度与暴露后健康终结的对应关系进行分析，表明污染物对已有呼吸系统、循环系统等疾患的局部人群的危害风险。由于研究主体的局限，并不能很好地反映出全部人群因空气污染而导致的健康状态的变化，但是通过用住院率、死亡率、发病人数、死亡人数等这些统计学数据特征来表征人体的危害风险，有其独特的优势：既可在研究样本中设置对照组和控制组，分析研究自变量与因变量差异的影响，还可以定期、系统地收集获取大气污染状态下的污染-疾病数据，这些从足够大的样本量中获取来的真实数据信息，从统计学角度反映或者解释环境污染的人群健康危害风险会更有说服力，目前通常使用时间序列研究和病例交叉研究两种方法（阚海东等，2002；陈连生等，2010；李沛，2016）。慢性作用研究如队列研究得出的结果，多为前瞻性队列研究，可以较为全面地观察大气污染物对人群健康危害风险的慢性变化，但往往研究时间较长、经济成本普遍较大，而且广泛存在失访和偏倚现象，目前普遍采用横断面研究和队列研究方法（陶燕，2009）。当前应用于大气污染的人群健康危害风险的评价方法，多数来源于人群流行病学急性效应的时间序列方法研究，少数来自人群健康危害风险慢性作用的前瞻性队列研究。

2.4.2 生物学研究现状

阐明大气污染物毒性作用的生物学机制近年来已成为国际环境医学研究的热点之一。许多研究表明，各类大气污染物对人群健康有明显的毒害作用，可引起呼吸系统、循环系统、免疫系统、神经系统和内分泌系统等多种人体系统的损伤。20 世纪 30 年代以来，国外在生物统计学、环境流行病学、环境毒理学的理论和方法方面都有了较快发展，为进行大气污染物对人体的损伤认定及其相对危险度的量化评价提供了有力的支持（Dockery et al.，1993；Burnett et al.，2000；Kan et al.，2006；Dominici et al.，2009；Li et al.，2011，2013a，2013b）。国内外学者进行大气污染物健康危害认定的资料来源主要有人群流行病学研究、动物毒理学研究和志愿者暴露试验。人群流行病学研究主要通过系统设计的调查方案、优化的统计方法、尽量去除混杂因素等手段，分析大气污染与人群健康危害风险的相关性，虽然不能提供直接的科学证据，但对于定性分析、环境管理和政策制定仍具有非常重要的参考价值。动物毒理学研究的缺陷在于实验动物的种属及个体反应均存在一定差异，难以准确量化其与人体真实反应的一致程度。志愿者暴露试验是在大型动式大气中毒室中志愿受试者（包括健康受试者和高危人群受试者如哮喘患者等）暴露于人工控制的相对稳定的不同浓度大气污染物环境后，测定其危害风险及其差异。这类人体暴露试验可直接获取大气污染物对人体产生的不良健康反应，能生动、有效地阐明两者的对应影响关系。国外研究者曾建立动式大气中毒室，对志愿受试者（包括哮喘患者志愿受试者）受气态污染物影响的危害风险进行了实验与分析，获取了非常宝贵的人体实验资料。志愿者暴露试验成本很高、耗资巨大，其动式大气中毒室的设计、志愿受试者的筛选、对污染物浓度的控制要求也很高，试验进行前必须反复经过医学伦理学方面的论证和认可，而且必须事先告知受试者试验风险，且受试者要完全自愿同意。试验过程中需考虑和遵循伦理学原则，因此暴露时间不能过长、污染物浓度不能过高。志愿受试者表现出的种种不良危害风险必须在亚临床和人体功能变化的可控范围之内。志愿者暴露试验的诸多特点从一定程度上限制了大气污染人群危害风险效应试验的广泛开展，但目前为数不多的成功试验，都有了重大突破，其结果被全球广泛引用，WHO 在制定大气质量浓度标准指导值时也引用过该类试验资料，美国及其他国家也积极参考这些经典结果。除了建立动式大气中毒室进行体内实验之外，国内外诸多学者也曾尝试通过体外实验的方法对大气污染物尤其是颗粒物的毒性进行测试和检验，因为流行病学研究表明的大气污染物危害风险统计结论，需要这些毒理学的研究结论提供机理的解释支持。与 NO_2、SO_2、O_3 等气态污染物不同，颗粒污染物对人体的损伤程度会随着时间和空间发生相应的变化。这方面的显著差异主要来自于各种粒径、各种来源的大气颗粒物的成分非常复杂，会造成质量浓度、化学成分及损伤机制等发生较大变化，因而颗粒污染物对人群健康的影响及危害有显著的地域性差异。

2.4.3 统计学研究现状

随着流行病学统计方法在环境学科中的广泛应用，20 世纪 80 年代后期开始，国外率先使用以时间序列方法为主的统计学方法来评价大气污染物尤其是颗粒物暴露对各种健康危害风险的影响。通过时间序列基本模型——广义相加模型和广义线性模型，学者们对大气污染物与人群死亡率、发病率的建模研究发现，在全球不同国家和地区以大气颗粒物为主的空气污染对人群危害风险都具有显著的、不同程度的危害作用。因为具有易于控制多个混杂因素及定量分析各变量与健康结局关联程度的优势，近 30 年来，以泊松回归模型、对数线性模型、多因素统计方法为代表的各种统计模型在空气污染人群健康危害风险的时间序列研究中被广泛采用。大部分人的研究结果基于人群总死亡人数或呼吸系统疾病死亡人数，得到了生物学机制的有效支持。

哈佛大学公共卫生学院 Dochery 教授和他的同事在美国东北部 6 个城市进行 16 年死亡率（从 1972 年开始）的前瞻性研究（Dockery et al.，1993；Schwartz et al.，1996），以及美国癌症协会（American Cancer Society，ACS）的长期队列研究（Pope et al.，1995；Brunekreef et al.，2002），于 1993 年公布了研究结果，较早揭示了各种主要空气污染物（SO_2、O_3、颗粒物等）与人群死亡率较好的对应关系，并将注意力放在了大气颗粒物上，充分表明了大气颗粒物对人群健康危害风险的显著影响，而其他大气污染物以及它们的组合与死亡率均没有很好的相关性。迄今为止，全球最著名的人群健康危害风险两大专项研究：一个是欧洲大气污染环境健康研究计划（Air Pollution and Health：A European Approach，APHEA），研究涉及 29 个具有代表性的欧洲城市，研究时间为 20 世纪 90 年代，研究样本周期超过 5 年（Katsouyanni et al.，2001）；另一个是美国国家大气污染相关发病与死亡研究（National Morbidity，Mortality，and Air Pollution Study，NMMAPS），研究涉及美国 20 个大城市，样本时间为 1987—1994 年，2005 年再次扩大范围到 90 个城市（Dominici et al.，2009）。两大专项研究均一致表明，SO_2 对总死亡率、CVD&COPD 死亡率、住院人数都有密切的关系，NO_x 与呼吸道和肺功能疾病、死亡率有密切的关系，O_3 浓度的增加导致人群死亡率出现显著增加。除此之外，两项研究还惊人地发现大气颗粒物（早期为 PM_{10}，后期逐步深入到 $PM_{2.5}$ 甚至 $PM_{1.0}$）与居民死亡率都有着高度相关性，且其影响远大于主要气态污染物。

随着细粒子监测数据的逐步开放和学者们对大气颗粒物统计研究的持续深入，越来越多的研究焦点在大气细颗粒物上面。学者们较为一致地发现，细颗粒物较粗颗粒物具有更高的毒害作用,会给人体带来更高的健康威胁。20 世纪 90 年代以来,国内学者逐渐开始关注以 PM_{10} 为主的大气污染的人群危害风险,21 世纪以来 $PM_{2.5}$ 的危害风险才开始得到初步的统计研究。学者们在研究过程中发现,中国与欧美发达国家相比,污染物的人群暴露-反应关系存在一定的差异,由于人口、环境、经济、医疗水平、生活习惯等因素普遍存在较大的差异,直接引用国外暴露-反应关系以及危害风险估计值结果显然不合适、不严谨。因此,相关学者们在国内很多城市或地区开始建立自己的大气颗粒物污染健康模型,逐步量化评估国内城市的颗粒物危害风险。迄今为止,在北京、上海、沈阳、本溪、香港、广州、武汉、天津、重庆、西安、兰州等地均已有不同程度的研究,中国不同城市或地区的颗粒物人群危害风险得到了初步定量的估计,虽然研究结果存在一定的差异,但仍取得了一些可喜的很有价值的成果。目前在北京地区关于 TSP(总悬浮颗粒物)及 PM_{10} 的人群危害风险已有了一些具有普遍性的研究结论,但对 $PM_{2.5}$ 的危害风险研究相对少一些,已有的研究成果也仅限于颗粒物不同粒径的危害风险差异。迄今为止,国内外研究团队也仍尚未从颗粒物粒径、影响时效、季节环境、年际变化、污染背景和粒子化学组分等多种角度对大气颗粒物的危害风险进行系统、全面的研究,而且针对不同城市或地区的健康危险度差异也普遍认为其与地理环境、生活习惯、医疗水平等有关系,对其原因分析还不够深入。目前为止,对于国内来说,由于资料所限,关于颗粒物中不同化学组分对人群危害风险的研究仍是一项需要不断加强的新课题。

2.5 广义相加模型

在数据统计分析中,广义线性模型(generalized linear model,GLM)常被广泛作为分析和预测工具来使用,但它要求反应变量的期望与变量之间的关系是线性的。当两者关系呈非线性时,可运用不同函数拟合非线性变量并将其加和,即使用广义可加模型(generalized additive models,GAMs)进行拟合。GAMs 模型最早是由美国人 Hastie 和 Tibshirani 在扩展了加性模型(additive models)的应用范围的基础上提出来的,该模型采用非参数进行拟合,仅要求各函数项是可加、光滑的(李丽霞等,2007;Hastie et al.,1990)。其统计原理是用一个连接函数来建立反应变量的期望与非参数形式的各变量之间的关系,常用来灵活、有效地解决非线性问题,既无需严格限定因果变量之间的参数依存关系,也克服了高维度带来的种种麻烦,从而可给出多个灵活多变的统计回归模型,因此该模型在环境医学领域应用越来越广泛。其原理利用最小二乘法来使得期望值、观察值两者之间的差距尽可能最小,将最小二乘法变成惩罚最小二乘法的形式以确保其满足光滑,广义非线性可加模型的基本数学形式如下:

$$g(\mu)=\alpha+\sum_{j=1}^{p}f(X_j) \tag{2.1}$$

式中:$g(\mu)$是对 Y 值的期望值的函数转化,即 $\mu=E(Y/X_1,X_2,\cdots,X_p)$;$f(X_j)$为连接函数;$\alpha$ 为常数变量(或者截距);$f(x_j)$为每一个预测变量 X_j 对应的非线性函数。从模型形式上来看,GAMs 对各个预测变量的形式没有任何规定。

另一种样条函数方法最早是 20 世纪 40 年代提出来的,在 60 年代开始得到广泛应用(Stone,1974),因其具有数值稳定性、收敛性、整体光滑性等多种优点,所以成为曲线拟合以及函数逼近的理想工具。该函数采用光滑连接的分段多项式拟合方法,分段拟合避免了高次多项式插值导致的振荡现象,同时函数变化能力和数据适应能力都较强。在环境医学领域里样条函数被广泛应用于数据插值和逼近，是一种成熟、有效的数学统计工具。

2.5.1 危害风险基本模型

作为一种时间序列模型，每日死亡或者发病等小概率事件近似服从泊松分布。在基于Logistic回归模型基础上应用不同样条平滑函数拟合非线性变量，以非线性和线性两部分的加和形式来拟合各变量对每日死亡(发病)人数期望与大气颗粒物质量浓度的关系，构建危害风险的基本模型。这种采用时间序列的Poisson(泊松)广义相加模型，使用样条平滑函数调整死亡或发病的长期趋势、季节效应、周末效应、节假日效应、采暖期效应、气象因素等潜在的混杂因素。常用模型的基本形式如下：

$$\mathrm{Log}[E(Y_i)]=\alpha+\sum_{i=1}^{n}\beta_i X_i+\sum_{j=0}^{m}f_j Z_j \tag{2.2}$$

式中：Y_i 为观测日 i 当天的死亡或发病人数；$E(Y_i)$ 为观测日 i 的日死亡或发病人数的预期值；α 为截距；X 为产生线性影响的自变量，如颗粒物浓度等；β 为通过模型估计得出的自变量回归系数；f 为非参数平滑函数，常采用三次样条函数；Z 为对应变量发生非线性影响的变量，如气温、相对湿度等。在充分考虑时间趋势($time$，$time=1\sim n$)、星期效应(DOW，$DOW=1\sim 7$)、节假日效应、采暖期效应($HEAT$，$HEAT=0,1$)、温度、相对湿度这些混杂因素的影响时，常将星期变量、节假日变量、采暖期变量作为哑变量处理。模型同时考虑到污染物、温度和相对湿度的滞后效应，并且认为在暴露中所有变量均具有一定的累积效应，因此，定义1～7 d的颗粒物浓度和温湿度日均值的单日滞后值及滑动平均值分别为单日滞后变量及滑动平均滞后变量。建立的对应模型分别为：

$$\begin{aligned}\mathrm{Log}[E(Y_i)]&=\alpha+\beta X_i+s(time,df)+s(Z_i,df)+DOW\\&=\alpha+\beta X_i+s(time,df)+s(T_i,df)+s(RH_i,df)+\\&\quad as.factor(DOW)+HEAT\end{aligned} \tag{2.3}$$

$$\begin{aligned}\mathrm{Log}[E(Y_i)]=\alpha+\beta\times\frac{1}{n}\sum_{i=1}^{n}X_i+s(time,df)+s\left(\frac{1}{n}\sum_{i=1}^{n}T_i,df\right)+\\s\left(\frac{1}{n}\sum_{i=1}^{n}RH_i,df\right)+as.factor(DOW)+HEAT\end{aligned} \tag{2.4}$$

式中：df 为自由度；T 和 RH 分别为温度、相对湿度日均值；DOW 和 $HEAT$ 分别为星期效应和采暖期哑效应变量；n 为滞后天数。对自变量也进行非线性处理，可以描绘得到影响变量的暴露-反应曲线，其模型为：

$$\begin{aligned}\mathrm{Log}[E(Y_i)]=\alpha+s(X_i,df)+s(time,df)+s(T_i,df)+\\s(RH_i,df)+as.factor(DOW)+HEAT\end{aligned} \tag{2.5}$$

模型越复杂、阶数越高，待估计参数也越多，越容易出现过拟合现象；相反，模型越简单、阶数越低，适用性也越强，但与真实分布的偏差就越大。综合权衡模型的适用性和复杂性，日本著名统计学教授赤池弘赤从信息论出发，提出了合理定阶的赤池信息准则(Akaike information criterion，AIC)。AIC值是衡量统计模型拟合优度的一种标准，其大小能够很好地反映模型拟合数据的能力(Dockery et al.，1993)。根据AIC来选择模型阶数(自由度)，AIC越小，模型的拟合优度越好。

衡量大气污染物的人群危害风险通常采用两个指标：相对危险度(relative risk，RR)和健康结局百分比(如死亡或发病人数上升百分比)的增量,用%表示。利用 GAMs 模型估算得到的线性回归系数 β,计算当变量改变单位浓度时,人群日死亡或发病人数自然对数的相对改变量,即相对危险度。自变量变化单位的 N 倍时,相对危险度 $RR=e^{\beta\times N}$。相对危险度值为 1 时,表示变量对人群健康危害风险的影响为零,当其值大于 1 时,表示大气污染物对人群健康危害风险具有危害效应,其值越大表示危害越大。超额危险度百分比表示为当变量改变单位浓度(如颗粒物质量浓度每增加 10 $\mu g\cdot m^{-3}$ 或 API 指数每上升 10)时,每日死亡(发病)人数上升百分比的变化量:$(RR-1)\times 100\%$,用%表示。

2.5.2 危害风险精细模型

适当地控制长期趋势、季节性效应、采暖期效应、星期效应和节假日效应等混杂因素后,在构建影响要素与健康终结的暴露-反应关系基本模型的基础上,通过引入哑变量的方法,调整时间序列模型之中的温度、湿度、季节、年份、化学组分等变量,建立季节复合模型、浓度分级复合模型、化学组分复合模型、年份复合模型,量化不同季节、不同年份、不同污染背景及不同化学组分的颗粒物对人群健康危害风险的贡献。建立的人群危害风险非线性模型,其危险度模拟输出结果要通过 $p<0.01$ 水平的显著性检验,对各自的残差序列进行检验,判断是否呈随机平稳的白噪声过程,若无法满足残差独立的要求,则对模型进行调整,直至满足白噪声特征为止。建立的复合模型依次对应如下。

化学组分复合模型引入 $\beta_1 I_1 X_1$ 等多个表示离子组分的哑变量,当样本数据与相应离子对应时,$I_1=1$,否则 $I_1=0$,β_1 为模型拟合得到的系数,可将(2.3)式中 βX_i 替换为:

$$\beta_1 I_1 X_1+\beta_2 I_2 X_2+\beta_3 I_3 X_3+\beta_4 I_4 X_4+\beta_5 I_5 X_5+\beta_6 I_6 X_6+\beta_7 I_7 X_7+\beta_8 I_8 X_8 \tag{2.6}$$

季节复合模型引入 $b_{sp} I_{sp} X_{i-l}$ 等 4 个表示季节特征的哑变量(如果只分析冬半年或夏半年,则只需两个变量即可),当样本数据与相应季节对应时,$I_{sp}=1$,否则 $I_{sp}=0$,b_{sp} 为模型拟合得到的系数 β,模型表达式如下:

$$\begin{aligned}\text{Log}[E(Y_i)]=&\alpha+b_{sp}I_{sp}X_{i-l}+b_{su}I_{su}X_{i-l}+b_{au}I_{au}X_{i-l}+b_{wi}I_{wi}X_{i-l}+s(T,df)+\\&I_{sp}s(time,df)+I_{su}s(time,df)+I_{au}s(time,df)+I_{wi}s(time,df)+\\&s(RH,df)+as.factor(DOW)+HEAT\end{aligned} \tag{2.7}$$

用同样的方法,在浓度分段复合模型中引入哑变量,可将(2.3)式中 βX_i 替换为:

$$\beta_{0-20}I_{0-20}X_{0-20}+\beta_{20-40}I_{20-40}X_{20-40}+\beta_{40-60}I_{40-60}X_{40-60}+\cdots \tag{2.8}$$

年份复合模型引入哑变量,可将(2.3)式中 βX_i 替换为:

$$\beta_{2005}I_{2005}X_{2005}+\beta_{2006}I_{2006}X_{2006}+\beta_{2007}I_{2007}X_{2007}+\beta_{2008}I_{2008}X_{2008}+\beta_{2009}I_{2009}X_{2009} \tag{2.9}$$

危害效应是综合作用的结果,各种 GAMs 时间序列分析都不能完全排除、分离一定大气环境的影响。为了更准确评估大气颗粒物在不同大气环境下其危害风险的差异,利用课题组近年来监测获取的北京及周边地区大气污染物浓度与化学成分数据,根据 PM_{10}、$PM_{2.5}$ 及气象要素单变量危险度指数变化范围,在单污染模型的基础上,使用双自变量的三维模型研究大气环境与颗粒物的协同作用,以此来表示人群死亡或发病人数随颗粒物和温度两者变化所呈现出的变化关系,其对应的三维时间复合模型为:

$$\begin{aligned}\text{Log}[E(Y_i)]=&s(X_i,T_i)+s(X_i,bs="cr",df)+s(T_i,bs="cr",df)+\\&s(time,df)+s(RH,df)+as.factor(DOW)+HEAT+\alpha\end{aligned} \tag{2.10}$$

再采用温度百分位数分段、多要素组合分层以及引入气象要素哑变量的方法来得到不同要素背景下危害风险的差异，对比分析拟合结果，评估气象要素与颗粒物协同作用对人群健康危害风险的影响，进一步验证气象条件与颗粒物的协同作用。百分位数分层使用基本模型来针对不同等级的变量进行拟合，得出各自条件下的危险度估计值。季节哑变量模型，可将(2.3)式中 βX_i 替换为：

$$b_{\mathrm{Ja}} I_{\mathrm{Ja}} X_{i-l} + b_{\mathrm{Fe}} I_{\mathrm{Fe}} X_{i-l} + b_{\mathrm{Mr}} I_{\mathrm{Mr}} X_{i-l} + b_{\mathrm{Ap}} I_{\mathrm{Ap}} X_{i-l} + b_{\mathrm{Ma}} I_{\mathrm{Ma}} X_{i-l} + b_{\mathrm{Ju}} I_{\mathrm{Ju}} X_{i-l} + b_{\mathrm{Jy}} I_{\mathrm{Jy}} X_{i-l} + b_{\mathrm{Ag}} I_{\mathrm{Ag}} X_{i-l} + b_{\mathrm{Se}} I_{\mathrm{Se}} X_{i-l} + b_{\mathrm{Oc}} I_{\mathrm{Oc}} X_{i-l} + b_{\mathrm{No}} I_{\mathrm{No}} X_{i-l} + b_{\mathrm{De}} I_{\mathrm{De}} X_{i-l} \tag{2.11}$$

对全年时间序列进行正弦函数拟合，借此来观察全年的危害风险变化趋势，其模型为：

$$\mathrm{Log}[E(Y_i)] = \alpha + b_s \sin(2\times\pi\times time/365) X_{i-l} + b_c \cos(2\times\pi\times time/365) X_{i-l} + b_0 X_{i-l} + s(time, bs = "cr", df) + s(T, bs = "cr", df) + s(RH, bs = "cr", df) + as.factor(DOW) + HEAT \tag{2.12}$$

以上式中：α 均为常数；$bs = "cr"$ 表示变量函数采用立方样条平滑函数；df 为自由度；$as.factor(DOW)$ 表示星期变量采用哑变量处理；$HEAT$ 表示采暖期效应，也用哑变量处理。

2.6 小结

(1)近年来我国某些重点城市(群)复合型大气污染问题尤为凸显，给相关人群健康带来了急性影响和慢性影响，已引起了环境科技工作者和广大民众的极大关注。大气污染已经成为当今世界最大的环境监控风险因素，定量评估和分析各种大气污染物的来源及其危害性，将为合理改善区域空气质量提供极有价值的科学依据。

(2)从 20 世纪 80 年代开始，国内外学者利用统计学方法和生物学机制方法对大气污染物的人体健康影响进行了一系列研究，初步证实了各类气态污染物和颗粒污染物的浓度变化与人群的发病、死亡等健康结局密切相关，但由于我国研究起步较晚、资料受限，故此类研究还需逐渐深入。

(3)大气颗粒物对人体健康的影响显著高于其他气态污染物的影响，不同地区污染水平、颗粒物来源、形成过程、化学组成等因素可能会导致颗粒物毒性不同。以北京为例，细粒子 $PM_{2.5}$ 危险度最高，粗粒子 $PM_{2.5\sim10}$ 危险度相对较小；细粒子水溶性组分中，K^+、Ca^{2+}、NO_3^-、SO_4^{2-} 对人群健康危害风险的影响最显著。

(4)大气污染对人群健康的危害风险，存在一个人群敏感度快速上升的关键污染浓度段，它开始于污染较轻状态下($20\ \mu g \cdot m^{-3} \leqslant PM_{2.5} \leqslant 60\ \mu g \cdot m^{-3}$、$80\ \mu g \cdot m^{-3} \leqslant PM_{10} \leqslant 140\ \mu g \cdot m^{-3}$、$100 \leqslant API \leqslant 220$)，但其健康危害风险随污染浓度增加的增长速率非常快，此时相关人群更要加强对污染暴露的健康防护。此外，大气污染对人群健康危害的影响具有鲜明的季节性特征，相关人群应当做好在低温低湿气象条件下的空气污染健康防护；同时要尽量减少寒冷季节，尤其是冬—春季节交替时间段对大气颗粒物污染的室外暴露。

(5)近年来我国大气污染的防控力度不断加大，但相关研究显示，大气颗粒物的人群危害风险并未达到预期效果。当前大气复合污染的人群健康危害风险形势依然严峻，由此表明单纯降低其质量浓度来实现显著降低其对居民健康危害之目标仍有局限性，更应该着重从控制大气污染物的有害化学成分入手，对其加以重点控制。此外，还应进一步加大环保意识的宣传教育，正确引导广大民众关于大气污染对人群健康危害风险的科学认知，方能取得比较理想的防护成效。

第3章

中国空气污染物时空分布特征

空气污染物浓度的时空分布与排放源分布、排放量、地形、地貌以及气象条件等密切相关，因此与其他环境要素中的污染物质相比，空气污染物分布极为不均，随时间、空间变化大（王式功等，2002；辛金元等，2010；吴兑，2012；王跃思等，2014）。及时准确地掌握空气污染时空变化特征，不仅是科学评价城市空气质量、开展空气污染预报的基础工作，也是政府部门加强空气污染管控，科学应对严重污染事件的重要参考依据。

我国从 2000 年 6 月 5 日起发布重点城市的空气质量日报，本章利用全国 120 个重点城市多年的空气污染指数（API）、190 个重点城市的空气质量指数（AQI）以及相关污染物浓度数据，对全国空气污染状况的时空变化特征进行分析。

3.1 中国空气质量空间分布特征

为了更好地反映中国空气质量的全国分布情况，使用 2001 年 1 月 1 日—2012 年 6 月 5 日 84 个环境保护重点城市的 API 资料、2011 年 1 月 1 日—2012 年 12 月 31 日 120 个环境保护重点城市的 API 资料、2014 年 1 月 1 日—2015 年 12 月 31 日 190 个城市的 AQI 资料以及 2014 年 1 月 1 日—2016 年 12 月 31 日各城市 $PM_{2.5}$、PM_{10}、SO_2、NO_2、O_3 和 CO 等污染物浓度数据进行比较分析。

3.1.1 空气质量指数总体空间分布

图 3.1 为中国城市空气污染指数（空气质量指数）的总体分布。由图 3.1a 可见，我国 API 整体呈现出北高南低的分布特征，北方大部分城市 API 普遍偏高，特别是乌鲁木齐、兰州、西宁、西安和北京，其 API 年均值为 85～100；而 API 偏低的城市主要集中在南方沿海地区以及西藏中南部地区，尤其是海口、珠海、北海、湛江、桂林和拉萨等城市，其 API 年均值在 50 以下。从 2011—2012 年 API 年均值的分布（图 3.1b）来看，API 高值中心的强度及范围均有所缩小，东北地区、河西走廊及青海中东部地区、中东部及南方部分地区的 API 值较 2001—2012 年均值有所降低，空气质量为优的范围进一步扩大。从 2014—2015 年 AQI 年均值的分布（图 3.1c）来看，AQI 高值中心的强度及范围均发生较大变化，最大值出现在新疆中南部，其中和田地区 AQI 年均值高达 209（属于沙漠区特例，图中未显示）；河北中南部为次高值中心，以保定和石家庄为典型代表的城市 AQI 年均值也达到了 120 以上；AQI 偏低的城市变化不大，主要分布在西藏、福建、广东、广西、云南、贵州、新疆北部、内蒙古东部和黑龙江地区部分城市。

高值中心发生了变化，这与AQI中计算方法更加科学以及引入$PM_{2.5}$、O_3等污染物有关，新高值中心的出现反映了空气质量的综合表现，为控污减排提供了更具参考价值的依据。值得注意的是，之前API较高的乌鲁木齐、兰州和西宁等城市，2014—2015年的AQI年均值相对较低，在90左右，这些地区的大气质量较之前有明显的好转。总体来看，全国大部分城市空气质量整体表示出不同程度的改善，但两极分化现象也更加显著。

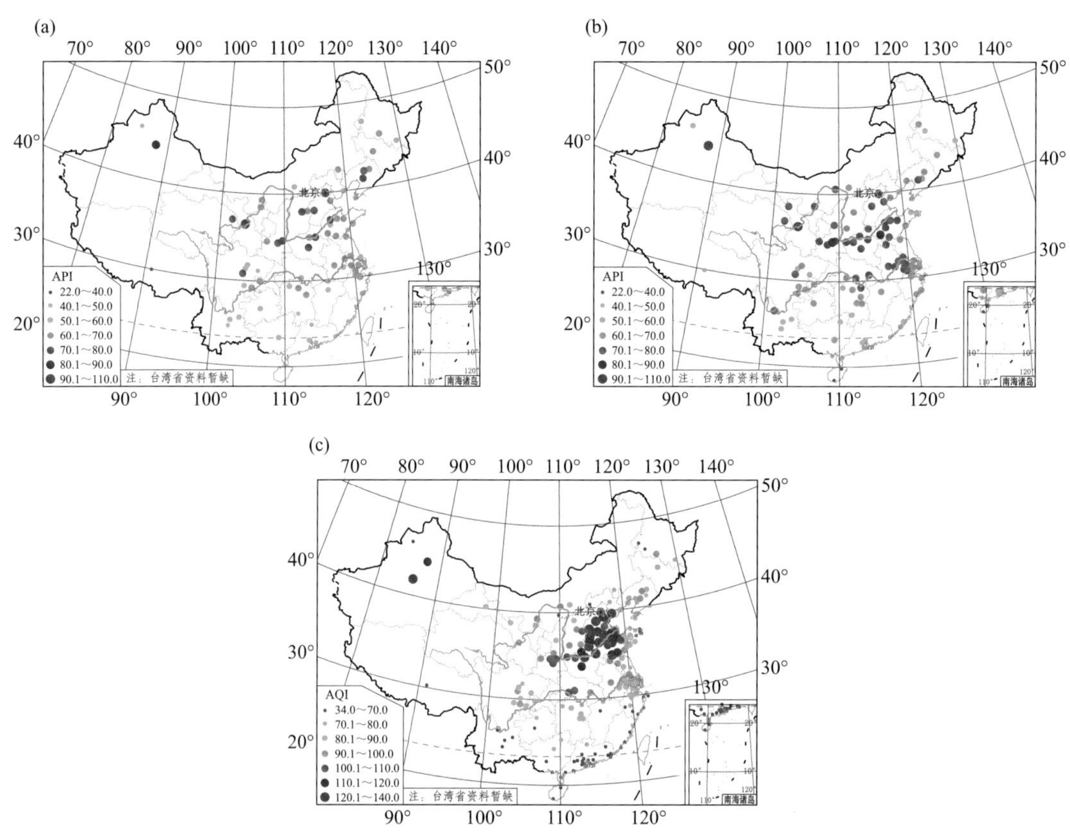

图3.1 中国近年空气污染指数(空气质量指数)空间分布(引自张莹,2016)

(a)2004年6月5日—2012年6月5日84个城市API年均分布;(b)2011年2月11日—2012年12月31日120个城市API年均分布;(c)2014年1月1日—2015年12月31日190个城市AQI年均分布

3.1.2 空气质量浓度总体空间分布

图3.2为2014—2016年全国各城市大气污染物年均质量浓度的空间分布。可见，PM_{10}、$PM_{2.5}$、SO_2、NO_2和CO的空间分布虽程度有别、但整体特征较为相似，其高值中心位于新疆和华北南部—华中地区，5种污染物质量浓度高值分别可达185 $\mu g \cdot m^{-3}$、80 $\mu g \cdot m^{-3}$、38 $\mu g \cdot m^{-3}$、61 $\mu g \cdot m^{-3}$和3.8 $mg \cdot m^{-3}$，其中颗粒物污染浓度超标100%以上，SO_2、NO_2污染质量浓度接近国家标准，CO污染质量浓度远低于国家标准；低值中心位于中国大陆最北端（新疆、内蒙古、黑龙江北部）和最南端（西藏、云南、广西、广东、海南及港澳台地区），上述5种污染物的质量浓度高值中心分别为40 $\mu g \cdot m^{-3}$、20 $\mu g \cdot m^{-3}$、10 $\mu g \cdot m^{-3}$、15 $\mu g \cdot m^{-3}$和0.7 $mg \cdot m^{-3}$，均显著低于国家标准。其中，沙尘颗粒对西部地区高值中心的贡献非常显著，而各种工业源、生

活源的污染排放及二次生成对全国大范围地区的污染物质量浓度贡献均不可小视(向敏等,2009;王跃思等,2013;孔峰等,2017)。此外,广东地区尤其广州市 NO_2 质量浓度异常偏高,需要引起高度重视。对于 O_3 来说,全国范围内除新疆东部、黑龙江北部、西藏西部和青海南部地区质量浓度较低外,其他大部分地区质量浓度均较高,最高值分布在青海北部、山东半岛以及长三角地区,O_3 年均质量浓度可达 120 $\mu g \cdot m^{-3}$ 以上,从范围上来讲,O_3 污染的分布要更加广泛,是我们需要重点消减的方向。整体来讲,中国大部分地区夏季呈现高浓度颗粒物与高浓度 O_3 叠加的大气复合污染特征(辛金元等,2010;王跃思等,2013)。

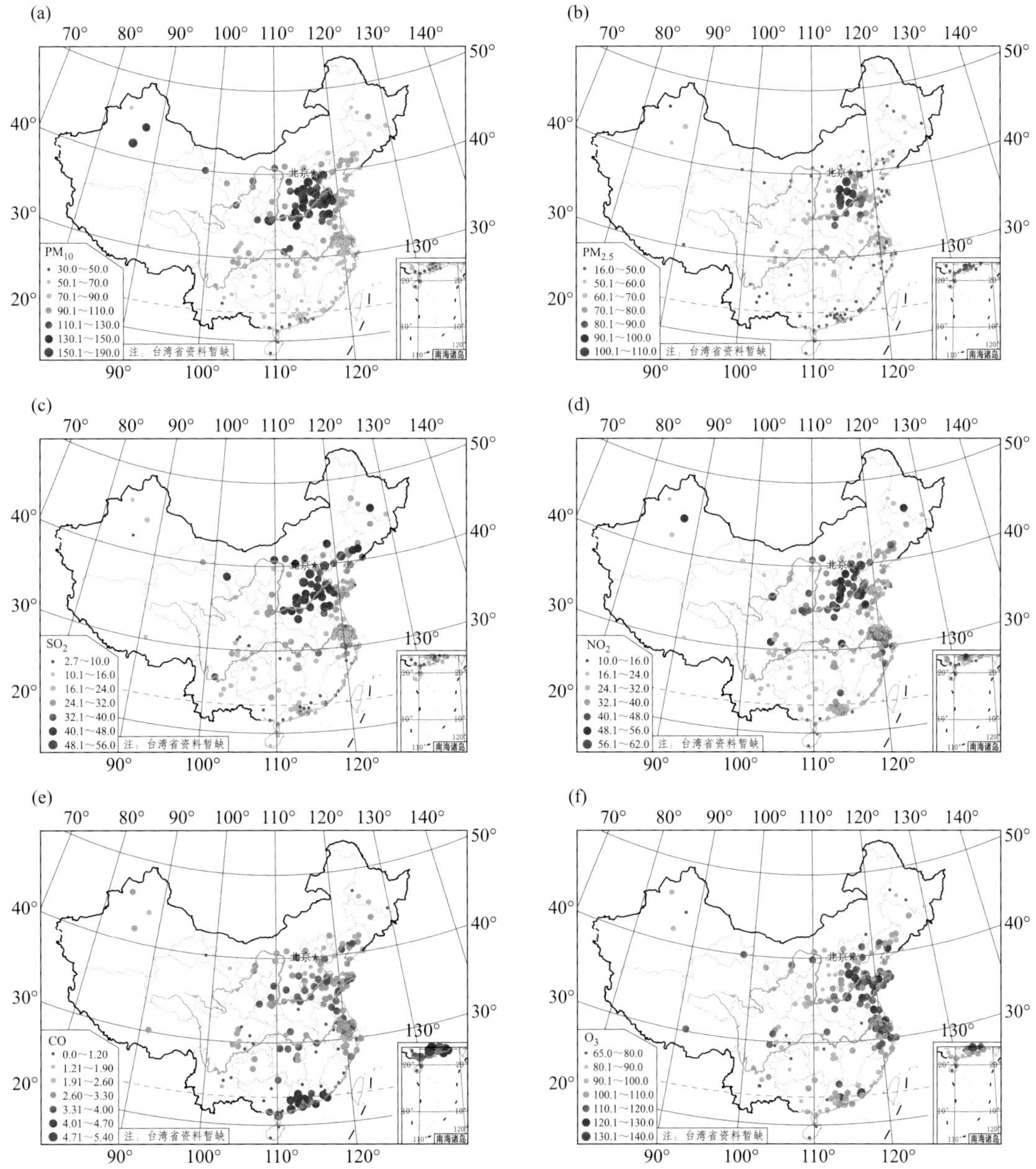

图 3.2 2014—2016 年全国各城市主要大气污染物年均质量浓度的空间分布

(CO 的浓度单位为 $mg \cdot m^{-3}$,其余均为 $\mu g \cdot m^{-3}$)

(a)PM_{10};(b)$PM_{2.5}$;(c)SO_2;(d)NO_2;(e)CO;(f)O_3

3.1.3 区域代表站空气质量指数对比

表 3.1 为 2001—2012 年北京、兰州和广州三个典型代表城市空气质量级别天数统计情况。可以看出，作为华北地区的典型代表，2001 年北京市空气质量全年以 1 和 2 级为主，但从 2002 年开始空气质量明显变差，2002—2007 年 1 级天数明显下降(从 179 d 降至 22～36 d)，2 和 3 级天数显著增加，直至 2008 年以后，1 级天数才逐步回升(48～85 d)。作为西北地区的典型代表，兰州市空气质量历年以 2 和 3 级为主(2 和 3 级相加平均为 313 d)，1 级天数较少(4～37 d)；但近年来 2 级天数显著增加、1 级天数波动增加、4～5 级的天数波动减少，说明空气质量有一定好转。作为华南地区的典型代表，广州市空气质量全年以 1 和 2 级为主，2 级天数最多(220～266 d)，自 2004 年后 1 级天数显著增加、3 级天数显著减少，4 和 5 级天数基本没有。比较而言，广州市空气质量最好、北京次之、兰州略差；总体上近年来三个典型代表城市空气质量都得到明显的改善，反映出我国整体上空气质量趋好的态势。

表 3.1 2001—2012 年 3 个典型代表城市空气质量级别天数(d)统计结果

年份	北京					兰州					广州				
	1 级	2 级	3 级	4 级	5 级	1 级	2 级	3 级	4 级	5 级	1 级	2 级	3 级	4 级	5 级
2001	179	129	34	14	9	4	72	104	8	22	90	263	12	0	0
2002	22	181	110	8	11	6	110	184	25	40	75	255	35	0	0
2003	27	197	136	4	1	14	142	147	25	37	61	253	48	2	1
2004	33	195	121	9	8	11	196	132	14	12	38	266	62	0	0
2005	36	198	122	3	6	4	200	143	12	7	77	255	33	0	0
2006	26	215	100	13	11	15	223	104	10	13	114	220	31	0	0
2007	32	214	107	9	3	5	220	120	11	29	92	241	32	0	0
2008	61	213	84	4	4	26	245	83	7	4	119	226	21	0	0
2009	48	237	75	3	2	11	91	255	4	5	126	221	18	0	0
2010	53	232	74	4	2	10	225	119	6	5	113	244	8	0	0
2011	76	209	75	3	2	37	185	120	10	13	124	236	5	0	0
2012	85	198	79	3	1	21	223	113	4	4	124	236	6	0	0
平均	56.5	201.5	98.5	5.7	5.0	13.7	177.7	135.3	11.3	15.9	96.1	243.0	25.9	0.2	0.08

3.1.4 重点城市空气质量为优日数对比

由于污染物浓度变化受季节性气候和排放量变化的影响较大，因此，本节分季节对重点城市空气质量为优天数(API≤50)进行对比分析。图 3.3 为全国重点城市各季节空气质量为优日数出现百分率。春季，各地区空气质量为优日数较少，大部分城市不超过 20%，其中，西北地区中东部(包括兰州、西宁、银川、延安和西安等)、环渤海及周边地区(包括北京、天津、保定、石家庄和沈阳等)空气质量为优日数最少，均不足 10%；西藏、黑龙江东部及华南地区空气质量为优日数较多，超过了 40%，特别是海南省的海口市和三亚市更是高达 90%及以上(图中未显示)。夏季，空气质量为优的日数明显增加，大部分城市空气质量为优日数在春季的基础上又普增10%及以上。其中,西藏、黑龙江东部和华南等地大部分城市为优日数高达70%以上,海南各城市接近100%;西安、兰州和西宁等城市的空气质量为优日数略多于春季,但总体仍不足10%。秋季,空气质量为优日数普遍低于夏季,但整体略好于春季。西藏、黑龙江东部和华南等地大部分城市为优日数下降到60%以内,西安—兰州—西宁地区仍为污染高值中心,空气质量为优的日数不足10%。冬季,空气质量为优日数占比普遍为全年最低,除西藏中南部达到50%,云南、华南与华东部分城市达到30%,其余各地大部分城市均低于10%。从全年来看,空气质量为优日数占比低于10%的城市基本都出现在北方,比如西安—兰州—西宁地区,华北地区中东部(石家庄、沈阳等)等地;而空气质量为优日数高于50%的城市基本都出现在南方,比如华南(广东、广西等)等地,说明南方城市空气质量为优日数普遍高于北方城市,西部城市普遍高于东部城市;此外,空气质量为优日数整体呈现冬少、夏多的季节性变化特点。

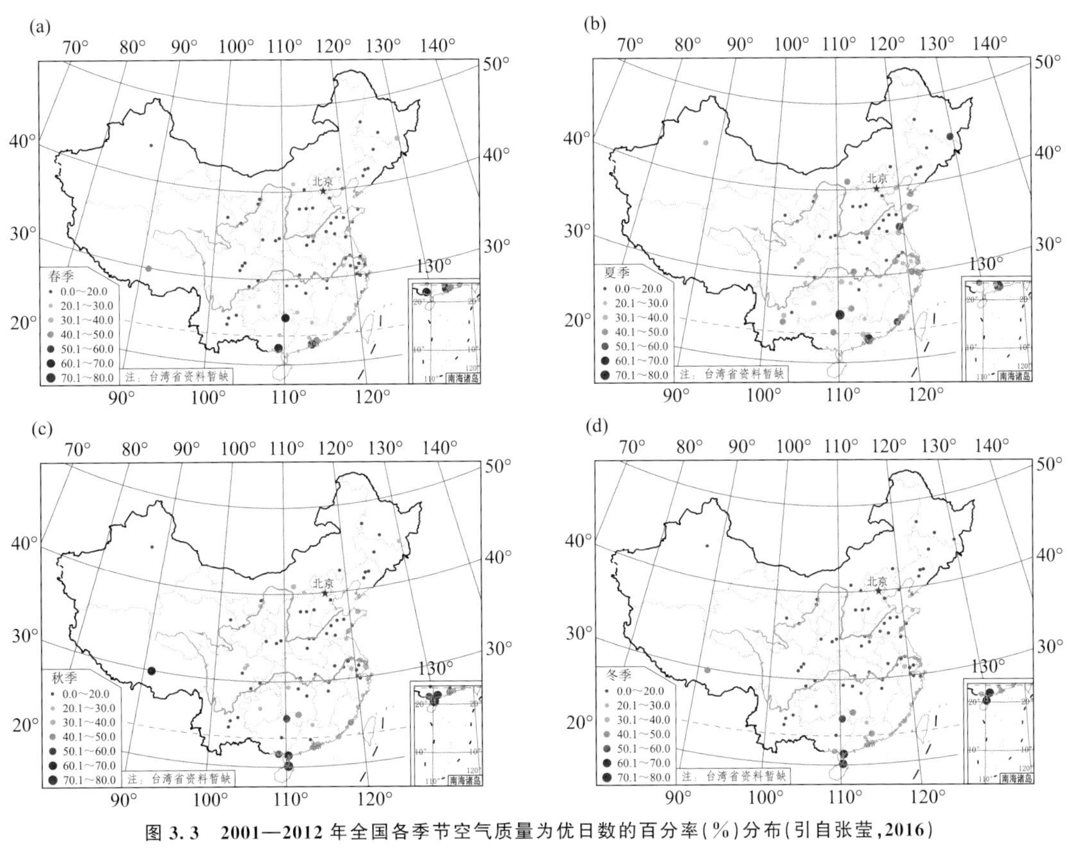

图3.3 2001—2012年全国各季节空气质量为优日数的百分率(%)分布(引自张莹,2016)

(a)春季;(b)夏季;(c)秋季;(d)冬季

3.2 中国城市首要污染物空间分布特征

由人类社会工农业生产和生活以及自然界产生的污染物种类繁多,无法在空气质量指数中一一体现,因此环保部门设定"首要污染物",定义为当AQI大于50时IAQI(空气质量分指数)最大的空气污染物,也就是对人们的健康影响最为严重、最需要消除的空气污染物。环保部于2012年2月发布的《空气质量指数(AQI)技术规定》中将主要污染物新增为6种,分别为

PM_{10}、SO_2、NO_2、CO、O_3 和 $PM_{2.5}$。根据环保部实时公布的空气质量状况数据，本节分别就各种污染物对各城市首要污染物的空间分布进行分析。需要说明的是，首要污染物的出现频率只能表明某一城市空气中几种主要污染物（$PM_{2.5}$、PM_{10}、SO_2、NO_2、CO、O_3）中分指数最大的污染物出现的频率，不能表明不同污染物各自的污染水平。例如某城市污染较重，在 SO_2 为首要污染物的情况下，NO_2 或 PM_{10} 也可能有比较高的浓度，但不是最高的；某城市污染较轻，若 PM_{10} 为首要污染物，其他污染物的浓度肯定比 PM_{10} 还要低。此外，由于近地层 O_3 是典型的二次污染物，主要是由人类活动排放的挥发性有机物（volatile organic compounds，VOC）和氮氧化物（NO_x）作为前体物，在太阳光的作用下经过一系列复杂的光化学反应生成的，且 O_3 具有很强的地域特征，本节暂不涉及对 O_3 这种二次污染物的研究。

3.2.1 可吸入颗粒物

图 3.4 为全国各城市各季空气中首要污染物为 PM_{10} 的日数百分率分布。整体来看，全年 PM_{10} 为首要污染物的占比均较高。春季，PM_{10} 为首要污染物的日数比例为全年最高，除新疆南部、西藏和华南地区城市外，全国大部分城市首要污染物为 PM_{10} 的比例在 70%以上，西安—兰州—西宁地区等北方受春季沙尘天气影响频繁的城市（王式功等，2003），春季更是高达 90%以上。夏季，首要污染物为 PM_{10} 的日数比例较春季明显减少，其中，东南沿海城市减少尤为显著，西藏和华南各城市仍为最低，其中海口和北海不足 5%，达到全年最低。秋季，首

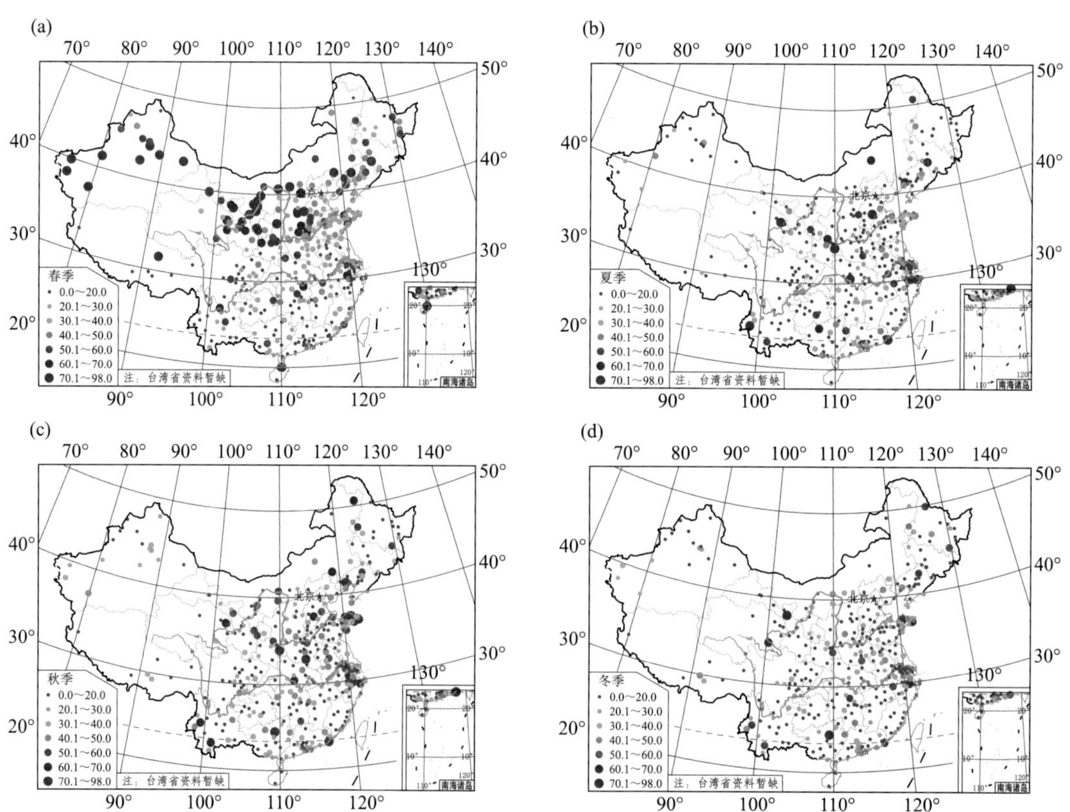

图 3.4 2001—2012 年全国各城市四季空气首要污染物为 PM_{10} 的日数百分率(%)分布(引自张莹，2016)

(a)春季；(b)夏季；(c)秋季；(d)冬季

要污染物为 PM_{10} 的日数比例较夏季普遍略有增加，如新疆各城市超过了70%（新疆有些城市是受沙尘影响所致，图中未显示），西藏各城市也超过了40%，华南各城市均超过了50%。相反，京津环渤海地区和东北大部分城市 PM_{10} 日数占比反而略有降低，说明秋季该地区颗粒物污染水平要低于夏季，这与实际监测到的颗粒物浓度季节分布特征是一致的。夏季北京地区大气颗粒物中细颗粒物比例显著增长，主要原因是其浓度变化不仅受一次排放以及气象条件的影响，同时二次粒子生成以及区域输送也有较大贡献，而秋季二次粒子生成贡献小于夏季。冬季，首要污染物为 PM_{10} 的日数比例在秋季的基础上整体有所降低，尤其是新疆及华北大部地区，这与冬季地表冻结导致大气中粗颗粒不易释放至大气中有关，但是东北中东部的部分省市 PM_{10} 日数占比有所增加，原因可能为极寒地区燃烧取暖大量排放所致。总体来说，不论南方还是北方城市，空气中首要污染物为 PM_{10} 的日数出现百分率整体偏高，基本维持在50%～90%，只有极个别城市（海口、北海、柳州和湛江）在30%以下，充分说明目前影响我国城市空气质量的首要污染物仍是可吸入颗粒物，且在春季影响最为严重，秋季次之，夏、冬季较为接近，相对较低。

3.2.2 二氧化硫

图3.5为全国各城市各季空气中首要污染物为 SO_2 的日数百分率分布。整体来看，冬季 SO_2 为空气中首要污染物的占比最高，春、秋季次之，夏季最低。春季，除广西、新疆、四川东部

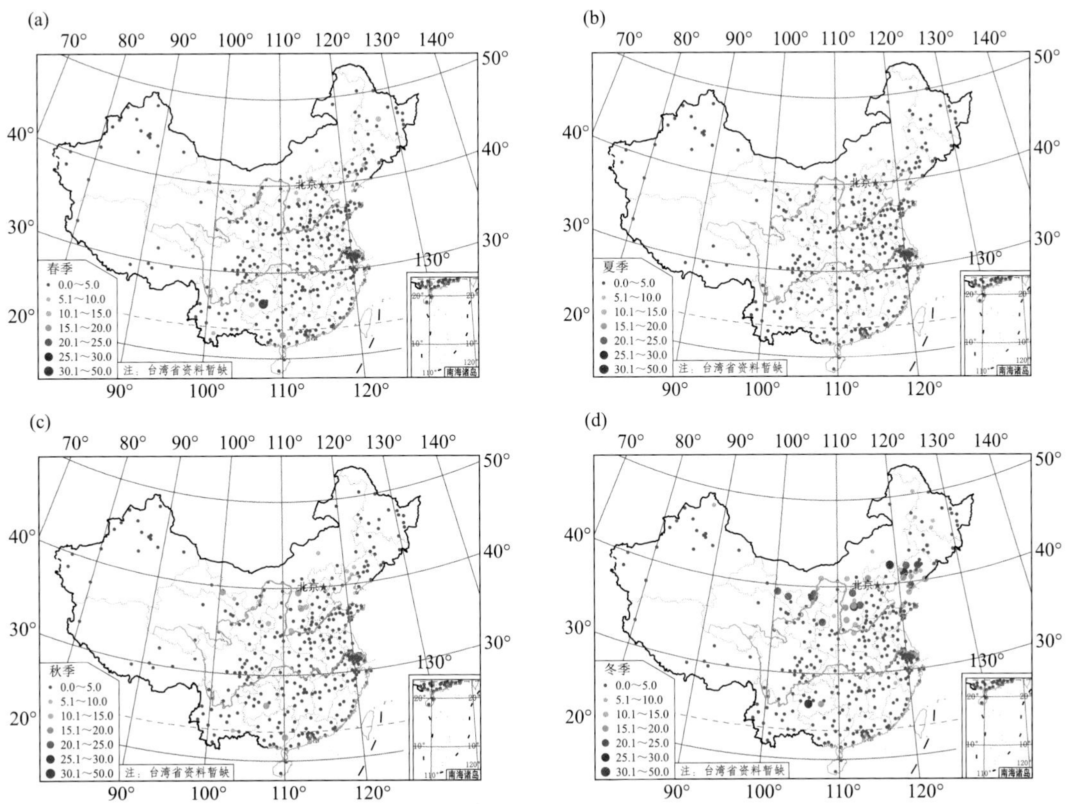

图3.5 2001—2012年全国各城市四季空气首要污染物为 SO_2 的日数百分率(%)分布(引自张莹，2016)

(a)春季；(b)夏季；(c)秋季；(d)冬季

和内蒙古西部为高值中心外，其他城市占比均保持在10%以下，尤其西藏地区、西北地区中部和东北中东部等地区日数占比百分率接近于0。夏季，各城市普遍较低，大部分城市均保持在10%以下，其高值中心（广西柳州）也没有超过40%。秋季各城市有了初步的回升，各城市SO_2日数占比明显高于夏季，空间分布特点与春季大致相似，其高值中心出现在广西柳州（66%）。冬季，空气中首要污染物为SO_2的日数比例达到最高，北方多数城市达到30%以上（天津达到62%），南方城市也普遍上升，广西柳州达到了64%。总体来看，以广西柳州、四川德阳等为代表的传统重工业城市，全年SO_2作为首要污染物的日数占比居高不下；北方和南方城市空气中首要污染物为SO_2的日数比例分布不均匀，但由于北方工业城市分布众多（许绍李，1956），再加之受取暖季节采暖燃煤量增加的影响，总体上北方城市占比要高于南方城市。

3.2.3 二氧化氮

整体而言，全国大部分城市空气中首要污染物为NO_2的日数都趋近于0，而且季节差异不大（图略）。北方城市如呼和浩特、牡丹江、哈尔滨和潍坊等地空气首要污染物为NO_2的日数比例均在1%以下，南方城市空气首要污染物为NO_2的日数普遍略多，如深圳、广州和厦门等，但普遍维持在1%～4%，最高不超过8%。

3.2.4 细颗粒物

图3.6为2014—2015年中国大陆190个城市AQI指数中各季节空气中首要污染物为$PM_{2.5}$的日数百分率分布，这与PM_{10}的季节分布特点（图3.4）完全不同。春季，除华中、华东大部分城市比例较高（如湖南永州87%、湖北黄石80%、安徽滁州79%）之外，中东部城市普遍不超过30%，西部城市普遍不超过10%。夏季$PM_{2.5}$日数所占比例整体偏低（达到全年最低值），除华北南部和华中地区少部分城市接近40%，其他地区整体低于30%，西部地区仍为最低，不超过10%。夏季$PM_{2.5}$日数大范围整体偏低，除与污染排放强度有关外，对流活动旺盛、降水湿清除作用明显等有利的气象条件是另一主要原因。秋季，$PM_{2.5}$日数所占比例在夏季基础上显著增加，高值中心区在春季基础上进一步扩展，在东北南部地区出现了AQI次高值中心，西部地区比例稍高于春季但仍为低值区（20%以下）。冬季，受大气层结稳定等不利气象条件以及北方取暖污染物排放量增加的影响，全国各地区$PM_{2.5}$日数所占比例均为全年最高，$PM_{2.5}$污染高值中心与秋季相同（华东、华中、华北南部和东北南部地区），但全国范围内日数比例普增约20%，尤其是宜昌市、自贡市、南充市、襄阳市、重庆市和恩施州其比例均在90%以上（宜昌市最高达97%）；在新疆乌鲁木齐地区出现了次高值中心，可能与该地区冬季西北主导风向、地表干燥及植被稀疏等自然条件形成的风沙扬尘有关。出人意料的是，各季节北京地区并非污染核心区域，说明与近些年华北多地车辆限行、石油化工污染企业大批关停等环保措施有一定直接关系。总体来说，$PM_{2.5}$日数比例空间分布特点非常鲜明，存在着一个东北—西南向的分界线（胡焕庸线）（贾康等，2015；王振波等，2015），南方城市$PM_{2.5}$日数占比明显高于北方城市，中东部城市明显高于西部城市；全年稳定的$PM_{2.5}$污染聚集区为以环渤海城市群、中原城市群和长三角城市群为核心的华北南部—东北南部—华中—华东地区的菱形区域，稳定的空气优良区为以西部城市群、内蒙古中北部城市群和华南城市群为主的西部—北部—南部的区域。季节特点较明显，冬季最高，春、秋季次之，夏季最低。

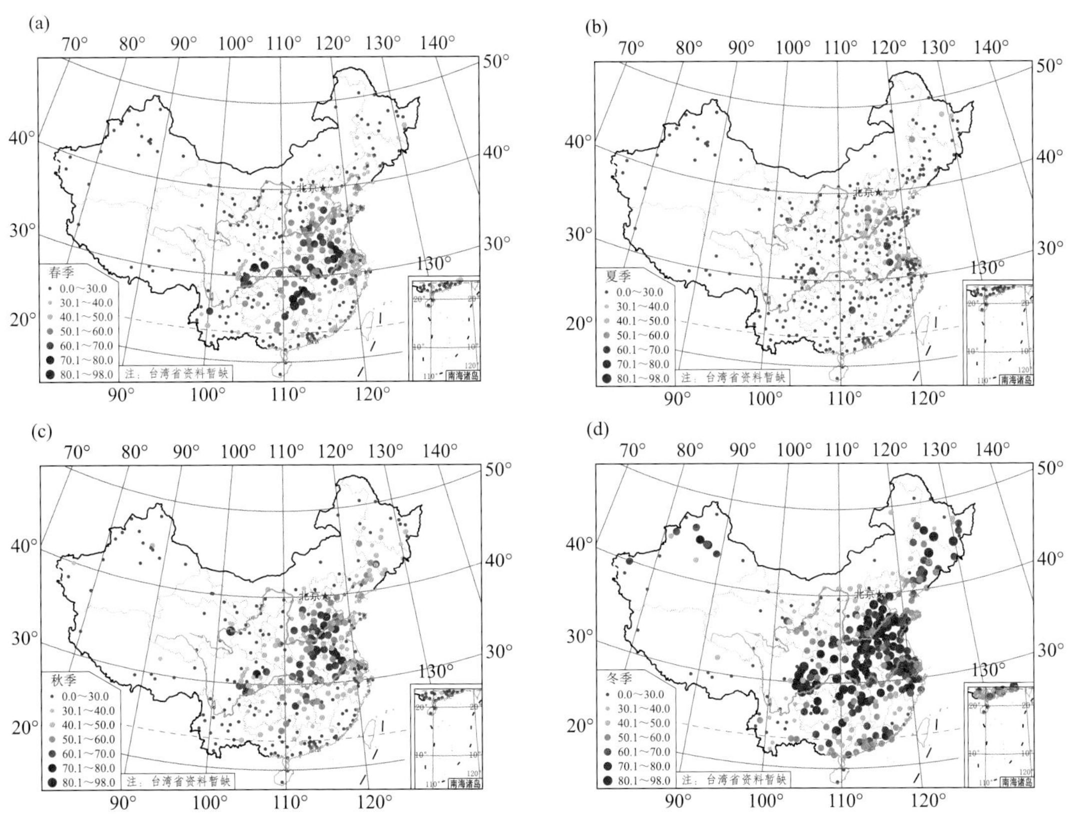

图 3.6 2014—2015 年中国大陆四季 AQI 中首要污染物为 $PM_{2.5}$ 的日数百分率(%)分布(引自张莹,2016)

(a)春季;(b)夏季;(c)秋季;(d)冬季

统计了 PM_{10}、SO_2 和 NO_2 这三种污染物在 API 各级别中所占的百分比,由表 3.2 可知,不同等级中 PM_{10} 作为首要污染物的出现频率均最高(整体都在 91%以上),SO_2 和 NO_2 在各等级中所占的比例整体较低,尤其是 NO_2 基本接近于 0,而 SO_2 除在空气质量Ⅱ和Ⅲ1 等级中所占比例为 9%左右外,其他等级中所占比例也接近于 0。说明大气颗粒物污染仍是影响我国城市空气质量的首要污染物,尤其春季 PM_{10}、冬季 $PM_{2.5}$ 的污染水平长期居高不下。

表 3.2 2001—2013 年 API 各级别中三种大气污染物出现频率的统计结果

	Ⅱ	Ⅲ1	Ⅲ2	Ⅳ1	Ⅳ2	Ⅴ
PM_{10}	91%	91%	98%	99%	100%	100%
SO_2	9%	8.6%	1.8%	1%	0%	0%
NO_2	0%	0.3%	0.2%	0%	0%	0%

3.3 中国空气质量时间变化特征

3.3.1 代表城市各污染物质量浓度的年际变化

我们从全国不同地域和气候区选取 16 个代表城市,对近 10 年各代表城市的空气污染物质量浓度变化特征进行分析。其中：华北地区 3 个城市，北京、石家庄、呼和浩特；东北地区 2 个城市，沈阳、哈尔滨；华中地区 1 个城市，郑州；华东地区 2 个城市：济南、上海；华南地区 2 个城市：广州、海口；西北地区 3 个城市：兰州、西安、乌鲁木齐；西南地区 3 个城市：成都、昆明、拉萨。资料来源于国家环保部公布的空气污染物质量浓度监测数据，其中 SO_2、NO_2 和 PM_{10} 为 2007—2016 年共计 10 年的年均质量浓度，$PM_{2.5}$、CO 和 O_3 为 2013—2016 年共计 4 年的年均质量浓度，年变化趋势见图 3.7。

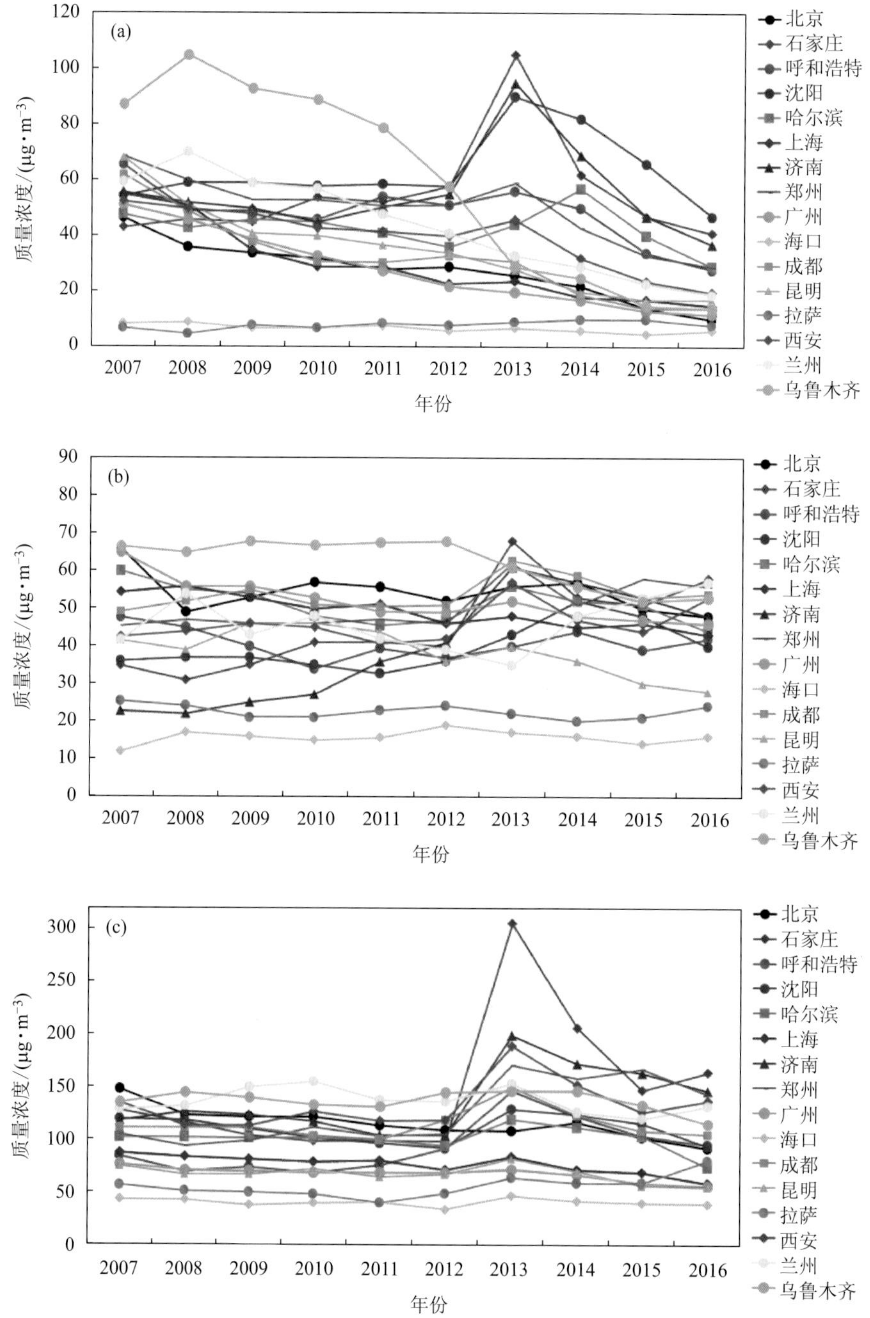

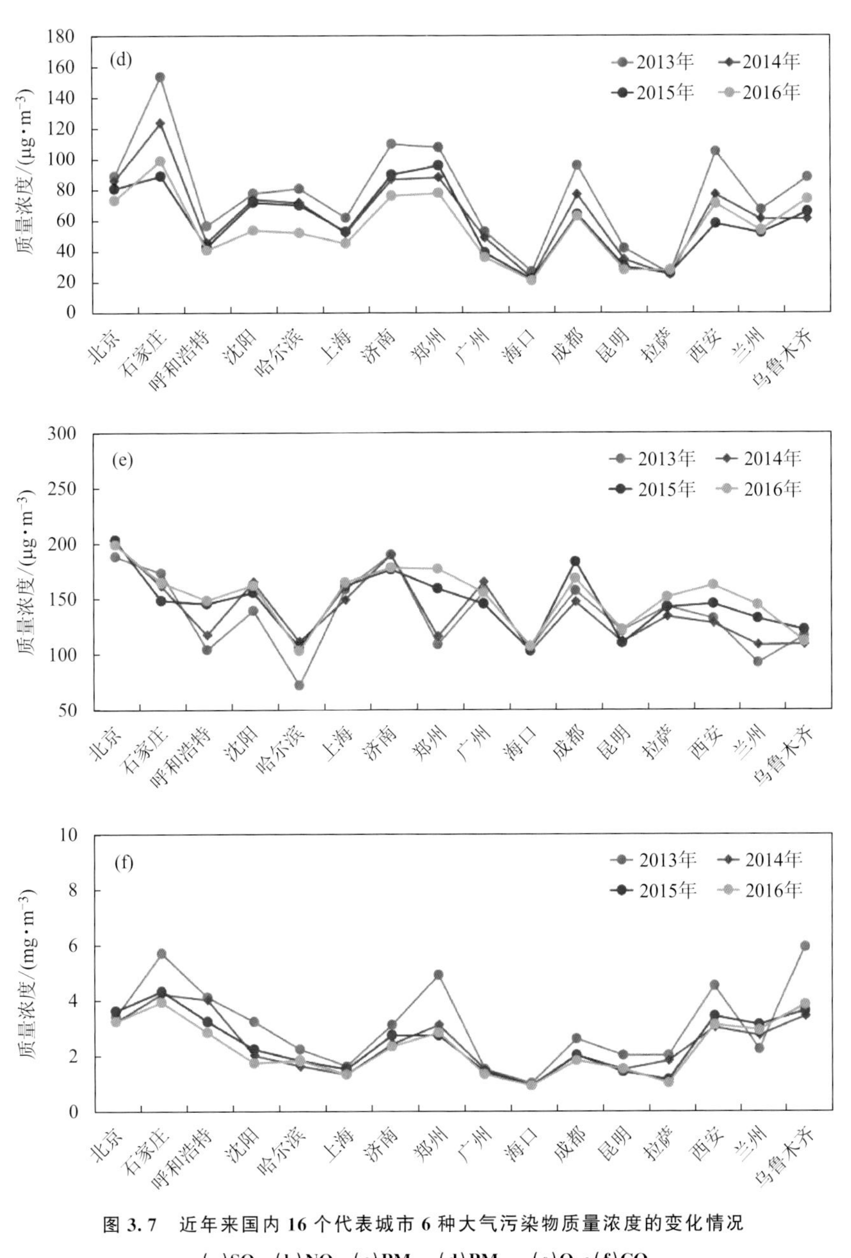

图 3.7 近年来国内 16 个代表城市 6 种大气污染物质量浓度的变化情况

(a)SO_2;(b)NO_2;(c)PM_{10};(d)$PM_{2.5}$;(e)O_3;(f)CO

从空间分布来看，以海口、广州为代表的华南地区城市污染物质量浓度普遍低于其他地区;以郑州为代表的华中地区，以沈阳、哈尔滨为代表的东北地区，以西安、兰州、乌鲁木齐为代表的西北地区和以济南、上海为代表的华东地区污染水平较为接近;华北地区和西南地区虽同为污染最严重的区域，但呈现出同一地区不同污染水平的差异化特征:华北地区中北京、呼和浩特两城市污染水平或污染水平变化趋势要明显优于石家庄，同样，西南地区中拉萨、昆明两城市污染物质量浓度水平也要优于成都。

从 10 年变化情况来看，海口和拉萨两城市各污染物(除 O_3 外)质量浓度均为全国监测站点中最低，其中 SO_2 质量浓度稳定在 10 μg・m^{-3} 以内，NO_2 质量浓度稳定在 25 μg・m^{-3} 以内，PM_{10} 质量浓度稳定在 80 $\mu g \cdot m^{-3}$ 以内，$PM_{2.5}$ 质量浓度稳定在 28 $\mu g \cdot m^{-3}$ 以内，CO 质量浓度稳定在 2 $mg \cdot m^{-3}$ 以内。西北地区 3 个城市（兰州、西安和乌鲁木齐）和北京、呼和浩特、广州、上海、郑州、成都、昆明 SO_2 质量浓度下降较为明显，尤其乌鲁木齐下降最为凸显，观测期间 2008 年均值为最高，达 105 $\mu g \cdot m^{-3}$，之后直线下降，直至 2016 年为最低，仅有 14 $\mu g \cdot m^{-3}$，表明该市 SO_2 治理成效非常显著。但石家庄、济南、沈阳、哈尔滨这四个城市整体下降趋势并不明显，甚至在 2013—2014 年出现较为明显的反弹现象，尤其是石家庄、济南、沈阳三个城市，2013 年质量浓度在 2012 年基础上突增近 1 倍，石家庄甚至达到乌鲁木齐年均值最高水平（105 $\mu g \cdot m^{-3}$）。与 SO_2 不同的是，NO_2、PM_{10}、$PM_{2.5}$ 近年来仅呈现出局部的改善（如北京、乌鲁木齐、哈尔滨、上海、广州和昆明等），甚至少部分城市质量浓度年均值还出现波动性上升趋势，如石家庄、呼和浩特、济南、郑州、西安和兰州等。对于 CO 来说，除兰州以外大部分城市在近 4 年均有一定改善，其中石家庄仍为最高，2016 年年均值为 3.9 $mg \cdot m^{-3}$，海口为最低，同年均值为 0.9 $mg \cdot m^{-3}$。除 $PM_{2.5}$ 外，O_3 也是近年来部分城市不容忽视的首要污染物之一，北京、呼和浩特、沈阳、哈尔滨、上海、郑州、拉萨、成都、西安和兰州等城市污染水平均出现不同程度的上升趋势，其他城市基本保持稳定；其污染浓度较高的地区主要集中在华北、华中和华东部分城市，浓度较低的地区主要集中在海口、哈尔滨、乌鲁木齐等城市，这与前期对首要污染物日数比例分析结果完全一致。

关于 SO_2、NO_2 和 PM_{10} 均在 2013—2014 年出现显著的“不降反升”现象，此处需做进一步说明，除以上典型城市外，国内其他城市或地区该年也出现了不同程度反弹现象。据报道，2013 年仅 1 月就发生 4 次强雾-霾过程笼罩全国 30 个省（区、市），中国最大的 500 个城市中，只有不到 1％的城市达到 WHO 推荐标准值；第一季度共出现 11 次大范围持续性雾-霾天气，20 个省份、约 6 亿人受到影响；年底上海、南京等地区又遭遇严重雾-霾，多地多次出现 $PM_{2.5}$ 质量浓度监测超过 500 $\mu g \cdot m^{-3}$（贺泓等，2013；王跃思等，2013；许克，2014）。环境状况公报显示，2013 年京津冀、长三角、珠三角区域及直辖市、省会城市和计划单列市等 74 个城市中，空气质量达标的仅占 4.1％，超标城市比例高达 95.9％，京津冀和珠三角区域所有城市均未达标（中华人民共和国环境保护部，2014）。多城市污染物浓度平均结果表明，无论是 SO_2、NO_2 还是 PM_{10}，各污染物在 2013 年都为 10 年最高水平，也就是说，2013 年为 10 年中空气污染最严重年，2014 年略有好转。造成这一反弹现象的原因除了居高不下的污染物排放量和不利的地理位置扩散环境这两个基础条件之外，强冷空气活动较少、天气系统较弱、大范围大气层结较稳定等气象条件是造成 2013—2014 年重污染过程频发的主要原因。

3.3.2 空气污染指数年际变化

为进一步揭示我国空气质量状况的长期变化特征，选取上述 16 个代表城市 2001—2012 年共 12 年的空气污染指数及其距平百分率进行年际变化分析，见图 3.8。可以看出，大部分城市 12 年中 API 年均值维持在 70～90，兰州、西安、乌鲁木齐等地 12 年中 API 仍为最高水平（85 以上），海口、拉萨、昆明、广州等地处于最低水平（65 以下）。距平百分率统计结果表明，2001—2012 年几乎所有城市污染指数均呈下降趋势，尤其以兰州、北京、石家庄、呼和浩特、哈尔滨、沈阳为代表的北方城市污染指数降幅较为明显，以上海、济南、西安、郑州为代表的中、东部城市和以拉萨为代表的高原城市污染指数降幅缓慢，以广州、成都、昆明为代表的南方城市基本保持不变,但海口呈现出略微上升态势(仅个别年份低于平均值),虽然其 API 基数最低,但其增长速率要引起注意。无论 API 基数如何,所有城市(除海口外)从 2007 年开始 API 距平百分率呈现低于 0 的态势,这说明全国范围内污染水平普遍呈现改善态势。从全国环境统计公报(中华人民共和国环境保护部,2008)可以看到,2007 年全国环境污染治理投资比上年增加 32%,增幅为历史最高水平;化学需氧量和二氧化硫排放量比上年分别下降 3.2% 和 4.7%,首次实现了双下降;该年启动了第一次全国污染源普查、中国环境宏观战略研究等基础性、战略性工程,收到了显著的成效。以上均说明国家治理污染的决心更坚、力度更强,污染减排取得了突破性进展,环境空气质量出现了历史性转变。

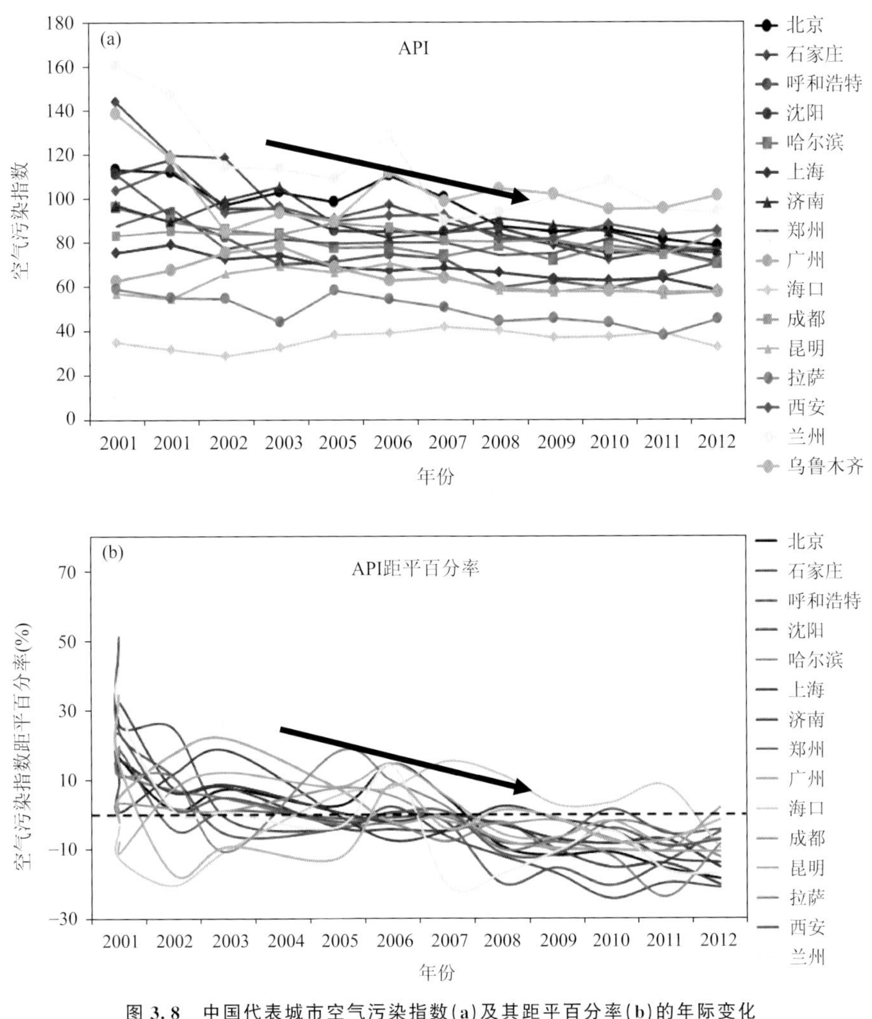

图 3.8 中国代表城市空气污染指数(a)及其距平百分率(b)的年际变化

3.3.3 空气污染指数季节变化

中国疆域辽阔,南方和北方、东部和西部的气候条件差异很大,同时区域经济发展的不平衡对各城市的大气环境造成了复杂多样的影响,因此,不同地区 API 的季节变化差异较大(图 3.9)。春季,全国大部分城市均保持在 70~90。污染高值中心(API≥100)位于西北地区中部的兰州和西宁(其中兰州高达 114),北京为次高污染中心(API 为 104);海南、西藏和黑龙江东部为 API 最低地区,最低都不超过 40。夏季,全国大部分城市 API 较春季明显下降,达到四季最低。京津冀、西安—兰州—西宁地区仍为高污染中心(API⩾70)。值得注意的是,内蒙古北部和东北中西部地区 API 略有上升,对比图 3.4 可知,该地区首要污染物为 PM_{10} 的日数比例显著偏高,说明 PM_{10} 的上升是造成夏季该地区 API 指数异常升高的主要原因。秋季,该地区随 PM_{10} 的降低 API 指数普遍下降,但新疆大部随着各污染物浓度的增加,API 不断升高,且与全国大部分城市 API 普增较为同步,其中西安—兰州—西宁和北京地区再次成为污染高值中心(API⩾90)。冬季,全国大部分城市 API 均达到年内最高,污染高值中心为新疆大部和西安—兰州—西宁地区(API 最高为 173,图中未显示),其中乌鲁木齐季节增幅最大。除西藏和海南为最低(API⩽60)外,其他大部分城市均保持在 80~100。

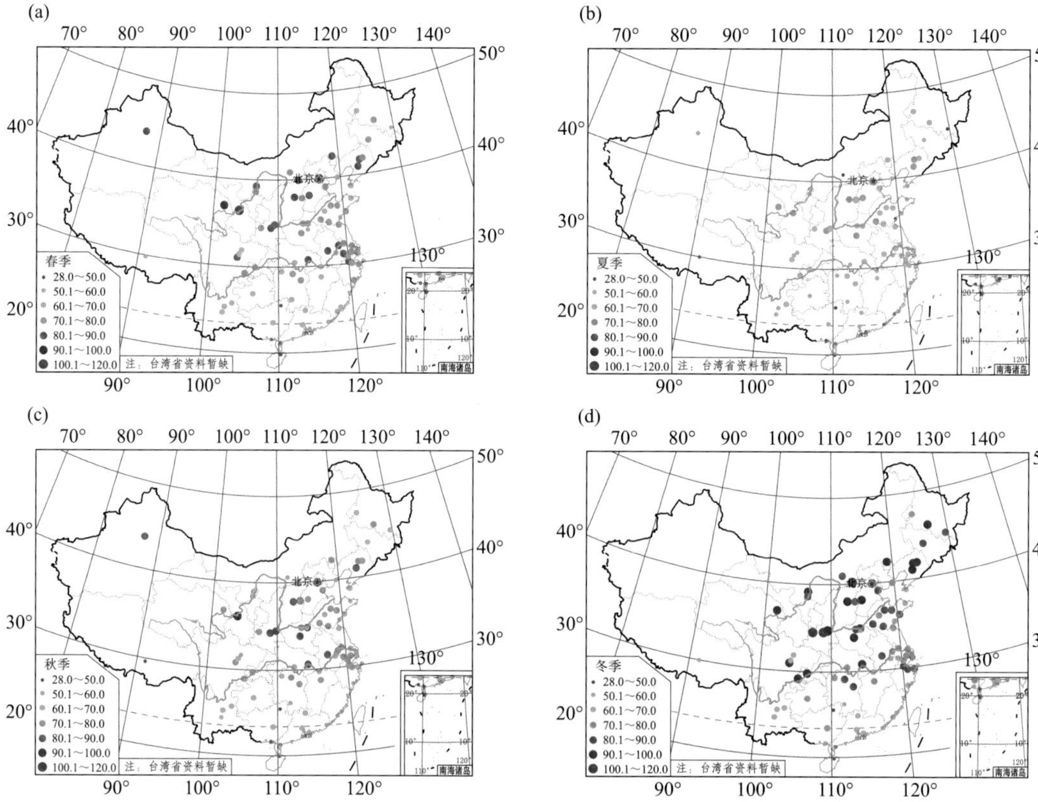

图 3.9　中国大陆四季空气污染指数(API)的空间分布(引自张莹,2016)

(a)春季;(b)夏季;(c)秋季;(d)冬季

整体而言,API 季节均值呈现出“冬高夏低”的鲜明特点,即按冬>春>秋>夏的顺序排列。冬季,南方降水偏少、气候干燥,北方进入采暖期,燃料消耗量大,污染排放量也显著增加,加之大部分地区的大气层结相对稳定,容易形成逆温层,时常造成污染物的汇集,进一步加剧了大气污染。春季,西北地区中部是 API 的高值区,究其原因,该区属于干旱和半干旱生态脆弱区,植被稀少,其东部为腾格里沙漠和巴丹吉林沙漠,其中柴达木盆地总面积的 1/3 为沙漠,河西走廊的狭管效应和柴达木盆地盛行的西北风使得这一地区沙尘暴的发生频率较高,且春季的北方植被和降水稀少,加之微弱的热力对流,使得三者对大气污染物的沉降、净化及输送作用相当有限(王式功等,2000a,2000b;贾晓鹏等,2011;张莹,2016)。夏季,我国雨带逐渐由南向北移动,降水对大气污染物的湿沉降作用明显,北方逐渐茂密的植被对大气污染物也有一定的净化作用,加之夏季旺盛的热力对流有利于空气污染物的扩散,因而空气质量相对较好。秋季,我国部分地区仍然处于雨季,雨水与植被对大气污染物的沉降和净化作用依旧存在,热力对流和夏季相比虽有减弱,但其对污染物的垂直扩散作用仍较显著,故我国秋季的 API 均值比春季较低,空气质量仅次于夏季。

3.3.4 空气污染指数年内变化

图 3.10 为我国空气污染指数的年内各月分布。整体而言,6—9 月全国各地的 API 整体较低,北方城市空气质量略好于南方城市,其余各月北方 API 明显高于南方。从 10 月开始,北方 API 开始显著上升,其峰值主要出现在 12 月和 1 月,全国 API 大值区主要位于西北地区,大值区空气质量均超过二级标准(乌鲁木齐 1 月的 API 值达到 194)(图中未显示)。API 的年内变化规律具体如下:1 月 API 整体较高,2 月开始略有减小,但整体分布两者类似;3 月和 4 月均低于 2 月,但两者非常接近,且高值中心向东转移;5 月和 6 月 API 显著减小,且南、北方差异逐渐缩小,其中 6 月全国不同城市 API 值普遍低于 90;7 月和 8 月为全年 API 最低,尤其 7 月全国 API 普遍低于 80,8 月和 9 月在 7 月基础上陆续回升;10 月开始,API 值又逐渐增大,南北差异并不大,且整体分布接近于 5 月;11 月随着北方相继开始进入采暖期,北方 API 的增幅明显高于南方,这种情况一直持续到来年的 3 月随着北方燃煤供暖期的结束,API 才开始逐渐下降。

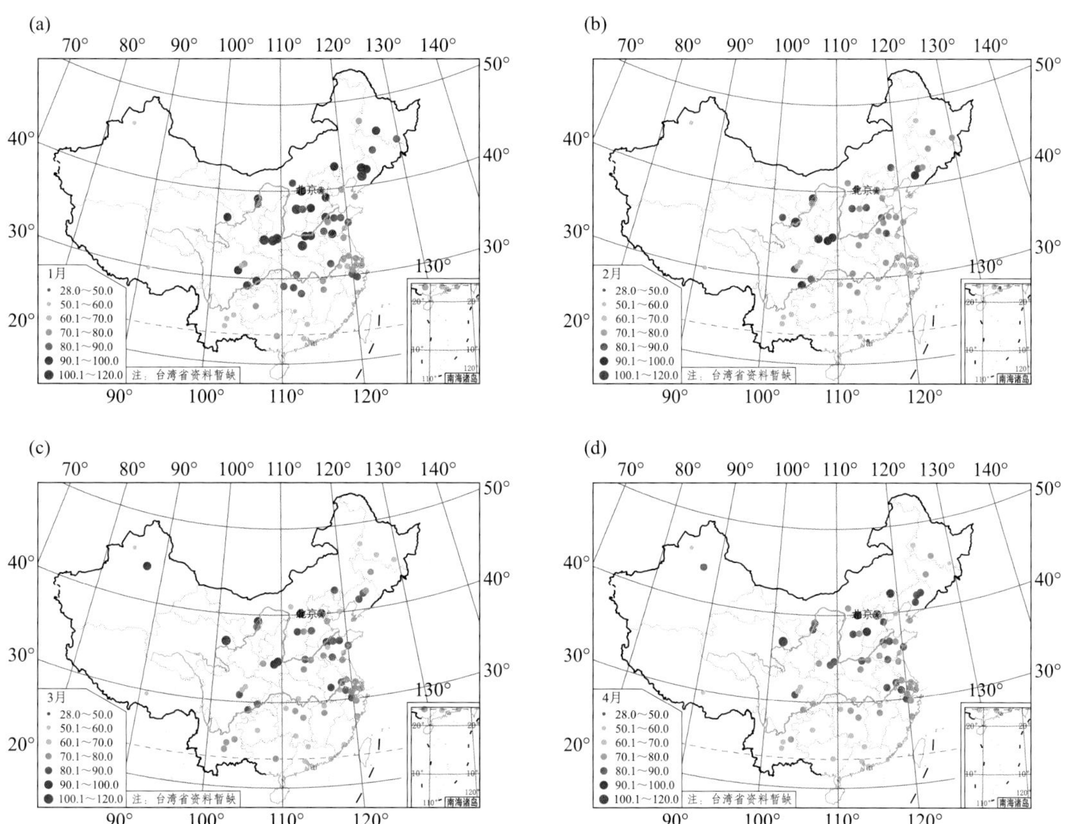

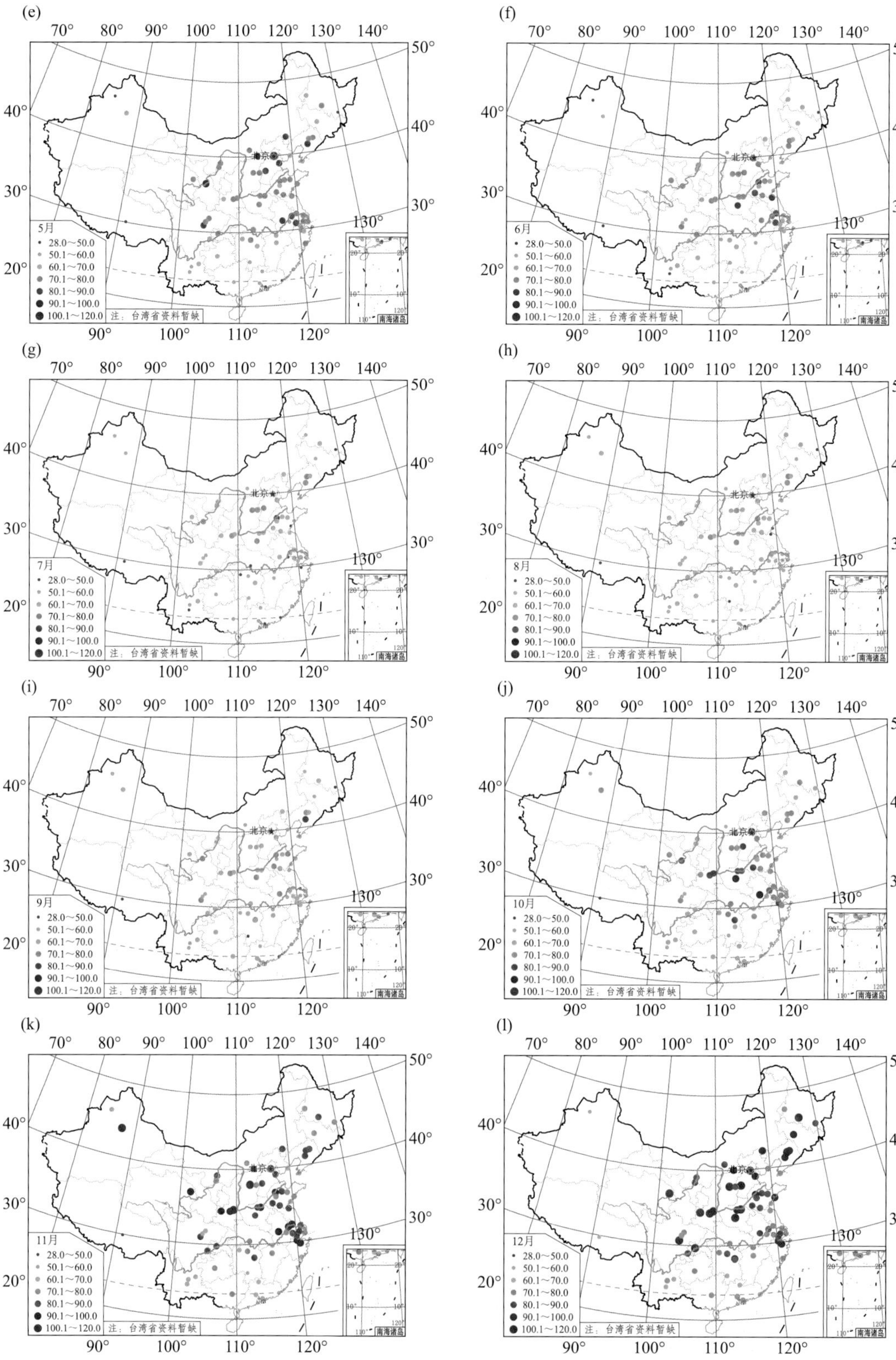

图 3.10　中国大陆各月份 API 指数的空间分布(引自张莹,2016)

(a)—(l)分别为 1—12 月

图 3.11 为中国 16 个代表城市空气污染指数年内逐月变化情况。可见，全年 API 指数呈“U”型分布，空气质量 6—9 月较好，10 月开始转差，12 月和 1 月空气质量最差，次年 3—4 月为次峰值出现时段(乌鲁木齐除外)。乌鲁木齐 11 月到次年 2 月空气污染比较严重(图中无显示)，这与乌鲁木齐市冬季气候寒冷，需采暖供热、供电的耗煤排放增加等因素密切相关；3—4 月兰州、北京等受春季沙尘天气影响大的城市，PM_{10} 升高导致 API 出现高值；位于海南岛的海口地区和位于青藏高原的拉萨地区全年 API 均较低，这与以上两地区目前的工业化程度较低、燃煤锅炉和用煤量较少、大气扩散条件好有关；除拉萨地区外，南方重点城市广州和昆明的 API 全年变化不大。

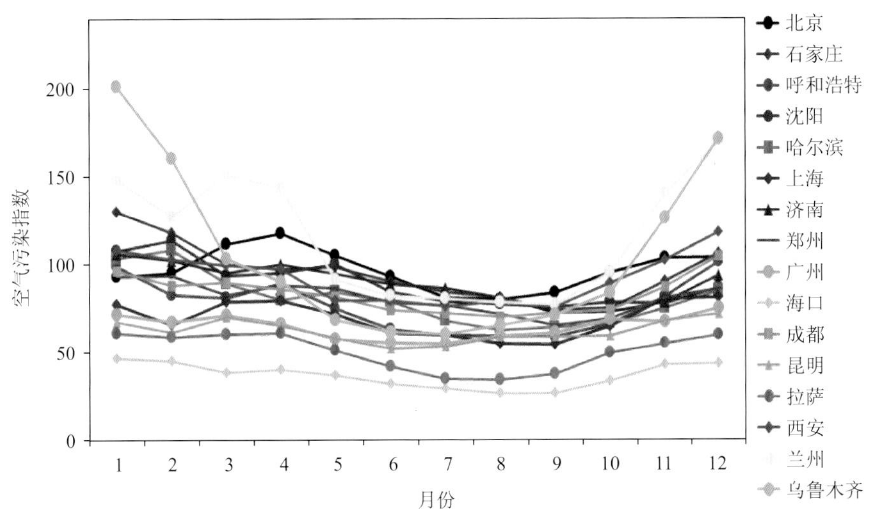

图 3.11 中国 16 个代表城市空气污染指数(API)年内逐月变化

3.3.5 空间模态分析

自然正交函数(EOF)方法是对时空数据进行降维分析的重要方法，在气象领域应用比较成熟，主要用来研究气象场的时空分布规律。由于 AQI 资料时间序列相对较短，故从全国 120 个城市中选取 API 年代较长的 84 个城市的 2004 年 6 月—2012 年 12 月共 102 个月的 API 值。使用自然正交函数(EOF)方法，将月均 API 值组成的矩阵 $R(102,84)$ 进行 EOF 分解，并对其分解的空间模态和时间系数进行研究。经 EOF 分解，前 5 个模态(载荷向量)可解释原系统方差的 70.08%(表 3.3)，可代表原系统的基本特征，各模态空间分布见图 3.12。

表 3.3 全国 API 指数前 5 个 EOF 特征向量的方差贡献率

	第一向量	第二向量	第三向量	第四向量	第五向量
方差贡献率/%	46.37	9.66	5.49	4.35	4.21
方差累积贡献率/%	46.37	56.03	61.52	65.87	70.08

第一模态方差贡献率达 46.37%，反映了中国污染物的主要空间分布特征，全国 84 个城市一致为正载荷(图 3.12)，有 97.61% 的站点特征值在 0.39～0.90($p<0.01$)，一致为正相关，定义该模态为全国一致型。可见：近些年全国空气污染总体呈一致减轻态势，时间系数为

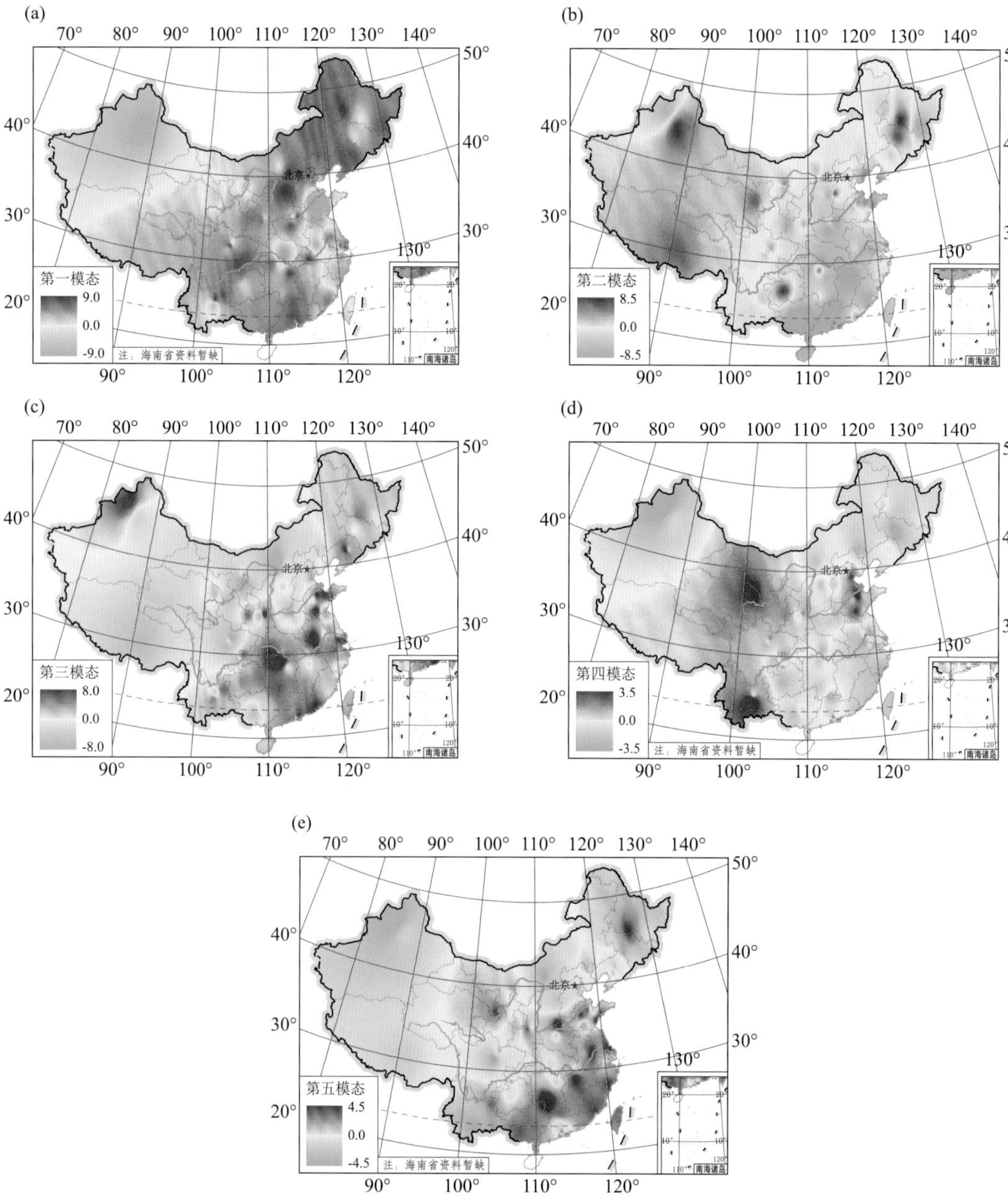

图 3.12　中国大陆 API 经 EOF 分解的第一至五模态的空间分布(引自张莹,2016)
(a)第一模态;(b)第二模态;(c)第三模态;(d)第四模态;(e)第五模态

负,说明我国大部分城市空气污染正逐步减轻,其高值中心主要位于我国华北北部、华中、东北东部等地区。

第二模态方差贡献率达 9.66%,正载荷区域主要位于东北西部、华北、华东、华南和华中部分地区以及西北地区中东部,其他区域均为负载荷。正高值中心位于长江三角洲和福建东北部地区,负高值中心位于新疆中东部地区,表明我国污染物分布在东南地区和西北西部地区存在明显的反位相关系,即我国污染物分布呈东南地区重(轻)、西北西部地区轻(重)的形势,定义此类型为东南-西北西部差异型。

第三模态方差贡献率为5.49%，整体而言，由南向北其载荷由正转负，表明南方地区与北方地区呈反位相关系，其中两广地区为正载荷最大区，内蒙古中西部、甘肃中北部和青海东北部一带出现负载荷最大区，即我国污染物分布呈西北重(轻)、南方轻(重)，定义该类型为西北东部-华南差异型。

第四模态方差贡献率为4.35%，其空间分布显示，华中和东北地区为正载荷区域，其余地区基本为负载荷，说明华中—东北呈现出与全国其他地区相反的关系，定义为华中-东北一致型。

第五模态方差贡献率为4.21%，其空间分布显示，正载荷高值中心位于华中部分地区(山东、河南、湖北以及湖南北部和安徽北部)，负载荷高值中心位于内蒙古中东部和广西西北部地区，定义为江淮-内蒙古差异型。

3.3.6 小波周期分析

小波分析可将API信号分解成不同频域上的信号分量，分别代表信号的低频主体信息(相应API变化的主要轮廓)和细节信息(受其他诸如天气状况等外界条件影响的变化)。API作为不同种类污染物浓度的一个综合无量纲指标，虽非实测数据，也完全适用于小波分析在数据分析处理方面的理论要求。

通过Matlab中小波工具箱中的Morlet小波函数来计算小波系数，绘制API的时频分布图，根据时频分布图中的等值线分布，便可知道由API构成的时间序列在时频两域的变化规律。时频分布图中的实线代表API系数的较大值，虚线代表API系数的较小值。系数为0代表API值由增加到减小的突变点，在时频分布图上称为位相变化点。图3.13清晰地显示了我国API经EOF分解后的前5个模态的周期变化及位相结构分布特征。从图中可以看出，5个模态各自存在着特定的周期，不同模态中存在着不同尺度的结构变化特征。

图3.13中等值线实线表示小波系数为正值，虚线表示小波系数为负值。第一模态(方差贡献率为46.37%)为主模态。其中长时间尺度周期为24个月(2年)的周期振荡非常显著，且经历了小—大—小的循环交替，突变点较多。此外，从图3.13a中还可以看出，可能存在着更长的时间尺度。短时间尺度的周期振荡主要表现为6个月(半年)振荡最显著，该时间尺度在时域上有些时段分布较均匀，有些时段则不均匀。半年振荡较强的时间段主要出现在2006年12月—2008年12月和2010年2月—2012年2月。短时间尺度中4个月时间尺度(季节尺度)也较为明显，主要集中在2007年8月—2008年3月，2010年10月和2012年12月。此外，第一模态中短时间尺度周期中4个月(季节)和12个月(1年)振荡也较明显，4个月(季节)周期在2007年8月—2008年8月表现较强，年周期在2012年11月以后表现较强。

对于第二、三、四模态，与第一模态类似，长时间尺度周期主要为两年，第二、三、四模态小的尺度周期也与第一模态类似，主要体现在半年振荡和年振荡上。第五模态长周期为36个月(3年)，短时间尺度周期中6个月(半年)和12个月(1年)的周期振荡在部分时段较显著，与第一主模态分析过程类似，此处就不再一一详述。

由上可知，各模态时间序列特征差异明显，短时间尺度中，API存在季节、半年、年尺度的主周期，长时间尺度中还存在两三年的周期。这与天气和气候周期交替的时间变化尺度基本保持一致。前人的研究已表明污染物浓度与气象要素关系密切，对于全国不同区域污染的具

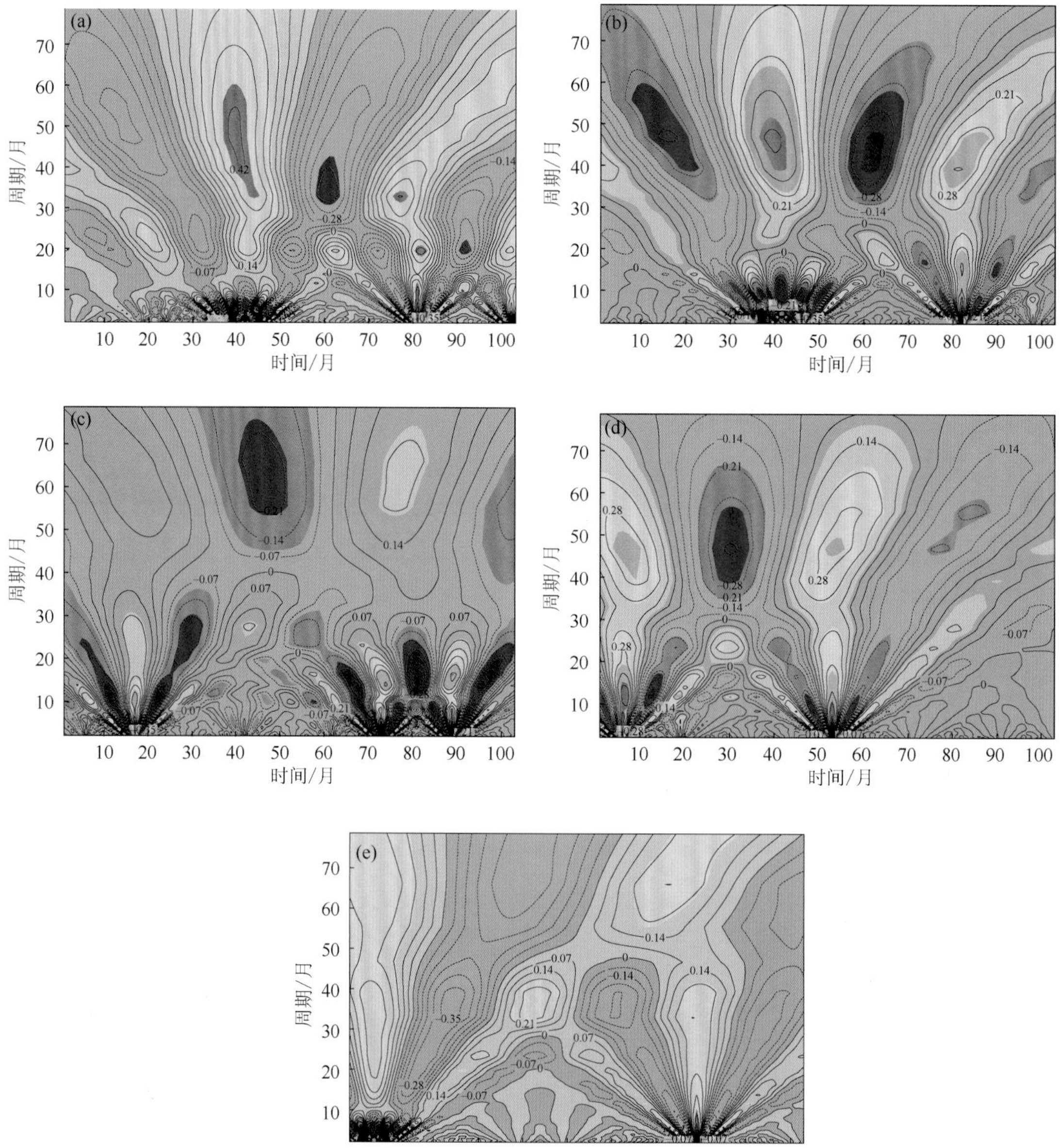

图 3.13 中国 API 的 EOF 第一至第五模态时间系数的小波功率谱(引自张莹,2016)
(a)第一模态;(b)第二模态;(c)第三模态;(d)第四模态;(e)第五模态

体气象成因,将重点在第 4 章进行分析研究。

3.4 中国空气污染区划

空气污染空间分布状况的区划,对相关城市发展规划和城市大气环境治理都有重要的参考价值。用系统聚类法对所选取的全国 120 个城市的污染数据进行聚类分析。由于新疆和西藏地域广阔，而该区域仅有 3 个污染物监测站（乌鲁木齐、克拉玛依和拉萨），且距其他测站距离过远，因此，最终在聚类分析的结果中将其单列出来，成为异常值。剩余的 117 个城市聚类分析后分成 6 大类区域（拉萨、乌鲁木齐和克拉玛依除外），如图 3.14 所示。所划分的 6 个分区的 API 均值都通过了单因素方差分析的显著性差异检验。

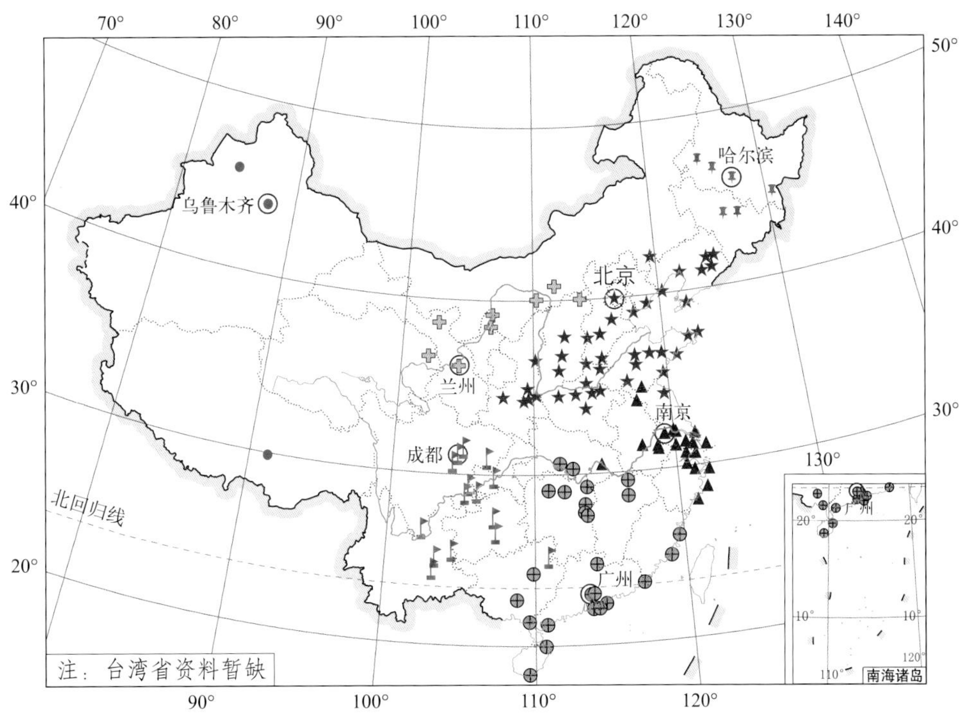

图 3.14 中国空气污染指数（API）空间分布聚类区划结果（引自张莹，2016），不同图标代表不同聚类区

第一聚类分区包括下列城市：青岛、威海、潍坊、秦皇岛、太原、宝鸡、大连、淄博、锦州、本溪、吉林、长春、长治、日照、临汾、渭南、平顶山、邯郸、三门峡、开封、焦作、安阳、洛阳、铜川、赤峰、天津、济南、郑州、泰安、石家庄、济宁、延安、北京、西安、阳泉、烟台、咸阳、唐山、鞍山和保定，称为环渤海及华北与华东北部区域。

第二聚类分区包括下列城市：大同、石嘴山、金昌、包头、呼和浩特、西宁、银川和兰州，称为河套北部及西部区域。

第三聚类分区包括下列城市：福州、台州、上海、芜湖、南通、嘉兴、苏州、泉州、无锡、温州、杭州、连云港、常德、马鞍山、常州、镇江、扬州、绍兴、徐州、南京、合肥和宁波，称为华东区域。

第四聚类分区包括下列城市：哈尔滨、大庆、牡丹江、长春、齐齐哈尔、沈阳和抚顺，称为东北区域。

第五聚类分区包括下列城市：深圳、汕头、韶关、张家界、九江、广州、佛山、南宁、柳州、湘潭、株洲、长沙、荆州、宜昌、南昌、岳阳、珠海、中山、湛江、三亚、厦门、海口和桂林，称为中南区域。

第六聚类分区包括下列城市：德阳、曲靖、玉溪、昆明、绵阳、贵阳、宜宾、遵义、泸州、重庆、成都、攀枝花、自贡和南宁，称为西南区域。

谱系聚类分析的结果显示，所分析城市的 API 分布可以分为南北两大区域(包含 6 个分区)，图 3.14 中北部区域包括第一、二、四聚类分区，南部区域包括第三、五、六聚类分区，南北两大区域的分界线位于秦岭—淮河一线。此线不仅是我国一条重要的地理分界线，也是我国典型的南北气候分界线，即我国湿润和半湿润地区分界线及亚热带和北温带的分界线，同时也是建筑物采暖标准的分界线。由此可见，API 的区域分布同中国气候分区基本接近，说明天气与气候是影响中国区域空气污染的重要因素之一。

3.5 深盆地形区大气污染特征

四川盆地是我国乃至全世界最典型的深盆地形区之一，拥有 20 个城市，其中包括成都和重庆两个人口超过 1000 万的特大城市。盆地内人口密度大，工业发达，机动车保有量大。2015 年四川盆地 20 个城市生产总值高达 45 000 亿元，人为污染物排放量大。此外，四川盆地位于青藏高原东部，东部交于巫山，北部为大巴山和秦岭，南面紧邻云贵高原(图 3.15)，属于深盆地形，盆底最大深度超过 2000 m。在特殊地形的作用下，当地夜间降温慢，昼夜温差小(Chen et al.，2012)；年平均风速小，有利于大气停滞性事件的发生(Huang et al.，2017b；Wang et al.，2017)。受周围青藏高原及云贵高原等大地形的作用，盆地上空大气环流形势独特(Wang et al.，2015；Yu et al.，2016)，导致当地空气湿度大、雾天气多发，有利于气溶胶粒子的吸湿增长，大气污染加剧(Luo et al.，2000；Niu et al.，2010)。过量的污染物排放、复杂的地形和独特的气象条件共同作用，使得四川盆地成为全球 $PM_{2.5}$ 细颗粒物重污染区域之一(Battelle Memorial Institute and Center for International Earth Science Information Network-CIESIN-Columbia University，2013)，夏季臭氧污染问题突出，也是我国四大霾严重污染区域之一(Zhang et al.，2012)。

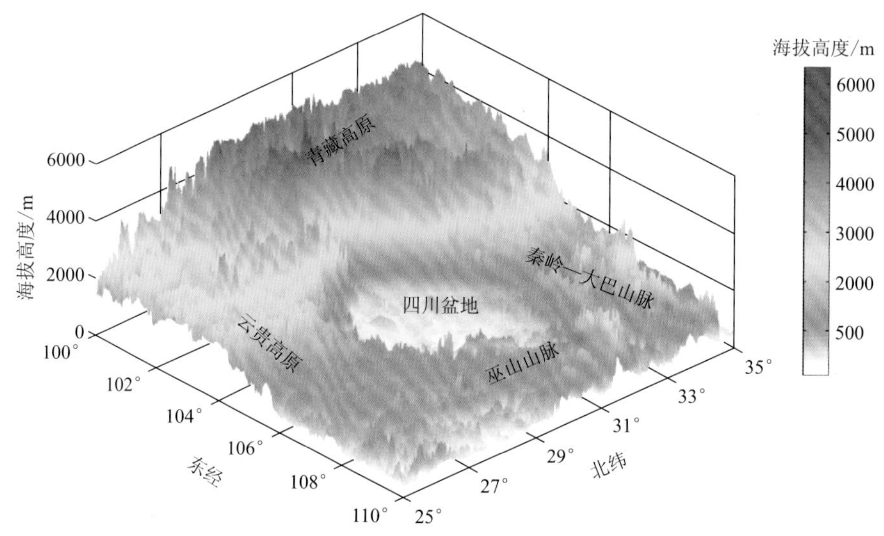

图 3.15 四川盆地及其周边地区三维地形分布(引自 Ning et al.，2018a)

根据地形海拔落差及其分布特征，将四川盆地分为盆地底部(海拔高度低于 500 m)、盆地边坡(海拔高度低于 1000 m)和盆沿(海拔高度大于 1000 m)三个部位，并利用中国环保部发布的2015年1月1日—2016年12月31日6种标准大气污染物小时浓度数据，分别对三个部位（总计20个城市）的大气污染特征进行对比分析。其中：成都（CD）、自贡（ZG）、眉山（MS）、泸州（LZ）、德阳（DY）、内江（NJ）、乐山（LS）、达州（DZ）、宜宾（YB）、南充（NC）、资阳（ZY）、广安（GA）、遂宁（SN）、重庆（CQ）和绵阳（MY）属于盆地底部城市；雅安（YA）、巴中（BZ）和广元（GY）属于盆地边坡城市；甘孜州（GZZ）和阿坝州（ABZ）属于盆沿城市（图3.16）。利用CALIPSO和EV-lidar观测的大气消光系数廓线研究四川盆地颗粒物浓度的垂直分布特征，探究四川盆地大气污染在三维立体空间内的分布及其时间变化特征，以便更加全面地认识盆地大气污染状况。

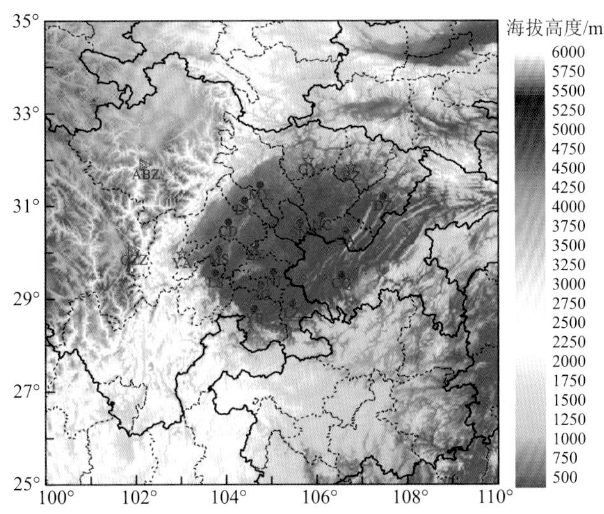

图3.16 四川盆地20个城市空间分布（阴影为地形高度，实心圆点为盆底城市，五角星为边坡城市，三角形为盆沿城市）（引自Ning et al.，2018a）

3.5.1 四川盆地空气质量概况

基于国家发布的《环境空气质量标准》（GB 3095—2012），6种标准大气污染物中的任意一种污染物浓度超出国家二级标准均被统计为一个污染超标天。分析表3.4可知，位于四川盆地底部的城市海拔高度相对较低（低于500 m），人口密度大，城镇化发展快，汽车保有量大，工业发达，是我国西南地区经济、工业中心。2015—2016年盆底15个城市的大气污染超标率均高于20%，其中污染最严重的成都市空气污染超标天数高达310 d（42.58%），污染相对较轻的绵阳市超标天数也高达149 d（20.47%）。位于盆地边坡的雅安、巴中和广元三市，由于其海拔高度相对较高（大于500 m），植被覆盖率高，对污染自然净化能力较强，且城市化程度相对较低（人口密度小、汽车保有量小等），与盆底相比空气污染程度轻，两年内污染超标天数分别为55和83 d，超标率低于12%。位于盆沿的甘孜州和阿坝州，海拔高度高达3000 m左右，人口稀疏、城镇化率低，空气质量最好，其中阿坝州近两年空气质量均未出现超标，污染超标天数为0；而甘孜州也仅有9 d超标，污染超标率仅为1.25%。

表 3.4 四川盆地 20 个城市的基本信息及其统计数据(引自 Ning et al. ,2018a)

城市		人口/万人	海拔高度/m	城镇化率/%	民用汽车保有量/万辆	监测站点数/个	大气污染超标天数(d)/统计天数(d)
盆底	成都	1465.80	481.00	71.47	366.20	8	310/728
	自贡	277.02	295.00	47.88	15.97	4	270/728
	眉山	300.13	411.00	41.87	21.60	4	248/728
	泸州	428.52	250.00	46.08	24.10	4	218/728
	德阳	351.30	487.00	48.50	36.10	4	215/728
	内江	373.90	322.00	45.60	15.60	4	209/728
	乐山	326.05	370.00	47.31	25.78	4	192/728
	达州	556.76	277.00	40.87	21.10	5	191/728
	宜宾	449.00	307.00	45.10	22.22	6	180/728
	南充	636.40	273.00	43.80	32.7	6	179/728
	资阳	356.90	355.00	39.50	15.00	5	174/728
	广安	324.70	249.00	37.20	14.10	5	163/728
	遂宁	329.00	276.00	45.90	15.50	4	160/728
	重庆	3016.55	161.00	60.94	282.61	17	151/728
	绵阳	477.19	383.00	48.00	42.75	4	149/728
边坡	雅安	154.68	641.00	42.55	13.10	4	83/728
	巴中	332.86	369.00	37.52	14.00	4	83/728
	广元	263.00	927.00	40.80	16.05	4	55/728
盆沿	甘孜州	116.49	2977.00	28.06	8.00	2	9/721
	阿坝州	93.01	3085.00	36.77	10.20	3	0/717

注:统计日期为 2015 年 1 月 1 日—2016 年 12 月 31 日。

图 3.17 为四川盆地三个部位大气污染超标率的季节变化。由图可知,四川盆地大气污染具有显著的季节性差异。位于盆地底部、边坡和盆沿的城市均表现出冬季大气污染超标率最高。其中,盆地底部有 11 个城市冬季污染超标率超过了 50%,自贡市冬季污染超标率高达 73%。除位于盆地边坡的雅安市外,盆地底部和边坡 17 个城市均表现出春季污染超标率为第二高。而雅安市污染超标率的季节分布与其他城市具有显著差异,春季污染超标率最低,空气质量最好,其有关原因并不清楚,有待进一步分析。夏秋季空气质量普遍较好,污染超标率相对较低;但是位于底部的成都市、眉山市和德阳市夏季 O_3 污染较严重,污染超标率均高于 20%。

3.5.2 颗粒污染物浓度随海拔高度的变化

为了剖析颗粒物浓度随海拔高度的变化特征,将盆底 15 个城市、边坡 3 个城市和盆沿 2 个城市的 $PM_{2.5}$ 和 PM_{10} 日均浓度分别进行区域平均,然后对得到的区域平均浓度再进行季节平均和年平均。最后对三个部位的 $PM_{2.5}$ 和 PM_{10} 季节平均浓度和年平均浓度随海拔高度的变化分别进行非线性拟合,如图 3.18 所示。

分析图 3.18 可知,$PM_{2.5}$ 和 PM_{10} 质量浓度 y 随海拔高度 x 的变化可以用非线性函数 $y=(a+b/x)^2$ 进行拟合。这种非线性拟合函数适用于海拔高度低于 3300 m 的范围,系数 a

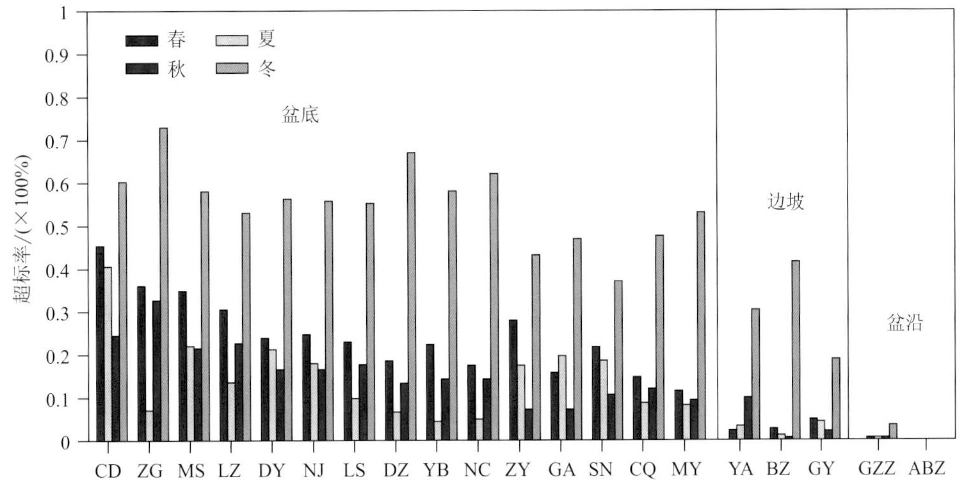

图 3.17　四川盆地 20 个城市大气污染超标率的季节变化(引自 Ning et al. ,2018a)

(图中横轴城市名称同图 3.16)

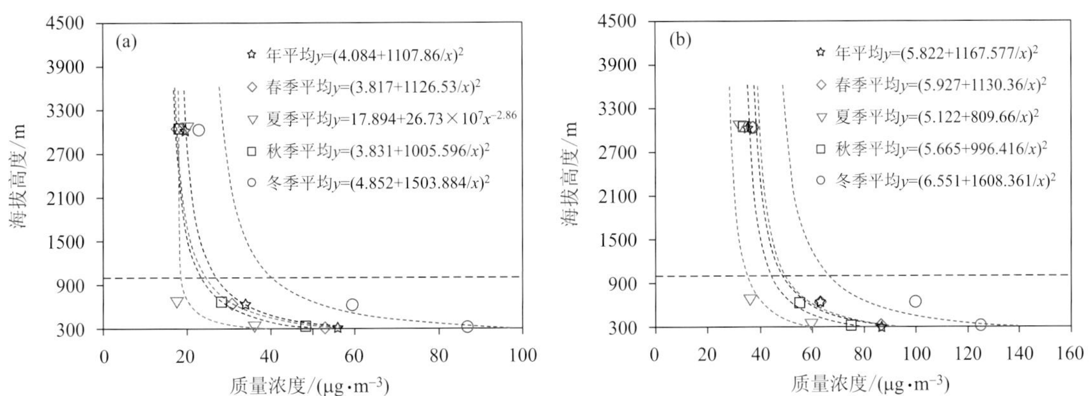

图 3.18　四川盆地三个部位 $PM_{2.5}$(a)和 PM_{10}(b)年平均和季节平均浓度随海拔高度的变化

(带标签的虚线表示颗粒物浓度随海拔高度变化的拟合曲线,黑色虚线表示 1000 m 海拔高度)

(引自 Ning et al. ,2018a)

和 b 随着季节变化。由图 3.18 的拟合曲线可知,在盆底至边坡,颗粒物质量浓度的递减率随着海拔高度的增加而显著减小;在边坡至盆沿,随着海拔高度的增加,颗粒物质量浓度减小幅度微弱。这些特征表明,高质量浓度的颗粒物主要集中在离地面垂直高度较低的边界层范围内。此外,由图 3.18 还发现,颗粒物质量浓度具有显著的季节性差异,而且这种季节性差异随着海拔高度的增加而显著减小。

相关研究表明,大气消光系数的变化主要依赖于颗粒物浓度(Charlson,1969;Sabetghadam et al. ,2014)。因此,可以利用 2015 年 1 月至 2016 年 11 月 CALIPSO 卫星 532 nm 波段监测的四川盆地大气消光系数廓线的月平均值,验证上述颗粒物质量浓度随海拔高度变化的拟合效果。由于 CALIPSO 卫星搭载的激光雷达夜间监测结果显著优于白天的观测,因此本节只选取晴空夜间监测的大气消光系数廓线。图 3.19 为 CALIPSO 卫星 532 nm 波段监测的季节平均大气消光系数廓线图。分析图 3.19 可知,在海拔高度低于 1000 m 的范围内,大气消光系数随着海拔高度的增加显著减小；而在海拔高度高于 1000 m 范围，大气消光系数随着海拔高度的增加变化不明显，这与图 3.18 颗粒物质量浓度的拟合曲线十分相似。此外，CALIPSO 卫星监测的大气消光系数廓线也存在显著的季节性差异。该结果表明，上述颗粒物质量浓度随海拔高度变化的非线性拟合函数 $y=(a+b/x)^2$ 能够较为准确地反映四川盆地颗粒物质量浓度的垂直分布特征。

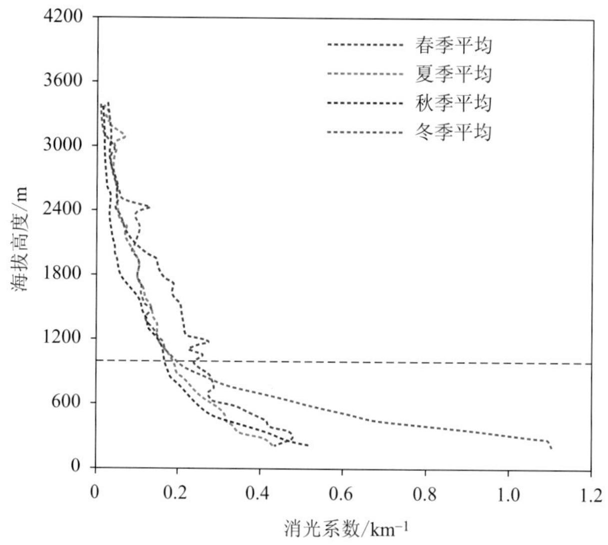

图 3.19 CALIPSO 卫星 532 nm 波段监测到的四川盆地底部(107.5°E,30°N,海拔高度大约为 200 m)季节平均的大气消光系数廓线(黑色虚线表示 1000 m 的海拔高度)(引自 Ning et al.,2018a)

还利用成都市 EV-lidar 监测的大气消光系数廓线，进一步验证颗粒物质量浓度随海拔高度变化的拟合函数。如图 3.20 所示，本节只获取了成都市秋季和冬季特定日期的大气消光系

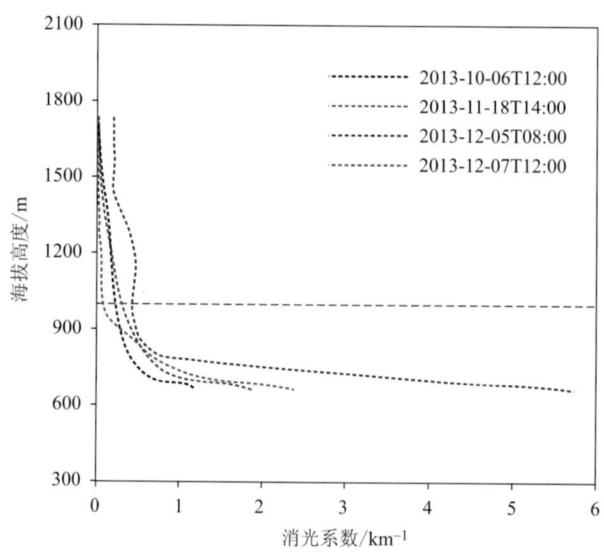

图 3.20 特定日期成都市 EV-lidar 监测到的大气消光系数廓线(黑色虚线表示 1000 m 的海拔高度)(引自 Ning et al.,2018a)

数廓线。EV-lidar 监测期间，成都市均为空气重污染天气，PM_{10} 和 $PM_{2.5}$ 质量浓度分别大于 200 μg・m^{-3} 和 150 μg・m^{-3}。而上述 CALIPSO 卫星监测点位于盆地底部的乡村，颗粒物质量浓度较低。因此，成都市 EV-lidar 监测的大气消光系数值（图 3.20）显著大于 CALIPSO 卫星的观测结果（图 3.19）。

尽管图 3.20 观测的大气消光系数垂直廓线图属于瞬时状态，但与 CALIPSO 卫星监测的大气消光系数廓线十分相似。CALIPSO 卫星和地基 EV-lidar 监测的大气消光系数廓线均与图 3.18 中颗粒物质量浓度随海拔高度变化的拟合曲线形态基本吻合。此外，由图 3.20 还发现，四川盆地底部高质量浓度的颗粒物垂直层厚度低于 500 m。这些研究结果加深了我们对四川盆地颗粒物质量浓度垂直分布的认识，也为政府部门更精准地实施大气环境治理和防控提供了科学依据。

3.5.3 气态污染物浓度随海拔高度的变化

本研究对 4 种气态污染物浓度随海拔高度的变化也进行了拟合（图 3.21）。分析图 3.21 可知，气态污染物随海拔高度的变化较为复杂。在同一季节，不同种类的气态污染物随海拔高度的变化不一样。同一种气态污染物在不同季节随海拔高度的变化也不一样。如 SO_2 体积分数（ppbv①）随海拔高度变化不明显，低海拔盆底地区和高海拔盆沿地区 SO_2 体积分数值差

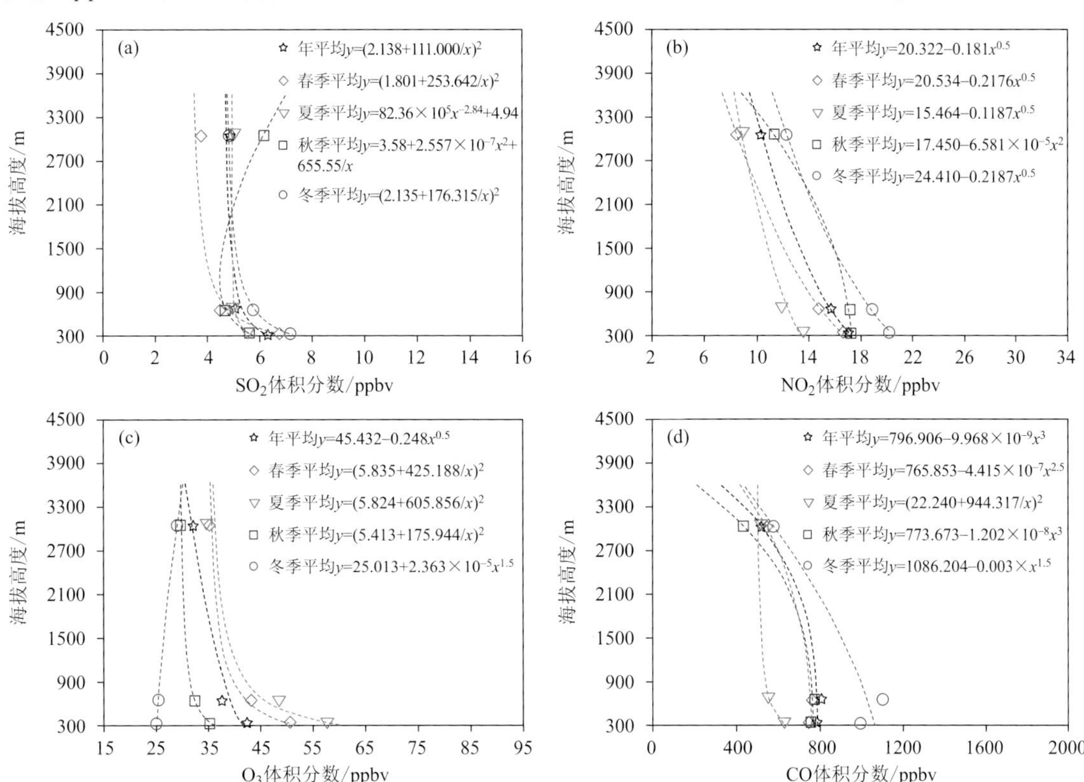

图 3.21 四川盆地三个部位 SO_2(a)、NO_2(b)、O_3(c)和 CO(d)年平均和季节平均体积分数随海拔高度的变化（带标签的虚线表示颗粒物体积分数随海拔高度变化的拟合曲线）（引自 Ning et al.，2018a）

① 1 ppbv$=10^{-9}$，下同。

异小。NO_2 和 CO 体积分数随海拔高度增加而减小的幅度，在不同高度层次较为接近。O_3 体积分数随海拔高度的变化趋势与颗粒物类似，但在低层（海拔高度小于 1000 m）随海拔高度增加而递减的幅度远小于颗粒物浓度的变化。因此，与颗粒物相比，气态污染物浓度随海拔高度的变化更为复杂，且不能由单一函数形式进行拟合。

3.5.4 大气污染物浓度水平均一性特征

为了探究大气污染物在盆地底部城市间的差异性，本小节分别计算了盆底 15 个城市间 6 种主要大气污染物日均浓度的 Pearson 相关系数。表 3.5 为 2015 年 1 月 1 日至 2016 年 12 月 31 日盆底城市间 $PM_{2.5}$ 和 PM_{10} 日均浓度的 Person 相关系数。

表 3.5　盆底城市间 $PM_{2.5}$（表格对角线上部）和 PM_{10}（表格对角线下部橙色区）日均浓度的 Pearson 相关系数（引自 Ning et al. ,2018a）

	成都	自贡	眉山	泸州	德阳	内江	乐山	达州	宜宾	南充	资阳	广安	遂宁	重庆	绵阳
成都		0.84	0.91	0.74	0.92	0.81	0.85	0.74	0.82	0.81	0.79	0.74	0.80	0.72	0.88
自贡	0.82		0.86	0.87	0.82	0.93	0.88	0.74	0.91	0.85	0.87	0.79	0.88	0.76	0.81
眉山	0.91	0.85		0.78	0.85	0.84	0.89	0.73	0.85	0.79	0.80	0.72	0.81	0.71	0.82
泸州	0.75	0.89	0.79		0.69	0.85	0.77	0.71	0.86	0.77	0.78	0.78	0.83	0.82	0.68
德阳	0.90	0.79	0.84	0.71		0.80	0.81	0.77	0.79	0.83	0.75	0.75	0.80	0.73	0.95
内江	0.80	0.93	0.84	0.88	0.79		0.83	0.77	0.86	0.87	0.88	0.81	0.91	0.79	0.77
乐山	0.84	0.86	0.89	0.79	0.78	0.81		0.72	0.86	0.78	0.79	0.73	0.80	0.69	0.79
达州	0.73	0.74	0.72	0.73	0.76	0.76	0.70		0.77	0.89	0.72	0.89	0.84	0.84	0.77
宜宾	0.80	0.91	0.84	0.90	0.74	0.86	0.85	0.75		0.83	0.81	0.79	0.83	0.76	0.77
南充	0.79	0.85	0.78	0.77	0.82	0.87	0.75	0.86	0.80		0.83	0.92	0.94	0.83	0.84
资阳	0.83	0.88	0.85	0.79	0.81	0.89	0.81	0.74	0.81	0.83		0.78	0.86	0.72	0.75
广安	0.73	0.78	0.72	0.79	0.75	0.82	0.71	0.89	0.77	0.89	0.76		0.88	0.90	0.76
遂宁	0.77	0.86	0.78	0.81	0.78	0.90	0.75	0.80	0.81	0.94	0.82	0.86		0.82	0.80
重庆	0.70	0.77	0.71	0.82	0.71	0.80	0.67	0.82	0.76	0.81	0.71	0.89	0.81		0.71
绵阳	0.87	0.78	0.81	0.68	0.94	0.76	0.76	0.76	0.73	0.83	0.82	0.72	0.77	0.67	

由表 3.5 可知，盆底 15 个城市间 $PM_{2.5}$ 和 PM_{10} 日均浓度均呈现出显著的正相关，且相关性远大于 SO_2、NO_2 和 CO（表略），表明颗粒物比气态污染物具有更广泛的空间均一性分布。而气态污染物的空间分布更加依赖局地大气污染物的排放。此外，也进一步说明盆底颗粒物能够在内部充分混合而减小各城市间的差异；气态污染物受局地排放的影响较大，城市间具有较大的差异。各城市间颗粒物的相关系数均大于或等于 0.67，部分城市间甚至高达 0.9 以上，远大于华北平原和长三角城市间的相关性（表 3.6 和表 3.7）。表明四川盆地底部颗粒物的水平均一性强于华北平原和长三角地区。盆地底部颗粒物较高的水平均一性可能与当地排放源的空间分布、封闭的地形及独特的气象条件有关。前体气态污染物、挥发性有机物 VOC 和颗粒物 PM 的高排放主要集中在盆地底部。而其他比较强的人为排放位于盆地外围的北部和南部，受盆地周边云贵高原、秦岭大巴山的阻挡，很难输送至盆地底部。同时，盆地底部的颗粒物浓度受高耸地形的阻挡，也很难向盆底外部传输。盆地封闭的地形及其所导致的独特气

象条件，使得盆底的颗粒物主要来自盆底内部城市的排放，且在盆底内部充分混合，进而导致当地颗粒物出现较高的水平均一性。因此，盆底颗粒物污染呈现一种区域性问题，在大气污染防控时应考虑跨城市、跨省份进行区域大气污染联合防控。

表 3.6 华北平原城市间 $PM_{2.5}$（表格对角线上部）和 PM_{10}（表格对角线下部橙色区）日均浓度相关系数（引自 Ning et al.，2018a）

	北京	廊坊	天津	保定	唐山	沧州	衡水	石家庄	秦皇岛	济南	邯郸	青岛	郑州
北京		0.86	0.78	0.72	0.80	0.70	0.63	0.71	0.68	0.53	0.57	0.32	0.44
廊坊	0.83		0.89	0.83	0.87	0.83	0.76	0.76	0.71	0.61	0.69	0.46	0.56
天津	0.75	0.87		0.81	0.91	0.88	0.77	0.79	0.77	0.59	0.71	0.51	0.53
保定	0.70	0.80	0.80		0.76	0.84	0.78	0.81	0.64	0.63	0.73	0.54	0.63
唐山	0.79	0.85	0.88	0.75		0.80	0.72	0.77	0.81	0.58	0.69	0.45	0.55
沧州	0.71	0.82	0.87	0.82	0.81		0.86	0.79	0.65	0.68	0.76	0.58	0.60
衡水	0.62	0.75	0.78	0.80	0.72	0.87		0.73	0.55	0.75	0.81	0.60	0.68
石家庄	0.70	0.74	0.72	0.79	0.74	0.77	0.74		0.61	0.61	0.83	0.45	0.67
秦皇岛	0.69	0.70	0.75	0.66	0.80	0.66	0.57	0.57		0.41	0.54	0.38	0.42
济南	0.51	0.56	0.58	0.58	0.57	0.67	0.72	0.56	0.43		0.73	0.71	0.73
邯郸	0.55	0.67	0.68	0.73	0.67	0.76	0.85	0.81	0.51	0.70		0.57	0.77
青岛	0.33	0.36	0.48	0.45	0.40	0.52	0.55	0.35	0.39	0.64	0.53		0.57
郑州	0.43	0.52	0.56	0.60	0.53	0.62	0.70	0.60	0.42	0.72	0.73	0.56	

表 3.7 长三角地区各城市间 $PM_{2.5}$（表格对角线上部）和 PM_{10}（表格对角线下部橙色区）日均浓度相关系数（引自 Ning et al.，2018a）

	上海	嘉兴	南通	湖州	绍兴	杭州	台州	扬州	南京	金华	丽水	淮安	衢州	温州	宿迁	连云港	徐州
上海		0.88	0.91	0.72	0.67	0.65	0.60	0.70	0.69	0.51	0.41	0.66	0.41	0.53	0.58	0.63	0.51
嘉兴	0.84		0.84	0.86	0.85	0.83	0.69	0.75	0.81	0.67	0.56	0.71	0.54	0.59	0.67	0.65	0.61
南通	0.90	0.82		0.76	0.67	0.66	0.59	0.81	0.77	0.54	0.46	0.79	0.45	0.53	0.71	0.74	0.63
湖州	0.71	0.87	0.76		0.84	0.90	0.67	0.80	0.87	0.71	0.59	0.71	0.62	0.61	0.66	0.59	0.65
绍兴	0.61	0.84	0.62	0.82		0.93	0.70	0.70	0.76	0.82	0.67	0.63	0.70	0.64	0.62	0.56	0.59
杭州	0.59	0.82	0.63	0.89	0.92		0.70	0.74	0.83	0.81	0.66	0.66	0.71	0.63	0.64	0.56	0.6
台州	0.60	0.71	0.60	0.66	0.73	0.70		0.55	0.60	0.75	0.75	0.50	0.71	0.90	0.46	0.44	0.42
扬州	0.70	0.74	0.84	0.80	0.65	0.71	0.59		0.87	0.58	0.51	0.85	0.53	0.52	0.80	0.70	0.76
南京	0.69	0.80	0.79	0.86	0.74	0.80	0.62	0.88		0.65	0.53	0.81	0.55	0.53	0.75	0.63	0.71
金华	0.48	0.64	0.51	0.66	0.77	0.74	0.75	0.57	0.61		0.83	0.53	0.89	0.73	0.55	0.46	0.5
丽水	0.42	0.59	0.45	0.57	0.67	0.64	0.77	0.51	0.55	0.84		0.45	0.82	0.79	0.47	0.37	0.45
淮安	0.66	0.70	0.80	0.72	0.61	0.65	0.54	0.84	0.80	0.50	0.45		0.45	0.46	0.92	0.85	0.83
衢州	0.42	0.59	0.46	0.63	0.71	0.72	0.73	0.53	0.58	0.88	0.82	0.47		0.72	0.48	0.37	0.43
温州	0.48	0.59	0.49	0.56	0.63	0.62	0.87	0.53	0.52	0.73	0.76	0.46	0.69		0.43	0.39	0.41
宿迁	0.61	0.66	0.75	0.67	0.61	0.64	0.52	0.77	0.77	0.49	0.44	0.93	0.47	0.44		0.82	0.88
连云港	0.62	0.61	0.75	0.60	0.53	0.55	0.47	0.70	0.64	0.41	0.35	0.89	0.37	0.40	0.87		0.74
徐州	0.52	0.64	0.65	0.64	0.60	0.62	0.49	0.74	0.73	0.48	0.45	0.87	0.45	0.44	0.88	0.80	

为了进一步探讨四川盆地三个部位6种主要大气污染物的水平均一性，本小节定义了一种用于定量评估大气污染物的水平均一性的指数 *HI*（Ning et al.，2018a）。*HI* 指数的表达式如下：

$$HI=(r_1+r_2+r_3+\cdots+r_n)/n$$

式中：r_i 为盆地城市之间污染物日均浓度的相关系数，且通过 $\alpha=0.05$ 的显著性检验；n 为盆地间的城市对的个数。*HI* 的值越大，表明盆地大气污染物的水平均一性越高；且 *HI* 的取值范围为−1～1。

由图3.22可知，盆地三个部位6种大气污染物的水平均一性指数 *HI* 大多为正值，表明盆地大气污染物呈现出显著的水平均一性。总体来看，除 SO_2 外，其他5种污染物的水平均一性均表现为盆底最强，边坡次之，盆沿最弱。此外，盆地三个部位6种大气污染物的水平均一性具有显著的季节性变化特征。在盆地底部，$PM_{2.5}$、PM_{10} 和 SO_2 水平均一性指数 *HI* 的最大值均出现在冬季；而 O_3 和 CO 的 *HI* 最大值出现在秋季，NO_2 的 *HI* 最大值出现在春季。除 O_3 外，其他5种大气污染物的 *HI* 最小值均出现在夏季。盆地边坡地区的大气污染物除 SO_2 外，其余水平均一性的季节变化特征与盆底地区相似。在盆沿地区，SO_2 的水平均一性强于边坡和盆底地区，其原因需进一步深入探究；其余5种大气污染物的水平均一性均较弱，且 O_3 的水平均一性指数 *HI* 大多为负值。此外，分析图3.22还发现，颗粒物 $PM_{2.5}$ 和 PM_{10} 的水平均一性显著大于气态污染物。尤其在盆底地区，冬季颗粒物 $PM_{2.5}$ 和 PM_{10} 的水平均一性指数 *HI* 大于0.8。通过分析 *HI* 指数得到的结果与表3.5的结论一致。盆底城市间大气污染物具有较强的水平均一性，因此当地政府需要对盆底部位的所有城市进行联合防控，才能更有效地提高当地空气质量。

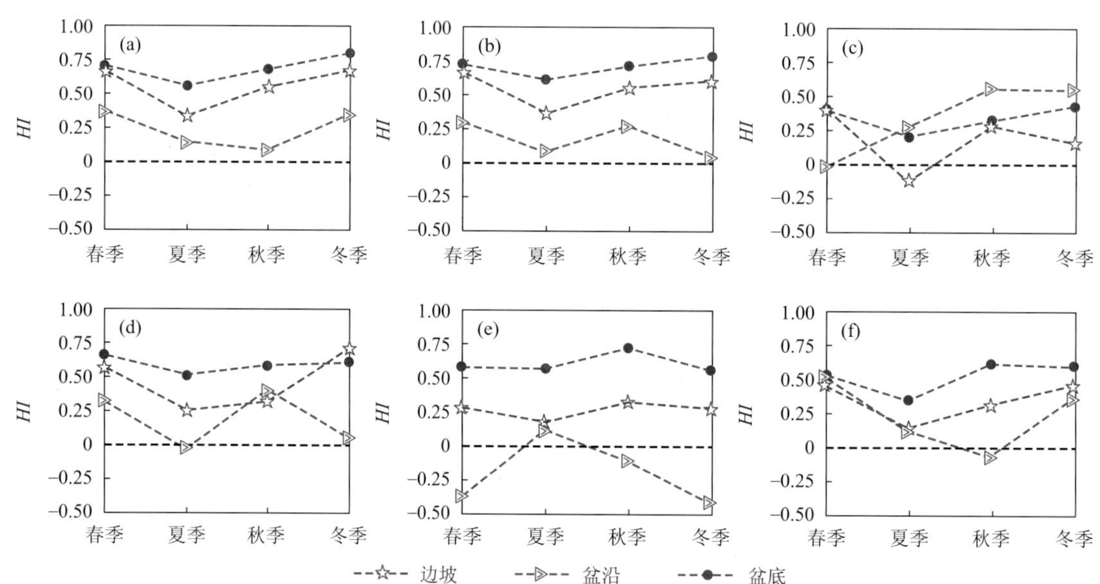

图3.22 四川盆地三个部位 $PM_{2.5}$(a)、PM_{10}(b)、SO_2(c)、NO_2(d)、O_3(e)和CO(f)水平均一性季节变化特征（黑色虚线表示水平均一性指数 *HI* 的值为0）（引自 Ning et al.，2018a）

3.6 基于气溶胶光学厚度的颗粒物浓度时空分布反演

一般来讲，单站点观测大气中颗粒物浓度常用来表征一定范围内颗粒物污染的特征，但对于判断和认知高时空分辨率气溶胶浓度分布是困难的。近年来国际卫星遥感技术的发展为高时空分辨率气溶胶特性获取提供了技术支撑，世界各地已有许多研究利用气溶胶光学厚度AOD(aerosol optical depth)与 $PM_{2.5}$ 或 PM_{10} 浓度之间的关系来反演高时空分辨率区域气溶胶浓度(毛节泰等，2002；辛金元，2007；Xin et al.，2015)。利用卫星 AOD 产品反演地面颗粒物浓度，将有效地弥补地面监测网空间分辨率的不足，为大气环境及其气候效应研究提供重要技术支持，而且利用地基联网观测与卫星遥测区域霾污染形成与分布是当前重点发展方向。本节利用订正的 MODIS AOD 产品反演地面颗粒物浓度，获取高分辨率 AOD、$PM_{2.5}$ 与 PM_{10} 时空分布数据，有利于从空间精细化角度阐明全国典型区域颗粒物污染分布特征与演变态势。

图 3.23 和图 3.24 给出了 2012—2013 年全国范围 23 个站 $PM_{2.5}$ 与 AOD 相关方程的斜率、截距与决定系数。在不同区域，相关方程和决定系数的差异非常大。相关方程的斜率变化范围是 13～90，截距的变化范围是 0.8～33.3，决定系数(R^2)的变化范围是 0.06～0.75。因为由北到南，湿度不断增加，气溶胶吸湿增长导致消光系数随之增加，南方地区相关方程的斜率明显小于北方地区。与此同时，在北方地区，相关方程的截距更小，决定系数也更高。但是就算在同一地区，相关方程和系数也或多或少的存在差异，表明气溶胶的成分和天气背景都会

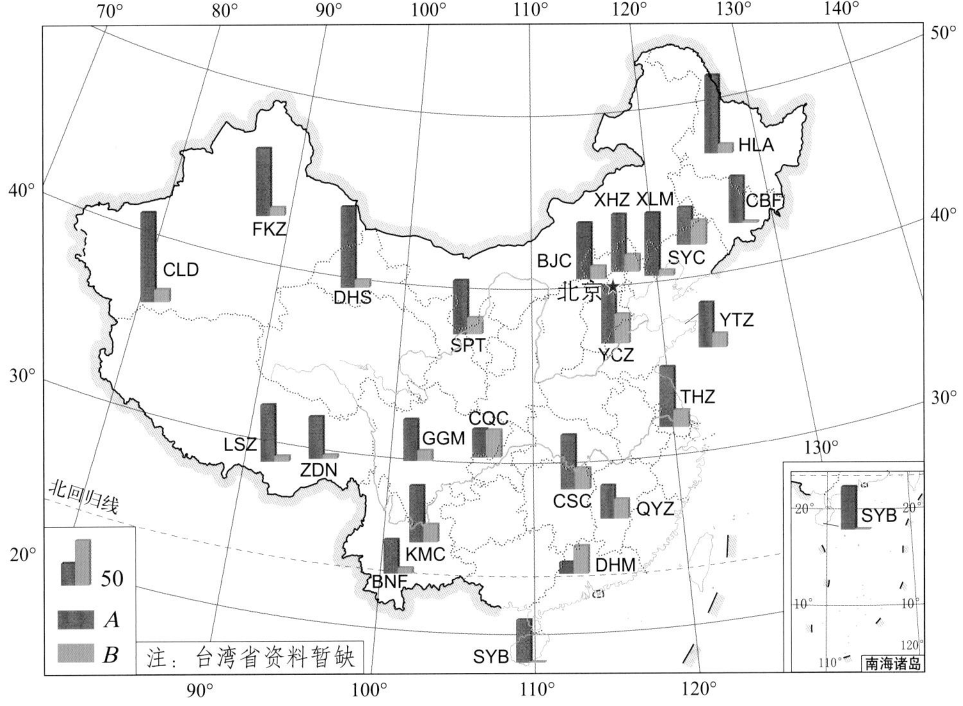

图 3.23　2012—2013 年全国典型地区 $PM_{2.5}$ 与 AOD 的线性相关方程($PM_{2.5}=A \cdot AOD+B$)斜率 A 和截距 B 的分布(引自 Xin et al.，2016)

(图中相关站点如下：策勒荒漠站 CLD、沈阳城市站 SYC、禹城农业站 YCZ、鼎湖山背景站 DHM、海伦农业站 HLA、沙坡头沙漠站 SPT、北京城市站 BJC、香河城郊站 XHZ、重庆城市站 CQC、藏东南站 ZDN、拉萨站 LSZ、西双版纳森林站 BNF、三亚海湾站 SYB、贡嘎山背景站 GGM、兴隆背景站 XLM、阜康背景站 FKZ、千烟洲站 QYZ、敦煌沙漠站 DHS、烟台站 YTZ、昆明城市站 KMC、长沙城市站 CSC、长白山森林站 CBF、太湖站 THZ)

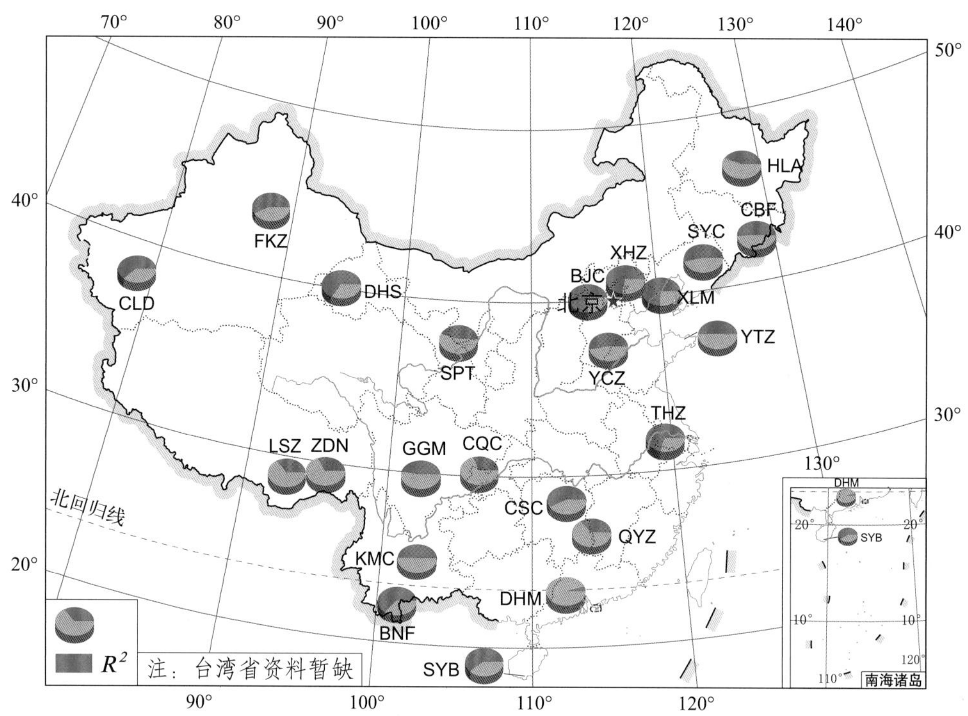

图 3.24 2012—2013 年全国典型地区 $PM_{2.5}$ 与 AOD 的决定系数 R^2 的分布(引自 Xin et al.,2016)

(图中相关站点说明同图 3.23)

对 $PM_{2.5}$ 质量浓度与 AOD 的相关性产生影响。对各观测台站 $PM_{2.5}$ 与 AOD 年均值相关性差异进行分析，高湿的南方气溶胶消光效率约是北方的 2 倍；在大气污染治理实现蓝天的意义上，南方治理难度更大，北方首要任务是进行排放总量削减(Xin et al.,2016)。

3.6.1 京津冀地区 PM_{10} 和 $PM_{2.5}$ 质量浓度的卫星 AOD 反演

选择城市站北京站(BJZ)，城乡结合部香河站(XHZ)，以及区域背景站兴隆站(XLZ)作为代表站点，以 2009—2010 年大气颗粒物($PM_{2.5}$、PM_{10})质量浓度以及 AOD、气溶胶波长指数(α)的月均值做对比分析发现，观测期间，就北京来说，α 大多数处于 0.8～1.5 之间，整体较高，空气中颗粒物以受人类活动影响较大的细粒子为主。而且 AOD 没有明显的变化趋势，说明北京市气溶胶主控模态较为稳定；2009 年 α 季节均值最高值出现在夏季，为 1.28±0.25，最低值出现在冬季，为 1.07±0.29；2010 年 α 季节均值最高值出现在秋季，为 1.16±0.22，最低值出现在春季，为 0.98±0.34。气溶胶波长指数的低值出现在冬春两季，这可能是这两个季节要么大气污染重、要么大风沙尘天气造成粗模态粒子比例增加所致。香河站 AOD 的季节变化特征与北京站基本一致，2009 年 α 年均值为 1.15±0.29，2010 年为 1.02±0.31，略低于北京站，但是其值仍然较大，说明和北京站一样，香河站颗粒物的主要模态也是受人类活动影响较大的细粒子，α 也没有随 AOD 明显的变化规律，主控模态较为稳定。与北京站和香河站不同，兴隆站的气溶胶波长指数月均值表现出了明显的季节变化特征，但与北京、香河一样，α 的季节均值变为冬春两季较低、夏秋两季较高。

将这三个代表站的数据进行整合之后获得了整体相关方程，对京津冀地区颗粒物质量浓度的分布进行了估算，结果见图 3.25 和图 3.26。不难看出，2009—2010 年京津冀地区 $PM_{2.5}$ 质量浓度的均值在不同地区的变化范围是 20～40 $\mu g \cdot m^{-3}$。在京津冀地区的东南部，$PM_{2.5}$ 质量浓度的均值可超过 60 $\mu g \cdot m^{-3}$，远超国家二级标准。冬夏两季 $PM_{2.5}$ 的质量浓度明显高于春秋两季(Xin et al.，2014)。

上述反演结果表明，2009—2010 年京津冀各地区 PM_{10} 质量浓度均值的变化范围是 75～100 $\mu g \cdot m^{-3}$，其中，东南部 PM_{10} 的质量浓度均值超过 100 $\mu g \cdot m^{-3}$，表明此处面临更加严重的颗粒物污染。从季节变化特征看，京津冀地区冬季 PM_{10} 的质量浓度要明显高于其他三个季节。

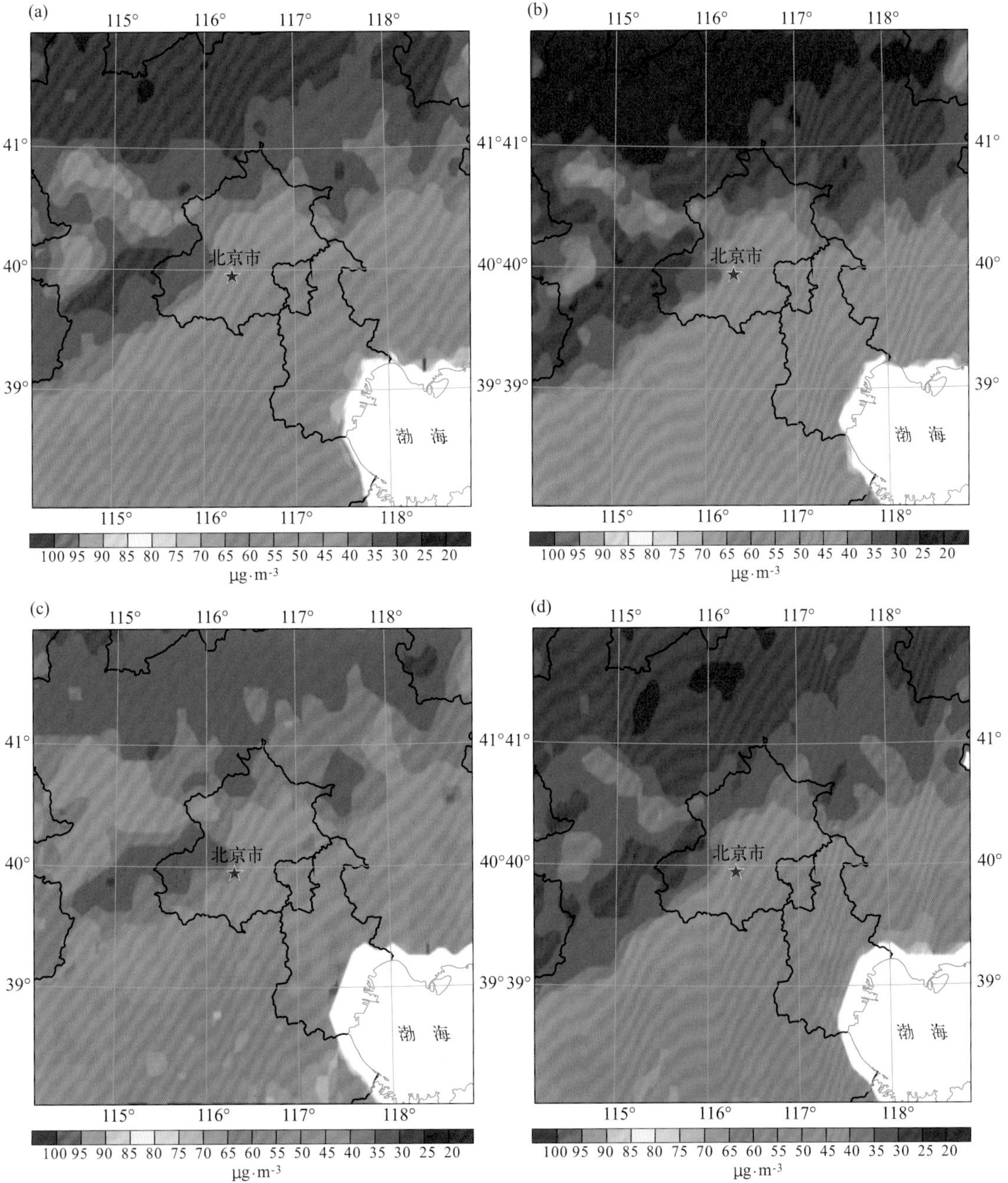

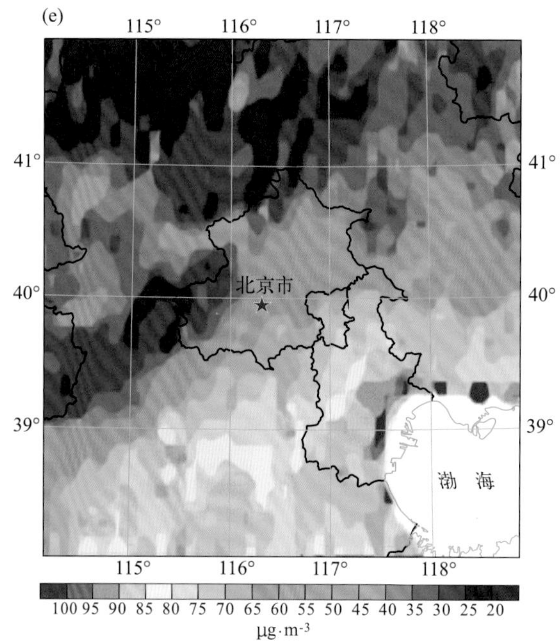

图 3.25　利用整体相关方程反演出的京津冀地区的 $PM_{2.5}$ 的分布情况

(a,b,c,d,e 分别代表全年、春、夏、秋、冬)(引自 Kong et al.,2016)

选择京津冀地区另外两个站点(唐山站和北京森林站),将反演的 PM_{10} 结果与观测值进行对比,显示拟合值很好地模拟了观测值的变化趋势。在唐山,整体相关方程对春季日均值的拟合效果较好,季节均值拟合的相对误差变化范围是$-8\%\sim3\%$,夏季出现低估,而冬季出现高估;在北京森林站,四个季节都出现了高估现象,高估最严重的季节是冬季。这表明利用卫星 AOD 产品反演颗粒物浓度在污染地区的适用性要好于在清洁地区。

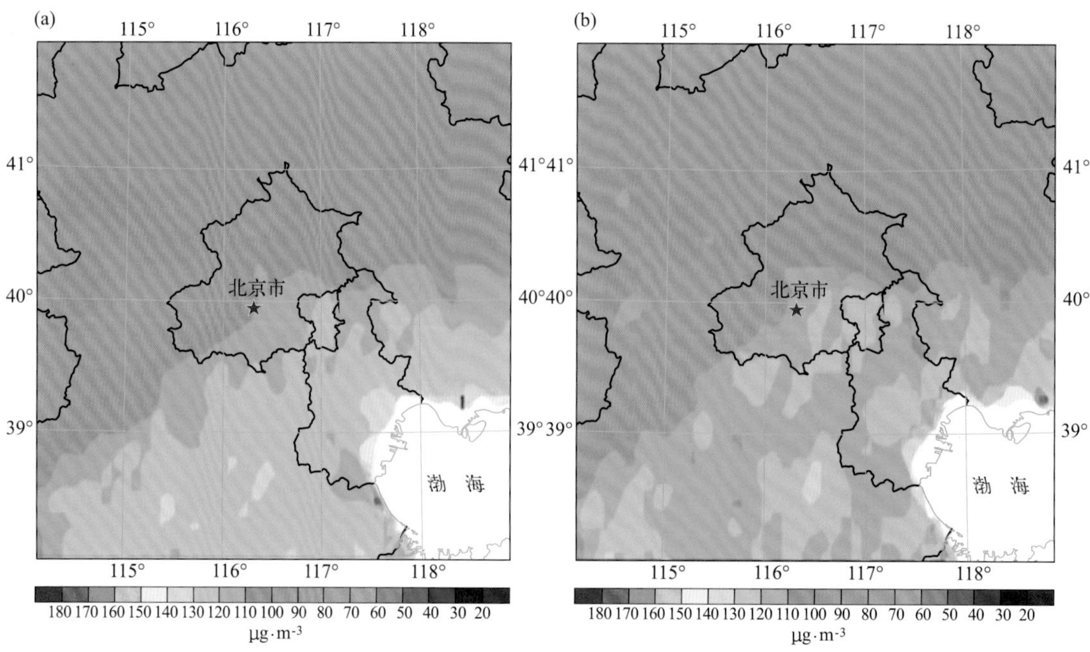

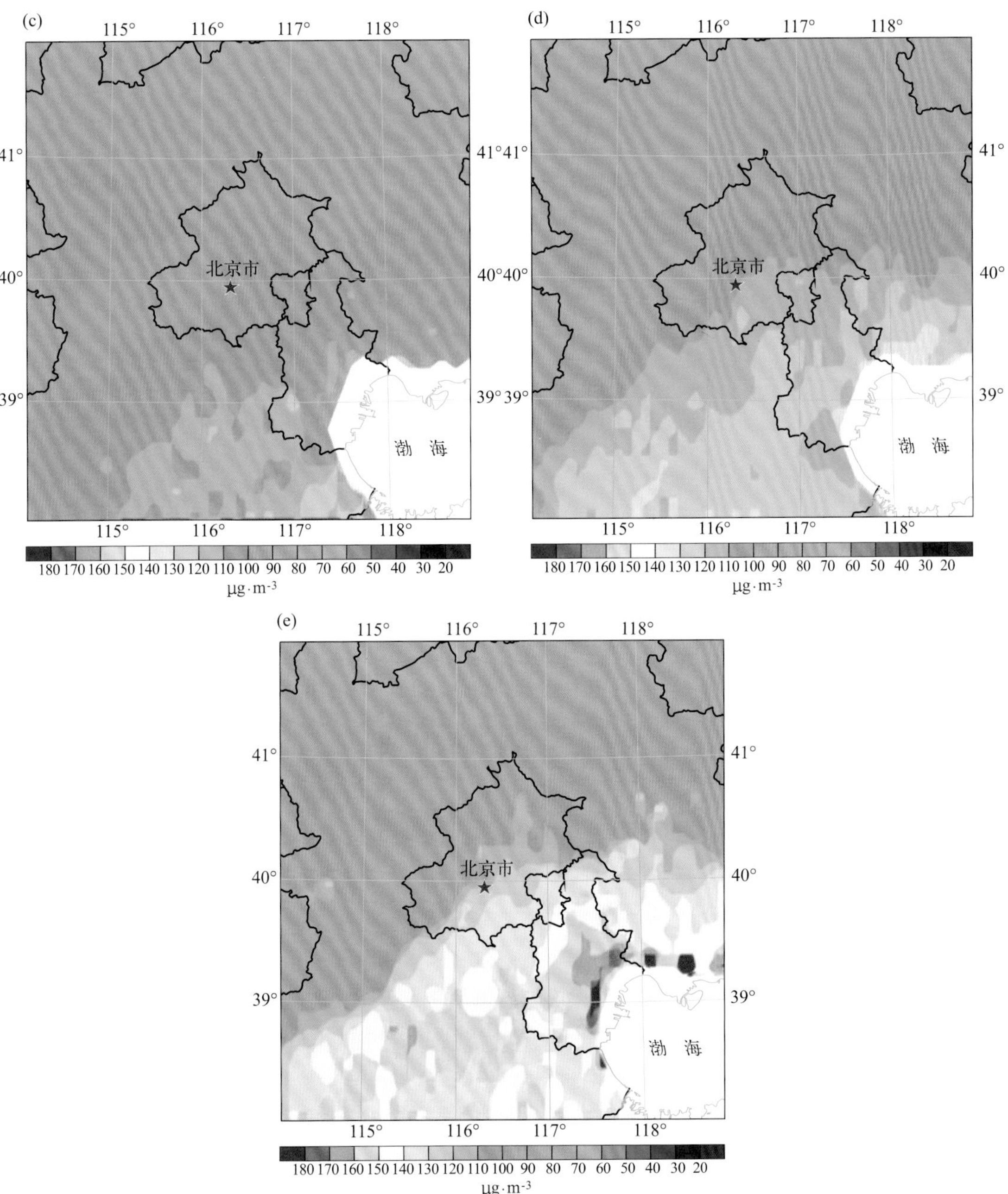

图 3.26 利用整体相关方程反演出的京津冀地区的 PM_{10} 的分布情况

(a,b,c,d,e 分别代表全年、春、夏、秋、冬)(引自 Kong et al. ,2016)

为了研究影响京津冀地区污染物输送的气团来向，利用 NOAA 的 HYSPLIT-4(HYbrid Single Particle Lagrangian Integrated Trajectory)模型来进行后向轨迹分析(图 3.27)。从图中可以看出，影响京津冀地区污染物输送的气团主要来自偏西和偏北方向。聚类结果显示，京津冀地区伴随污染物输送的气流来向主要来自于 5 条路径：①北方气团的短距离输送(Ⅰ型)，来自于俄罗斯东部、蒙古国东部和我国内蒙古东部，占全部气团的 16%；②西北偏北气团的长距离输送（Ⅱ型），来自于贝加尔湖地区、蒙古国中东部，占全部气团的24%；③西北偏西气团的长距离输送（Ⅲ型），来自于新疆准格尔盆地、蒙古国南部戈壁地区，占全部气团的9%；④西方气团的短距离输送（Ⅳ型），来自于陕西省、山西省和内蒙古中部，占全部气团的25%；⑤南方气团的短距离输送（Ⅴ型），来自于安徽省、山东省和河南省，占全部气团的26%。对不同路径气团来向下气溶胶的性质进行分析，当气团来向为第⑤路径时，气溶胶光学厚度达到最大值，这是因为当气团由南方移动到京津冀地区时带来了大量水汽，气溶胶颗粒吸湿增长使得消光加强。气溶胶波长指数在气团来向为第③④路径时较小，在这两种情况下气团移动经过蒙古戈壁和中国的巴丹吉林沙漠时携带了大量的沙尘气溶胶到达京津冀地区，使得气溶胶粒径的模态增大，由此导致 $PM_{2.5}$ 质量浓度占 PM_{10} 质量浓度的比例减小。

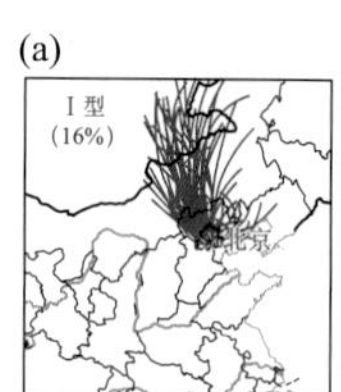

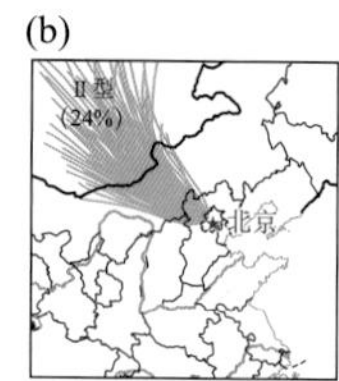

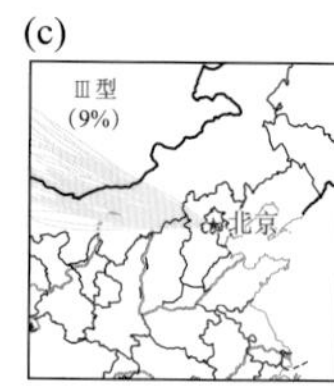

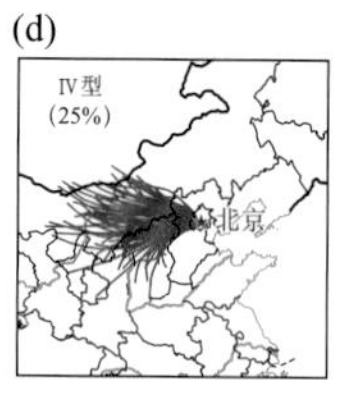

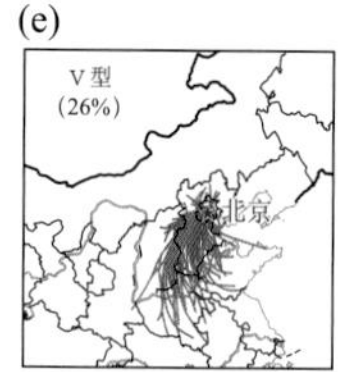

图 3.27 影响京津冀地区大气污染物输送的气团来向路径分类

(a) Ⅰ型；(b) Ⅱ型；(c) Ⅲ型；(d) Ⅳ型；(e) Ⅴ型

3.6.2 长三角地区 $PM_{2.5}$ 质量浓度的卫星 AOD 反演

选择南京城市站作为代表站点，观测期间，$PM_{2.5}$ 年均质量浓度为 62.29±13.19 μg·m^{-3}，AOD(550 nm)平均为 1.04±0.63，高于南京城区的均值(0.6±0.3)；气溶胶波长指数(440～870 nm)平均为 1.03±0.23。夏季，地面 AOD 达到最大，平均为 1.64±0.49，而 $PM_{2.5}$ 质量浓度和气溶胶波长指数平均值分别为 57.41±17.74 μg·m^{-3} 和 0.98±0.08。秋季，地面 AOD 和 $PM_{2.5}$ 质量浓度平均值分别为 1.05±0.08 和 63.22±6.88 μg·m^{-3}，气溶胶波长指数为 1.04±0.08。冬季，地面 AOD 和 $PM_{2.5}$ 质量浓度平均值处于次谷值，分别为 0.72±0.23 和 61.42±15.56 μg·m^{-3}。由于冬季细粒子的排放量增加，比例加大，Angström 波长指数相应地达到最大值 1.08±0.10。在各个季节，$PM_{2.5}$ 质量浓度与 AOD 有较好的线性相关，但是它们的拟合方程的斜率和截距呈现一定的差异。MODIS AOD 和地面 $PM_{2.5}$ 质量浓度存在很好的相关性，因此，可以用 MODIS AOD 资料来反演长三角地区的 $PM_{2.5}$ 质量浓度空间分布。图 3.28 显示的是晴好天气条件下，长三角地区和南京地区的地面 $PM_{2.5}$ 质量浓度反演分布情况。不难看出：观测期间，长三角大部分地区（包括上海、江苏以及安徽大部），$PM_{2.5}$ 质量浓度年均超过 60 μg·m^{-3}；在南部丘陵地带，即安徽南部和浙江西北部，$PM_{2.5}$ 平均质量浓度为 40～50 μg·m^{-3}；而在江苏北部、河南以及山东部分地区，$PM_{2.5}$ 平均质量浓度为 80～85 μg·m^{-3}。

至于南京地区的 $PM_{2.5}$ 质量浓度分布，反演结果发现，南京江北工业地带明显存在一个 $PM_{2.5}$ 的质量浓度高值中心。Zhao 等(2015)研究也发现，南京大型发电厂周边以及工业地带的 $PM_{2.5}$ 排放密度与排放量较大。参照国家二级标准（年均值 35 μg·m^{-3}），南京地区的颗粒物质量浓度超标明显，污染程度很重。在晴好天气条件下，大气污染物在局地一般可得到充分

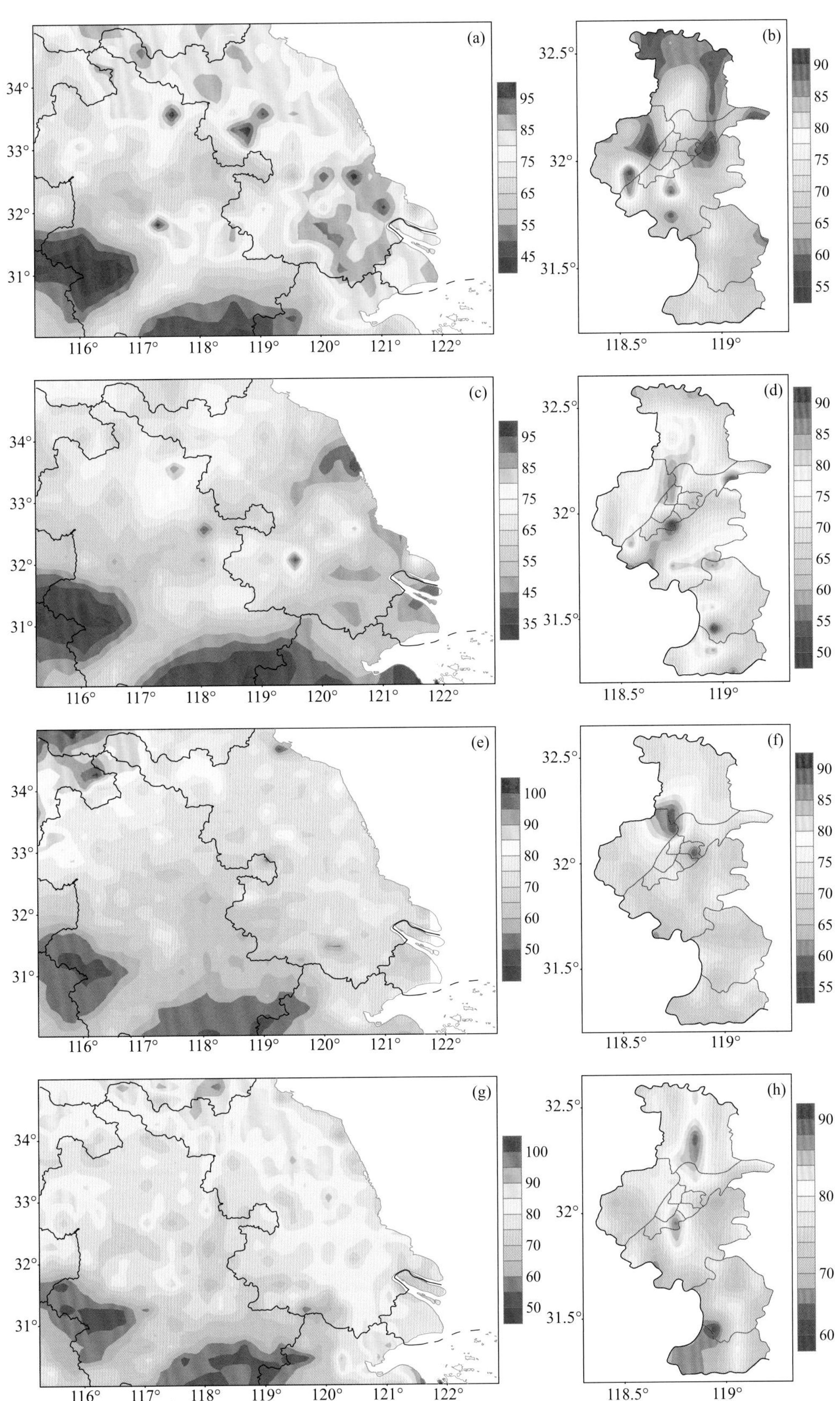
(a)
(b)
(c)
(d)
(e)
(f)
(g)
(h)

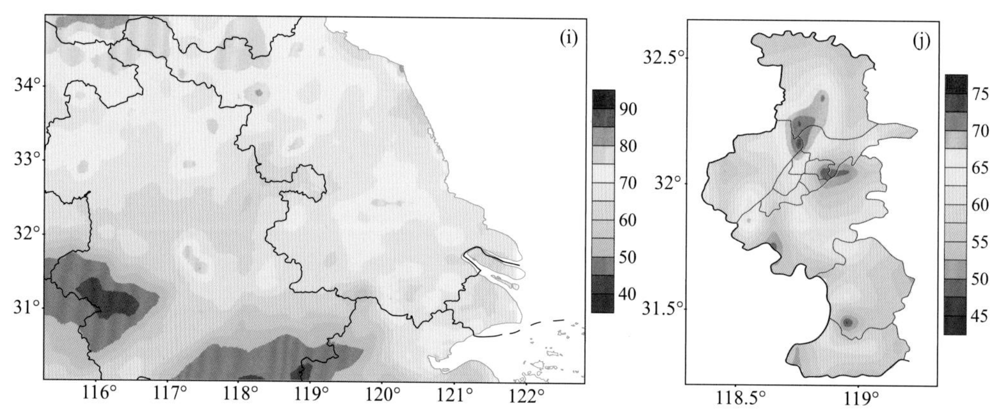

图 3.28 2013—2015 年晴好天气条件下长三角地区(a,c,e,g,i)和南京地区(b,d,f,h,j)$PM_{2.5}$ 质量浓度反演分布规律((a),(b):春季;(c),(d):夏季;(e),(f):秋季;(g),(h):冬季;(i),(j):全年平均)(单位:$\mu g \cdot m^{-3}$)(引自 Shao et al.,2017)

地混合,但工业地带 $PM_{2.5}$ 的质量浓度常处于高值,也表明了此地的排放量最大。考察四个季节的分布情况显示,季节差异较为明显,一般来说,冬、春两季 $PM_{2.5}$ 的质量浓度较高,污染较重,夏、秋两季较为缓和。在夏季,沿海地带的 $PM_{2.5}$ 质量浓度低于 35 $\mu g \cdot m^{-3}$,可以推断,在夏季季风的作用下,来自海洋的相对清洁的气团稀释了当地的 $PM_{2.5}$ 质量浓度。同时,夏季混合层厚度大、边界层内湍流和对流旺盛,对局地排放的污染也有较强的稀释扩散作用(Shao et al.,2017)。

总体上,利用卫星 AOD 反演的 $PM_{2.5}$ 质量浓度较实测值高估约 15%,且季节误差变化幅度也较大,其中,夏季反演相对误差最大,冬季最小,春秋季介于中间。可能的原因有:①MODIS AOD 是空间分辨率 10 km×10 km 的平均结果,而地面实测的 AOD 只是反映有限单点的观测结果,由此引起的误差无法克服;②进行反演计算时,系统误差总不可避免;③长三角地区的地表和下垫面不均,更重要的是当地颗粒物排放强度空间分布不均匀,来源不一,造成当地颗粒物质量浓度分布不均匀,给卫星进行准确遥测带来极大的困难;④监测站主要分布在南京城区,其结果不能准确反映郊区工业地带的颗粒物分布情况。

3.6.3 珠江三角洲地区 PM_{10} 和 $PM_{2.5}$ 质量浓度的卫星 AOD 反演

选择区域背景站鼎湖山站作为代表站点,观测期间,$PM_{2.5}$、PM_{10} 年均质量浓度分别为 51 $\mu g \cdot m^{-3}$ 和 76 $\mu g \cdot m^{-3}$,气溶胶光学厚度 AOD_{500nm} 年均为 1.07,气溶胶波长指数为 0.91。高速发展的工业是该地区重要的气溶胶排放源,工业排放的大量硫酸盐气溶胶是导致该地区 AOD 值较高、颗粒物污染的主要原因。气溶胶光学厚度 AOD 的季节差异也较明显,其中,春季最高约为 1.30±0.31,冬季最低约为 0.95±0.35,夏、秋季节分别为 1.06±0.34 和 1.06±0.36。该地区为典型的季风气候区,冬季的偏北风和夏季的偏南风都可以有效地清除当地的气溶胶污染物,所以冬季的 AOD 出现低值;但夏季的偏南风在清除当地气溶胶污染的同时带来了大量的水汽,使得气溶胶吸湿增长,导致区域范围内雾气较大,消光加剧,因此 AOD 在夏季并没有出现明显的低值。

气团后向轨迹聚类结果(图 3.29)清晰显示,鼎湖山站乃至珠江三角洲区域主要受三种典型气团输送的影响：①来自于北方气团的远距离输送影响；②珠江三角洲区域内污染物传输影响；③来自于南方海洋气团输送的影响。三种气团类型在四年观测期间各自所占百分比分别为 31.5%、58.5%和 10.0%。其中，北方气团主要来自湘鄂赣地区的远距离输送，污染气团在长距离的输送过程中经过稀释扩散，到达观测地区后质量浓度有所降低，但其细粒子 $PM_{2.5}$ 比例显著高于其他方向的气团。北方气团活动时间大多出现在秋冬季节，伴随干冷空气南下，期间能够有效稀释珠江三角洲地区局地排放的颗粒污染浓度，此时 PM_{10} 和 $PM_{2.5}$ 质量浓度比四年观测期间的平均值分别下降 18%和 12%，达到 62 $\mu g \cdot m^{-3}$ 和 45 $\mu g \cdot m^{-3}$。此外，北方气团活动期间 AOD 数值由年均值 1.07 下降到 0.99，同时对当地的空气污染起到了一定的稀释扩散或湿清除作用。但是研究也发现，污染气团中含有的细粒子更多，占可吸入颗粒物的 71%，表明来自北部湘鄂赣地区的细粒子污染气团南下输送，对珠江三角洲区域颗粒物污染变化影响显著。来自珠江三角洲内部区域的近距离输送影响更不可忽视。近年来广州市及珠江三角洲地区工业发展迅速，大气污染较为严重，该区域的气团中携裹了大量的颗粒污染物，会导致区域背景站鼎湖山站 PM_{10} 与 $PM_{2.5}$ 质量浓度明显升高，分别为 88 $\mu g \cdot m^{-3}$ 和 59 $\mu g \cdot m^{-3}$，与全年均值比较，PM_{10} 和 $PM_{2.5}$ 均上升了 16%，表明珠江三角洲区域颗粒物排放也较为严重；同时，AOD 均值达到 1.14，较年均值上升了 9.6%。受当地污染气团影响时，$PM_{2.5}$ 占 PM_{10} 的比例为 68%，显示珠江三角洲区域颗粒物污染中细粒子排放与二次生成仍占据较大比重。当受来自南方海洋气团影响时，当地空气最为清洁，PM_{10} 和 $PM_{2.5}$ 质量浓度较年平均值分别下降了 48%和 51%，分别降为 39 $\mu g \cdot m^{-3}$ 和 25 $\mu g \cdot m^{-3}$，达到国家一级环境标准，颗粒物中细粒子比例也有所减小。但总体来说，纯粹来自南方海洋的气团较少，只占全部类型的 10%，大多出现在每年的 4—9 月，秋冬季节几乎很难观测到。由上述分析可知，珠江三角洲至华南区域内较为严重的区域性颗粒物污染及其输送是导致区域背景站鼎湖山站颗粒物质量浓度维持较高水平的主要原因。

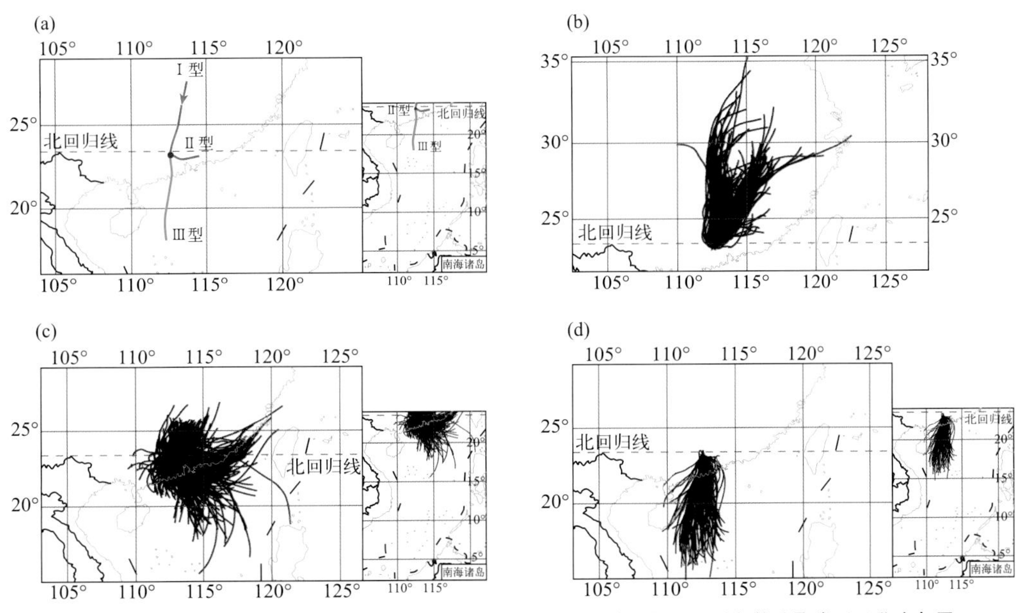

图 3.29　2009—2012 年到达鼎湖山站气团的 48 h 后向轨迹与聚类分析((a)后向轨迹聚类;(b)北方气团;(c)局地气团;(d)海洋气团)(引自 Chen et al.,2014)

此外，经过湿度订正和混合层高度订正后，珠江三角洲的区域背景站鼎湖山站 $PM_{2.5}$ 和 AOD 的相关性显著增加。其中，对来自北方的大陆气团和当地的污染气团（Ⅰ、Ⅱ），经湿度和混合层高度订正后，其相关性都显著提高，间接说明来自内陆地区的气溶胶吸湿增长也表现得较为一致。而来自海洋的气团（Ⅲ）多为暖湿降雨气团，其输送了充沛的水汽，导致气溶胶可急剧吸湿增长，气溶胶消光系数倍增，尽管污染物浓度不是很高，但 AOD 仍维持高值。

由图 3.30 可见，鼎湖山区域背景站地面颗粒物 PM_{10} 与 $PM_{2.5}$ 质量浓度与气溶胶光学厚度 AOD 呈现一定的线性相关，颗粒物质量浓度经过湿度和混合层高度订正后，其相关性有显著提升；随气团来向不同和干湿季节的交替，其相关性也存在一定差异，表明区域范围气溶胶消光特性会受到颗粒物成分来源与气象条件的共同影响。

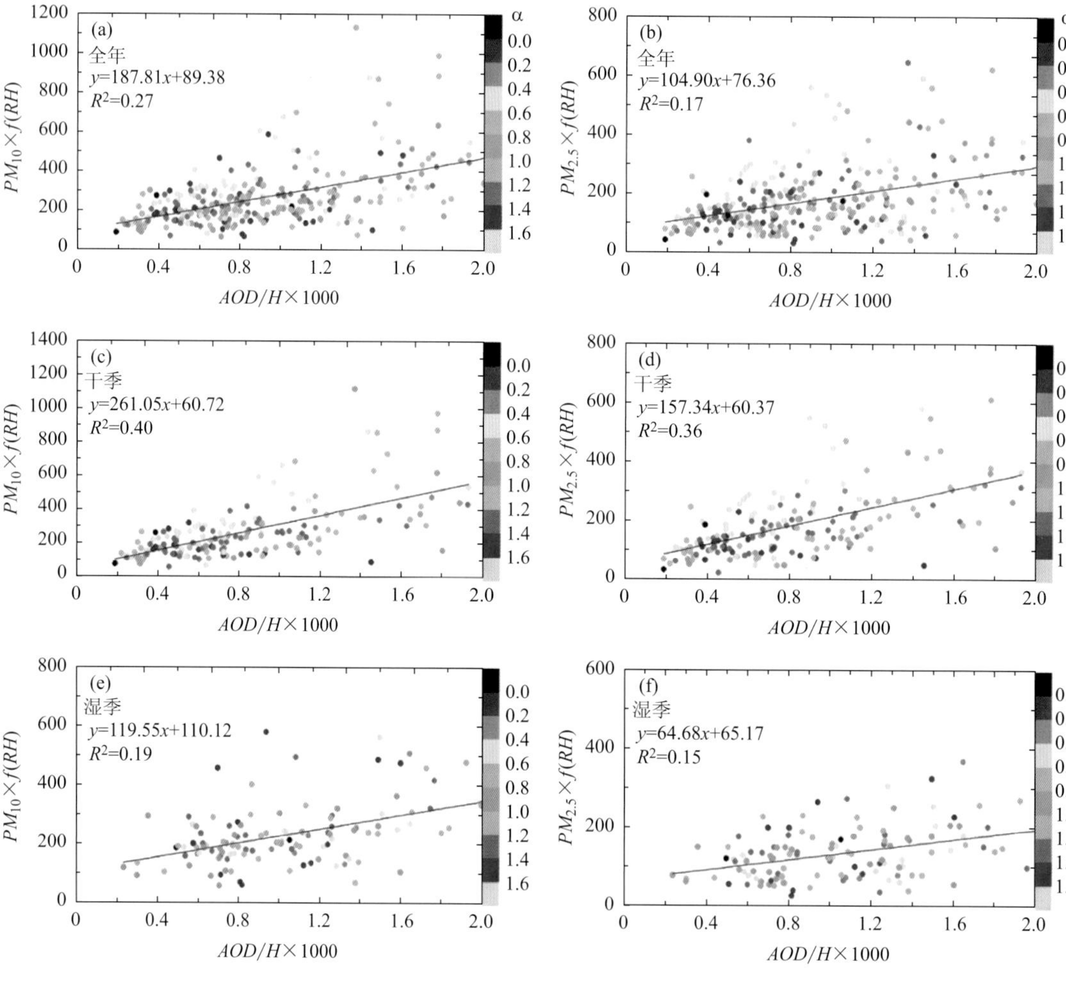

图 3.30　鼎湖山站 PM_{10}(a,c,e)、$PM_{2.5}$(b,d,f)与 AOD 日均值订正后的相关性

（引自 Chen et al.，2014）

3.6.4　南亚热带雨林地区 $PM_{2.5}$ 质量浓度的卫星 AOD 反演

对 2012—2014 年南亚热带雨林地区 $PM_{2.5}$ 质量浓度、气溶胶光学特性观测研究表明，

$PM_{2.5}$ 质量浓度、AOD、气溶胶波长指数(α)年均值分别为 26±16 μg·m⁻³、0.45±0.27、1.20±0.26。$PM_{2.5}$ 与气溶胶光学特性在干湿季节呈现很大的差异，其中干季 $PM_{2.5}$、AOD、α 均值分别为 34.3±19.7 μg·m⁻³、0.54±0.37、1.36±0.20，而湿季它们的均值分别为 16.90±5.08 μg·m⁻³、0.37±0.10、1.07±0.25。资料质控与筛选表明，MODIS C6 AOD 干、湿季节分别有 46.9%、56.5%的数据满足 NASA(美国国家航空与航天局)精度要求。近地面 $PM_{2.5}$ 与地基 AOD、MODIS AOD 存在显著线性相关，但干、湿季节相关方程存在较大差异，决定系数(R^2)干季为 0.69～0.85，而湿季仅为 0.33～0.39。利用 MODIS AOD 与近地面 $PM_{2.5}$ 质量浓度建立的干、湿季节线性拟合方程，反演了 2006—2015 年南亚热带雨林地区 $PM_{2.5}$ 质量浓度，分析了其空间分布及变化态势(图 3.31)。结果显示，近 10 年南亚热带雨林地区 $PM_{2.5}$ 质量浓度呈微弱上升趋势，其中，湿季 $PM_{2.5}$ 质量浓度时空变化较小，范围为 20～40 μg·m⁻³；干季 $PM_{2.5}$ 质量浓度时空变化较大，变化范围达 25～80 μg·m⁻³；在泰国北部、老挝中部及越南北部 $PM_{2.5}$ 质量浓度可达 50～80 μg·m⁻³，表明该地区生物质燃烧对 $PM_{2.5}$ 质量浓度贡献很大。

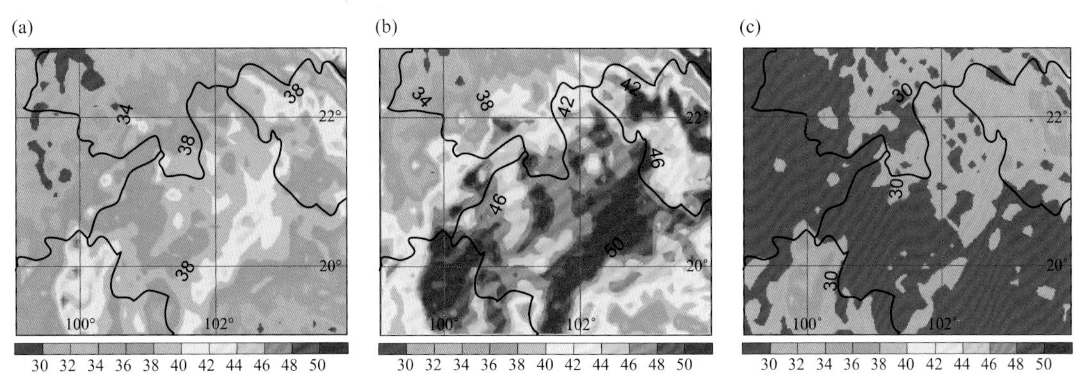

图 3.31 2006—2015 年晴好天气下南亚热带雨林地区 $PM_{2.5}$ 质量浓度(单位：μg·m⁻³)反演分布规律(Ma et al.,2016)
(a)年平均；(b)干季；(c)湿季

此外、南亚热带雨林地区干、湿季节 $PM_{2.5}$ 质量浓度空间分布差异也较显著。干季中，$PM_{2.5}$ 呈现出西北部、东南部质量浓度较低，其他地区较高的分布特征；而湿季为热带气旋盛行季节，大陆由低压系统控制，对流旺盛，对局地排放的细颗粒物有较强的稀释扩散以及降水的湿清除作用。

3.6.5 西北沙漠地区 $PM_{2.5}$ 质量浓度的卫星 AOD 反演

选择策勒和敦煌作为西北沙漠地区的代表城市。2010 年策勒地区 $PM_{2.5}$ 的年均值为 96.97 μg·m⁻³，其中，春季的 $PM_{2.5}$ 质量浓度季节均值最大，为 136±83 μg·m⁻³；冬季最低，为 46±20 μg·m⁻³。2012 年该地气溶胶光学厚度(AOD)的年均值为 0.75，春季最高，为 0.93；冬季最低，为 0.50。气溶胶光学厚度随时间的变化和 $PM_{2.5}$ 质量浓度随时间的变化有较好的一致性。气溶胶波长指数的年均值为－0.04，该数值较小，说明策勒地区空气中颗粒物以粗粒子为主。气溶胶波长指数的变化呈现出与光学厚度以及 $PM_{2.5}$ 质量浓度相反的变化特征，最大值出现在冬季，为 0.31，反映出冬季采暖所用化石燃料燃烧释放出较多细颗粒物，使其所占颗粒物中的比例增大，因此气溶胶波长指数增大。其他季节空气中颗粒物以沙尘粒子为主，气溶胶波长指数的值相对较小。2012 年敦煌地区 $PM_{2.5}$ 的年均值为 72±51 μg・m^{-3}，其中，春季的 $PM_{2.5}$ 季节均值最大，为 99±70 μg・m^{-3}；夏季最低，为 62±30 μg・m^{-3}。敦煌气溶胶光学厚度整体均值为 0.38，其中春季最高，冬季最低。该地气溶胶光学厚度随时间的变化和 $PM_{2.5}$ 质量浓度随时间的变化有较好的一致性。气溶胶波长指数的整体均值为 0.43，说明敦煌地区大气气溶胶为混合型，最小值出现在春季，为 0.28，同时该季节也是光学厚度和 $PM_{2.5}$ 质量浓度最大值出现的季节，这是因为敦煌地区在春季沙尘天气发生较多所致。

对策勒地区按照整年以及春、夏、秋、冬四季进行统计分析（图 3.32），发现 AOD 与 $PM_{2.5}$ 质量浓度有显著相关性。进行线性拟合得到策勒地区 $PM_{2.5}$ 质量浓度与 AOD 的拟合方程 $y(PM_{2.5})=ax(AOD)+b$。对于 AOD 与 $PM_{2.5}$ 质量浓度的相关性，策勒全年整体决定系数 R^2 为 0.52，线性相关方程为 $y=125.98x-3.70$。不同季节 R^2 的变化范围是 0.44～0.61，最高值出现在春季，而冬季的相关性最差。系数 a 的变化范围是 50.99～187.75，最小值出现在冬季，冬季空气中细粒子所占比例增大，单位质量浓度的颗粒物消光增强。b 的变化范围是 −36.70～25.05。不同季节 AOD 与 $PM_{2.5}$ 质量浓度的相关性和相关方程都存在较大差异。

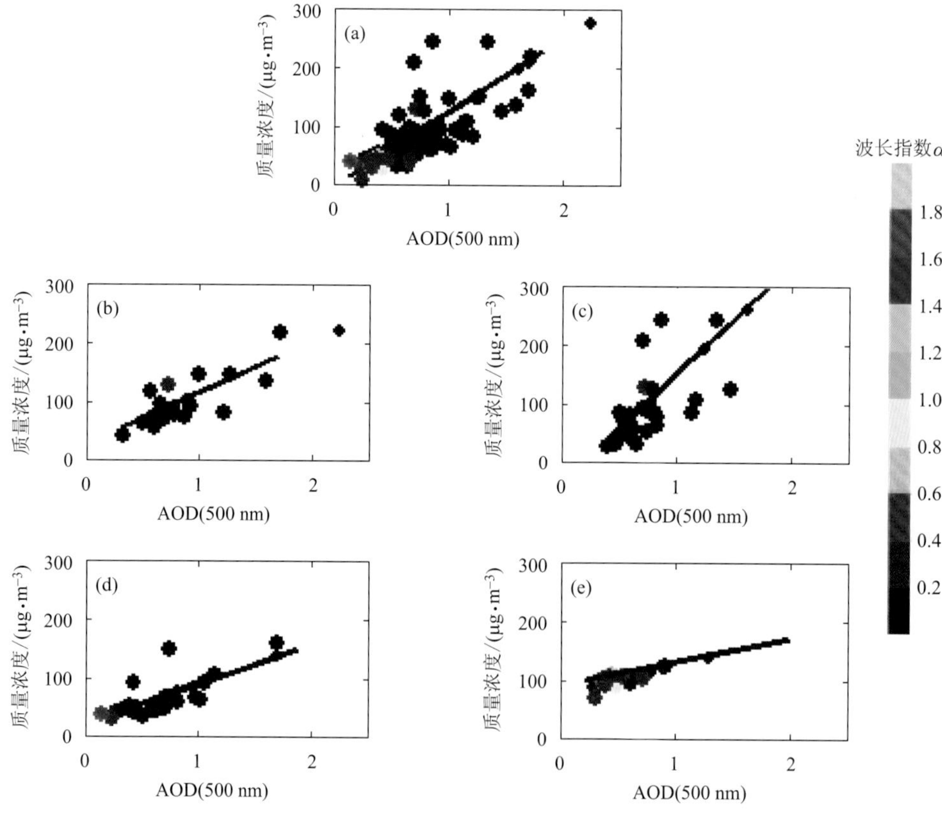

图 3.32　策勒不同季节 $PM_{2.5}$ 与 AOD 日均值的相关性（a,b,c,d,e 分别代表全年平均、春、夏、秋、冬）

对敦煌地区按照整年以及春、夏、秋、冬四季进行统计分析（图 3.33），发现 AOD 与 $PM_{2.5}$ 质量浓度也呈现显著相关性。进行线性拟合得到敦煌地区 AOD 与 $PM_{2.5}$ 的全年整体决定系

数 R^2 为 0.34，相关方程为 $y=82.90x+35.63$。不同季节 R^2 的变化范围是 0.10～0.47，最高值出现在夏季，冬季的相关性最差。系数 a 的变化范围是 33.90～99.62，最小值出现在冬季，冬季空气中细粒子所占比例增大，单位质量浓度的颗粒物消光增强。b 的变化范围是 25.00～51.21。除冬季外，其他三个季节的相关方程较为相似。

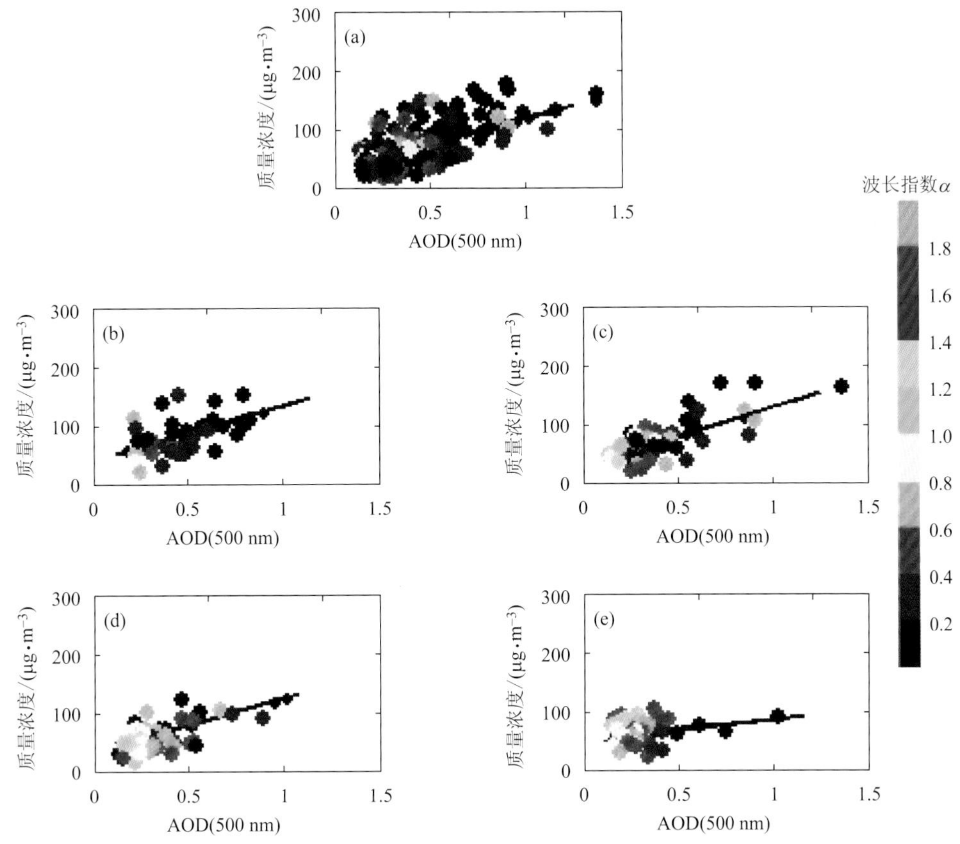

图 3.33 敦煌不同季节 $PM_{2.5}$ 与 AOD 日均值的相关性(a,b,c,d,e 分别代表全年平均、春、夏、秋、冬)

3.7 不同卫星气溶胶产品、统计模型构建方法对 $PM_{2.5}$ 反演精度的影响

第 3.6 节的分析表明，目前地面 $PM_{2.5}$ 监测站点数量有限且主要集中于城区，利用卫星遥感手段估算近地层 $PM_{2.5}$ 质量浓度，可解决监测站点空间分布不均衡问题，弥补监测站点空间覆盖严重不足的缺憾，并校正有限监测站点所获取的监测结果，更好地反映包含城市与非城市地区的区域大气污染平均状况时所产生的偏差。但目前利用卫星气溶胶产品估算近地层 $PM_{2.5}$ 质量浓度的过程中存在一些不确定性，特别是气溶胶产品类型、统计模型构建方法、污染扩散条件等，对整个区域内 AOD-$PM_{2.5}$ 相关关系影响的研究仍处于探索阶段，因此对以上问题的研究可更准确地描述 $PM_{2.5}$ 质量浓度连续的时空变化特征，进一步提高对区域大气环境质量的认知水平，为深入研究区域大气复合污染提供数据支撑。同时，可为将来更合理布设空气质量监测站点，提高站点监测资料对区域污染水平的代表性提供

参考。

本节以京津冀区域为主要研究对象，利用2013年2月—2015年5月京津冀地区80个$PM_{2.5}$监测站点的空气质量监测数据(图3.34)、同期的MODIS C6多种AOD产品(包括标准10 km暗像元法产品(DT-10 km)、深蓝算法产品(DB)、融合产品(MD)、3 km高分辨率暗像元法产品(DT-3 km))，结合ERA-Interim再分析资料，系统分析国内常用线性相关模型、高湿订正方法及国外近年提出的混合效应模型应用于建立AOD-$PM_{2.5}$相关关系时的效果。在此基础上，加入土地利用等信息，提出按子域、分季节进行气溶胶产品融合的区域气溶胶产品订正方案，并在原有混合效应模型的基础上，加入高湿订正、气象条件和地域等影响因子重建季节混合效应模型，提高了模型的估算能力，进而得到典型日较为准确的$PM_{2.5}$空间分布，并探讨了现有$PM_{2.5}$地基监测资料，在代表区域(包括城市与非城市地区)平均污染状况所出现的偏差。

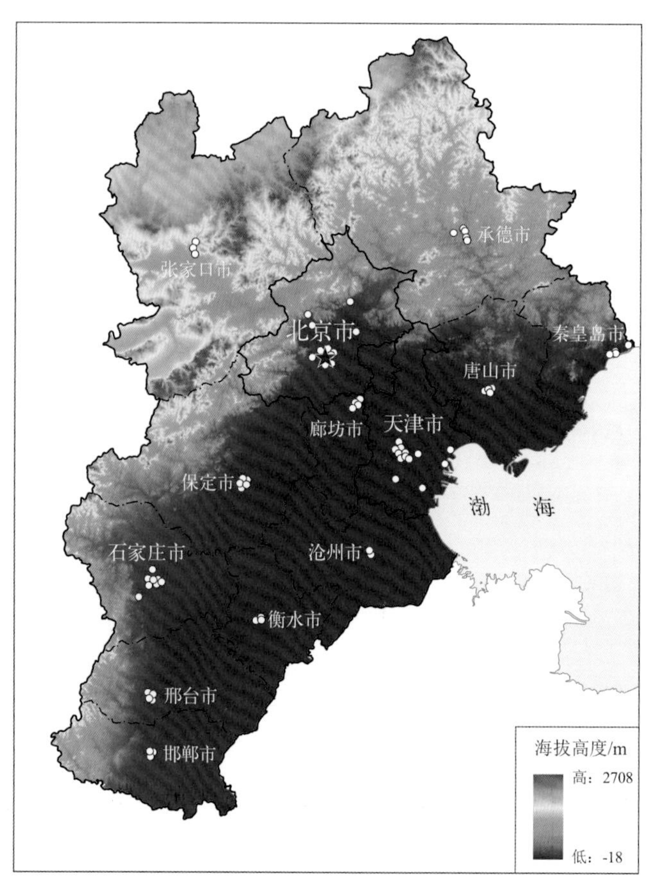

图3.34　京津冀地区空气质量监测点分布

3.7.1　不同气溶胶产品、高湿订正方法对近地层$PM_{2.5}$反演精度的影响

对于京津冀区域，无论是$PM_{2.5}$质量浓度、其在颗粒物中所占比例、吸湿增长特性、粒子来源及污染扩散条件都具有一定的地域性特点，因此分别讨论各城市地区、下垫面性质差异较大

的北京市市区和城郊、天津市中心城区与邻海区域 AOD-$PM_{2.5}$ 的匹配样本数、相关性，以及高湿订正对两者相关性的影响。

研究期间各城市地面观测 $PM_{2.5}$ 数据与不同卫星 AOD 产品匹配样本数呈现一定的地区差异和季节变化趋势(图 3.35)。春季地表植被覆盖较少，DB、MD 产品匹配样本数偏多，对于大城市(北京、天津)、工业城市(唐山)或地形变化较大的城市(张家口)，DT 产品(包括 DT-10 km 和 DT-3 km)与 DB、MD 产品的差异尤为明显，而对于天津沿海区域，无论哪种算法，匹配样本数均偏少。夏季植被生长茂盛，DT-3 km 产品匹配样本数最多，DT-10 km、MD 产品次之，DB 最少，其中天津沿海区域(天津沿海站点、秦皇岛)DB 与 DT 产品样本数差异显著。秋季各气溶胶产品匹配的样本数均为全年最高，DB、MD 产品样本数略占优势。冬季北方地区下垫面常有冰雪覆盖，表现为“亮地表”，暗像元法在多数站点样本数不到 DB、MD 产品的十分之一，故冬季主要关注 DB、MD 产品与 $PM_{2.5}$ 的相关性。

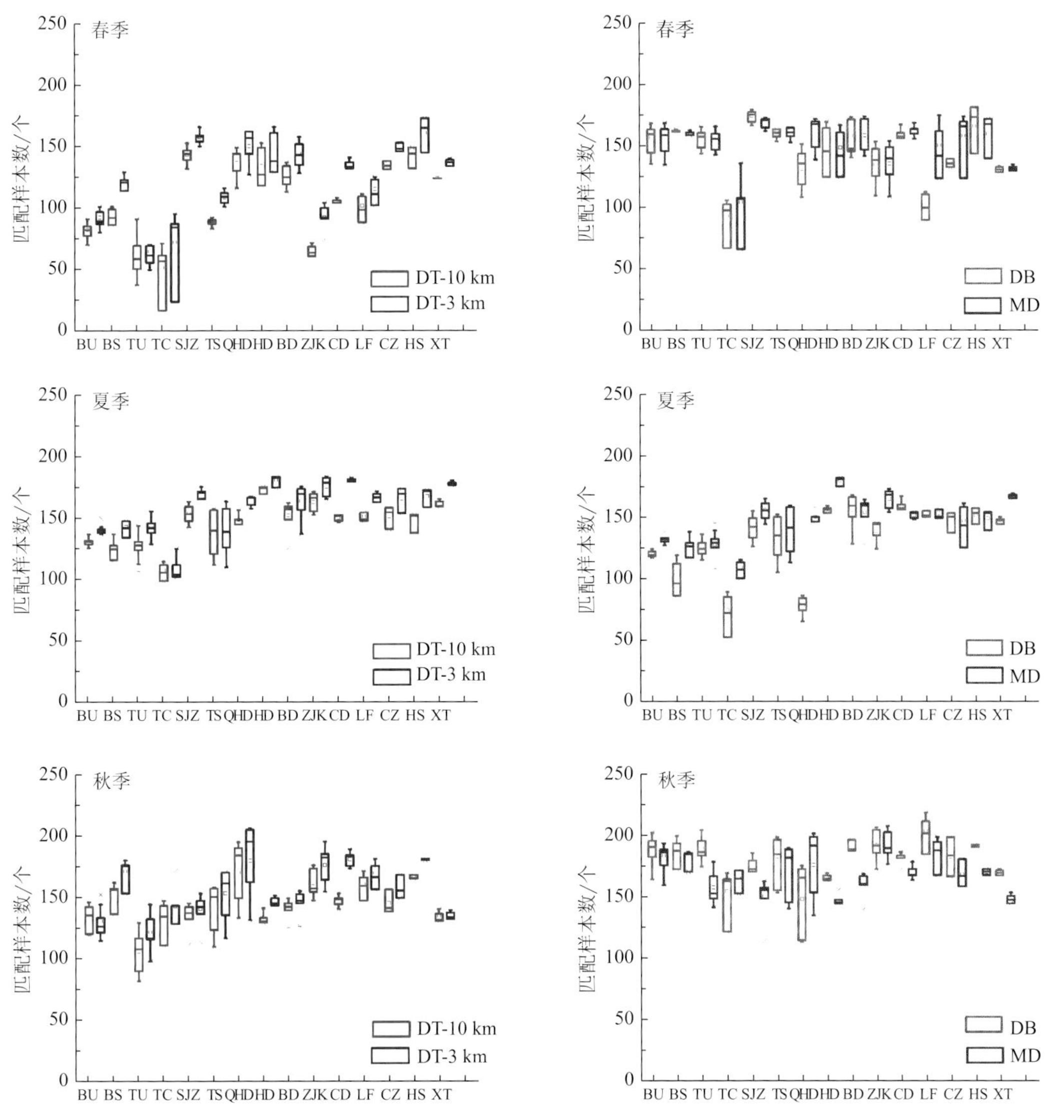

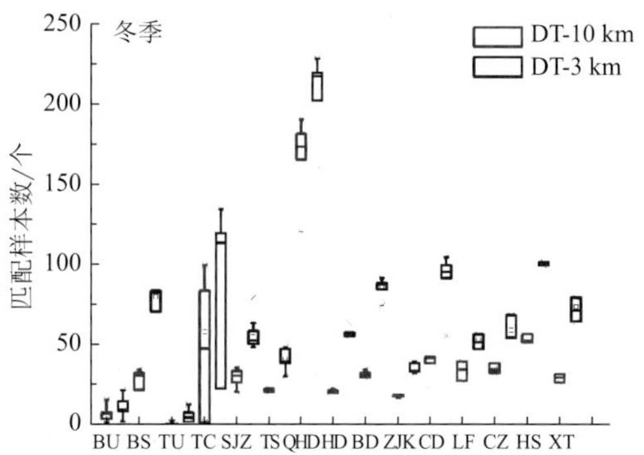

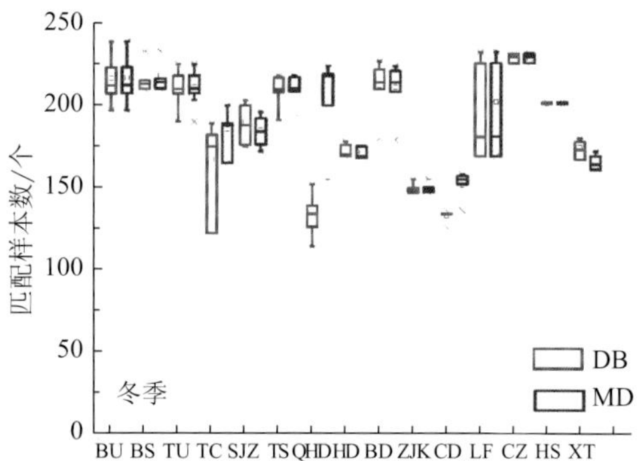

图 3.35 京津冀各站点地基资料与卫星 AOD 产品匹配样本数(图中横轴表示所属区域站点,包括北京市区(BU)、北京市城郊(BS)、天津市中心城区(TU)、天津沿海区域(TC)、石家庄(SJZ)、唐山(TS)、QHD(秦皇岛)、邯郸(HD)、保定(BD)、张家口(ZJK)、承德(CD)、廊坊(LF)、沧州(CZ)、衡水(HS)、邢台(XT))(引自张婕,2018)

以北京市区为例,对于线性相关模型,北京市区 AOD-$PM_{2.5}$ 相关性最优的 AOD 产品,春、秋、冬季均为 DB,夏季为 DT-10 km,高湿订正后春季为 DT-3 km,夏、秋、冬季均为 DB(图 3.36)。对于北京市城郊地区,线性相关模型 AOD-$PM_{2.5}$ 相关性最优的 AOD 产品,春、秋、冬季均为 DB,夏季为 DT-3 km;高湿订正后春季为 DB,夏、秋季为 DT-3 km,冬季为 DB(图 3.37)。对比高湿订正前后决定系数的变化发现,春季北京市区高湿订正产生一定效果,而郊

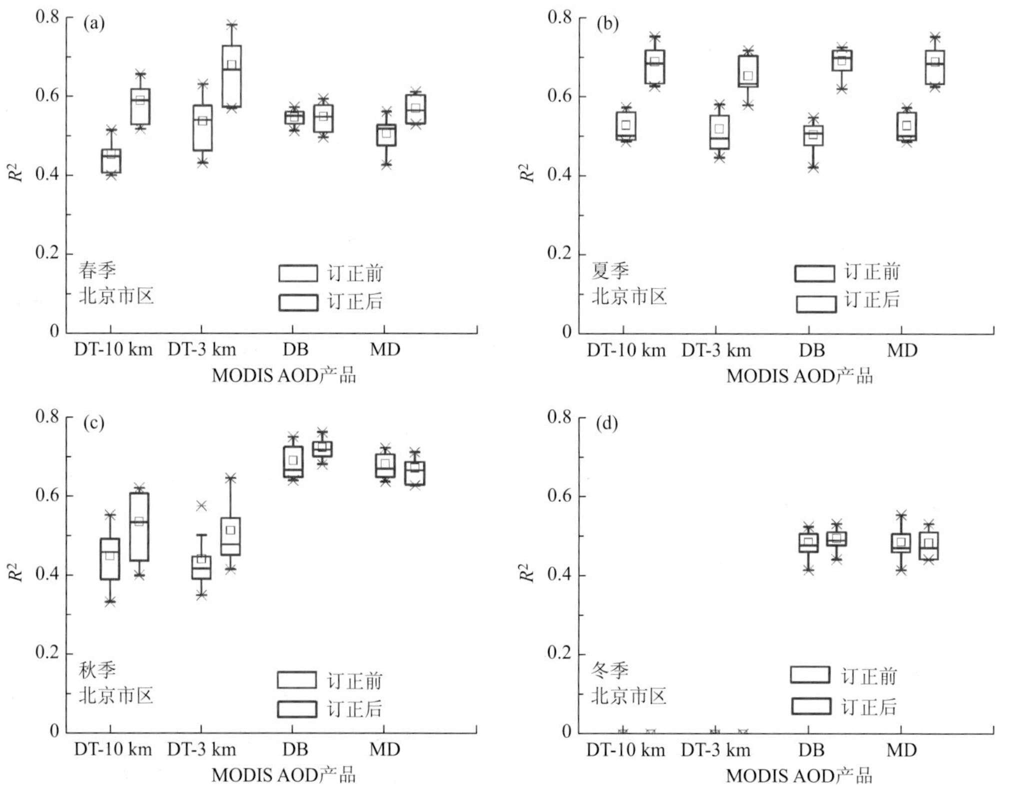

图 3.36 北京市区四种 AOD 产品高湿订正前后与 $PM_{2.5}$ 相关性对比(引自张婕,2018)(R^2 为决定系数)

(a)春季;(b)夏季;(c)秋季;(d)冬季

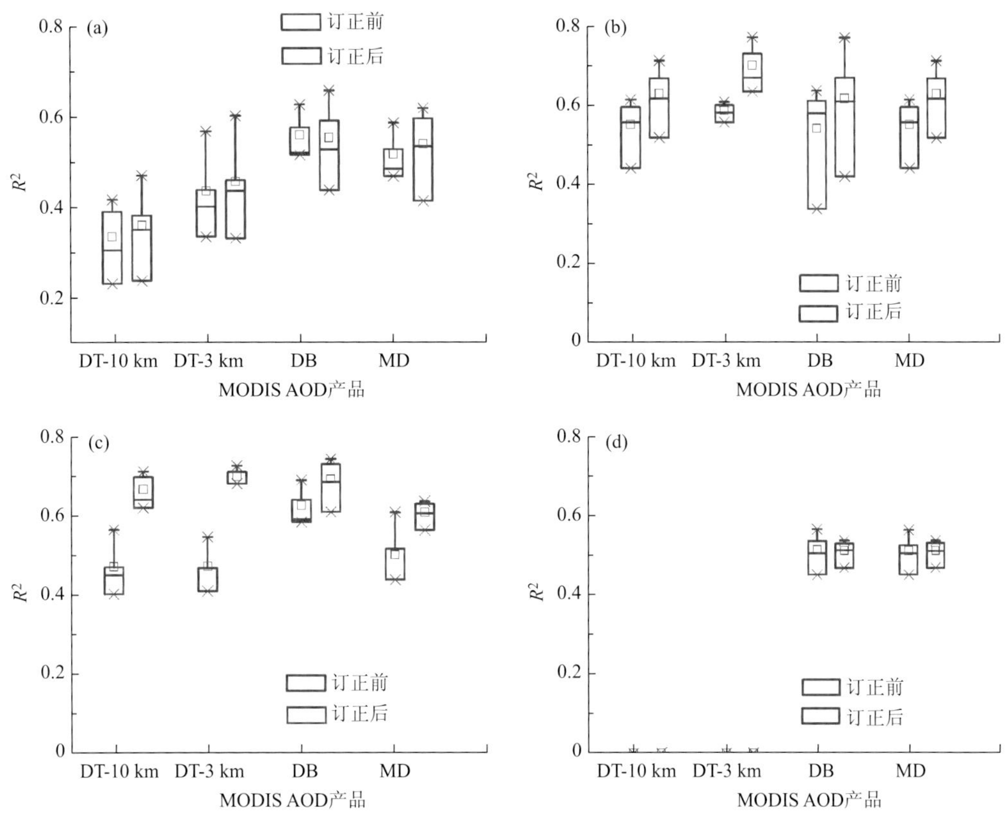

图 3.37 北京市城郊四种 AOD 产品高湿订正前后与 $PM_{2.5}$ 相关性对比(引自张婕,2018)

(a)春季;(b)夏季;(c)秋季;(d)冬季

区几乎没有改善,这可能与春季郊区气溶胶粒子中土壤、扬尘、沙尘等非水溶性成分含量较高,而市区人为细颗粒物、吸湿性粒子所占比例相对较大,污染物浓度时空变化明显有关,故高湿订正后 DT-3 km 产品凸显出对局地污染描述能力较强的特点;夏季高温、高湿条件利于化学反应生成硫酸盐、硝酸盐等二次无机气溶胶,使吸湿性组分比例增加,加之垂直混合作用强烈,无论是市区还是城郊,高湿订正具有一定效果;秋季混合层高度较低,近地层气溶胶组分相对稳定且在混合层内分布较均匀,高湿订正具有一定效果;冬季市区、郊区高湿订正基本无效,可能与该季节湿度较低,很难达到吸湿增长条件,而该季节燃煤取暖产生的黑炭气溶胶又具有极强憎水性,吸湿增长能力低,加之冬季污染物垂直分布不均匀,细粒子易富集于近地层有关。

依次对所有城市进行分析,得到各季节线性相关模型和高湿订正模型中对 $PM_{2.5}$ 表征能力最好的 AOD 产品以及此时对应的决定系数 R^2(表 3.8)。从全年情况来看,线性模型的相关性普遍偏低,且存在季节和地域差异,高湿订正总体可在一定程度上提高 AOD-$PM_{2.5}$ 相关性,但订正效果也因季节、地域而异。

春季,对于京津冀中东部城市(北京市区、廊坊、天津市中心城区、唐山、秦皇岛、沧州、衡水、承德),高湿订正具有一定效果,但对于西部沿太行山、燕山一线的城市(如石家庄、邢台、邯郸、张家口),除保定外,高湿订正作用不大,个别站点甚至出现轻微的负效应,可能与这些城市春季受沙尘粒子影响较大,沙尘粒子对 AOD 贡献较大,影响了 AOD-$PM_{2.5}$ 相关性有关。另外,北京市区、唐山经高湿订正后最优算法由 10 km 分辨率转变为 3 km,说明当污染物浓度

表 3.8 高湿订正前后各站点最优 AOD 产品与 $PM_{2.5}$ 相关性统计结果

站点	春				夏				秋				冬			
	订正前		订正后		订正前		订正后		订正前		订正后		订正前		订正后	
	算法	R^2	算法	R^2	算法	R^2	算法	R^2	算法	R^2	算法	R^2	算法	R^2	算法	R^2
BU	DB	0.51～0.63	DT-3 km	0.57～0.78	DT-10 km	0.48～0.57	DB	0.62～0.72	DB	0.64～0.75	DB	0.68～0.76	DB	0.41～0.55	DB	0.4～0.53
BS	DB	0.52～0.63	DB	0.49～0.68	DT-3 km	0.55～0.60	DT-3 km	0.62～0.76	DB	0.58～0.68	DT-3 km	0.67～0.72	DB	0.45～0.57	DB	0.47～0.54
LF	DB	0.37～0.42	MD	0.50～0.53	DB	0.49～0.50	DB	0.63～0.69	DB	0.40～0.44	DB	0.71～0.74	DB	0.35～0.49	DB/MD	0.57～0.75
TU	DB	0.13～0.40	DB	0.43～0.56	DB	0.30～0.50	DT-3 km	0.49～0.73	MD	0.31～0.47	DB/MD	0.53～0.72	DB	0.22～0.32	DB/MD	0.59～0.74
TC	DB	0.32～0.44	DB	0.29～0.47	DB	0.24～0.50	DT-3 km	0.43～0.53	DB	0.30～0.47	DB	0.58～0.75	DB	0.13～0.27	MD	0.47～0.61
TS	DT-10 km	0.34～0.44	DT-3 km	0.46～0.54	DB	0.27～0.42	DT-3 km	0.45～0.69	MD	0.26～0.37	DB/MD	0.55～0.59	DB	0.17～0.26	MD	0.48～0.69
QHD	DB	0.09～0.26	DB	0.21～0.36	DT-3 km	0.07～0.27	DT-3 km	0.11～0.45	DT/MD	0.31～0.44	DT	0.56～0.65	DB	0.30～0.40	MD	0.50～0.60
CZ	DB	0.28～0.36	DB	0.38～0.46	DB	0.35～0.39	DB	0.39～0.49	DB	0.25～0.33	DB	0.50～0.55	DB/MD	0.22～0.25	DB/MD	0.54～0.59
SJZ	DB	0.27～0.50	DB	0.28～0.49	DB	0.50～0.70	DB	0.50～0.73	DB	0.44～0.59	DB	0.57～0.77	DB	0.23～0.54	DB	0.43～0.53
XT	DB/MD	0.28～0.38	DB/MD	0.27～0.31	DB	0.31～0.44	DT-3 km	0.44～0.60	DB	0.39～0.43	DT-3 km	0.59～0.67	DB	0.35～0.38	DB	0.50～0.53
HD	DB	0.20～0.30	DB	0.22～0.31	DB	0.21～0.33	MD	0.35～0.42	DB	0.15～0.32	DT-3 km	0.44～0.55	DB	0.30～0.36	DB	0.39～0.47
HS	DB	0.21～0.29	DB	0.33～0.34	DB	0.24～0.32	DT-3 km	0.36～0.44	DB	0.28～0.33	DT-3 km	0.39～0.44	DB/MD	0.25～0.32	DB/MD	0.54～0.62
BD	DB	0.16～0.27	DB	0.24～0.42	DT-3 km	0.37～0.43	DT-3 km	0.44～0.55	DB	0.28～0.43	MD	0.56～0.71	DB	0.19～0.24	DB	0.33～0.39
ZJK	DB	0.08～0.18	DB	0.09～0.23	DT-3 km	0.17～0.36	DT-3 km	0.35～0.51	DT-3 km	0.21～0.38	DT-3 km	0.38～0.59	DB	0.38～0.58	DB	0.10～0.34
CD	DB	0.25～0.31	MD/DB	0.36～0.42	DB	0.37～0.50	DT-10 km	0.46～0.66	DB	0.42～0.52	DT-3 km	0.53～0.61	DB	0.40～0.43	DB	0.41～0.54

注：表中各站点分别表示北京市区(BU)、北京市城郊(BS)、天津市区(TU)、天津沿海区域(TC)、石家庄(SJZ)、唐山(TS)、秦皇岛(QHD)、邯郸(HD)、保定(BD)、张家口(ZJK)、承德(CD)、廊坊(LF)、沧州(CZ)、衡水(HS)、邢台(XT)，算法表示各站点对应的卫星 AOD 产品与近地层 $PM_{2.5}$ 质量浓度相关性最优的反演算法，R^2 为 AOD-$PM_{2.5}$ 的决定系数。

时空变化较大时，高分辨率产品在满足一定精度要求的条件下，对描述局地污染物的变化更具优势。

夏季边界层内混合强烈，高温高湿条件下，光化反应活性增强，利于二次污染物生成，粒子吸湿增长作用明显，经高湿订正后 AOD-$PM_{2.5}$ 相关性普遍得以改善。高湿订正后，北京市区、廊坊、沧州、石家庄以 DB 算法较好，北京郊区、天津、唐山、秦皇岛、保定、邢台、衡水、张家口均以 DT-3 km 算法效果较好，而承德以 DT-10 km 算法较好，邯郸以 MD 算法较好。

秋季边界层高度降低，粒子来源相对均一，在混合层内分布较均匀，各站点 AOD-$PM_{2.5}$ 线性模型相关系数普遍为全年最高，高湿订正总体也具有较好的效果。高湿订正后，北京市城郊、邢台、邯郸、衡水、张家口、承德以 DT-3 km 算法效果较好，北京市区、廊坊、天津沿海区域、沧州、石家庄以 DB 较好，保定以 MD 较好，天津市区和唐山 DB 与 MD 算法效果相当。

冬季各地边界层高度均为全年最低，逆温出现时间长，颗粒物混合层内垂直分布不均匀，易聚集于近地层造成近地层高污染水平，同时，燃煤取暖使 $PM_{2.5}$ 粒子组分中亲水能力弱的碳粒子比例增加，因此对于相对湿度较小的内陆城市，高湿订正效果不明显。而对于天津、唐山、秦皇岛、沧州等沿海城市，海风强制作用形成热内混合层，加上海洋的水汽输送作用，高湿订正呈现出明显的改善效果。廊坊、衡水受沿海城市的输送影响，高湿订正也具有一定效果。高湿订正后，除天津沿海站点、唐山、秦皇岛以 MD 算法略好外，其余各站点 DB 与 MD 算法效果相当。

综上所述，AOD-$PM_{2.5}$ 相关性受 AOD 产品地区适用性、气溶胶垂直分布、细粒子组分、污染扩散条件的季节变化等多种因素影响，仅依靠单一 AOD 产品通过线性模型或高湿订正方法来实现对整个区域细颗粒物的反演存在诸多弊端，难以达到预期效果。若综合利用 MODIS C6 现有四种气溶胶产品，构建针对不同下垫面条件气溶胶产品的选取方案，将有效降低源于气溶胶产品本身反演精度的误差。另外，考虑到以上影响因子的逐日变化也将影响到 AOD-$PM_{2.5}$ 相关性也存在逐日变化关系，若采用混合效应模型来解决 AOD-$PM_{2.5}$ 逐日变化的问题，可提高对近地层 $PM_{2.5}$ 的估算能力。

3.7.2 融合多算法的 AOD-$PM_{2.5}$ 统计模型的构建和验证

对于线性回归模型（式(3.1)）和高湿订正模型（式(3.2)），均隐含了对特定站点而言，各季节 AOD-$PM_{2.5}$ 相关关系是恒定不变的假设，因此回归方程中的截距和斜率不随时间变化，只是高湿订正模型中加入了湿度订正因子和边界层高度对两者关系进行修正。

$$PM_{2.5}=\alpha_1+\beta_1\times AOD \tag{3.1}$$

$$PM_{2.5}\times f(RH)=\alpha_2+\beta_2\times\frac{AOD}{PBLH} \tag{3.2}$$

式中：$PM_{2.5}$ 为卫星过境前后一定时间范围内 $PM_{2.5}$ 质量浓度均值；AOD 为以站点为中心，一定空间范围内气溶胶光学厚度均值；$PBLH$ 为边界层高度；$f(RH)$ 为湿度订正因子；α_1、α_2 分别为上式中的固定截距；β_1、β_2 分别为上式中的固定斜率。

而近年国外提出的混合效应方法，其基本假定是受随时间变化参数（如气溶胶垂直廓线、粒子光学特性、相对湿度、污染扩散条件等）的强烈影响，AOD 与 $PM_{2.5}$ 相关性是逐日变化的，因此在两者的回归方程中，截距和斜率除通过固定效应部分来表示 AOD 对 $PM_{2.5}$ 的平均影响外，还加入随机效应部分来表征其相关性的日变化特点，并加入站点随机截距项 S_i，来反映由于站点特性不同而导致相关性的空间变化特征（Lee et al.，2011）。

$$PM_{ij}=(\alpha+u_j)+(\beta+v_j)\times AOD_{ij}+S_i+\varepsilon_{ij}$$
$$(u_j v_j)\sim N[(00),\boldsymbol{\Sigma}] \tag{3.3}$$

式中：PM_{ij} 为第 j 天站点 i 对应的 $PM_{2.5}$ 质量浓度；AOD_{ij} 为第 j 天站点 i 对应格点上的 AOD 值；α 和 β 分别为截距和斜率的固定效应部分，它表示研究期间内 AOD 对 $PM_{2.5}$ 平均质量浓度的影响对时间和空间无依赖性；u_j 和 v_j 分别为截距和斜率的随机效应部分，它可解释 AOD-$PM_{2.5}$ 关系中日变化特点；S_i 为站点 i 的随机截距，反映了由于站点特性（如地表反射率、地形条件、局地排放源、到达测站的区域污染物输送作用）不同而导致 AOD-$PM_{2.5}$ 相关性的空间变化；$\varepsilon_{ij}\sim N(0,\sigma^2)$ 为第 j 天站点 i 的误差项；$\boldsymbol{\Sigma}$ 为特定日期随机效应的协方差矩阵。模型采用最大似然法来估计固定效应中的参数，以减少协方差参数估算中的偏差。

基于前文分析结果，多数情况下高湿订正可改善 AOD-$PM_{2.5}$ 相关性，故尝试将式(3.3)中的 AOD 和 $PM_{2.5}$ 分别进行高度和湿度订正后再建立混合效应模型，最终利用卫星格点 AOD 数据反演得到整个区域内 $PM_{2.5}$ 的空间分布特征。依据下垫面性质、污染源排放和扩散条件、AOD 产品反演精度的相似性等将研究区域划分为若干子域（图 3.38），在模型中对不同子域引入随机效应项来反映空间变异对模型的影响，代替式(3.3)中的站点效应项（式(3.4)）。

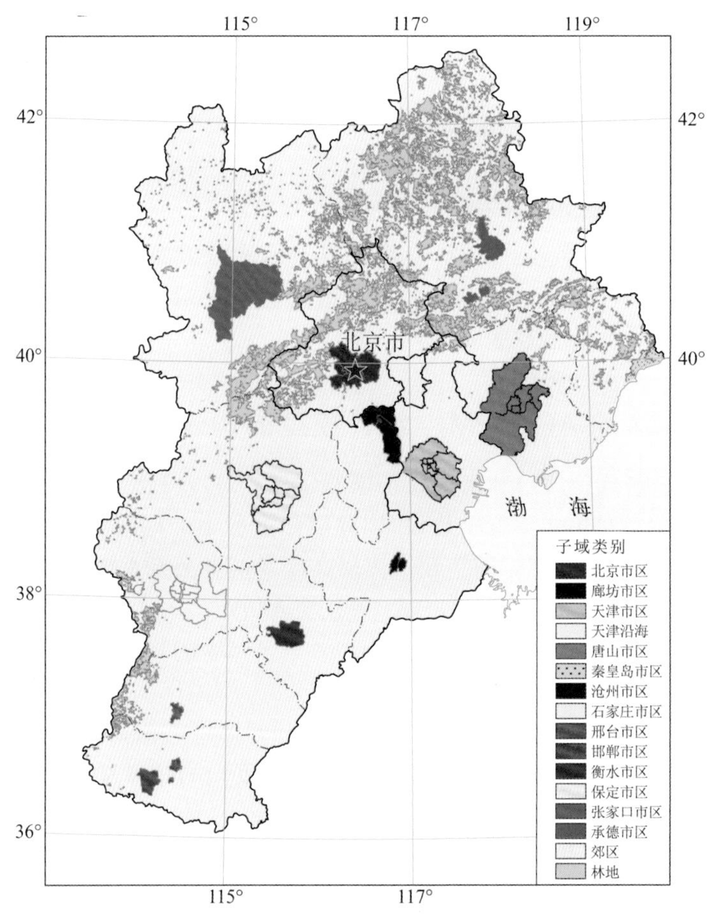

图 3.38　京津冀区域各子域分类示意图（引自张婕，2018）

$$(PM\times f(RH))_{ij}=(\alpha+u_j+g_{j(\mathrm{reg})})+(\beta+v_j+h_{j(\mathrm{reg})})\times\left(\frac{AOD}{PBLH}\right)_{ij}+\varepsilon_{kj} \tag{3.4}$$

$$(u_j v_j)\sim N[(00),\boldsymbol{\Sigma}]$$

式中：$g_{j(\mathrm{reg})}$、$h_{j(\mathrm{reg})}$ 分别为每个子域内的随机截距和斜率。

除此以外，气象条件在某种程度上也影响了 AOD-$PM_{2.5}$ 的相关关系，因此考虑在模型中进一步加入气象因子，如风速、边界层高度、温度、相对湿度，以解释扩散条件等对 AOD-$PM_{2.5}$ 相关性的影响。而且由于边界层高度随风速、温度而变，影响了污染物浓度及其垂直分布，不同的温度、湿度配置将影响气粒转化、二次粒子生成的效率，在公式中包含了其交互项的作用，包括各影响因子的完整模型如下：

$$\begin{aligned}(PM\times f(RH))_{ij}=&(\alpha+u_j+g_{j(\mathrm{reg})})+(\beta+v_j+h_{j(\mathrm{reg})})\times\left(\frac{AOD}{PBLH}\right)_{ij}+\\&\beta_2 WS+\beta_3 PBLH+\beta_4 Temp+\beta_5 WS\times PBLH+\\&\beta_6 Temp\times RH+\beta_7 Temp\times PBLH+\varepsilon_{ij}\end{aligned} \tag{3.5}$$

$$(u_j v_j)\sim N[(00),\boldsymbol{\Sigma}]$$

式中：WS、$PBLH$、$Temp$、RH 分别为第 j 天站点 i 对应的风速、边界层高度、温度、相对湿度；$\beta_2\sim\beta_7$ 为各项相应的拟合系数。

模型效果通过十折交叉验证(CV)方法进行评估，依据式(3.1)～(3.4)所建各模型的对比结果如表 3.9 所示，对 AOD、$PM_{2.5}$ 进行高湿订正，并加入子域随机效应后，混合模型更好地反映了 $PM_{2.5}$ 的日变化。另外，即使对同一模型构建方法，不同 AOD 产品与 $PM_{2.5}$ 匹配的样本数以及两者的相关性均存在较大差异。进一步按季节对各站点表现最优的 AOD 产品进行融合生成新的 AOD 融合数据，即 New MD 数据，并根据赤池信息(AIC)判定准则，通过式(3.5)筛选得到 AIC 最小时包含多个预报因子的最佳模型，分季节运行该混合效应模型(图 3.39)。与单一产品的估算结果进行比较发现，加入气象因子后的季节混合效应模型十折交叉验证结果可分别解释春、夏、秋、冬季 71%、70%、81%、77% $PM_{2.5}$ 监测值的变化(CV R^2 分别为 0.71、0.70、0.81、0.77)。通过在模型中加入气象因子及其交互项的作用，季节模型构建更为合理，具有较好的预报能力，并没有出现大量的过度拟合，进一步体现了污染扩散条件、边界层结构对近地层细颗粒物浓度分布的影响。另外，在模型生成的 $PM_{2.5}$ 估计值中出现了少量负值，这主要归因于在大气非常清洁的情况下 AOD 产品的误差(如 AOD 接近 0)，还有少部分可能来源于预报因子存在极端值的 $PM_{2.5}$ 监测站点。

表 3.9　不同 AOD 产品及模型构建方法对 AOD-$PM_{2.5}$ 相关性的影响

模型	模型构建方法				DT-10 km		DT-3 km		DB		MD	
	高湿订正	逐日变化	站点效应	子域变化	N	R^{2*}	N	R^{2*}	N	R^{2*}	N	R^{2*}
1	×	×	×	×		0.27		0.23		0.30		0.23
2	√	×	×	×		0.40		0.43		0.53		0.48
3	×	√	×	×	35309	0.60	41203	0.58	53656	0.68	54925	0.67
4	×	√	√	×		0.63		0.62		0.71		0.69
5	√	√	×	√		0.68		0.67		0.75		0.72

注：* 对于直接相关模型，R^2 为模型拟合结果；对于混合效应模型，R^2 为十折交叉验证结果；×表示构建模型时考虑了该因素；√表示构建模型时未考虑该因素。

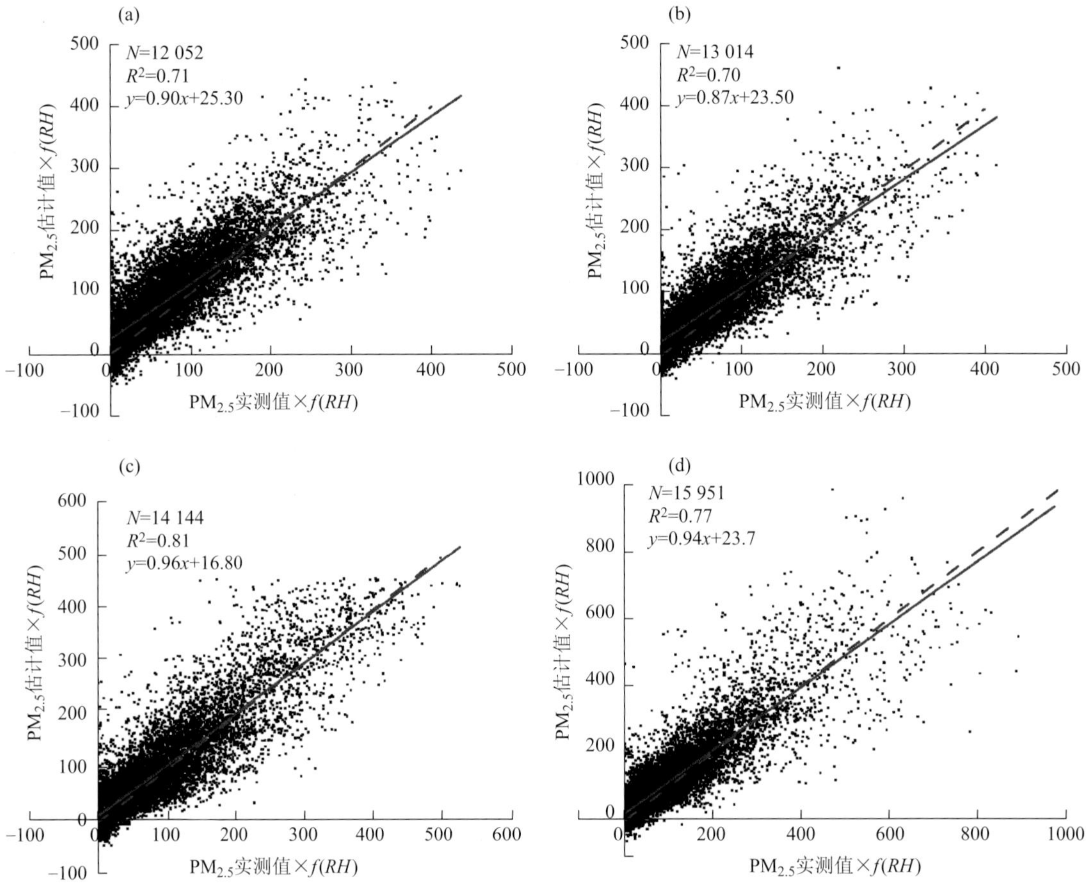

(a)

N=12 052
R^2=0.71
y=0.90x+25.30

PM$_{2.5}$估计值×$f(RH)$

PM$_{2.5}$实测值×$f(RH)$

(b)

N=13 014
R^2=0.70
y=0.87x+23.50

PM$_{2.5}$估计值×$f(RH)$

PM$_{2.5}$实测值×$f(RH)$

(c)

N=14 144
R^2=0.81
y=0.96x+16.80

PM$_{2.5}$估计值×$f(RH)$

PM$_{2.5}$实测值×$f(RH)$

(d)

N=15 951
R^2=0.77
y=0.94x+23.7

PM$_{2.5}$估计值×$f(RH)$

PM$_{2.5}$实测值×$f(RH)$

图 3.39 PM$_{2.5}$ 质量浓度监测值与模型估计值交叉验证散点图

(a、b、c、d 分别为春、夏、秋、冬季；红色实线为监测值与模型估计值的线性回归直线，蓝色虚线为 1∶1 线)

(引自张婕，2018)

利用最终所建季节混合效应模型模拟得到不同污染日 PM$_{2.5}$ 空间分布特征。对于春季中低污染日(图 3.40a)，地基监测资料计算得到 PM$_{2.5}$ 均值高值区分别为天津市区(88 $\mu g \cdot m^{-3}$)、秦皇岛(82 $\mu g \cdot m^{-3}$)、唐山(69 $\mu g \cdot m^{-3}$)，低值区为张家口(10 $\mu g \cdot m^{-3}$)、承德(9 $\mu g \cdot m^{-3}$)，地基监测均值与模型估算值均表现出较好的一致性，且质量浓度水平接近。另外，对于林地区域(图中的红圈部分)，春季采用 DT-3 km 数据进行融合后估算的 PM$_{2.5}$ 值，有效地反映了该区域 PM$_{2.5}$ 的变化梯度，以及林地质量浓度水平比附近城市(如北京、唐山)明显偏低的客观事实。

类似地，对于其余污染日，除 2015 年 1 月 8 日邢台市、沧州市由于云的影响，地基监测站点周围无有效卫星数据，由周边地区插值生成估算结果，引入了较大的人为误差外(图 3.40e)，秋季中低污染日(图 3.40b)，夏、秋季清洁日(图 3.40c、图 3.40d)，冬季中高污染日(图 3.40e)各区域地基站点监测均值与模型估算值的高、低值中心均吻合，且两者质量浓度水平相当。其中，夏季清洁日气溶胶产品融合方案在北京市区采用 DB 产品，而城郊采用 DT-3 km 产品，此时市区与城郊监测均值分别为 54 $\mu g \cdot m^{-3}$、32 $\mu g \cdot m^{-3}$，模型估计值区间分别为

55～60 μg·m^{-3}、20～35 μg·m^{-3}，模型估计值很好地反映城市和城郊 $PM_{2.5}$ 质量浓度的差异，说明了高分辨率气溶胶产品应用于城市近郊及其过渡地带时，其高空间分辨率更有利于反映局地污染物的变化特征。秋季清洁日邯郸、衡水市区站点均值与估计值区间更为接近，可能与这两城市采用 DT-3 km 产品融合方案，增强了对小尺度范围内 $PM_{2.5}$ 变化的描述能力有关。

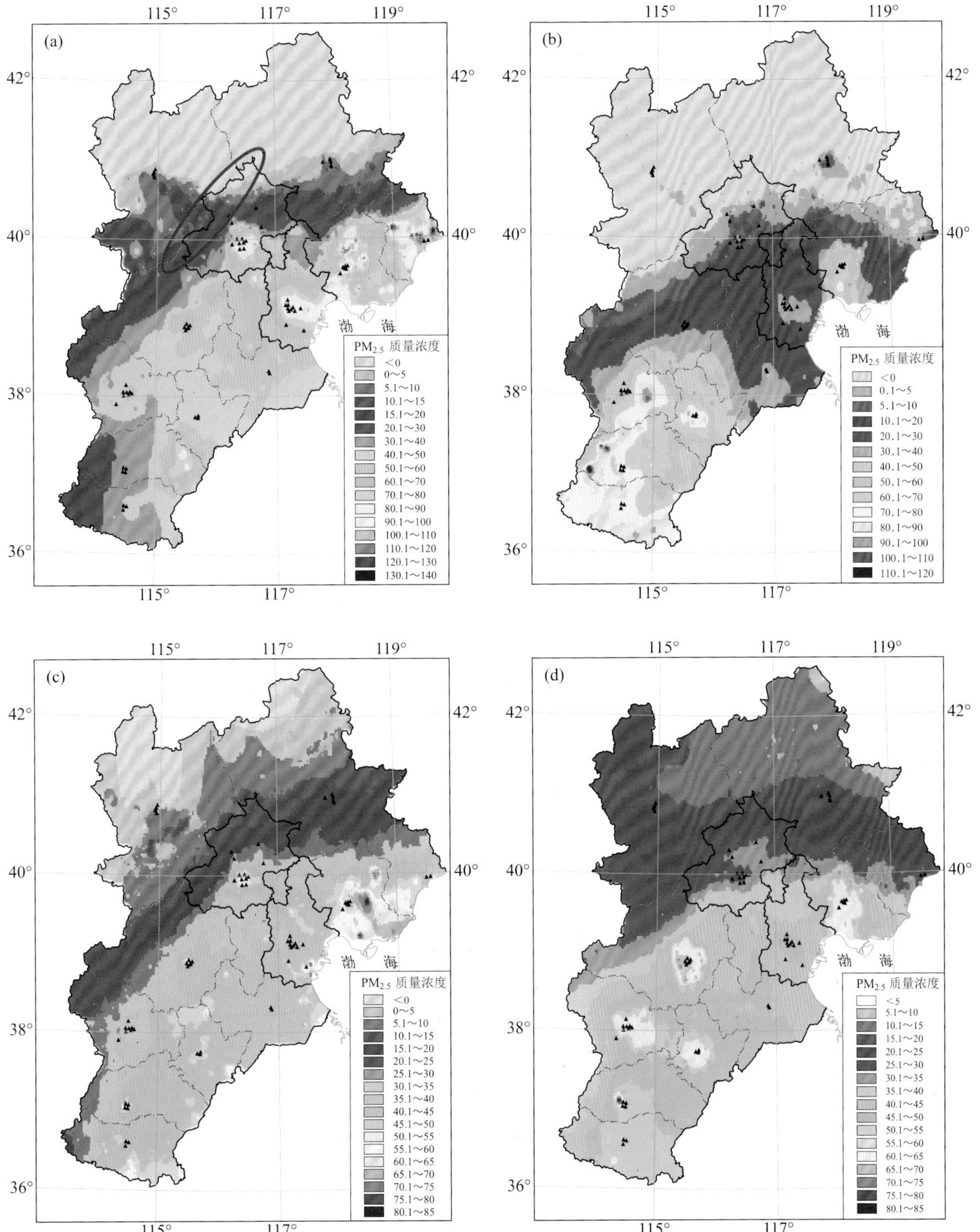

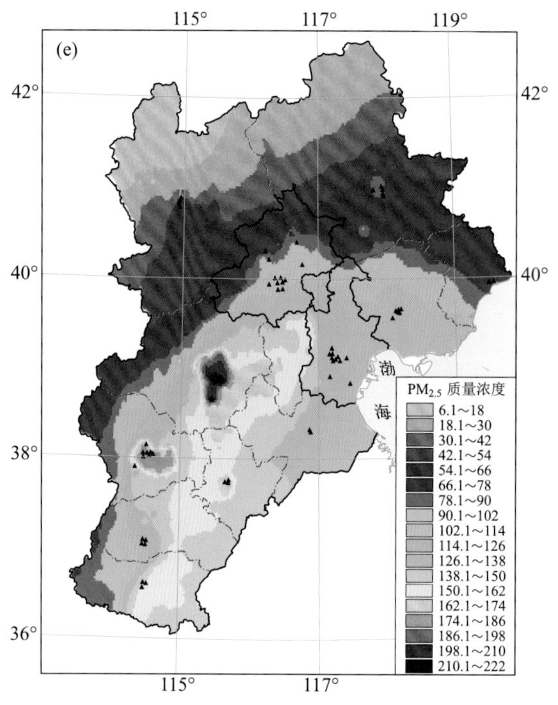

图 3.40 $PM_{2.5}$ 质量浓度空间分布

(单位:$\mu g \cdot m^{-3}$;图中小三角表示地基 $PM_{2.5}$ 监测站点位置)(引自张婕,2018)

(a)2013 年 5 月 11 日;(b)2013 年 10 月 2 日;(c)2014 年 8 月 14 日;

(d)2013 年 10 月 25 日;(e)2015 年 1 月 8 日

由以上各典型日模型估算值与地基监测值的对比可知,通过气溶胶产品融合,利用重建的季节混合效应模型,来估算不同污染水平条件下 $PM_{2.5}$ 的质量浓度及整个研究区域内空间分布特征具有较好的稳健性和有效性。因此,我们可将模型模拟值用以定量评估现有地基 $PM_{2.5}$ 监测数据与该区域平均污染水平的差异,定义某地区所有站点监测均值与模型估算均值的相对偏差为 RE_{SR}:

$$RE_{SR}=\frac{\text{地区监测均值}-\text{地区模型估算均值}}{\text{地区模型估算均值}}\times 100\%$$

对比以上反演日期各城市站点监测均值与该城市行政辖区内(包括城市及所属的城郊、乡村等区域)模型估算均值(表 3.10)发现,对于冀北张家口、承德地区,$PM_{2.5}$ 常年处于极低水平,站点监测均值相对于区域平均状况易出现高估(绝大多数情况下 $RE_{SR}>0$)。而其他地区监测均值与区域均值的差异与污染水平密切相关,当城市大气非常清洁时($PM_{2.5}\leqslant 10\ \mu g \cdot m^{-3}$),现有站点均值相对区域平均水平易偏高;当城市细颗粒物含量较低时($10\ \mu g \cdot m^{-3}<PM_{2.5}\leqslant 40\ \mu g \cdot m^{-3}$),现有站点监测相对区域污染平均状况偏低的情况居多;随着城市细颗粒物含量的增加,站点监测均值趋向于比区域平均污染水平偏高,且这种偏差在城市污染严重时尤为明显,如 2015 年 1 月 8 日的保定,城市内监测站点均值为 246 $\mu g \cdot m^{-3}$,与区域均值的相对偏差为 108%,对该地区细颗粒物浓度平均状况出现严重高估。

表 3.10　京津冀各地区站点 $PM_{2.5}$ 监测均值与区域模拟估算均值对照表

单位：$\mu g \cdot m^{-3}$

区域	2013-05-11			2014-08-14			2013-10-02			2013-10-25			2015-01-08		
	站点均值	区域均值	RE_{SR}/%	站点均值	区域均值	RE_{SR}/%	站点均值	区域均值	RE_{SR}/%	站点均值	区域均值	RE_{SR}/%	站点均值	区域均值	RE_{SR}/%
北京	34	28	21	46	24	92	6	4	62	25	29	−12	125	86	46
廊坊	60	57	5	21	39	−46	15	14	5	34	41	−18	170	145	17
天津	82	62	32	29	43	−33	14	21	−34	37	41	−11	151	127	19
唐山	69	61	13	56	50	10	48	27	77	38	41	−7	110	109	1
秦皇岛	82	67	22	25	41	−39	9	4	102	25	27	−6	90	77	17
沧州	52	51	2	33	44	−25	28	31	−8	42	45	−7	70	—	—
石家庄	38	37	3	27	32	−16	43	47	−8	41	46	−10	189	120	58
邢台	28	43	−34	43	41	5	131	—	—	37	—	—	250	—	—
邯郸	32	35	−8	63	44	44	70	76	−8	48	50	−4	164	128	28
衡水	25	47	−46	45	47	−4	71	53	33	57	50	14	165	150	10
保定	43	38	13	32	29	9	18	18	0	44	40	9	246	118	108
张家口	10	1	880	6	4	38	6	1	538	23	20	18	24	32	−25
承德	9	1	790	27	9	200	8	1	720	21	15	42	60	44	36

注：表中缺失值表示由于受残留云的影响，该区域无有效 AOD 数据，故无 $PM_{2.5}$ 估算值及相关参数。

造成不同污染水平时站点均值与区域均值偏差不同的可能原因分析如下：当城市细颗粒物含量极低时（$PM_{2.5} \leqslant 10\ \mu g \cdot m^{-3}$），整个区域（包括城市、城郊和乡村等地区）的污染扩散条件非常有利，此时局地污染水平主要受当地排放源的影响，城市无论是排放源的数量和强度一般均高于非城市区域，因此虽然城市 $PM_{2.5}$ 质量浓度很低，但依然略高于周边地区；当城市细颗粒物含量较低时，意味着城市地区污染扩散条件较好，水平扩散和垂直对流运动强烈，城市热岛效应的作用相对明显，城市上空空气受热上升，遭遇郊区的低温后又下沉，形成从城市到郊区的环流，可能对周边地区的污染输送作用加强，而周边地区的污染物受城市扩散输送和本地排放源叠加效应的影响增强，相对于城市地区污染水平易偏高。与之相反，城市细颗粒物含量较高时，意味着城市地区污染扩散能力相对较弱，此时城市上空往往存在逆温层，热岛效应带来的次环流力量不足以冲破逆温层，反而易形成封闭型城市自循环系统，排放污染物在本地累积效应明显，而且次环流还有可能将郊区近地面的颗粒物带回城市，故郊区相对于城市地区污染水平易偏低。

3.8 中国三大城市群重要时段大气污染变化特征

随着社会经济和城市化的高速发展，我国城市群发展迅速，大气污染物相互传输、相互影响，导致区域内不同城市空气质量的变化规律出现较高的相关性，也即呈现出显著的区域城市群空气污染现象。近年来，中国最大的三个城市群：京津冀城市群、长三角城市群、珠三角城市群，相继呈现为雾-霾集中爆发区域。三大城市群作为我国高速发展的三大经济区，其在国家战略，乃至东北亚和全球政治、经济、文化中的地位都十分重要。然而，城市群内各城市经济、社会发展仍处于不平衡阶段，产业结构、能源利用水平、城市规划特点、工业发展布局的巨大差异决定了其大气污染类型的多样性和复杂性；品种繁多的挥发性无机和有机污染物、光化学氧化剂和细粒子交织复合，区域正在呈现以细颗粒物为主、光化学氧化剂并存的大气复合污染特征，特别是在静稳天气条件下，区域复合污染极易持续积累，能见度持续下降，易形成严重的区域大气污染。在城市群快速发展的过程中，工业污染源、机动车尾气和油气、溶剂挥发污染的快速增长，城市化无组织排放源的增强，叠加原有的煤烟型污染，使得城市群大气中污染物类型和浓度的时空变化更加复杂，这将对人群等生物体的健康和生存造成严重威胁。近年来国家为了破解城市群区域性大气污染问题，从减少污染排放、调整产业结构、控制城市建设规模等方面制定了一系列污染治理措施，尤其在承办国际重大活动时都进行了非常严苛的空气质量管控。为了定量评估空气污染减排效果，本节选取相关城市群举办重大活动的重要时段，分析其空气质量变化特征，评估管控的大气环境效应，为今后大气污染管控和治理提供重要参考。

3.8.1 2008年奥运会期间北京及周边地区大气污染物消减变化

选择北京地区5个站（奥运村、北京铁塔、龙潭湖、双清路和昌平阳坊）的大气污染物平均质量浓度和周边地区12个站（石家庄、保定、涿州、禹城、沧州、天津、廊坊、香河、燕郊、兴隆、唐山和秦皇岛）的大气污染物平均质量浓度，分别代表北京及周边地区的大气污染水平，观测在2008年北京奥运会期间不同时段的大气污染状况，见表3.11。

表 3.11　2008 年奥运会期间北京及周边地区不同时段各种大气污染物平均质量浓度统计结果（引自辛金元等，2010）　单位：$\mu g \cdot m^{-3}$

观测时段(月-日)	区域	NO	NO_2	NO_x	O_3	$O_{3\_8h\ max}$	O_x	SO_2	$PM_{2.5}$
06-01—06-30	北京	5±3	37±6	42±7	77±33	133±60	114±35	21±11	94±40
奥运会前期	周边	3±2	29±5	33±6	96± 17	149±33	125±19	34±13	97±37
07-01—07-19	北京	4±1	32±4	36±5	82±26	136±46	114±25	13±6	72±41
黄标车限行	周边	4±1	23±3	27±4	88± 15	137±31	111±16	20±5	95±31
07-20—09-20	北京	3±2	32±5	35±6	79±29	131±44	111±29	7±3	60±42
单双号限行	周边	4±1	24±4	28±5	81± 19	132±33	105±19	22±10	80±38
08-08—08-24	北京	3±1	29±4	32±5	69±22	110±35	98±21	5±2	42±31
奥运会时段	周边	4±1	22±4	26±4	73± 16	117±29	95±16	13±4	57±26
09-06—09-17	北京	4±2	35±3	40±5	62± 14	113±32	97±13	7±3	48±16
残奥会时段	周边	5±2	27±3	329±5	76± 14	130±29	103±15	31±10	71±24
09-21—10-30	北京	12±9	32±12	44±18	37± 14	68±29	69±17	12±6	50±41
奥运会后期	周边	14±6	36±11	50±16	48± 13	82±33	84±22	34±16	86±42

注：北京地区大气污染物平均质量浓度为奥运村、北京铁塔、龙潭湖、双清路、昌平阳坊 5 个站日均值在各时段的平均；周边地区大气污染物平均质量浓度为石家庄、保定、涿州、禹城、沧州、天津、廊坊、香河、燕郊、兴隆、唐山、秦皇岛 12 个站日均值在各时段的平均；$O_{3\_8h\ max}$ 指 8 h 滑动平均最大值，$O_x=NO_2+O_3$。

统计结果显示：与奥运会前(6 月 1 日—8 月 7 日)相比，北京与周边地区的 SO_2 质量浓度分别下降约 66%和 50%，$PM_{2.5}$ 质量浓度分别下降约 52%与 44%，NO_x 质量浓度分别下降约 20%与 12%，O_3 质量浓度下降约 20%。但奥运会过后，随着北京与周边临时大气污染管控措施的取消以及受秋收季节区域秸秆、荒草等生物质燃烧排放的影响，大气污染水平均出现显著的回升，其中 SO_2 和 $PM_{2.5}$ 质量浓度基本反弹回大气污染管控之前的水平，京津冀区域 NO 与 NO_x 平均质量浓度比前期(6 月 1 日—8 月 31 日)监测值分别上升约 2.5 倍与 0.8 倍，而随着秋季的到来，大气光化学过程变缓，仅有 O_3 呈持续下降趋势。由此表明，奥运会期间北京市机动车限行及周边污染源排放临时控制措施有效地降低了区域大气复合污染程度，特别在奥运会举办时段，各类大气污染物质量浓度均显著下降，证实了奥运会期间京津冀大气污染联合防控措施的显著成效，为今后区域大气复合污染的临时控制及其预期成效提供了很好的借鉴与指导。

此外，当北京及周边地区出现高质量浓度 O_3 污染时，该区域也常常伴随着高质量浓度细粒子颗粒物污染，表明该地区存在较强的气-粒转化的二次气溶胶生成过程(图 3.41)。实验结果也证实，京津冀区域大气复合污染呈现高质量浓度臭氧与高质量浓度细粒子叠加的复合污染特征，且周边地区大气复合污染程度高于北京地区。由于 O_3 与二次粒子的生成机制在其前体物(VOCs 与 NO_x)的不同控制阶段存在较大的差异，前体物的消减不能导致两种光化学反应产物的同步消减，有时反而会导致 O_3 或细粒子的上升。鉴于 O_3 与二次粒子生成机制与其前体物消减的非线性关系，在目前区域整体污染严重的情况下，京津冀 O_3 与颗粒物污染的综合治理必将面临非常严峻的困难和挑战(辛金元等，2010)。

3.8.2　2014 年 APEC 会议期间京津冀区域大气污染物消减变化

2014 年 11 月 5—11 日，在中国北京举办 APEC 会议，这是继 2001 年上海举办后时隔 13 a

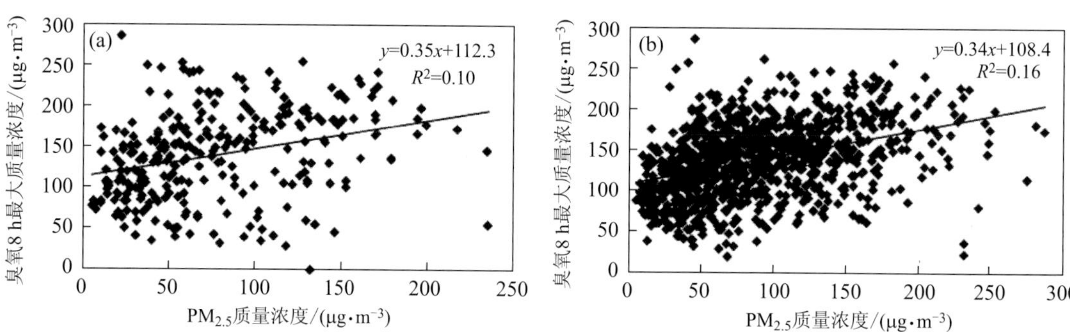

图 3.41 北京(a)及周边地区(b)夏季 O_3 与 $PM_{2.5}$ 质量浓度的相关性(引自辛金元等,2010)

再一次在中国举办。为了确保 APEC 会议期间的空气质量,从 2014 年 11 月 3 日起,京津冀及其周边地区实施了为期 10 d 的一系列大气污染管控措施,包括北京、天津、河北、山西、内蒙古、山东等省(市)的重污染工业企业采取了不同程度停产或限产、机动车单双号限行、停止施工工地所有石方和拆除作业、加强道路清扫保洁、严控施工扬尘、调休假减少社会活动、禁止露天烧烤等,确保会议期间北京空气质量能达到良好的效果。选取北京、天津、石家庄 3 站 2014 年 10 月 24 日—11 月 22 日大气污染物浓度数据,对 APEC 会议期间和前、后时段京津冀区域大气污染状况进行分析,并评估污染物减排措施对区域空气质量的影响。

分析结果(表 3.12)表明:APEC 会议前 10 d 北京 $PM_{2.5}$、PM_{10}、SO_2、NO_2、O_3 质量浓度均值分别为 114.7、149.4、9.5、68.5 和 24.8 $\mu g \cdot m^{-3}$,天津分别为 115.4、164.1、19.0、61.2 和 18.0 $\mu g \cdot m^{-3}$,石家庄分别为 154.8、269.8、49.3、64.2 和 27.2 $\mu g \cdot m^{-3}$,北京、天津和石家庄 CO 均值分别为 1.33、1.36 和 1.78 $mg \cdot m^{-3}$。对比 APEC 会议前,APEC 会议期间北京 $PM_{2.5}$、PM_{10}、SO_2、NO_2、CO 和 O_3 分别下降了 59.4%、51.8%、14.7%、34.5%、29.3%和 −29.8%,天津分别下降了 35.4%、31.6%、−48.4%、12.6%、5.1%和 −73.9%,石家庄分别下降了 59.9%、60.0%、21.9%、27.1%、48.3%和 4.4%。整体而言,大气污染物质量浓度下降显著。APEC 会议过后,随着大气污染物管控措施的取消,京津冀地区大气污染状况反弹上升(O_3 除外)(赵辉等,2016)。

表 3.12 APEC 会议期间不同时段大气污染物质量浓度变化统计结果(引自赵辉等,2016)

单位:$\mu g \cdot m^{-3}$

时段(月-日)	城市	$PM_{2.5}$	PM_{10}	SO_2	NO_2	CO/($mg \cdot m^{-3}$)	O_3
APEC 会议前 10-24—11-02	北京	114.7	149.4	9.5	68.5	1.33	24.8
	天津	115.4	164.1	19.0	61.2	1.36	18.0
	石家庄	154.8	269.8	49.3	64.2	1.78	27.2
APEC 会议期间 11-03—11-12	北京	46.6	72.0	8.1	44.9	0.94	32.2
	天津	74.6	112.2	28.2	53.5	1.29	31.3
	石家庄	62.0	107.9	38.5	46.8	0.92	26.0
APEC 会议后 11-13—11-22	北京	105.0	145.6	22.9	79.8	1.87	17.3
	天津	126.1	171.5	73.5	82.5	2.16	18.4
	石家庄	151.6	238.2	72.2	71.0	2.13	17.4

虽然会议召开时段北京地区北风频次增加、天气晴朗、空气扩散条件稍好，但区域联防联控措施对北京 $PM_{2.5}$ 污染浓度的消减作用也不容小觑。为探讨 APEC 会议期间污染调控对环境空气质量的改善作用，贾佳等（2016）采用三维多尺度欧拉空气质量模型（comprehensive air quality model with extension，CAMx）内嵌的颗粒物来源识别工具（PSAT）来定量分析北京及周边不同区域、不同污染源的控制措施对空气质量的改善效果，并设置两种情景对比研究控制措施实施与否呈现出的不同污染状况（图 3.42）。情景一，对京津冀地区实施了污染控制措施，使用了更新后的污染源排放清单；情景二，假设北京及周边区域并未采取减排措施，使用了原始排放清单。由于采用了同样的背景气象场，所获得的两种情景的对比结果，可定量表征京津冀地区的控制措施对北京市区 $PM_{2.5}$ 的改善效果。情景一模拟结果显示，会期北京 $PM_{2.5}$ 逐时质量浓度均值模拟结果为 41.5 μg · m^{-3}（实测值为 42.7 μg · m^{-3}，比较接近），虽然在部分时段北京及周边地区有污染物的积累，但并没有形成重污染；而根据情景二模拟结果，由于北京本地排放和周边污染物输送量的增加，致使重污染天气频发，$PM_{2.5}$ 瞬时质量浓度最高值超过 250 μg · m^{-3}，出现重污染的时间占到全部时段的 17.4%，实测 $PM_{2.5}$ 逐时质量浓度均值为 78.2 μg · m^{-3}，即由于污染控制措施的实施，会期北京市区 $PM_{2.5}$ 质量浓度降低了 43.0%，所以综合来讲，北京及周边区域严苛的污染管控措施是这一时期空气质量改善的主导因素（贾佳等，2016）。

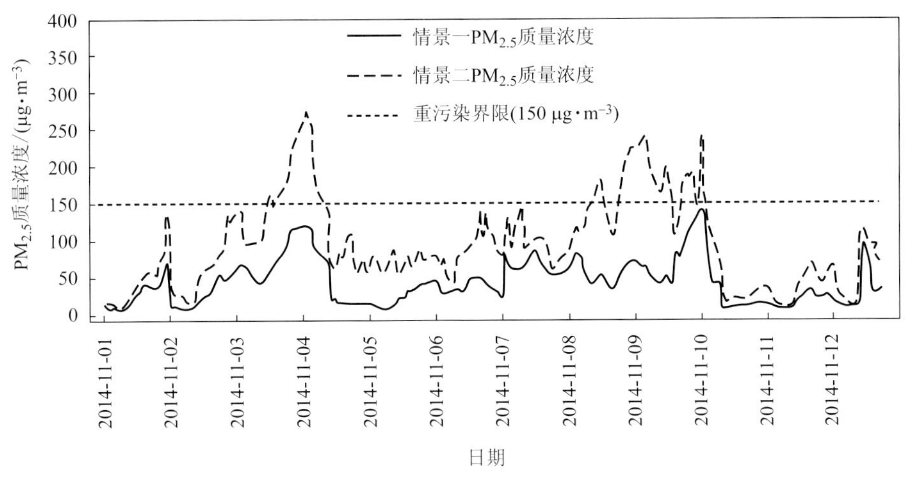

图 3.42　情景一与情景二模拟 $PM_{2.5}$ 质量浓度对比（引自贾佳等，2016）

3.8.3　2010 年上海世博会期间气象因素对空气质量的影响

2010 年第 41 届世博会（2010 年 5 月 1 日—10 月 31 日）在上海成功举办，作为举办方的长三角城市群，从这里成功走上世界经济舞台。世博会期间的蓝天白云给中外游客留下了深刻印象，实际环境监测资料显示，世博会举办期间上海空气质量优良日数为 181 d，环境空气质量优良率高达 98.4%，为 2001 年大气环境自动监测以来历史同期最好，圆满兑现了举办地"世博会期间空气质量优良率达到 95%"的承诺，成功演绎了"城市，让生活更美好"的世博主题（黄嫣旻等，2013）。

陈敏等(2013)通过对2001—2009年上海世博会同期(污染排放没有明显变化的9年)近地面气象要素与空气质量的统计特征分析,并结合2010年上海世博会期间近地面气象要素特征和大气环流场的异常特征统计分析,以及上海世博会期间3次污染事件形成的天气形势分析,在污染减排的大背景下探讨了气象因素对空气质量的影响(图3.43)。结果表明,历年5—10月上海地区地面出现静风的比例最高,尤其当盛行偏西风时出现污染日的比例较高,而偏东风时平均风速较大,出现污染日的比例较低。此外,当接地逆温明显偏少、降水明显偏多时也对应较好的空气质量。对应2010年世博会期间上海地区近地面明显偏多且偏大的东风、明显偏少的偏西风、接地逆温明显偏少的大气层结条件和降水偏多的湿清除条件,种种气象因素均有利于空气污染物的稀释扩散或湿清除,有助于空气质量的改善,主要得益于2010年夏季西太平洋副热带高压较常年范围异常偏大、强度异常偏强、位置异常偏西(图3.44),其面积指数和强度指数是1951年以来历史同期最大,其西伸脊点偏西程度也处在1951年以来的第一位。

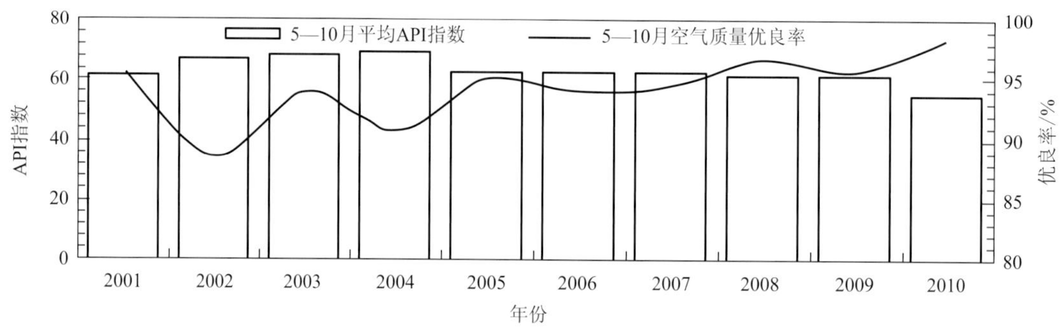

图3.43 2001—2010年世博会同期上海平均API指数及空气质量优良率的年际变化(引自陈敏等,2013)

世博会举办期间,即使在气象因素不利的情况内,上海地区的平均API指数也均低于2001—2009年同期的平均值,这充分说明除了大气环流异常之外,长三角城市群联合实施的"世博会长三角区域空气质量保障联防联控措施"也起到了一定的污染管控效果。总体而言正是近地面有利的气象条件和污染减排措施这两个客观和主观因素的共同作用,使得2010年世博会期间上海市的空气质量达到2001年以来最优(陈敏等,2013)。

3.8.4 2010年广州亚运会期间空气污染的管控效应

第16届亚运会于2010年11月12—27日在广州市举行。为保证亚运会顺利进行,广东省环保部门制定了一系列空气质量保障措施,为源排放管控的大气污染改善研究提供了独特的案例。胡伟等(2013)在广州多个点进行污染物采样分析,并与2004年同期采样研究进行对比,结果表明:两者气象条件较为相似,但亚运会期间广州市区 $PM_{2.5}$ 及EC质量浓度显著降低,分别降至29.6 $\mu g \cdot m^{-3}$(29%)和3.5 $\mu g \cdot m^{-3}$(49%),说明此期间广州市区由于空气污染排放控制措施的实施,一次排放和二次污染均得到有效控制,颗粒物污染得到显著改善。

吴兑等(2012a)使用广州地区气象资料,分析研究2010年广州亚运会期间的霾天气特征时发现,2011年11月广州出现霾天气5 d,较近年平均水平明显偏少;但2008—2010年的污染

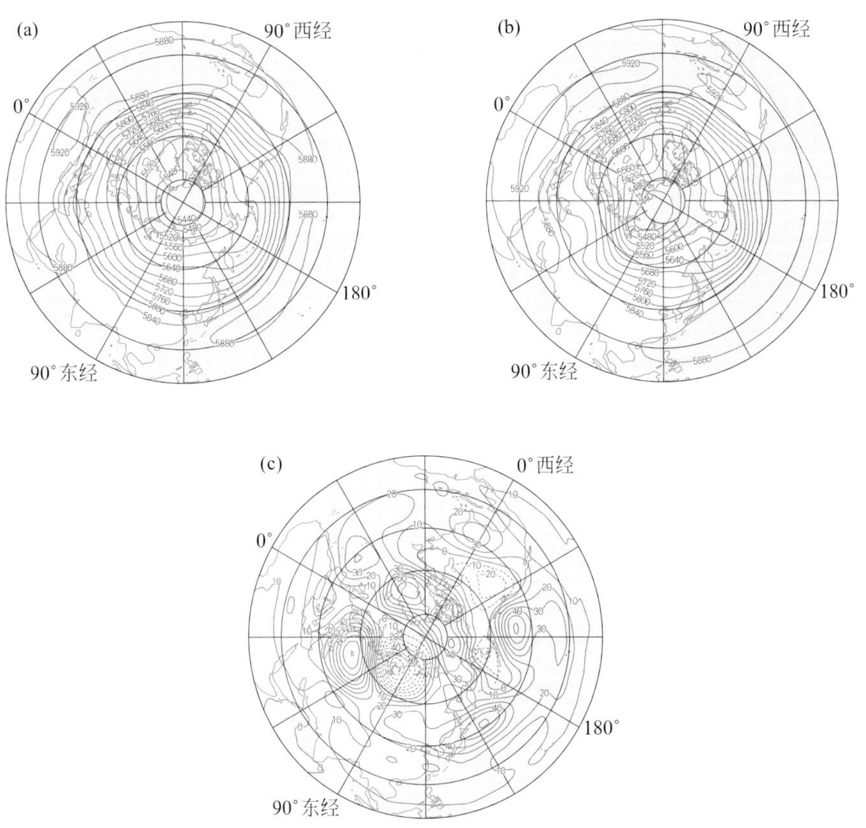

图 3.44　1981—2010 年夏季 500 hPa 位势高度气候平均场(a)、2010 年同期位势高度平均场(b)及 2010 年距平场(c)(单位:gpm)(引自陈敏等,2013)

气象条件分析表明,2010 年的大气稀释扩散条件较 2008 和 2009 年均较差,由此说明 2010 年广州亚运会前期的各项减排措施确实取得了明显成效。作为对照,自 20 世纪 80 年代初开始,广州地区的能见度急剧恶化并导致霾天数增加,每年 10 月至次年 4 月的旱季霾天数较多,尤其是每年 11 月的霾天气大幅增加,并于 1994 和 1999 年分别出现了最多的 17 d。2000 年以后,广州市 11 月霾天气最多为 12 d,出现在 2005 年。因此,2010 年 11 月该市霾天气的明显减少,表明区域联动、机动车单双号限行、重点工业污染源调控、严控垃圾秸秆焚烧等减排措施,使得大气环境改善效果显著。

综上所述,改革开放以来,我国经济持续高速发展,同时城市群区域性大气复合污染的态势日趋严峻,尤其是京津冀、长三角和珠三角等城市群区域面临着严重的霾污染,尽快解决经济发展与大气环境改善之间的矛盾势在必行。为深入实施《大气污染防治行动计划》,国家和地方政府近年来积极推动能源结构优化调整,加快构建绿色制造体系,持续推进京津冀、长三角、珠三角地区战略环评,在一系列严格的区域空气污染联防联控措施下,中国三大城市群空气污染得到了有效控制,污染状况得到了一定的缓解:2016 年京津冀地区 13 个城市空气质量优良天数平均为 56.8%,上升 4.3%;长三角地区 25 个城市空气质量优良天数平均为 76.1%,上升 4.0%;珠三角地区 9 个城市空气质量优良天数平均为 89.5%,上升 0.3%(中华人民共和国环境保护部,2017)。但随着重要时段过后部分污染管控措施的取消,大气污染状况会出现一定程度的反弹，因此，必须加大力度推进国家环境管理体制的创新，积极调整产业结构布局，进一步加强区域联防联控，不断强化污染法治化管理，倡导公众积极参与，形成持续治污合力，才能彻底解决中国空气污染问题，保护好我们生存的家园，维持经济建设和环境保护的协调持续发展。

3.9 小结

（1）我国城市空气污染指数整体呈现出由北向南降低的态势，以乌鲁木齐、兰州、西宁、西安和北京为代表的北方城市普遍偏高，以海口、珠海、北海、湛江、桂林和拉萨为代表的南方城市普遍较低，近年来两极分化现象更加明显。

（2）大气颗粒物仍为我国目前城市空气首要污染物，各地区年出现频率均保持在 91%以上。首要污染物季节变化特征明显，春季为 PM_{10}、夏季为 O_3、冬季为 $PM_{2.5}$。近 10 年代表城市污染物质量浓度变化分析结果表明，SO_2 下降最为明显，尤其以乌鲁木齐为代表的西北地区治理成效非常显著；NO_2、PM_{10}、$PM_{2.5}$、CO 近年来呈现出微观或者局部的改善，甚至北方少部分城市还出现波动性反弹现象；近年来 O_3 作为夏季首要污染物在部分城市出现天数呈现增加的态势不容忽视。

（3）空气污染指数年际变化结果表明，近年来大部分城市污染指数均呈下降趋势，北方城市降幅较为显著，南方城市保持稳中有降，各地空气污染水平从 2007 年开始出现不同程度的改善。受污染源排放和气象条件的共同影响，污染指数 12 月—次年 1 月最高、7—8 月最低，呈现“冬高夏低”的鲜明特点。

（4）EOF 分析结果显示，近年来全国污染总体呈现为一致减轻态势，但在东南地区和西北西部地区存在一定的反位相关系；小波分析结果也表明，空气污染指数年际变化较为明显的振荡周期为 24 个月，即 2 年的振荡周期最显著。根据聚类分析，我国城市空气污染可划分为南北两大区、六个分区，南北两个大区的分界线位于秦岭—淮河一线，与地理、气候分界线一致，表明天气与气候条件是影响我国区域空气污染的重要因素之一。

（5）四川深盆地形区的盆底大气污染最重，边坡次之，盆沿区最轻。颗粒物质量浓度随海拔高度的增加显著减小，这种变化特征可以被非线性函数 $y=(a+b/x)^2$ 拟合，系数 a 和 b 与季节有关。上述非线性拟合函数经 CALIPSO 卫星和地基 EV-lidar 观测的大气消光系数垂直廓线验证是可信的，因此它能够反映深盆地形区颗粒物质量浓度的垂直分布特征。而气态污染物浓度随海拔高度的变化较为复杂，不能被单一的函数形式拟合。深盆地形区颗粒物的水平均一性显著大于气态污染物。尤其是在盆地底部，$PM_{2.5}$ 和 PM_{10} 的水平均一性也大于华北平原和长三角地区。

（6）气溶胶光学厚度（AOD）可以较好地反映近地层 $PM_{2.5}$ 质量浓度的变化，因此利用卫星 AOD 数据反演地面细颗粒物质量浓度，将有效弥补地面大气环境监测网空间分辨率较粗和监测站点分布不均匀的缺憾。但由于卫星气溶胶产品的适用性存在明显的地区和季节差异，同时 AOD-$PM_{2.5}$ 统计模型的构建方法对 $PM_{2.5}$ 反演精度具有一定影响，因此，在尽可能兼顾气溶胶产品空间分辨率、反演精度要求的前提下，合理地将多种气溶胶产品进行优势集成，建立考虑 AOD-$PM_{2.5}$ 相关性逐日变化的高级统计模型，并加入多种影响因子进行修正，可更好地反演出不同城市大气颗粒物质量浓度的时间变化特征和地域差异，有利于更为客观地阐明全国典型区域颗粒物污染变化特征与演变趋势，使防控措施的制定与实施更精准化。

(7)京津冀城市群、长三角城市群、珠三角城市群，三大城市群既是我国经济建设和城市化进程高速发展的三大经济区，又是我国主要的区域性大气复合污染区。针对这些地区重大活动期间所采取的大气污染物排放管控措施，进行其大气环境改善效应评估是非常有意义的，可为贯彻落实国家《大气污染防治行动计划》，推动能源结构优化调整，促进经济建设和环境保护协调发展提供重要科学依据。

第4章

污染气象参数及其与空气质量的关系

大气污染物离开排放源后，其时空分布取决于大气的稀释扩散能力。气象因素对大气污染物的积累、传输、扩散和稀释有着极其显著的作用，其中风向风速、温度、降水、辐射、逆温、大气稳定度和混合层厚度等一系列污染气象参数是除污染源的分布和源强之外，影响污染物浓度的重要因素（李宗恺，1985；王式功等，2002）。这些污染气象参数可分为动力因素和热力因素两类。动力因素包括风和湍流等，对污染物在大气中的稀释和扩散起着决定性作用，风速越大、湍流越强，污染物扩散速度越快、浓度越低。热力因素包括逆温、大气稳定度以及混合层厚度等，特别是大气稳定度和混合层厚度，它们是影响污染物在大气中的扩散和稀释速率、输送距离和范围的关键气象参数。

4.1 污染气象参数

4.1.1 大气稳定度

大气稳定度，是指空中某气团由于与周围空气存在密度、温度和流速等的强度差而产生的浮力使其产生加速度而上升（或下降）的程度。它是大气边界层研究中一个极其重要的气象参数，在许多污染扩散模式中被作为单一参数来定义大气湍流状态或描述大气扩散能力。大气稳定度类别划分正确与否，直接影响各类扩散模式的计算结果。

国内外诸多学者对于如何划分大气稳定度问题进行了广泛的研究，先后提出了几十种分类方法。Pasquill（1961）首次提出了用常规观测资料（风、云、日照状况等）将大气稳定度分为A～F共6个等级，分别对应强不稳定、不稳定、弱不稳定、中性、较稳定、稳定，通常简称为P_L分类法。所谓强、弱则以英格兰仲夏、隆冬中午的晴空日射为准，但是难以确切掌握这样的定性划分。Turner（1964）后来提出了用云高、云量、太阳高度角配合来划分日射的强弱程度，改进了Pasquill决定辐射强度等级的方法，P_L法改进为P-T法。我国环境保护部根据国内常规观测中一般只进行总云量和低云量观测的特点，对P-T法中的云量栏做了修改，提出了$P \cdot S$法。

根据两个高度的温度差而决定大气稳定度，称为温差法（$\Delta T/\Delta z$）。根据大气湍流是由动力和热力引起的基本原理，提出了按里查森数（Ri）、莫宁-奥布霍夫长度（L）、总体里查森数（BRi）（Bulk Richardson Number）数值大小进行稳定度分类，Golder（1972）提出了用地面粗糙度（z_0）与$1/L$来判断大气稳定度，Ludwing等（1976）提出了城市稳定度分类法（L_D），陈洋勤（1983）提出了风速比法（U_R法）。

由于 P_L 分类法、P-T 分类法、$P \cdot S$ 分类法、L_D 分类法等需要用到云量的观测资料，这是系留球所无法测得的，同时，由于 P-T 等方法仅适用于平坦地区，它没有考虑城市空气污染、地面热源以及粗糙度较大等边界层的影响。下面重点介绍理论和应用中常用的5个大气稳定度参数：$\Delta T/\Delta z$、Ri、BRi、L 和 U_R 分类法。

4.1.1.1　常用大气稳定度计算方法

(1)温差法($\Delta T/\Delta z$ 法)

理论研究证明，温度的垂直分布是大气层结状态的一个重要判据。美国田纳西流域管理局(TVA)根据温差观测，结合高架源扩散实验，研究了扩散与温度垂直分布的关系，从而提出了温差法。

(2)里查森数法(Ri 法)

里查森数(Ri)是1920年 Richardson 为了表征大气稳定度而根据能量收支方程引入的一个无量纲参数(陈泮勤，1983)。Ri 综合了湍流激发的热力因子和动力因子的作用，反映了更多的湍流状况信息，因此 Ri 法判断大气稳定度较准确。

Ri 的计算式为

$$Ri=\frac{g}{\overline{T}}\left[\frac{\Delta T}{\sqrt{z_1 z_2}\ln(z_1/z_2)}+\gamma_d\right]\left[\frac{\sqrt{z_1 z_2}\ln(z_1/z_2)}{\Delta\overline{u}}\right] \tag{4.1}$$

式中：$\overline{T}$ 为气层(z_1 与 z_2)的平均绝对温度(K)；g 为重力加速度($\mathrm{m \cdot s^{-2}}$)；ΔT 和 $\Delta\overline{u}$ 分别为气层上、下两个高度上的温度差与风速差；γ_d 为干绝热减温率。由式(4.1)计算得到 Ri 值，代表平均几何高度($\overline{z}=\sqrt{z_1 z_2}$)的 Ri 值。

(3)总体里查森数法(BRi 法)

在式(4.1)中，有风速差 $\Delta\overline{u}$ 项，故风速测量中若有较小误差，也可引起 Ri 的较大误差。因此为了避免难以获得精确测量风速值的困难，实际工作中常用总体里查森数(BRi)代替 Ri。BRi 的定义式为：

$$BRi=\frac{g}{T}\frac{\partial\theta}{\partial z}\frac{\overline{z}^2}{\overline{u}^2} \tag{4.2}$$

式中：$\overline{z}$ 为气层顶与气层底高度的几何平均值；$\overline{u}$ 为这两个高度上风速的几何平均值；$\frac{\partial\theta}{\partial z}$ 为对应高度间的位温变化率。在实际计算中，变微分为差分，其计算式为：

$$BRi=\frac{g}{T}\frac{\Delta\theta}{\Delta z}\frac{(\sqrt{z_1 z_2})^2}{(\sqrt{u_1 u_2})^2} \tag{4.3}$$

由式(4.3)可求得 $\overline{z}$ 处的 BRi 值。

(4)莫宁-奥布霍夫长度法(L 法)

莫宁-奥布霍夫长度是体现近地面层湍流切应力和浮力做功相对大小的长度尺度，该参数不但是大气近地面层而且是整个大气边界层的基础参数。L 值可由 Ri 或 BRi 计算得到。Ri 求 L 的计算公式为：

$$\begin{cases} Ri<0(\text{不稳定}):L=\dfrac{z}{Ri} \\ Ri>0(\text{稳定}):L=\dfrac{z(1-5Ri)}{Ri} \end{cases} \tag{4.4}$$

Ri 与 BRi 有以下关系：

$$Ri=(BRi)u^2\bigg/\left[\frac{\partial u}{\partial(\ln z)}\right]^2 \tag{4.5}$$

由式(4.1)、(4.3)、(4.4)、(4.5)可以得到 L 的另一算法：

$$\begin{cases} BRi<0(\text{不稳定}):L=\dfrac{z}{u^2(BRi)}\times\left[\dfrac{\partial u}{\partial(\ln z)}\right]^2 \\ BRi>0(\text{稳定}):L=z\left\{1-\dfrac{5u^2(BRi)}{\left[\dfrac{\partial u}{\partial(\ln z)}\right]^2}\right\}\times\dfrac{\left[\dfrac{\partial u}{\partial(\ln z)}\right]^2}{u^2(BRi)} \end{cases} \tag{4.6}$$

(5)风速比法(U_R 法)

大气湍流扩散能力与风速密切相关。U_R 的定义是上层与下层风速之比，即：

$$\begin{cases} U_R=\dfrac{u(z_2)}{u(z_1)}=\left(\dfrac{z_2}{z_1}\right)^m \\ m=\varphi_m/\left[\ln(\sqrt{z_1z_2}/z_0)-\Psi\right] \end{cases} \tag{4.7}$$

式中：ψ 为与 φ_m 有关的无因次函数，其计算式为：

$$\begin{cases} \text{不稳定}(z/L)<0:\Psi=2\ln\left(\dfrac{1+\varphi_m^{-1}}{2}\right)+\left(\dfrac{1+\varphi_m^{-2}}{2}\right)-2\arctan(\varphi_m^{-1})+\dfrac{\pi}{2} \\ \text{稳定}(z/L)>0:\Psi=-4.7z/L \end{cases} \tag{4.8}$$

式中：φ_m 为平均风速切变函数，其计算式为：

$$\begin{cases} \varphi_m=(1+15z/L)^{-0.25} & z/L<0 \\ \varphi_m=1+4.7z/L & z/L>0 \end{cases} \tag{4.9}$$

4.1.1.2 常用大气稳定度参数与 P-T 等级标准

为了直观地反映大气稳定度变化，下面给出常用稳定度参数对应的 P-T 等级标准。

(1)温差法($\Delta T/\Delta z$ 法)

中国科学院大气物理研究所给出了 $\Delta T/\Delta z$ 法与 L 法的稳定度分级标准(表 4.1)，该标准是通过实测资料制定，并被多数专家使用验证是切实可行的。

表 4.1 $\Delta T/\Delta z$ 法与 L 法的稳定度分级标准

稳定度等级	$\frac{\Delta T}{\Delta z}/(℃\cdot(100\ \text{m})^{-1})$	L
A	$\Delta T/\Delta z<-2.2$	$-11.43\leqslant L<0$
B	$-2.2\leqslant\Delta T/\Delta z<-1.8$	$-25.97\leqslant L<-11.43$
C	$-1.8\leqslant\Delta T/\Delta z<-1.5$	$-123.46\leqslant L<-25.97$
D	$-1.5\leqslant\Delta T/\Delta z<-0.1$	$\lvert L\rvert>123.46$
E	$-0.1\leqslant\Delta T/\Delta z<1.6$	$25.97<L\leqslant123.46$
F	$\Delta T/\Delta z\geqslant1.6$	$0\leqslant L\leqslant25.97$

(2)莫宁-奥布霍夫长度法(L 法)

Golder(1972)发现，对于给定的地面粗糙度 z_0，通常的 P-T 稳定度等级和 L 有大致的对应关系。Irwin 推荐的拟合公式 $1/L=az_0^b$ 对应各稳定度等级 a、b 数值如表 4.2 所示。

表 4.2 各稳定度等级下拟合参数 a、b 的取值

P-T 分类	A	B	C	D	E	F
a	−0.0875	−0.0385	−0.0081	0	0.0081	0.0385
b	−0.103	−0.171	−0.305	0	0.305	0.171

另外，根据一般方法估计实测风速和湍强的关系，推算兰州地区的地面粗糙度 $z_0 \approx 1$ m（王介民等，1992）。从而计算出 L 对应的稳定度等级分级标准（表 4.1）。袁素珍和雷孝恩（1982）指出，可以认为 L 随高度是常数。故我们把它作为各高度层的统一判据。

（3）里查森数法（Ri 法）

里查森数 Ri 与莫宁-奥布霍夫长度 L 存在下述关系：

$$Ri=\frac{(z/L)\varphi_h}{\varphi_m^2} \tag{4.10}$$

式中：φ_m 为平均风速切变函数，其计算见式（4.9）；而 φ_h 为位温切变函数，也是无因次量 z/L 的普适函数，其计算公式为：

$$\begin{cases}\varphi_h=0.74(1-9z/L)^{-0.5} & z/L<0\\ \varphi_h=0.74+4.7z/L & z/L>0\end{cases} \tag{4.11}$$

利用式（4.9）—（4.11），可算出 Ri 对应于 P-T 分类中 A～F 各级别的临界值（表 4.3）。

表 4.3 各高度层 Ri 数的稳定度等级界限

高度/m	A	B	C	D	E	F
1.5～10	−0.307	−0.130	−0.025	0.021	0.074	
10～50	−1.849	−0.804	−0.159	0.084	0.162	
50～100	−5.889	−2.581-	−0.529	0.144	0.194	
100～150	−10.216	−4.485	−0.928	0.167	0.201	
150～200	−14.456	−6.351	−1.320	0.178	0.205	
200～250	−18.668	−8.205	−1.710	0.185	0.206	
250～300	−22.869	−10.053	−2.099	0.190	0.207	
300～350	−27.062	−11.899	−2.487	0.193	0.208	
350～400	−31.252	−13.743	−2.875	0.195	0.209	
400～500	−37.358	−16.430	−3.440	0.198	0.210	
500～600	−45.758	−20.27	−4.218	0.201	0.210	
600～700	−54.146	−23.819	−4.994	0.202	0.211	
700～800	−62.525	−27.507	−5.770	0.204	0.211	

（4）总体里查森数法（BRi 法）

当各个稳定度级别的 Ri 界限确定以后，根据 Ri 和 BRi 的关系（式（4.5））可得

$$BRi=Ri\cdot\left[\frac{\partial u}{\partial(\ln z)}\right]^2\Big/u^2 \tag{4.12}$$

式中：$\frac{\partial u}{\partial(\ln z)}$ 取两高度层之差 $\frac{u_2-u_1}{\ln z_2-\ln z_1}$；$u$ 取两层风速的几何平均值 $u=\sqrt{u_1u_2}$。

(5)风速比法(U_R 法)

U_R 对应各稳定度级别的界限值的计算方法:先将 A~F 各级的 L 临界值代入式(4.9),求出相应的 φ_m,再代入式(4.8)得出一组 Ψ,将 φ_m 和 Ψ 代入式(4.7)可得出指数 m,然后,便能算出 U_R 的分级临界值(表 4.4)。

表 4.4 各高度层 U_R 的稳定度等级界限

高度/m	风速比法(U_R 法)稳定度等级					
	A	B	C	D	E	F
1.5~10	2.440	2.842	3.569	4.991	10.839	
10~50	1.385	1.485	1.452	2.609	3.136	
50~100	1.104	1.087	1.097	1.505	1.801	
100~150	1.041	1.037	1.055	1.298	1.420	
150~200	1.024	1.029	1.032	1.216	1.294	
200~250	1.016	1.020	1.022	1.172	1.226	
250~300	1.016	1.014	1.016	1.143	1.184	
300~350	1.012	1.011	1.013	1.123	1.155	
350~400	1.010	1.009	1.010	1.108	1.134	
400~500	1.015	1.014	1.016	1.190	1.237	
500~600	1.011	1.013	1.012	1.164	1.189	
600~700	1.008	1.010	1.012	1.139	1.159	
700~800	1.007	1.008	1.009	1.120	1.137	

4.1.2 混合层厚度(高度)

边界层中的空气明显地受地面摩擦或热力作用的影响,在某个高度的稳定层下会出现明显的垂直混合,形成混合层。混合层是指湍流特征不连续界面以下湍流较充分发展的大气层,其厚度就是混合层厚度(高度)。它表征了污染物在垂直方向被热力湍流稀释的范围,即低层空气热力对流与动力湍流所能达到的高度,是制约空气污染物稀释、扩散最重要的参数之一。大气混合层厚度越大,就越有利于污染物的扩散和稀释(王式功等,2000b)。

简单准确地计算混合层厚度,一直是大气边界层和大气环境科技工作者探索的问题之一。Holzworth(1964,1967)曾在研究美国一些地区平均最大混合层厚度(maximum mixing depth,MMD)时,提出了一种用干绝热曲线法估算日最大混合层厚度的方法。后来,Nozaki(1973)又提出了一种用地面气象资料估算大气混合层厚度的方法。这两种方法各有优缺点,相比之下,干绝热曲线法精确度较高,也是我国较为流行的日最大混合层厚度计算方法。

4.1.2.1 干绝热曲线法的基本原理

Holzworth(1964,1967)认为,在典型天气条件下,夜间地表辐射冷却,近地面大气形成逆温层,呈稳定状态;白天从清晨日出开始,太阳辐射逐渐增强,致使大气边界层内的不稳定状态渐趋加大,至午后达到最强(大)。当忽略平流、下沉和机械湍流的影响时,平均最大混合层厚度的变化主要取决于温度层结廓线和地面最高气温。因此，利用清晨的温度廓线，以及午后地面最高气温作干绝热线与该廓线相交，地面到交点的高度即为最大混合层厚度。

将每日 08:00(北京时)温度探空资料点在温度对数压力图上，得到温度层结廓线(图 4.1 实线)，然后取当天午后的地面最高气温作干绝热线(图 4.1 虚线)，两线相交于 D 点，D 点与地面的海拔高度差即为当天的最大混合层厚度。干绝热曲线法求混合层厚度的图解法，做起来虽然很简单，但工作量比较大，不便在计算机上实现。下面介绍 2 种简单易行的计算方法，即求解二元一次方程组法和逐步逼近法。

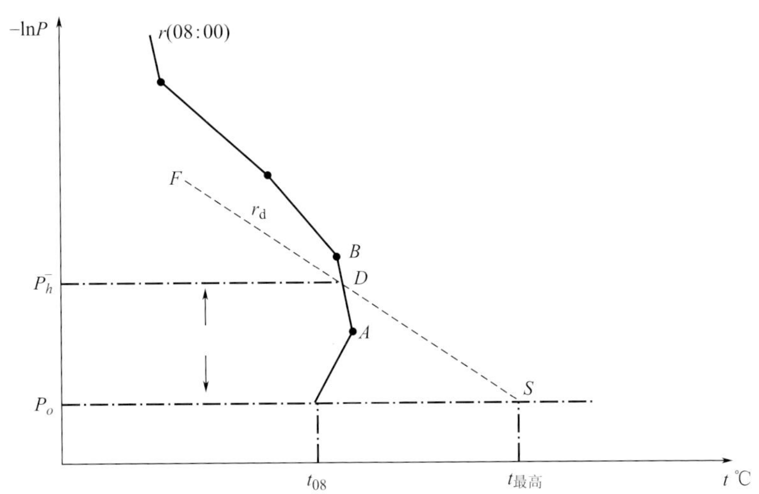

图 4.1　干绝热曲线法求最大混合层厚度示意图

4.1.2.2　求解二元一次方程组法

在图 4.1 中，交点 D 是两条线段 AB 和 SF 的交叉点。线段 AD 所在的直线方程可由“两点式”求得，即

$$y-y_a=(x-x_a)\frac{y_a-y_b}{x_a-x_b} \tag{4.13}$$

线段 SF 所在的直线方程可由“点斜式”来求得，即

$$y-y_s=k(x-x_s) \tag{4.14}$$

如果式(4.13)和(4.14)中的 y 和 x 分别用相应点上的高度 z 和气温 t 代换，且式(4.14)中的斜率 $k=-1/r_d$，$r_d=0.976\cdot(100\ \text{m})^{-1}$，则得

$$z-z_a=(t-t_a)\frac{z_a-z_b}{t_a-t_b} \tag{4.15}$$

$$z-z_s=-\frac{100}{0.976}(t-t_s) \tag{4.16}$$

若将 08:00 探空曲线上 A、B 两点的高度和温度值代入式(4.15)，用测站的海拔高度和当日地面最高气温分别代替式(4.16)中的 z_s 和 t_s，然后可将式(4.15)和(4.16)联立求解出 z 和 t，其中 z 就是交点 D 的海拔高度，z 与 z_s 之差就是我们要求的最大混合层厚度。从某种意义上讲，这比图解法得到的混合层厚度更精确。

在计算机上确定 A、B 两点的具体做法是：先将温度层结曲线上由地面到高空每个节点

的海拔高度值 $z_1, z_2, \cdots, z_n$ 分别代入式(4.16)中，求得相应高度上的温度值 $t_1, t_2, \cdots, t_n$，若其中用第 i 个节点上的高度值所求得的温度值 T_i，低于该点实际大气的温度值时，则取第 i 个节点为 B 点，第 $i-1$ 个节点为 A 点。

4.1.2.3 逐步逼近法

逐步逼近法求解的具体做法是：根据不同地区、不同月份最大混合层厚度的上限值，例如，一般在我国北方城市 1 月份的最大混合层厚度不超过 2000 m。从地面算起，每间隔 Δz 取一个海拔高度值，一直取到离地面 2000 m 层次，得到一组高度值 $z_1, z_2, \cdots, z_m$，将这组高度值依次代入式(4.16)中，便可在 r_d 曲线上求得一组相应高度上的温度值 $t_{d1}, t_{d2}, \cdots, t_{dm}$。另外，在图 4.1 中的实际温度层结曲线($r$ 曲线)上，采用垂直内插的方法也可求得一组对应于 $z_1, z_2, \cdots, z_m$ 的温度值 $t_1, t_2, \cdots, t_m$，然后再求 $t_{d1}, t_{d2}, \cdots, t_{dm}$ 与 $t_1, t_2, \cdots, t_m$ 相对应的差值，便得到 $\Delta t_1, \Delta t_2, \cdots, \Delta t_m$ 的一组温度差值，选取其中绝对值最小的 Δt_i($1<i<m$)层次上的海拔高度与地面海拔高度之差即为要求的最大混合层厚度。

逐步逼近法所求最大混合层厚度的误差是随垂直间隔 Δz 的缩小而减小的，最大误差的绝对值$\leqslant \Delta z / z$。当 $\Delta z \to 0$ 时，其误差绝对值$\to 0$，即此方法所求的最大混合层厚度与求解二元一次方程法所求得的最大混合层厚度完全相同。

4.1.3 逆温层厚度与逆温层强度

4.1.3 逆温层厚度与逆温层强度

对流层大气的气温从总体看是随高度的增加而降低，但是，近地面的大气层比较复杂，一般将气温随高度的增加而递增的现象称为“逆温”，有逆温出现的大气层称为逆温层。逆温层分为辐射逆温、平流逆温、地形逆温、下沉逆温层等。逆温层就像个“大锅盖”盖在低层大气层上面，使低层的水汽和污染物无法向高空扩散出去，会加剧雾-霾天气发展，造成更加严重的大气污染现象。逆温层厚度为逆温层顶部与底部的高度差，其厚度从几十米到数百米左右。逆温层厚度计算公式如下：

$$\Delta H = H_h - H_l \tag{4.17}$$

式中：ΔH 为逆温层厚度，H_h 为逆温层顶高，H_l 为逆温层底高，单位为 m，逆温强度是指逆温层内每升高 100 m 所增加的温度，其计算公式为：

$$I = \frac{\Delta T}{\Delta H} \times 100 \tag{4.18}$$

式中：I 为逆温强度，单位为℃·(100 m)$^{-1}$；ΔT 为逆温层温差，单位为℃；ΔH 为逆温层厚度，单位为 m。

4.1.3.1 逆温层月变化特征

对 2008—2012 年兰州市城区冬半年各月低空逆温出现的频率、厚度分别进行了统计(表 4.5)，结果表明，冬半年 12 月逆温频率最高(为 96.6%)，平均逆温层厚度最大(为 783 m，最大厚度为 2606.5 m)，平均逆温强度也最大，为 6.1 ℃·km^{-1}；1 月次之(逆温频率为 84.1%，平均厚度为 752.6 m)，平均逆温强度次大，为 4.4 ℃·km^{-1}；3 月频率最小(逆温频率为 70.7%，平均厚度最小，为 283.1 m)，平均逆温强度也最小，为 3.0 ℃·km^{-1}。

表 4.5 兰州市城区冬半年各月逆温变化特征

	10月	11月	12月	1月	2月	3月
有逆温日数/d	67	96	86	111	102	87
统计日数/d	87	117	89	132	133	123
频率/%	77.0	82.1	96.6	84.1	76.7	70.7
最大厚度/m	981.0	1719.0	2606.5	2528.0	2348.3	1587.8
平均厚度/m	338.7	493.6	783.0	752.6	392.1	283.1
平均逆温强度/(℃·km^{-1})	4.2	5.3	6.1	4.4	3.3	3.0

4.1.3.2 逆温层日变化特征

兰州市城关区由于三面环山的特殊河谷地形，冬季静风频率高，逆温层厚，大气飘移、扩散运动很弱，对于大气环境产生了极为不利的影响。兰州一年四季均有逆温存在，尤以冬季辐射所形成的贴地逆温最严重，07:00 保证率达 50%的高度在 500～700 m，是造成兰州冬季严重大气污染的主要原因之一。珠江三角洲地区重污染气象条件下出现长时间逆温现象，凌晨 03:00—06:00 逆温最强，强度约为 2.1 ℃·km^{-1}，逆温层厚度达 300 m。珠江三角洲地区城市群的发展使得城市夜间逆温强度增强，逆温持续时间增长，风速减小(陈燕等，2005)。

4.1.4 通风系数

通风系数为混合层厚度与其混合层内平均风速的乘积。混合层是指边界层中存在的湍流特征不连续界面以下的大气层。混合层内一般为不稳定层结，垂直稀释能力较强。混合层高度即从地面算起至第一层稳定层底的高度。混合层高度实质上是表征污染物在垂直方向被热力湍流稀释的范围，即低层空气热力与湍流所能达到的高度。混合层高度越高，表明污染物在垂直方向的稀释范围越大，越有利于大气污染物的扩散。

混合层内平均风速可采用 2 种方法计算。①根据最小平均混合层厚度一般在 700 m 以下的特点，计算近地面(为 10 m)08:00 和 20:00 两次风速的平均($\overline{V}_2$)，其值作为平均风速；②先计算近地面 10、300、600 和 900 m 四个层次的平均风速($\overline{V}_4$)，然后再计算 $\overline{V}_4$ 与 $\overline{V}_2$ 的平均，作为当日混合层内的平均风速($\overline{V}$)。然后分别与相对应的混合层厚度相乘，便得到逐日的通风系数。通风系数的计算公式为：

$$VI = MMD \times \overline{V} \tag{4.19}$$

式中：MMD 为最大混合层高度，单位为 m；$\overline{V}$ 为最大混合层高度内的平均风速，单位为 m·s^{-1}。

通风系数是个能反映城市低空大气扩散能力的参数。通过兰州市城区 2008—2012 年冬半年逐月的通风系数(表 4.6)分析，不难看出也是 12 月通风系数最小，1 月次之，3 月最大。这与逆温层月际变化特征完全一致。

表 4.6 兰州市城区 2008—2012 年冬半年各月平均通风系数

	10月	11月	12月	1月	2月	3月
通风系数	1629	1357	928	1058	1471	1856

4.1.5 扩散系数

大气污染物进入大气后，将随大气的扩散而扩散。影响大气污染物扩散的因素很多，其中污染物的理化性质、污染源的排放形式和区域的气象特征等因素的影响较大。

计算污染物浓度的关键是必须精确计算空气扩散系数。由于一个地区低层大气的平均风速与温度的垂直分布在一定程度上反映湍流结构，因此也反映湍流扩散特征。在使用高斯模式计算大气污染物浓度时，需要根据大气稳定度状况，在 Pasquill 扩散曲线上对扩散参数进行取值。采用考虑了平均风速与垂直扩散系数垂直分布的定常平流扩散方程，用其解析解可直接求出垂直扩散参数的表达式。

4.1.5.1 由定常平流扩散方程求解垂直扩散参数

(1)垂直扩散参数

考虑了定常的平流扩散方程为：

$$u\frac{\partial c}{\partial x}=\frac{\partial}{\partial y}k_{n}\frac{\partial c}{\partial y}+\frac{\partial}{\partial z}k_{z}\frac{\partial c}{\partial z}+Q_{s}\delta x\delta y\delta z-z_{s} \tag{4.20}$$

式中：c 为污染物质量浓度(CO：$mg\cdot m^{-3}$；其他污染物：$\mu g\cdot m^{-3}$)；u 为风速($m\cdot s^{-1}$)；k_n 与 k_z 分别为水平与垂直扩散系数；Q_s 为源强；z_s 为源高。取 $u(z)=az^{p}k_{z}=bz^{n}$，$k_{n}=\frac{1}{2}u(z)\frac{\sigma_{y}^{2}}{x}$，$k_{z}=bz^{n}$。上述方程的解为：

$$c(x,y,z)=\frac{Q_{s}}{\sqrt{2\pi}}\exp\left[-\frac{v^{2}}{2\sigma_{y}}\right]\exp\left[-\frac{a(z^{a}+z_{s}^{a})}{ba^{2}x}\right]\frac{(zz_{s})^{\frac{1-n}{2}}}{bax}I_{-v}\left[\frac{za(zz_{s})^{\frac{a}{2}}}{ba^{2}x}\right] \tag{4.21}$$

式中：I_{-v} 为第一类贝赛尔函数；$a=2+p-n$，$v=\frac{1-n}{a}$。由扩散参数的定义：

$$\sigma_{z}^{2}=\overline{(z-\bar{z})^{2}}=\int_{0}^{\infty}(z-\bar{z})^{2}c(x,y,z)\mathrm{d}z\Big/\int_{0}^{\infty}c(x,y,z)\mathrm{d}z \tag{4.22}$$

式中：$\bar{z}=\int_{0}^{\infty}zc(x,y,z)\mathrm{d}z\Big/\int_{0}^{\infty}c(x,y,z)\mathrm{d}z$。

将污染物浓度解代入上式，并令 z_s=(地面源)，则

$$\sigma_{z}=A(a,b,\alpha)x^{1/\alpha} \tag{4.23}$$

式中：$A(a,b,\alpha)=\frac{1}{\Gamma(1/\alpha)}\left(\frac{b\alpha^{2}}{a}\right)^{1/\alpha}[\Gamma(3/\alpha)\Gamma(1/\alpha)-\Gamma(2/\alpha)^{2}]^{1/2}$；$\Gamma(t)$ 为 Gamma(伽马函数)函数。

(2)平坦地形上式(4.23)与 Pasquill(帕斯奎尔)扩散曲线的比较

平坦地形上近地层平均风速随高度的分布，通常被表示成 $u=u_{1}(z/z_{1})^{P}$。指数 P 为稳定度的函数，并且随地面粗糙度略有变化。P 的取值，国内外已有许多研究结果，u_1 为 z_1 高度上的平均风速，u_{1}/z_{1}^{P} 为式(4.23)中的 a。关于 a 很少有文献列出其取值。根据国家环保局监督管理司出版的《环境影响评价培训教材》(国家环保局监督管理司，2006)，要求 u_1 取地面年平均风速，可确定 a。

根据 $k_{z}=0.35u\cdot z/[\Phi(z/L)]$ 的分布，拟合成 $k_{z}=bz^{n}$，该式表示垂直扩散系数的垂直

分布。在平坦地形上，根据风速和温度的梯度分布，可迭代求解，得到 a、P、b、n 的典型取值(表 4.7)。

表 4.7　平坦地形上的 a、P、b、n 典型取值

稳定度级别	a	P	b	n
A	3.83	0.07	0.210	1.440
B	2.55	0.07	0.191	1.350
C	2.45	0.10	0.200	1.260
D	2.37	0.10	0.217	0.920
E	2.15	0.25	0.204	0.695
F	1.68	0.25	0.157	0.491

图 4.2 为利用式(4.23)求得的 σ_z 分布，其中列出的 Pasquill 扩散曲线，最大下风向距离取到 1 km，大于 1 km 的 Pasquill 扩散曲线是外推结果，没有试验基础。分析表明，由式(4.23)计算的 σ_z 与 Pasquill 扩散曲线比较吻合。

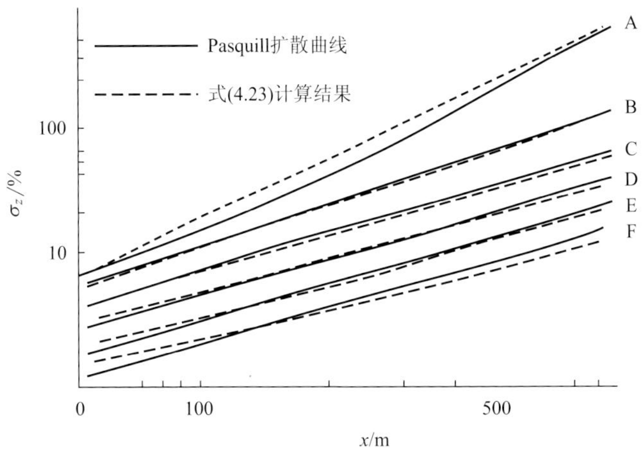

图 4.2　式(4.23)计算结果与 Pasquill 扩散曲线比较

4.1.5.2　垂直扩散参数计算实例

数据来源于国家环保局“兰州市西固区域发展环境评价(1993—1995)”课题的低空探空与地面观测资料，包括 1993 年 8 月 15—30 日、1993 年 12 月 9—25 日两次在兰州市西固区水厂观测场，使用 TS-2A 系留探空仪探测 800 m 以下各层风速、风向与气温数据。地面平均风速、气温、云量与云状，每 3 h 观测一次。

(1) $u(z)=az^P$ 中参数 a、P 的确定

按照风速廓线幂指数分布，对风速资料按不同稳定度进行拟合，稳定度按照 Pasquill 分类方法分类，总样本数为 203 个，计算的参数 a、P 值见表 4.8。为了便于比较，表中同时列举了武汉阳逻(1984)(丁国安等，1982)、美国一般地区和美国阿什维尔市(Draxler，1980)观测的 P 值。

表 4.8　兰州市风廓线参数 a、P 与其他城市或地区的比较

稳定度级别	兰州 a	武汉 P^{*}	兰州 P	武汉 P^{**}	美国一般地区 P	美国阿什维尔市 P
A	0.70	0.14	0.10	0.19	0.26	0.19
B	0.55	0.18	0.16	0.21	0.15	0.21
C	0.40	0.20	0.20	0.23	0.32	0.23
D	0.32	0.26	0.25	0.30	0.25	0.30
E	0.28	0.32	0.30	0.36	0.24	0.36
F	0.10	0.40	0.36	0.41	0.35	0.46

注：* 表示 $u<2.0\ m\cdot s^{-1}$；** 表示 u 在 $2.0\sim5.0\ m\cdot s^{-1}$。

一般认为层结不稳定时，P 值小；层结稳定时，P 值大；地面粗糙度大时，P 值大。由武汉阳逻观测结果可以看出，风速大时，P 值小。

西固地处兰州河谷盆地西端，观测场距周围山脉的距离为 5～8 km，周围山脉的高度为 200～400 m。市区建筑物林立，观测场附近只有矮小建筑物，高度小于 10 m。夏季平均风速较大，在试验期间地面最大风速为 $1.5\ m\cdot s^{-1}$，一般为 $0.5\sim1.0\ m\cdot s^{-1}$，近地层上部最大风速为 $2.5\ m\cdot s^{-1}$。冬季风速弱，出现静风频数高，平均地面风速小于 $0.5\ m\cdot s^{-1}$，近地层上部最大风速为 $2.0\ m\cdot s^{-1}$。表 4.8 的兰州 P 值为 2 次观测的平均值，可看出兰州 P 值比 Roland 的值小，比美国一般地区部分等级的值略高，比武汉阳逻小风下的值低。

(2)垂直扩散系数 $k_z(z)=bz^n$ 中参数 b、n 的确定

按近地层相似理论，垂直扩散系数 $k_z=0.35u_*\cdot z/[\Phi(z/L)]$，$u_*$ 为摩擦速度，L 为 Monin-Obuhov(莫宁-奥布霍夫)长度，可由风速与温度梯度来表示。在水平均匀、平稳的近地层中，$\Phi(z/L)$的函数形式，由 Businger-Dyer(布辛格-戴尔)公式给出。对于兰州市河谷盆地的情况，在靠近地面的近地层，其湍流结构与平坦地形的典型结果基本一致。利用 Businger-Dyer 公式，通过迭代求解的 b、n 参数见表 4.9。

表 4.9　兰州市垂直扩散系数的参数 b 和 n

稳定度级别	b	n
A	0.21	1.380
B	0.20	1.360
C	0.19	1.290
D	0.16	0.890
E	0.20	0.150
F	0.30	0.145

图 4.3 为利用兰州市西固区资料，根据式(4.23)计算的 σ_z 与 Pasquill 扩散曲线 σ_z 分布。可看出式(4.23)计算的 σ_z 一般比 Pasquill 的 σ_z 值大，平均高出 0.5 倍；只有 F 级超过 1 km 时，计算值小于 0.5 倍；稳定条件下(E 级)计算值相对高出 0.7～1.0 倍，中性(D 级)和近中性条件下(C 级)相对高出 0～0.4 倍；不稳定条件下，相对高出 0～0.6 倍。

稳定条件下，湍流扩散主要是机械湍流的作用，而兰州市西固区地面粗糙度大，有利于垂直方向的扩散。不稳定条件下，热力湍流的作用大，这时地形对扩散的作用相对较小。在强稳定条件下(F 级)出现 Pasquill 的 σ_z 值超过式(4.23)计算值。这可能是因为强稳定条件下，平

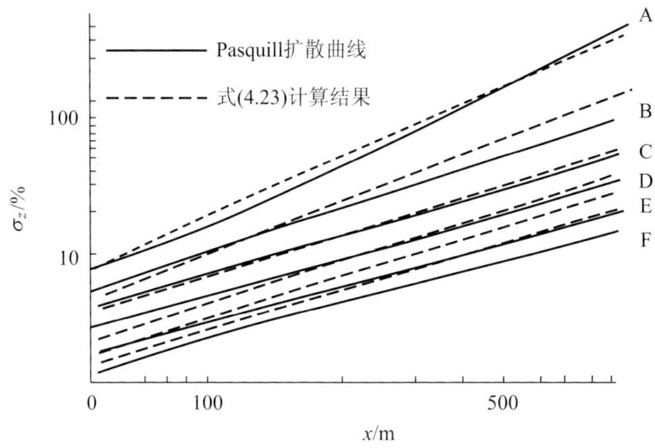

图 4.3 由式(4.23)计算的兰州市垂直扩散参数与 Pasquill 扩散曲线比较(复杂地形)

均风速小,在对风速廓线和垂直扩散系数拟合时,离散度大、误差大的原因所致。

4.1.6 稳定能量

从理论上讲,影响空气污染物浓度的因素主要有污染源排放、污染物的物理变化与化学变化、平流输送和湍流扩散。后两个因素主要取决于边界层的风和稳定度,而边界层的风和稳定度又是相互影响的。

在盆地特殊的地形条件下,低层风一般比较小(尤其是冬季),空气污染也比较严重。造成风小的原因,除了盆地地形条件、天气气候等因素外,还与低层大气层结过于稳定,使上层动量下传受阻有关。因此,稳定的大气层结,既不利于湍流扩散又不利于平流输送,是引起空气重污染的关键因素之一。而层结稳定度与近地面层的逆温状况有很大关系。在以往研究和业务工作中,多采用里查森数来描述低层大气的稳定度,即采用逆温层厚度和逆温强度来描述近地面层的逆温状况。

尚可政等(2001)分析了 1988—1992 年兰州市城区空气污染日平均浓度与上述参数的相关系数,其结果不甚理想。原因是上述参数没有较好地反映低层大气层结的稳定度。因此,他们从能量学的观点出发,提出了描述地面至特定高度大气层结稳定度的新参数——稳定能量。通过实际应用,该方法物理意义明确,使用效果良好。

4.1.6.1 稳定能量的定义

从 H 高度以下至地面单位面积气柱内的显热能为:

$$E = -\int_0^H \rho c_p T \mathrm{d}z \tag{4.24}$$

利用静力学关系 $\partial p/\partial z = -\rho g$,上式转换为:

$$E = -\int_{p_0}^{p_H} \frac{c_p}{g} T \mathrm{d}p = \frac{c_p}{g}\int_{p_H}^{p_0} T \mathrm{d}p \tag{4.25}$$

假想一种层结状态,层结温度 T_G 由地面至高度 H 按干绝热递减率变化,在 H 高度上,T_G 与实际层结温度相等。在 T_G 层结状态下,H 高度以下至地面单位面积气柱内的显热能为:

$$E_G = \frac{c_p}{g}\int_{p_H}^{p_0} T_G \mathrm{d}p \tag{4.26}$$

由图 4.4 可见,两种层结状态下的显热能 E_G 与 E 的差,等于阴影区的面积。在 T_G 层结状态下,H 高度以下任意一层的空气微团可以自由对流至 H 高度以上。在 T 层结状态下,H 高度以下的空气微团必须依靠外界加热或强迫抬升,才能到达 H 高度以上。因此,定义阴影面积的大小为 H 高度以下至地面的稳定能量,即:

$$E_W = E_G - E = \frac{c_p}{g}\int_{p_H}^{p_0} (T_G - T)\mathrm{d}p \tag{4.27}$$

式中:p 为气压(hPa);T_G 和 T 分别为气块温度和环境温度(K);$c_p = 1004\ \mathrm{J \cdot K^{-1} \cdot kg^{-1}}$;$g = 9.8\ \mathrm{m \cdot s^{-2}}$;$E_W$ 为稳定能量($\mathrm{J \cdot cm^{-2}}$),则式(4.27)简化为:

$$E_W = 1.0245\int_{p_H}^{p_0} (T_G - T)\mathrm{d}p \tag{4.28}$$

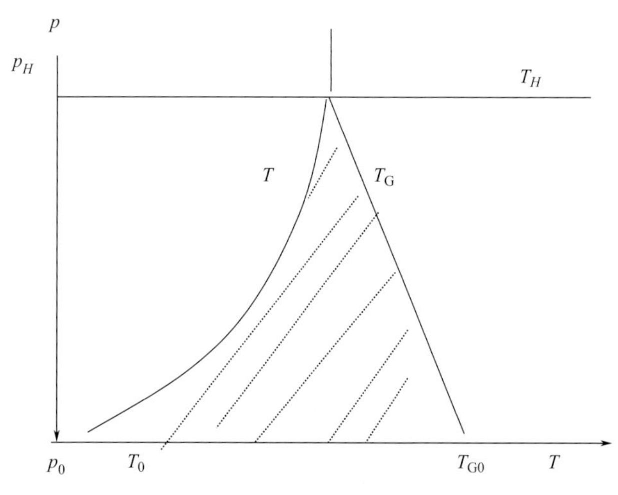

图 4.4 稳定能量计算示意图

显然,阴影区的面积大小,即 H 高度以下至地面层结稳定能量的大小,就是 H 高度以下任意一层的空气微团都能到达 H 高度以上所需的最小外界加热或强迫能量。因此,用稳定能量来衡量低层大气层结的稳定度,其物理意义是明确的。一般情况下,温度层结的日变化,地面最大,然后随高度的增加而减小。稳定能量的日变化主要取决于地面气温日变化。

清晨,地面气温最低时,稳定能量最大。随着日出后太阳高度角的增大,地面加热逐渐加强,H 高度以下至地面气层因吸收热量而增温,单位面积气柱内的显热能 E 也逐渐增加。但 H 高度上的气温变化较小,因此,E_G 变化不大,因而 $E - E_G$ 减小,即稳定能量减小。到达午后,地面气温最高时,稳定能量最小。傍晚以后,随着地面气温的下降,稳定能量逐渐增大,至清晨又达到最大。这与兰州城区空气污染浓度早上出现峰值、午后出现谷值的变化规律一致。

4.1.6.2 稳定能量的计算

实际计算中,需要将式(4.28)化为差分格式。

第一步：由探空资料求出特定高度 H 上的气压 p_H、气温 T_H，找出 H 高度以下的特性层，假定有 $N-1$ 层，并将 H 高度看作第 N 个特性层，地面看作第 0 个特性层。

第二步：应用压高公式逐层计算出各特性层的高度 $H_i(i=1,2,\cdots,N-1)$，再由

$$T_{Gi}=T_H+\gamma_d(H-H_i) \quad (i=0,1,2,\cdots,N) \tag{4.29}$$

计算出各特性层对应的 T_G。式中 γ_d 为干绝热递减率。令

$$\Delta T_i=T_{Gi}-T_i \quad (i=0,1,2,\cdots,N) \tag{4.30}$$

第三步：应用式(4.28)的差分格式计算 H 高度至地面的稳定能量：

$$E_W=1.0245\sum_{i=1}^{N}\Delta p_i\overline{\Delta T_i}=1.0245\times\sum_{i=1}^{N}(p_{i-1}-p_i)\times\frac{1}{2}(\Delta T_i+\Delta T_{i-1}) \tag{4.31}$$

4.2 污染气象参数的变化特征

4.2.1 最大混合层厚度

采用 2008—2012 年兰州市气象站逐日 08:00 的探空资料和日地面最高气温资料，应用逐步逼近法，计算了兰州市城区月平均最大混合层厚度(高度)(图 4.5)。

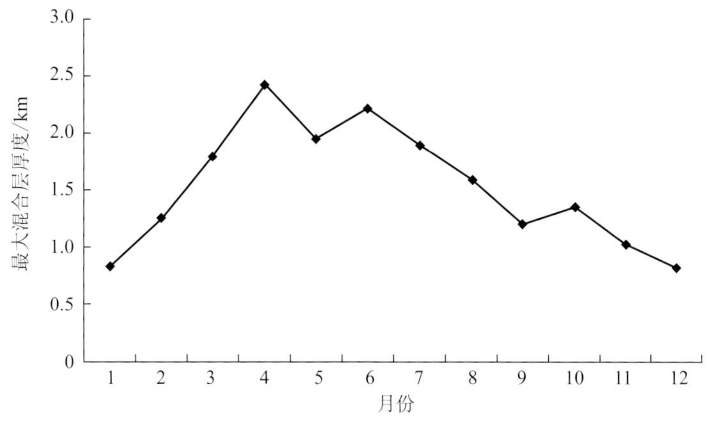

图 4.5 兰州市城区月平均最大混合层厚度的年内各月变化

(1)月平均最大混合层厚度的年变化特征

兰州城区 5 a 各月平均最大混合层厚度的年变化特征呈单周期变化型(图 4.5)，即 12 月最低(828 m)，4 月最高(2435 m)；其他月份由低到高依次为：1 月(843 m)、11 月(1033 m)、9 月(1207 m)、2 月(1268 m)、10 月(1365 m)、8 月(1590 m)、3 月(1802 m)、7 月(1905 m)、5 月(1952 m)和 6 月(2227 m)。

从年变化趋势来看，用逐步逼近法计算比采用逐日气象资料所得的结果更为合理。最大混合层厚度最大值出现月份是 4 月的有 3 a，5 月和 6 月各有 1 a。这说明在春、夏季之交的几个月里都有可能出现最大值。最大混合层厚度的最小值均出现在每年 12 月，这可能是造成兰州市 12 月空气污染最严重的主要原因之一。

(2)各月不同混合层厚度出现频率

为分析兰州市区各月不同最大混合层厚度的出现频率，共分三个不同厚度层次，统计 5 a

最大混合层厚度(表 4.10)。结合图 4.5 可看出,冬季 11 月、12 月和 1 月最大混合层厚度均低于 2000 m,主要出现在 1000 m 以下,且 12 月 1000 m 以下占 75.6%(对应三种污染物浓度也最高),11 月和 1 月次之;7 月最大混合层厚度主要在 1000 m 以上(占 82.7%),月污染浓度也最低。春、秋季节最大混合层厚度大部分在 1000～2000 m,但小于 1000 m 和大于 2000 m 的天数也占一定比例,这反映了春、秋过渡季节边界层大气稳定性变化最大的特点。

表 4.10　兰州市城区各月不同最大混合层厚度出现的百分率(%)

最大混合层厚度范围	1月	2月	3月	4月	5月	6月	7月	8月	9月	10月	11月	12月
<1000 m	70.2	32.6	21.1	8.3	20.0	14.5	17.3	21.3	40.5	31.4	47.9	75.6
1000～2000 m	29.8	58.1	40.7	29.3	31.3	24.8	40.4	50.6	43.8	50.0	52.1	24.4
>2000 m	0	9.3	38.2	62.4	48.7	60.7	42.3	28.1	15.7	18.6	0	0

4.2.2 低空稳定能量

利用兰州气象站逐日 08:00 的探空资料,计算了 300～1000 m 每隔 50 m 共 15 层的稳定能量与空气污染物 SO_2、CO 和 NO_x 质量浓度的月平均状况(表 4.11)。

表 4.11　1988—1992 年兰州市城区月平均 SO_2、NO_x、CO 质量浓度及低空稳定能量统计结果

	1月	2月	3月	4月	5月	6月	7月	8月	9月	10月	11月	12月
SO_2	0.140	0.077	0.040	0.025	0.023	0.024	0.016	0.021	0.025	0.028	0.080	0.166
CO	4.50	2.59	1.48	1.01	0.87	0.78	0.61	0.96	1.28	1.87	4.18	6.47
NO_x	0.106	0.056	0.052	0.037	0.035	0.043	0.038	0.030	0.040	0.046	0.077	0.123
E_{W300}	51.6	36.2	26.8	31.3	28.1	26.7	25.6	29.6	36.4	33.8	46.6	57.2
E_{W350}	70.0	49.0	36.4	41.3	38.6	37.5	35.7	40.4	48.2	46.0	63.3	77.4
E_{W400}	91.0	63.6	47.5	52.5	50.8	49.9	47.3	52.8	61.6	59.8	82.3	100.8
E_{W450}	114.7	79.9	59.9	64.6	64.0	63.3	59.9	66.9	76.7	75.6	103.7	127.2
E_{W500}	141.0	97.9	73.8	78.1	78.2	78.3	73.7	82.6	92.5	93.0	127.0	156.2
E_{W550}	170.0	117.2	88.9	92.5	93.4	94.5	88.4	98.8	109.1	112.1	152.2	188.4
E_{W600}	201.4	137.8	105.4	108.4	109.6	111.4	104.5	116.0	126.6	133.0	179.3	223.3
E_{W650}	235.2	159.6	123.5	126.0	127.1	129.6	121.2	134.1	145.5	154.7	208.1	260.5
E_{W700}	271.0	182.2	142.8	144.5	145.3	148.0	138.8	153.2	165.8	177.5	238.4	300.1
E_{W750}	309.1	206.3	163.7	163.7	164.0	167.8	157.5	172.9	187.2	201.8	271.0	340.7
E_{W800}	349.0	232.4	185.5	183.3	183.2	188.7	177.4	193.9	209.5	227.3	305.4	382.7
E_{W850}	391.2	260.5	208.7	203.3	206.7	209.8	198.7	216.7	232.4	254.1	340.8	426.6
E_{W900}	434.9	289.7	233.1	224.9	234.5	232.0	221.1	240.7	257.0	282.1	377.9	471.5
E_{W950}	481.3	321.5	258.4	247.6	263.5	254.9	244.9	266.0	281.4	310.2	415.4	518.5
E_{W1000}	530.2	355.4	285.1	271.0	294.0	278.0	269.9	291.6	306.3	338.4	454.5	566.6

注:SO_2、NO_x 和 CO 质量浓度的单位是 $mg \cdot m^{-3}$,稳定能量的单位是 $J \cdot cm^{-2}$;E_{W300}～E_{W1000} 为距地 300～1000 m 层次上的稳定能量值。

由表 4.11 可见，兰州市城区三种主要空气污染物 SO_2、CO、NO_x 质量浓度在 7 月最低，以后每月逐渐增大，到 12 月达到最高，1 月以后每月逐渐下降。各层稳定能量也是 7 月最小，以后每月逐渐增加，到 12 月达到最大，1 月以后每月逐渐减小；750 m 以下 3 月出现谷值，800～1000 m 4 月出现谷值，以后略有增大，到 7 月又达到最小。分析表明，该结论与 SO_2、CO、NO_x 质量浓度的年变化规律大体一致，说明低层大气的稳定能量与空气污染物质量浓度之间存在着较好的对应关系。

4.3 污染气象参数对空气质量的影响

4.3.1 逆温层厚度与混合层厚度

实践证明，除天气气候大尺度背景外，影响空气污染物稀释扩散的环境气象参数也很多，主要有大气边界层高度、风和湍流、气温与大气稳定度、地形和下垫面非均匀性等。而逆温是制约混合层发展的最重要的因素之一，两者有非常密切的关系。分析兰州市城区 2008－2012 年冬半年各月逆温层厚度和混合层厚度（表 4.12）可知，12 月的平均逆温层厚度最大，而平均混合层厚度最小，相应的 NO_2 和 PM_{10} 污染物质量浓度均最高；3 月和 10 月平均逆温层厚度较小，而平均混合层厚度较大，对应的 SO_2、NO_2 和 PM_{10} 质量浓度也出现最低值。

表 4.12 兰州市城区冬半年各月平均逆温层厚度、混合层厚度及污染物质量浓度值

	10 月	11 月	12 月	1 月	2 月	3 月
逆温层厚度/m	338.7	493.6	783.0	752.6	392.1	283.1
混合层厚度/m	1365	1033	828	843	1268	1802
SO_2 质量浓度/($mg \cdot m^{-3}$)	0.044	0.091	0.107	0.116	0.084	0.060
NO_2 质量浓度/($mg \cdot m^{-3}$)	0.051	0.062	0.064	0.057	0.052	0.045
PM_{10} 质量浓度/($mg \cdot m^{-3}$)	0.121	0.062	0.223	0.171	0.162	0.178

进一步分析发现，逆温层厚度与 SO_2、NO_2 和 PM_{10} 质量浓度之间均呈显著正相关（表 4.13）。另有研究也显示，月平均逆温层厚度与混合层厚度呈显著负相关，这表明逆温层可抑制混合层的发展，从而影响大气的稀释扩散能力，这就是逆温层厚度增加会使大气污染物质量浓度升高的原因。

表 4.13 兰州市城区冬半年逆温层厚度与污染物质量浓度的相关系数

污染物	SO_2	NO_2	PM_{10}
相关系数	0.400**	0.359**	0.293**

注：** 通过 α=0.01 的显著性水平检验。

兰州市城区冬半年 12 月逆温频率最高（96.6%），平均逆温层厚度最大（783 m），平均逆温强度也最大（6.1 ℃・km^{-1}）；3 月频率最低（70.7%），平均逆温强度也最小，逆温层厚度最小（283.1 m）。分析表明，不论是逐日值还是月平均值，逆温层厚度与 3 种污染物质量浓度之间均呈显著正相关。因此，逆温层厚度可作为城市空气污染预报预警和应急保障的重要指标之一。

裴婷婷等（2014）研究认为 2007—2011 年武汉市各气象因子与 PM_{10}、SO_2 和 NO_2 的灰色关联度排序为：PM_{10} 排序依次为降雨量、相对湿度、平均风速、平均气压、平均温度；SO_2 排序依次为降雨量、平均风速、相对湿度、平均温度、平均气压；NO_2 排序依次为降雨量、相对湿度、平均风速、平均温度、平均气压。这表明降水量与大气污染物浓度分布呈非线性负相关，降水量大，污染物浓度就小，反之污染物浓度大；相对湿度和风速次之；气压和温度影响最小。

4.3.2 混合层厚度及通风系数

通过对1988—1992年兰州市城区6个自动监测子站SO_2、CO和NO_x浓度（用体积分数表示）资料的统计分析，得到兰州城区冬半年各月SO_2、CO和NO_x浓度平均值的变化曲线（图4.6）。不难看出，3种污染物浓度都是12月最高，这与混合层厚度（高度）、通风系数12月最小的结果正好相反。它们之间月平均值的相关系数如表4.14所示。

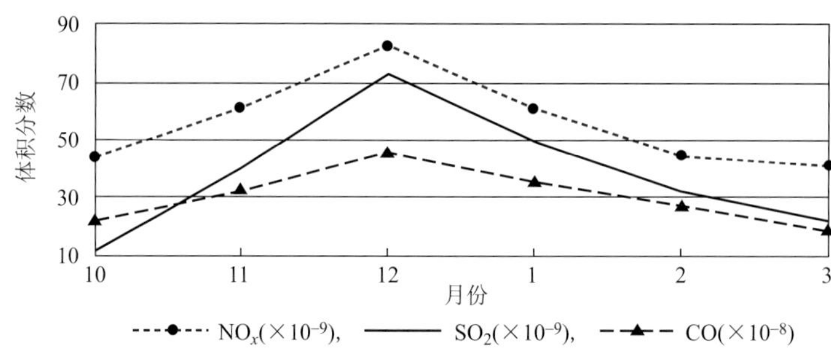

图4.6 兰州城区冬半年各月污染物平均体积分数

表4.14 混合层厚度、通风系数与污染物体积分数的相关系数

	SO_2	CO	NO_x
混合层厚度	−0.9180	−0.9608	−0.8830
通风系数	−0.9103	−0.9720	−0.8993

从表4.14的统计结果可看到，不论是混合层厚度，还是通风系数，均与SO_2、CO和NO_x 3种污染物浓度呈显著负相关，并且与CO浓度的相关性最好，与SO_2浓度的相关性次之。若用兰州市城区冬半年逐日的混合层厚度、通风系数与相应日期的污染物浓度，按月份做统计，结果见表4.15。

表4.15 冬半年各月混合层厚度、通风系数与污染物体积分数的相关系数

月份	混合层厚度			通风系数		
	SO_2	CO	NO_x	SO_2	CO	NO_x
10	0.1688	0.2231	0.2166	0.0725	0.1417	−0.0495
11	−0.1554	0.0727	0.0160	−0.2320	−0.2599	−0.2130
12	−0.0090	−0.1240	−0.2479*	−0.0458	−0.0567	−0.0030
1	−0.3268*	−0.5940**	−0.3530*	−0.2300	−0.4290	−0.1480
2	−0.3170**	−0.3759**	−0.4780**	−0.1485	−0.1900	−0.1270
3	0.3619**	0.2684	0.3866**	0.2066	0.1100	0.0860

注：* 通过 $\alpha=0.05$ 的显著性水平检验；** 通过 $\alpha=0.01$ 的显著性水平检验。

由表 4.15 统计结果可见，混合层厚度与污染物的相关性优于通风系数与污染物的相关性，并且冬、春季节(12 月、1 月、2 月、3 月)优于秋末季节(10 月和 11 月)。但总体而言，混合层厚度和通风系数与污染物浓度均有较好的负相关，说明它们是影响兰州冬季空气污染的重要气象参数之一。当兰州市处于地面冷锋前时，混合层厚度最低，通风系数最小，因此污染最重；当局地小高压控制兰州地区时，其污染程度次之；冷锋过后地面强冷高压前部控制兰州地区时，混合层厚度最高，城市空气污染最轻。

4.3.3 低空稳定能量

利用兰州市城区主要空气污染物 SO_2 日平均质量浓度与低空气象参数(08:00 的逆温层厚度、逆温强度和里查森数、日最大混合层厚度、通风系数)、08:00 低空风(300～3500 m 7 层)以及稳定能量(300～1000 m 15 层)求相关(表 4.16)。其中表 4.16 中最后一列是 SO_2 月平均质量浓度与上述气象因子月平均值之间的相关系数。分析表明，与 SO_2 质量浓度相关性通过 $\alpha=0.01$ 显著性水平检验的气象因子是：

(1)混合层厚度(H_C)为 6 月、7 月和 9 月，共 3 个月；

(2)通风系数 T_F、T_Q 为 0 个月；

(3)逆温层厚度 H_N 为 2 月、3 月、4 月、10 月、12 月，共 5 个月；

(4)逆温强度 N_Q 为 1 月、2 月、10 月、11 月、12 月，共 5 个月；

(5)0～300 m 里查森数为 1 月、2 月、4 月、5 月、8 月、11 月，共 6 个月；

(6)0～600 m 里查森数为 2 月、5 月、8 月、11 月，共 4 个月；

(7)0～900 m 里查森数为 10 月、11 月，共 2 个月；

表 4.16 兰州市城区 SO_2 质量浓度与气象因子之间的相关系数

	1月	2月	3月	4月	5月	6月	7月	8月	9月	10月	11月	12月	全年平均
样本数	105	74	87	103	90	72	49	55	70	71	112	101	12
R_c	0.254	0.299	0.277	0.256	0.273	0.303	0.366	0.345	0.307	0.305	0.246	0.258	0.708
H_C	−0.226	−0.170	−0.025	0.191	0.149	0.349	0.366	0.263	0.310	−0.087	−0.072	−0.175	−0.826
T_Q	−0.171	−0.126	−0.123	0.140	−0.075	0.191	0.331	0.090	0.152	−0.121	−0.185	−0.153	−0.698
T_F	−0.174	−0.125	−0.130	0.145	−0.061	0.197	0.328	0.088	0.150	−0.121	−0.188	−0.159	−0.704
H_N	0.139	0.340	0.305	0.460	0.162	0.136	0.092	0.262	0.069	0.342	0.213	0.272	0.976
N_Q	0.464	0.571	0.272	0.222	−0.015	−0.026	−0.049	0.120	0.094	0.339	0.453	0.464	0.770
Ri_{300}	0.282	0.450	0.092	0.358	0.395	0.218	0.140	0.503	0.146	0.261	0.315	0.255	0.928
Ri_{600}	0.102	0.418	0.101	0.156	0.409	0.107	0.236	0.594	0.046	0.222	0.274	0.117	0.959
Ri_{900}	0.029	0.106	0.086	0.088	0.239	0.075	0.271	0.191	0.112	0.314	0.315	0.183	0.729
V_{300}	−0.092	−0.013	0.008	−0.311	−0.150	−0.083	0.062	−0.234	−0.276	0.033	−0.136	−0.114	−0.775
V_{500}	−0.044	−0.055	0.054	−0.234	−0.217	−0.028	0.018	−0.186	−0.232	−0.028	−0.132	−0.007	−0.664
V_{600}	0.028	−0.055	0.054	−0.186	−0.231	−0.062	−0.021	−0.258	−0.255	−0.028	−0.066	0.097	−0.601
V_{900}	0.170	0.009	−0.022	−0.033	−0.225	−0.125	−0.145	−0.077	−0.221	−0.104	−0.087	0.133	0.104

续表

	1月	2月	3月	4月	5月	6月	7月	8月	9月	10月	11月	12月	全年平均
V_{1500}	0.060	0.005	−0.035	0.092	−0.307	−0.119	−0.246	−0.135	−0.177	−0.098	0.010	0.349	0.783
V_{2500}	−0.091	0.009	−0.022	0.030	−0.226	−0.123	0.064	−0.016	0.063	−0.104	−0.064	−0.028	0.008
V_{3500}	−0.160	0.009	−0.022	−0.005	−0.306	−0.105	0.043	−0.025	−0.016	−0.104	−0.158	−0.001	0.061
E_{W300}	0.455	0.659	0.332	0.365	0.364	0.402	0.080	0.567	0.248	0.470	0.571	0.498	0.931
E_{W350}	0.457	0.664	0.335	0.380	0.387	0.404	0.104	0.570	0.279	0.476	0.568	0.502	0.938
E_{W400}	0.465	0.666	0.331	0.401	0.406	0.393	0.115	0.574	0.302	0.479	0.570	0.507	0.942
E_{W450}	0.471	0.671	0.332	0.417	0.422	0.379	0.123	0.581	0.323	0.477	0.576	0.510	0.944
E_{W500}	0.472	0.676	0.335	0.434	0.423	0.360	0.138	0.582	0.333	0.475	0.578	0.510	0.947
E_{W550}	0.477	0.681	0.340	0.443	0.422	0.343	0.146	0.598	0.330	0.471	0.576	0.525	0.949
E_{W600}	0.484	0.684	0.342	0.446	0.424	0.333	0.151	0.596	0.330	0.469	0.572	0.541	0.952
E_{W650}	0.487	0.686	0.345	0.454	0.421	0.320	0.151	0.597	0.325	0.484	0.567	0.554	0.954
E_{W700}	0.488	0.683	0.350	0.469	0.428	0.318	0.151	0.597	0.319	0.492	0.555	0.568	0.956
E_{W750}	0.477	0.677	0.354	0.485	0.430	0.317	0.146	0.597	0.311	0.493	0.542	0.591	0.957
E_{W800}	0.462	0.661	0.359	0.495	0.433	0.344	0.131	0.597	0.299	0.495	0.529	0.616	0.958
E_{W850}	0.452	0.645	0.362	0.499	0.353	0.367	0.111	0.592	0.278	0.493	0.520	0.621	0.959
E_{W900}	0.445	0.631	0.363	0.500	0.178	0.383	0.089	0.588	0.258	0.487	0.508	0.620	0.960
E_{W950}	0.428	0.624	0.363	0.503	0.099	0.389	0.069	0.576	0.218	0.485	0.494	0.617	0.962
E_{W1000}	0.410	0.613	0.385	0.497	0.060	0.381	0.055	0.582	0.158	0.479	0.480	0.612	0.964

注:R_c 为 $\alpha=0.01$ 水平临界相关系数;H_C 为混合层厚度;T_F、T_Q 为通风系数;H_N、N_Q 分别为逆温层厚度、逆温强度;$Ri_{300}\sim Ri_{900}$ 分别为 300、600、900 m 的里查森数;$V_{300}\sim V_{3500}$ 分别为低空 300～3500 m 的风速;$E_{W300}\sim E_{W1000}$ 分别为距地 300～1000 m 层次上的稳定能量。

(8)300～3500 m 低空风中仅有 2 个层次为 5 月,仅 1 个月;而 300～1000 m 的稳定能量,除 7 月、5 月和 9 月的少数层次外,其余都通过了 $\alpha=0.01$ 的显著性水平检验,而且相关系数远大于其他因子。

SO_2 月平均质量浓度与上述气象因子月平均值之间的相关性,除通风系数和 500 m 以上低空风外,其余因子均通过了 $\alpha=0.01$ 的显著性水平检验。其中,SO_2 月平均质量浓度与 2 月稳定能量($E_{W300\sim1000}$)、年平均的相关系数最好(相关系数分别为 0.613～0.686、0.931～0.964);其次为 8 月(相关系数为 0.567～0.597)。由此可见,稳定能量也是城市空气污染预报预警和应急保障的重要指标之一。

4.4 中国典型城市大气重污染风险温度阈值及其物理内涵

4.4.1 气温与大气污染物的关系

多年来,国内外诸多空气污染气象科研人员孜孜不倦地致力于空气污染的气象成因研究

(Schichtel et al.,2001;王耀庭等,2012),取得了一定的研究成果,发现气温、气压、湿度、降水、风向风速等气象要素都与大气污染存在着密切的关系,其中气温的变化尤为重要,因为其变化所反映的是冷暖气团的活动情况。从年内不同季节气温与大气污染物浓度之间的关系来看,夏季气温整体较高,大气扩散能力强,空气质量相对较好;而冬季气温整体偏低,大气扩散能力明显降低,空气质量通常较差,甚至出现大气重污染事件,总体看起来二者呈明显的负相关。然而就冬季(或冬半年)而言,却往往是温度偏高(暖气团控制时)时段内大气污染重,而温度偏低(冷气团控制时)时段内大气污染较轻,二者又呈正相关,由此就造成了全年一笼统来统计分析气温与大气污染物浓度之间的关系时,二者的相关性往往较差(张莹,2016)。因此,找出其发生转折的温度阈值便成为一个非常重要的空气污染气象学问题,它既为合理分段进行统计分析提供科学依据,又为深入研究温度变化与大气边界层结构特征之间的关系确定着眼点,同时也为大气污染潜势预报及其科学防控寻找一个新的重要判据。对我国120个API监测站点和368个AQI监测站点(图4.7)的大气主要污染物与气温的关系进行研究。由于测站建站时间存在差异,因此,不同污染物、气象资料和探空资料站点的监测起止时间不同,具体如表4.17所示。

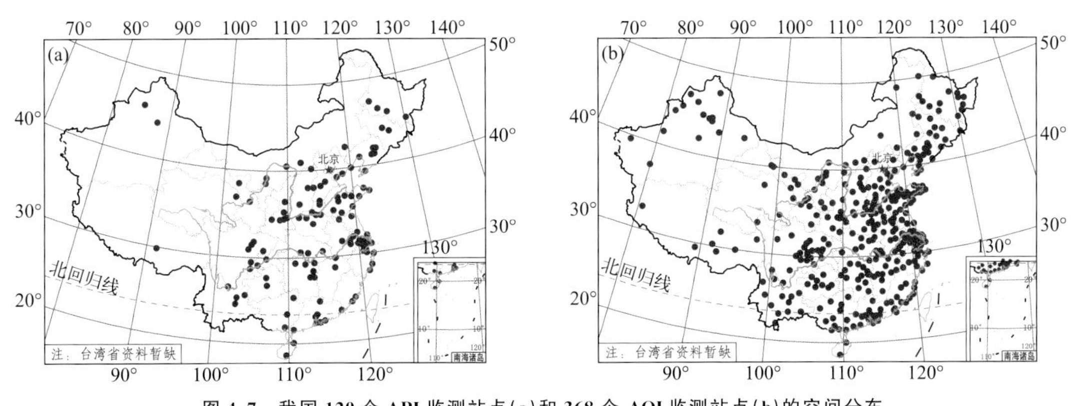

图4.7 我国120个API监测站点(a)和368个AQI监测站点(b)的空间分布

表4.17 API、AQI监测站点的监测起止时间

	站点总数/个	起始时间	结束时间
API	42	2000-06-05	2013-01-14
	42	2004-06-05	2013-01-14
	36	2011-02-11	2013-08-27
AQI	69	2013-03-28	2016-12-31
	31	2013-09-30	2016-12-31
	81	2014-01-01	2016-12-31
	187	2015-01-01	2016-12-31
地面气象站点	368	2000-06-05	2016-12-31
探空站点	120	2000-06-05	2016-12-31

在剔除由沙尘暴外来源所导致的重污染事件后，分别计算每摄氏度气温区间内对应的污染指数及污染物浓度均值，并拟合日均气温与 API、AQI 和 5 种污染物之间的非线性关系曲线，找出使得污染指数和污染物平均浓度达到最大时的温度阈值（此处以兰州为例）。由图 4.8 可见，兰州市气温与大气污染物浓度之间的关系均近似呈倒“V”形分布，均存在一个使得污染指数和污染物浓度达到最大的温度阈值。以 PM_{10} 为例，PM_{10} 浓度达到最大时所对应的温度阈值为－3.4 ℃，即当气温接近或达到该阈值时，当地出现 PM_{10} 重污染的概率最大。以－3.4 ℃为界，随着气温的升高或降低，PM_{10} 浓度整体均呈下降趋势。经进一步计算，兰州市 API、PM_{10}、SO_2、NO_2、AQI、$PM_{2.5}$ 和 CO 高值对应的温度阈值依次为－3.4 ℃、－3.4 ℃、－3.3 ℃、－3.8 ℃、－3.4 ℃、－3.4 ℃和－4.0 ℃，可知 API、AQI 和 5 种污染物浓度高值对应的温度阈值均较接近，因此，定义－3.4 ℃（取 2 种污染指数和 5 种污染物浓度各自对应温度阈值的均值）作为兰州市大气重污染风险温度阈值，即在其附近发生重污染事件的风险最大（Zhang et al.，2019）。

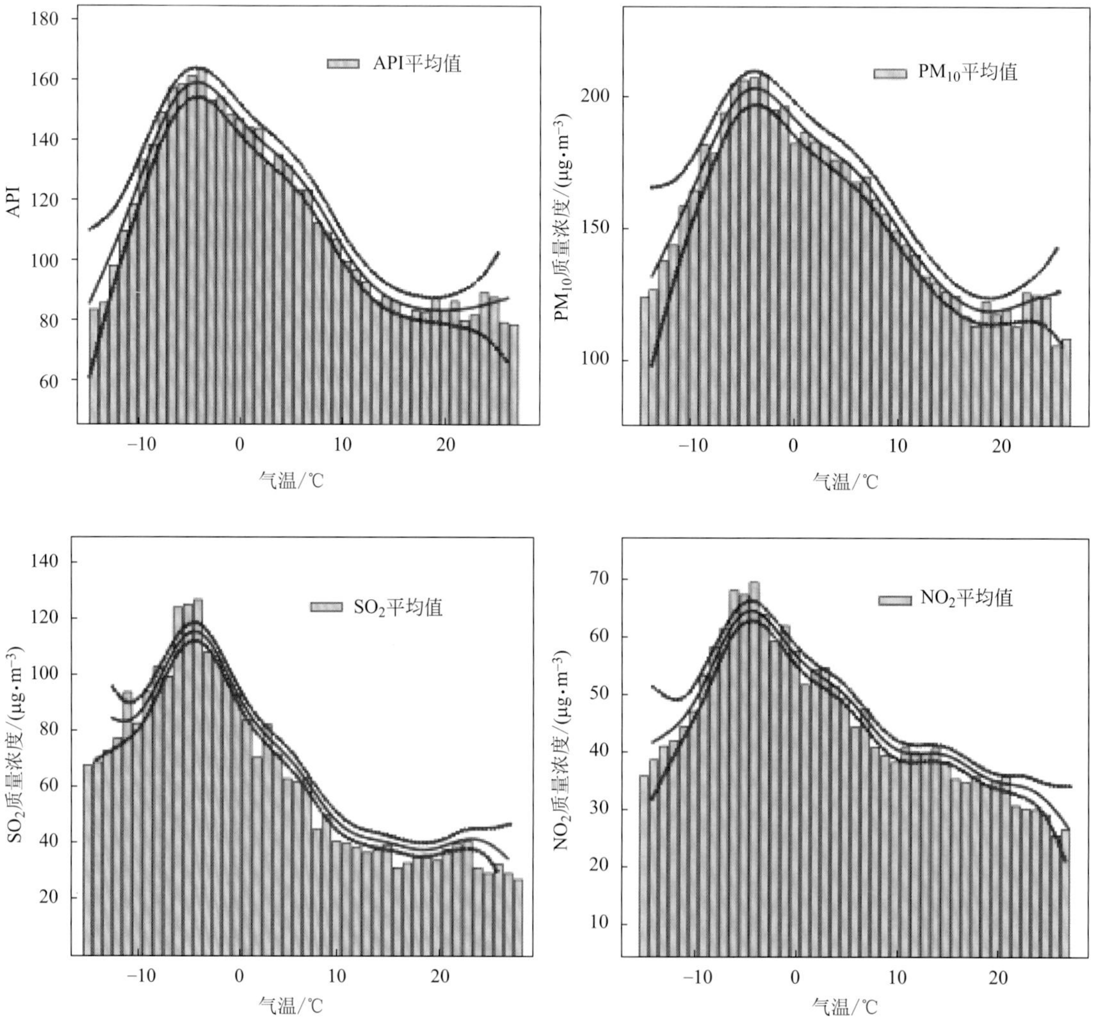

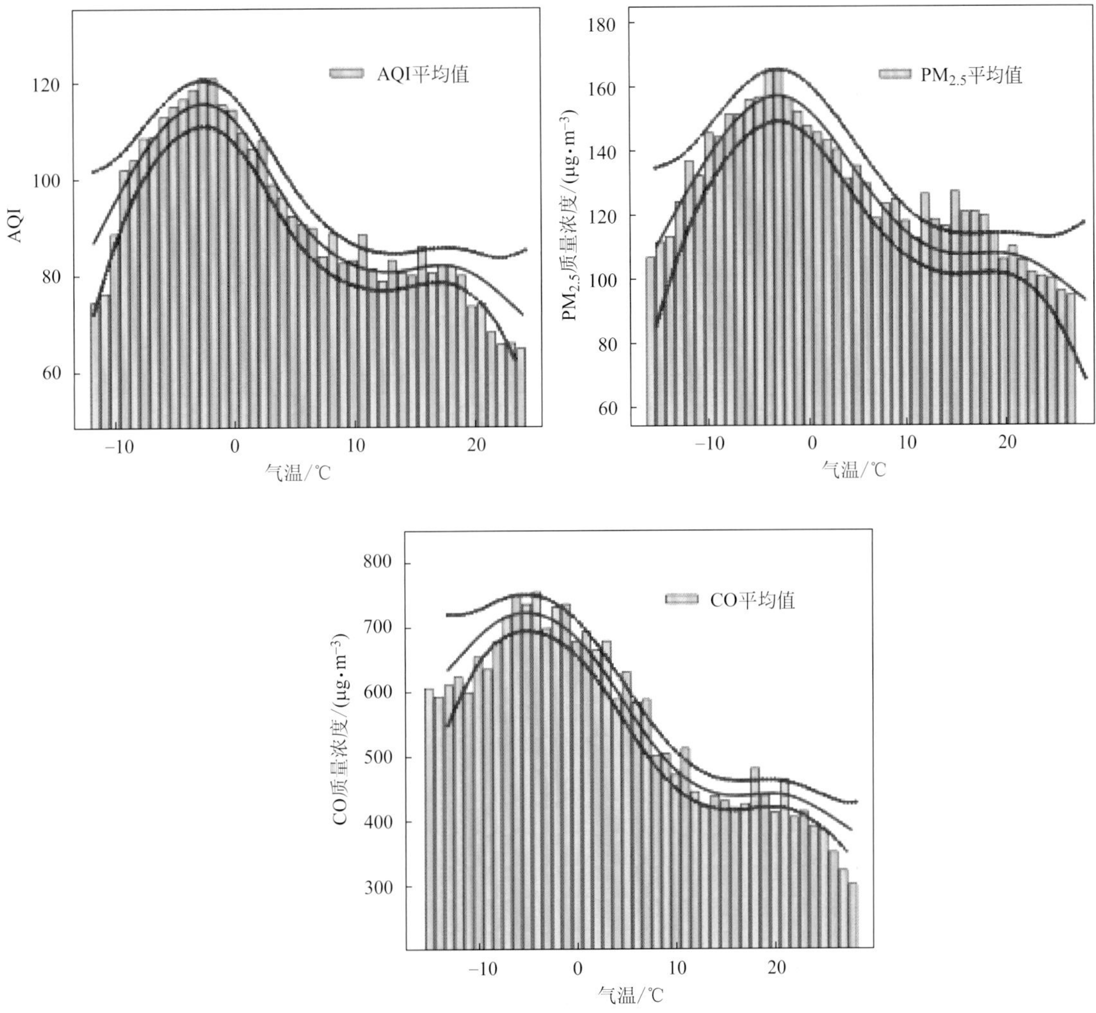

图 4.8　兰州市每摄氏度气温区间内污染物浓度(污染指数)均值及关系拟合曲线
(图中红线为气温-污染物浓度(或污染指数)关系拟合曲线,蓝线为95%的信度区间)
(引自 Zhang,et al. ,2019)

以同样的方式分析我国不同城市的气温与污染物的关联,发现了与兰州类似的情况,虽然不同城市对应的大气重污染风险温度阈值存在差异,但均具有相对(相对于当地)弱低温的特点。因此,将不同城市5种污染物浓度和2种污染指数高值各自对应温度阈值的均值作为当地的重污染风险温度阈值,或污染的温度指示器(temperature indicator for pollution,TIP)。计算不同城市的TIP及各温度阈值范围并绘制其空间分布(图4.9)。TIP随纬度和高度存在着明显的变化规律,具体表现为由北向南逐渐增大,由东向西略有减小的趋势,这与平均气温的空间分布形态相似。

4.4.2　大气重污染高风险温度阈值的空气污染气象学内涵

将120个API代表城市进行聚类分析(图3.14),最终筛选出哈尔滨、北京、乌鲁木齐、兰

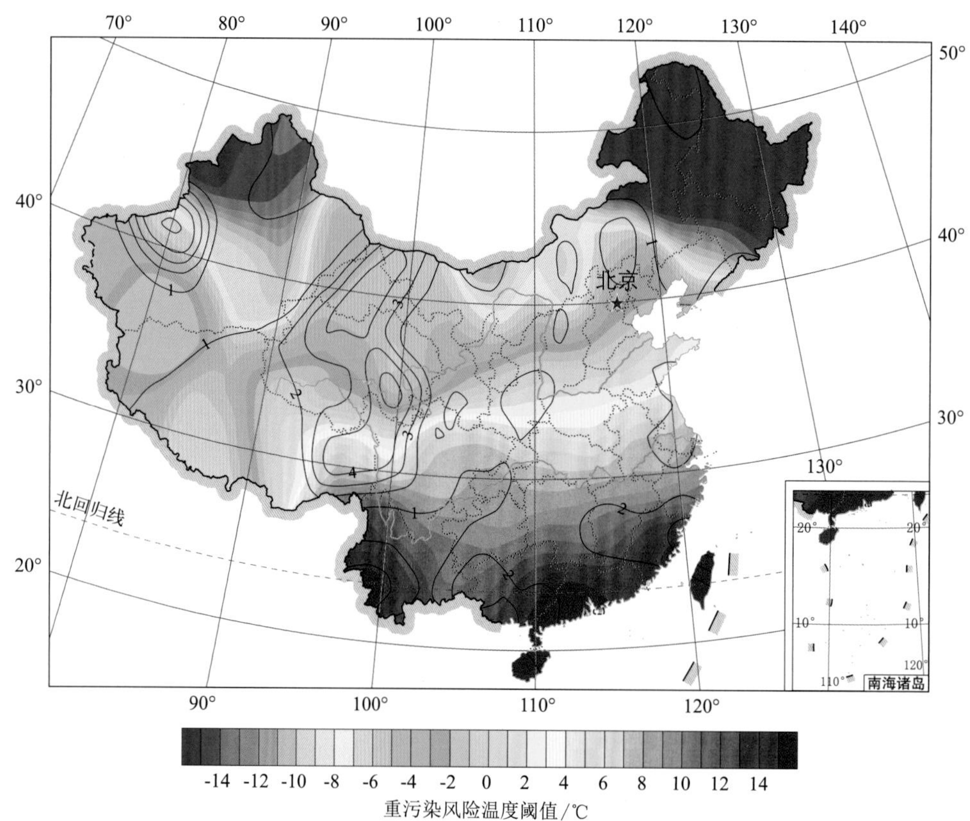

图 4.9　从不同城市 5 种污染物和 2 种污染指数高值得到的 TIP 空间分布(填色,单位:℃)及各自对应的温度阈值范围(等值线,单位:℃)(引自 Zhang et al.,2019)

州、南京、成都和广州 7 个典型代表城市,估算典型代表城市的日均 MMD、VC、$\Delta T_{24\,h}$ 和 $\Delta p_{24\,h}$,分别拟合日均气温与 MMD 和 VC 的关系曲线图、API 与 $\Delta T_{24\,h}$ 和 $\Delta p_{24\,h}$ 的关系曲线图(以兰州为例)。由图 4.10 可知,与上述气温-污染物关系拟合曲线类似,兰州市日均气温与 2 种污染气象参数的拟合曲线分别存在一个温度阈值,使得 MMD 和 VC 达到最小,将混合层厚度最小和通风系数最小时对应的温度阈值分别定义为最小混合层厚度温度阈值(temperature threshold of minimum mixing depth,T-MMD)和最小通风系数温度阈值(temperature threshold of minimum ventilation coefficient,T-VC)。经精确计算,兰州市 T-MMD 和 T-VC 分别为−3.6 ℃和−4.0 ℃,不难看出,它们均与当地 TIP 十分接近。与此同时,兰州市 API 峰值对应的 $\Delta T_{24\,h}$ 和 $\Delta p_{24\,h}$ 分别为 0.3 ℃和−0.4 hPa,表明出现高浓度污染时对应的气团稳定少动。

以同样的方式拟合典型代表城市气温与 MMD 和 VC 以及 API 与 $\Delta T_{24\,h}$和 $\Delta p_{24\,h}$ 的关系曲线,结果如表 4.18 所示。就同一城市而言,T-MMD 和 T-MVC 均接近于当地的 TIP,与此同时,$\Delta T_{24\,h}$和 $\Delta p_{24\,h}$ 分别接近于 0 ℃和 0 hPa,上述研究均表明,当气温位于 TIP 及其附近时,大气层结趋于稳定。可知,大气重污染风险温度阈值反映了边界层大气的结构特征,其污染气象学内涵为:当气温在重污染风险温度阈值附近时,大气层结极易趋于稳定,不利于污染物水平输送和垂直扩散,进而导致出现大气重污染、甚至污染事件的概率最大。由此表明,近

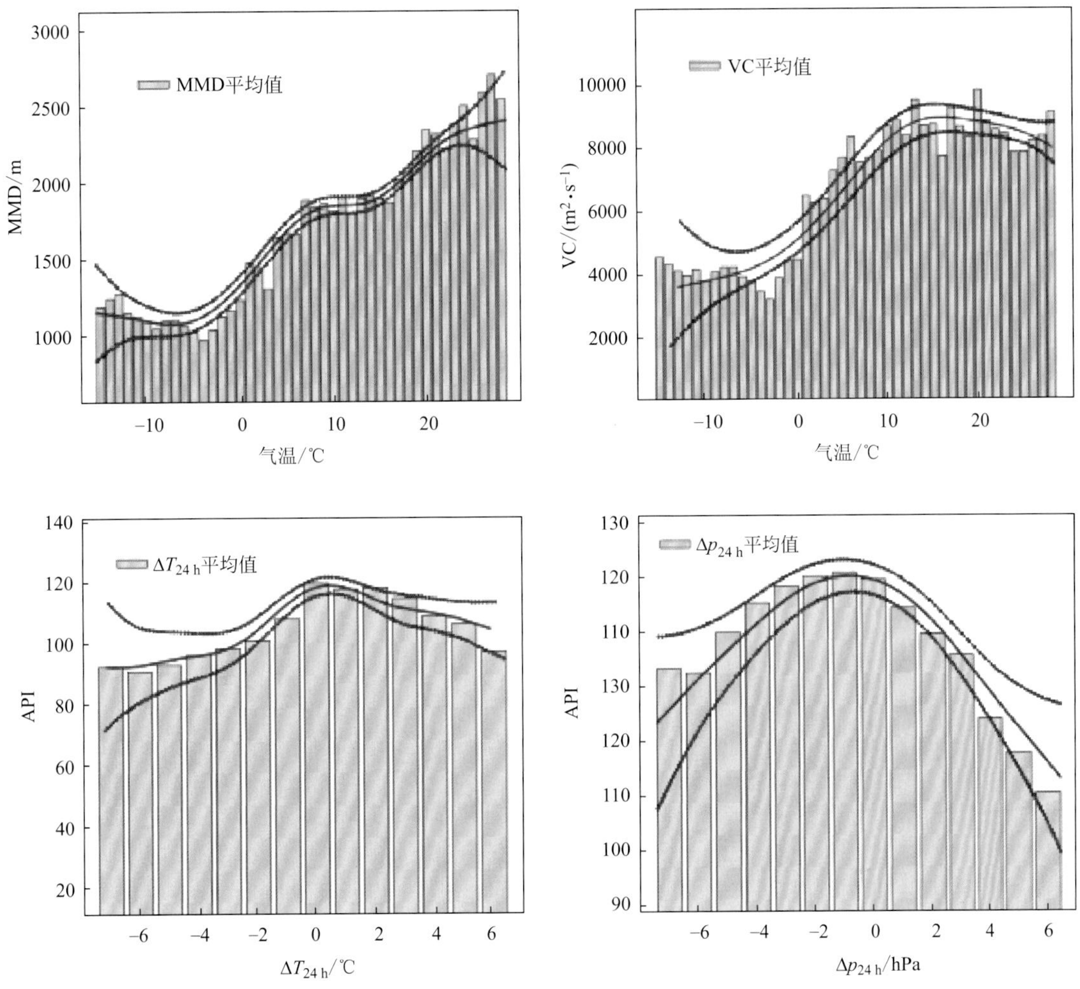

图 4.10 兰州市日均气温分别与 MMD 和 VC 的关系拟合曲线以及 API 分别与 $\Delta T_{24\,h}$和 $\Delta p_{24\,h}$ 的关系拟合曲线

（MMD：最大混合层厚度；VC：通风系数；$\Delta T_{24\,h}$：24 h 变温；$\Delta p_{24\,h}$：24 h 变压）

地面气温的变化可以有效地反映边界层大气的扩散能力，大气重污染风险温度阈值代表了边界层大气的静稳特征，能够反映大气污染潜势。

表 4.18 从北到南 7 个代表城市各自的 TIP、T-MMD 和 T-VC 以及 API 峰值对应的 $\Delta T_{24\,h}$ 和 $\Delta p_{24\,h}$

	哈尔滨	北京	乌鲁木齐	兰州	南京	成都	广州
TIP/℃	−15.8	−1.5	−12.4	−3.4	6.8	5.5	17.1
T-MMD/℃	−16.3	−1.8	−11.7	−3.6	6.1	6.3	16.3
T-VC/℃	−17.0	−0.9	−12.0	−4.0	7.5	5.8	16.5
$\Delta T_{24\,h}$/℃	0.2	0.6	0.3	0.3	0.9	0.5	1.6
$\Delta p_{24\,h}$/hPa	−0.2	−0.7	−0.3	−0.4	−1.4	−0.3	−1.9

注：TIP：重污染风险温度阈值；T-MMD：最小混合层厚度温度阈值；T-VC：最小通风系数温度阈值；$\Delta T_{24\,h}$：24 h 变温；$\Delta p_{24\,h}$：24 h 变压。

4.4.3 TIP 变化规律拟合及效果检验

TIP 随纬度存在较强的变化规律，根据海拔高度和气温直减率（6.5 ℃·km^{-1}）将 TIP 调整至海平面后，绘制 TIP 与纬度的关系散点图并拟合二者的关系函数（图 4.11），发现 TIP 与纬度存在二次函数关系，具体如式（4.32）所示，$R^2=0.8675$，通过了 $\alpha=0.001$ 的显著性水平检验；经计算均方根误差（RMSE）为 3.3 ℃，因此，定义 TIP±3.3 ℃为重污染风险温度阈值区间。需要说明的是，该公式在西藏拉萨和青海果洛等海拔变化较大地区误差较大。

$$TIP=-0.0287Lat^2+0.6516\,Lat+16.599 \tag{4.32}$$

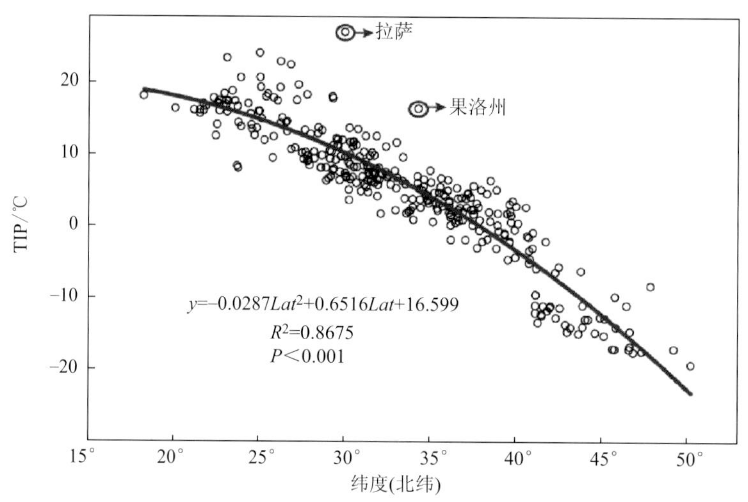

图 4.11　368 个城市的 TIP（订正到海平面）与纬度的关系（引自 Zhang et al.，2019）

用 2017 年 1 月—2018 年 6 月末参与拟合的 30 个典型代表城市作为检验对象，来检验 TIP 在重污染事件中的捕获能力。根据空气质量分级标准，AQI＞200 为重度污染，筛选出 AQI＞200 的重污染事件及其发生时段对应的日均温度。分别计算不同城市发生重污染的频数及对应气温落在 TIP±3.3 ℃区间的频数，具体结果如图 4.12 所示。经计算，TIP 重污染捕获率为 71.19%，效果较优。

综上所述，本节研究内容可总结为：

（1）兰州市气温与大气污染物的拟合关系近似呈倒“V”形分布，不同污染物浓度或污染指数均存在一个气温临界点（阈值），即在该气温临界点附近出现大气污染乃至大气重污染事件的概率最大，且不同污染物浓度或污染指数对应的温度阈值均较接近。随后通过研究全国不同区域城市气温与大气污染物的关系，发现了很类似的结果，进而提出了大气重污染风险温度阈值（TIP）的概念。

（2）大气重污染风险温度阈值反映了边界层大气的结构特征，其污染气象学内涵为：当气温在重污染风险温度阈值附近时，大气层结极易趋于稳定，不利于污染物水平输送和垂直扩散，进而导致出现大气重污染、甚至污染事件的概率最大。由此表明，近地面气温的变化可以有效地反映边界层大气的扩散能力，大气重污染风险温度阈值代表了边界层大气的静稳特征，能够反映大气污染潜势。

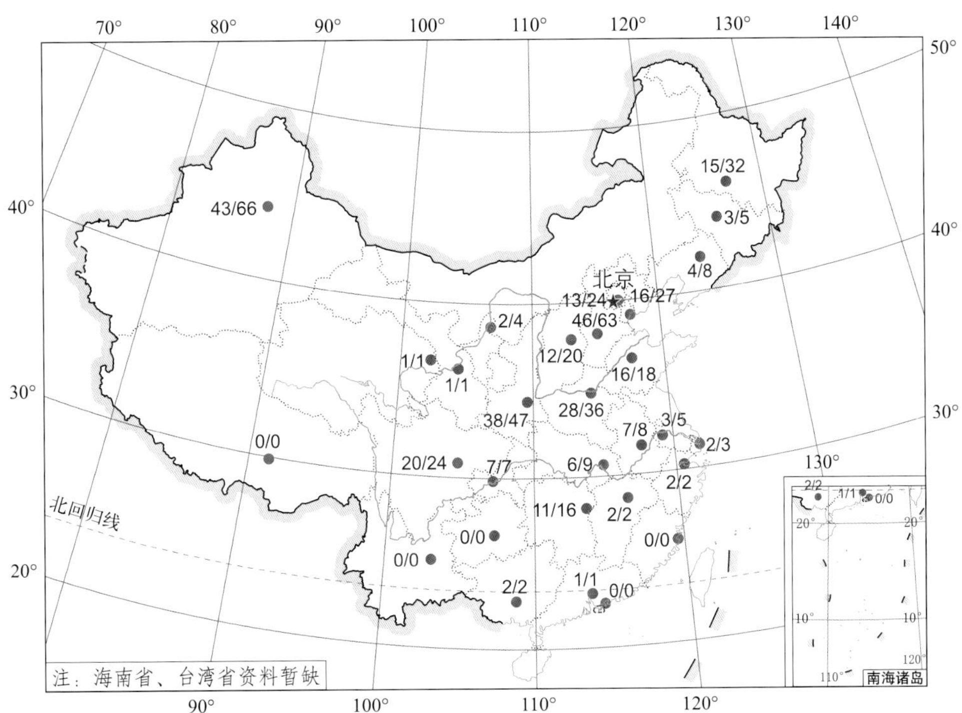

图 4.12　2017 年 1 月—2018 年 6 月 30 个典型代表城市 TIP 捕获率检验(图中数字为 A:落在 TIP 阈值区间的重污染次数/B:总污染次数)(引自 Zhang et al. ,2019)

(3)经研究发现,随着纬度和海拔高度的不同,大气重污染风险温度阈值(TIP)呈现出一定的变化规律,就全国而言,整体呈现出由北向南逐步升高、自东向西微弱降低的态势。

(4)大气重污染风险温度阈值的提出,一方面,用一个温度阈值就可以体现大气边界层的扩散能力,相比于以往较复杂的多个污染气象参数而言,该参数简单、方便、易于计算和获取;另一方面,以往关于边界层的研究中都要用到探空资料,然而并非所有的测站都有探空资料,该方法解决了没有探空资料的测站也能间接开展大气边界层静稳状况研究这一难题,为污染潜势预报提供新的参考依据,也为大气重污染防治对策的制定提供科学支持。

4.5　小结

(1)用特定高度至地面的稳定能量来描述低层大气的稳定度,其物理意义是清楚的。就兰州市城区而言,稳定能量与空气污染浓度的相关性比逆温层厚度、逆温强度和里查森数更为显著。因此,用稳定能量来描述低层大气的稳定度,也许更合理一些。

(2)在低空气象参数、低空风和稳定能量等气象因子中,稳定能量与 SO_2、CO、NO_x 浓度之间的相关性最显著。

(3)稳定能量的年变化规律与大气污染物浓度的年变化规律大体一致,12 月为峰值,7 月为谷值。

(4)低空各层稳定能量与 SO_2 浓度之间的相关性均为正相关,除 7 月外,大多数层次均通过了 $\alpha=0.01$ 的显著性水平检验。冬半年(10 月—次年 4 月)比夏半年(5—9 月)相关性更为显著一些。各半年系数都在0.93以上，更为显著。即包括逆温层厚度、逆温强度和里查森数在内的低空气象参数以及低空风与SO_2浓度之间的相关，均不如稳定能量与SO_2浓度之间的相关显著。另外，各层稳定能量与SO_2浓度之间均为正相关，且冬半年(10月—次年4月)好于夏半年(5—9月)。各月SO_2浓度与稳定能量相关性最好的层次主要位于500～850 m。这可能与兰州市城区四周的山脉相对高度(300～600 m)有关。空气污染物CO、NO_x的浓度与低空气象参数、低空风和稳定能量求相关，结果与SO_2情况基本一致。

(5)大气重污染风险温度阈值的提出，一方面，用一个温度阈值就可以体现大气边界层的扩散能力，相比于以往较复杂的多个污染气象参数而言，该参数简单、方便、易于计算和获取；另一方面，以往关于边界层的研究中都要用到探空资料，然而并非所有的测站都有探空资料，该方法解决了没有探空资料的测站也能间接开展大气边界层静稳状况研究这一难题，为污染潜势预报提供新的参考依据，也为大气重污染防治对策的制定提供科学支持。需要说明的是：发生重污染的前提条件是过量的大气污染物排放，TIP仅反映了大气边界层的静稳结构特征，对应了最不利于污染物扩散的气象条件，它是发生重污染事件的必要条件，但不是充分条件，所以当气温落在TIP±3.3 ℃阈值区间内并不等价于一定会发生重污染事件。因此，在今后的污染潜势预报中应该尝试将当地污染物排放量等其他污染指标与TIP结合使用。

第5章 天气过程对空气污染的影响

大气污染物浓度虽然由排放源和天气过程共同决定，但往往城市重污染过程的发生并非是由突然增加的排放源，而是主要由极为不利扩散的天气条件所造成的。边界层显著的辐合天气过程将使本地及区域的大气污染物短时间内快速汇集，而降水或大风过程则将使汇集的高浓度污染物迅速沉降、扩散或清除，这都体现了天气过程的重要性。世界著名的空气污染事件无一例外都是在特定天气过程及相应气象条件下发生的。1952 年 12 月 5—8 日，地处泰晤士河河谷地带的伦敦城市上空处于高压中心，一连多日静风。加之时值冬季大量燃煤取暖、工业排放无序骤增，燃烧释放的煤烟粉尘蓄积不散，致使城市上空大气层连续 4～5 d 烟雾弥漫，由于大气中的污染物非但无法扩散，在低层辐合形势下汇聚更加明显，造成了严重的空气污染事件。当时许多人都感到呼吸困难，眼睛刺痛，流泪不止，仅仅 4 d 时间，死亡人数就达 4000 多人。两个月后，又有 8000 多人陆续丧生。

大尺度天气系统移动和演变所产生的天气过程会影响边界层物理量的变化，要素场的时空调整导致大气污染物浓度出现峰值和谷值波动交替变化，致使大气环境质量出现鲜明过程性和区域性特征。研究表明，大气环流和气象要素与大气中各类污染物的排放、传输、(光)化学反应以及干湿沉降等方面密切相关，主要表现在以下三个方面：①天气过程对污染物浓度的影响，如沙尘天气过程(包括沙尘暴、扬沙和浮尘天气)往往会加剧空气污染程度，影响地面物质向大气的自然释放和输送(起沙和向下游输送)，体现为积累作用；而冷空气过程和降水过程则常常使污染物易于扩散和干、湿沉降，体现为加剧扩散或清除作用。②大气环流形势对区域污染物传输的影响，低压前部或者高压后部的偏南气流容易将上游地区的污染物传输汇集，从而造成污染的积累，由于大气的热力和动力状况不同，在有利的环流形势下可迅速积累形成重污染天气过程。③污染物浓度对(光)化学反应环境，即对气温、湿度、太阳辐射以及云量等因素有依赖性，如 O_3、CO、NO_x 和 VOCs 污染浓度的变化受紫外线辐射、大气温度和湿度等不同气象因素的影响差异，而局地沙尘排放也受温度和地表湿度的影响。因此，加强污染背景下天气过程的研究，了解天气过程对污染的影响机制，合理利用有利天气过程来对大气污染排放实施科学管控，以便显著减缓大气的污染程度，避免重污染事件发生，有效促进经济社会发展。

5.1 空气污染天气分型

实践表明，仅仅利用污染物浓度与气象条件的关系预报空气质量，效果往往不够理想(王式功等，2002)。而采用天气学和统计学方法(如主成分分析和聚类方法)将气象条件(天气形势)分为若干类型后，针对不同的天气分型分别建立预报模型，再用于该区域的空气质量预报

预警，是提高空气污染预报水平的有效手段之一。

5.1.1 天气分型的必要性

空气污染物的汇合与扩散通常是由整个气团所有的气象要素共同决定的，因此研究气团性质与污染物浓度的关系是研究天气过程对空气质量综合影响的前提条件。将具有相似性质的气团进行分类，目前通常有两种方法：天气系统分类法和气象要素分类法。

天气系统分类法也即环流分型法，主要是基于地面气压场或空中某层（500 hPa 或 700 hPa 等）高度场，对气旋、反气旋、冷锋、低槽、高压脊各类天气系统进行分型，通过对长期的多种天气形势进行综合归纳，充分考虑大气的动力学特性，真实地反映了污染天气的环流特征，方能较好地反映气团具体源区信息。对天气系统的分类，包含对每日天气图进行主观分析统计的人工分类法和使用数理统计方法进行分析统计的客观分类法两种方法，目前学者们采用人工分类或客观分类方法在全球范围内对环流分型进行了较为广泛的研究。Davis 等（1993）认为导致美国大峡谷国家公园空气质量下降的环流形势有三种，包括夏季季风型（伴随高湿和多云）、大陆高压型（污染物在边界层内聚集、通风差）和落基山脉型（西南气流将来自加利福尼亚的污染物远距离输送）。而 Triantafyllou（2001）把天气过程分为反气旋、冷锋前沿、高压系统和由冷锋过境引起的大风天气等类型，在大气流动性能差的反气旋控制下重高污染事件发生频率最高，此种情况下易形成空气在小范围内循环，从而使污染物扩散困难。Jiang 等（2005）指出，大气相对稳定和温度较低的反气旋系统，易导致高污染事件；而在以较大北风为特点的不稳定气旋系统下，污染程度比较低。Tanner 和 Law（2002）把香港污染天气分为冷锋、季风、气旋、反气旋和低槽等类型，高浓度污染常发生在反气旋等低风速天气分型中。王式功等（2002）分析了兰州地区 3 种高空天气分型对应的污染物浓度，结果是冷平流型最低、过渡型中等、暖平流型最高；相反，4 种地面天气分型中，地面高压前部型污染浓度最低，高压区域型比较低，高压南部型比较高，高压后部型最高。王莉莉等（2010）将夏末秋初影响北京地区的主要天气系统分为高污染天气型（包括槽前无降水、槽后脊前、脊、副高）和清洁的清除天气型（包括槽或槽前有降水、槽后有降水或偏北风）两大类，并发现 2007—2008 年尽管实行了源减排措施，但是静稳天气型控制时北京地区污染物浓度仍相对较高。李霞等（2012）发现乌鲁木齐重污染天气发生时，500 hPa 以纬向环流型居多（占重污染总日数的 84.2%），经向环流型次之（占 15.8%）；在地面气压场上，高压后部型出现重污染的频率最高（达 86.3%），高压底部型次之（占 9.6%），高压前部和南高北低型出现重污染的概率较小。在客观分类方法方面，Lund（1963）利用美国东北部 22 个站 1949—1953 年冬季（共 445 d）的海平面气压数据，计算两两天气图气压场的相关系数，最终分类得到 10 个主要天气型，并分析了不同天气型与降水、降雪及其他天气现象的相关性。1974 年，Kirchhofer 发展了 a sum-of-squares technique（平方和技术），此方法和 Lund（1963）的方法有些类似（Willmott，1987），对西欧 500 hPa 及海平面气压场进行统计分类，得到 24 个主要天气型。利用这一方法，Yarnal（1984）研究了天气气候与环境变量的相互关系。

气象要素分类法也即客观分类法，主要是利用统计方法对温度、湿度、气压、风场、云量和能见度等气象要素进行聚类分析，尤其是描述给定地点的气团随时间的空间演变，综合考虑了大气的热力和动力性质，虽能较好地反映气团源区信息，但不能真实地反映出环流背景以及发展趋势。Kalkstein(1979)较早建立了自动的天气分型方法即 TSI(temporal synoptic index),有效确定了特定地点每日天气所属类型的划分。Davis 等(1990)建立了空间天气气候分类方法,这个方法类似于 TSI,但不局限于某一站点,而是应用于大尺度区域。通过分析 1984 年美国多个气象站的气象要素,得到 10 个主要气团型,并成功用于分析大气污染物的变化(Davis et al. ,1990)。Kalkstein 等(1996)建立了 SSC(spatial synoptic climatological classification procedure,空间天气气候分类规程)方法,此方法基于对主要气团属性的人为定义结合线性判别分析,对区域主控气团型分类,并对每日所属进行归类,这个方法能有效评估大尺度区域的气团空间变异和频率变化,成功研究了气团间降水强度和频率变化,以及气团频率和特征变化(Kalkstein et al. ,1998)。目前国内天气气候学方法运用到大气污染领域的研究很少,尤其是在气象要素客观分类方法方面。王莉莉(2012)通过对温度、湿度等多个气象要素进行聚类统计分析得到影响北京地区的 14 种主要天气型,并探讨了各类天气型与污染物的定量关系,明确了不同传输路径对北京空气质量的影响。

5. 1. 2 基于天气系统的天气分型

根据天气系统分型,是基于地面天气系统和高空环流形势建立的大气环流分类,主要是利用天气系统的代表性,例如通过分析多年天气图上高压、低压、槽、切变线、脊以及锋面(区)的时空关系,提取出特征显著、出现频率高的典型天气型,达到分型、归类的目的。本节在采用天气系统分类方法的基础上,同时选取若干气象要素进行辅助分析,采用主观和客观结合的方法,以期更准确地对大气环流背景进行归类。

5. 1. 2. 1 地面天气分型

对于兰州乃至我国北方地区来讲,蒙古高压是冬季(或冬半年)影响城市空气污染程度的重要天气系统。它不但活动频率高,而且影响范围也大(图 5. 1)。东亚区域每次冷空气的活动基本上都与蒙古高压有关。

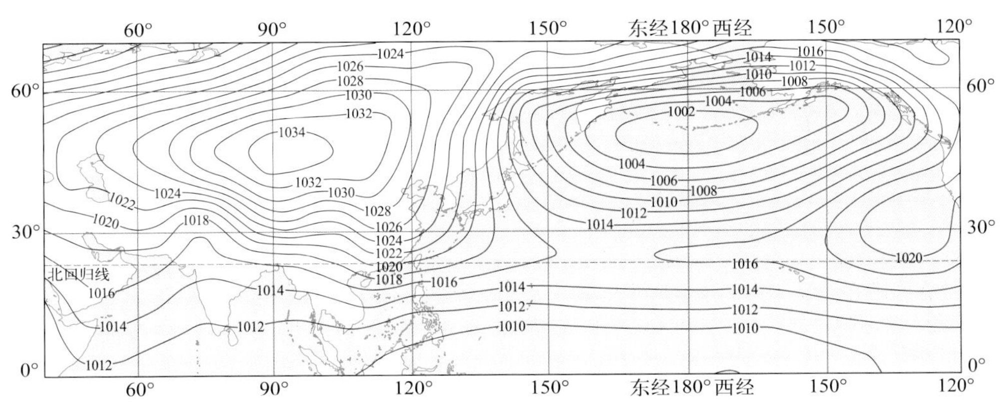

图 5. 1 亚洲及西北太平洋海平面气压场(单位:hPa)的多年平均形势(引自李崇银等,2011)

通过历史天气图的普查,按蒙古高压强度及其与兰州的相对位置,将地面气压形势分为四种类型,即高压前部型(Gf)、高压区域型(G)、高压南部型(Gs)和高压后部(包括低压槽区和停滞性小高压)型(Gb)。各型的污染天气特征和分型标准为:

高压前部型(Gf),主要指蒙古高压中心位于乌鲁木齐至乌兰巴托之间,中心强度一般在

1040 hPa 以上，高压移向为西北—东南向，高压前沿常有冷锋向东南方向移动，冷锋后气压梯度很大，此时兰州地区正处在冷锋后高压前部位置，有明显的降温、升压与之配合，西北风比较强（图 5.2）。

高压区域型（G），主要指蒙古高压进一步南下，高压中心在 45°N 及以南区域，中心值一般在 1040 hPa 左右，中心区域气压梯度很小，兰州地区（下图中标注★的位置）处在高压中心附近气压梯度较小的区域，对应地面气温已逐渐回升，气压场无明显变化，风速很小，天气晴好（图 5.3）。

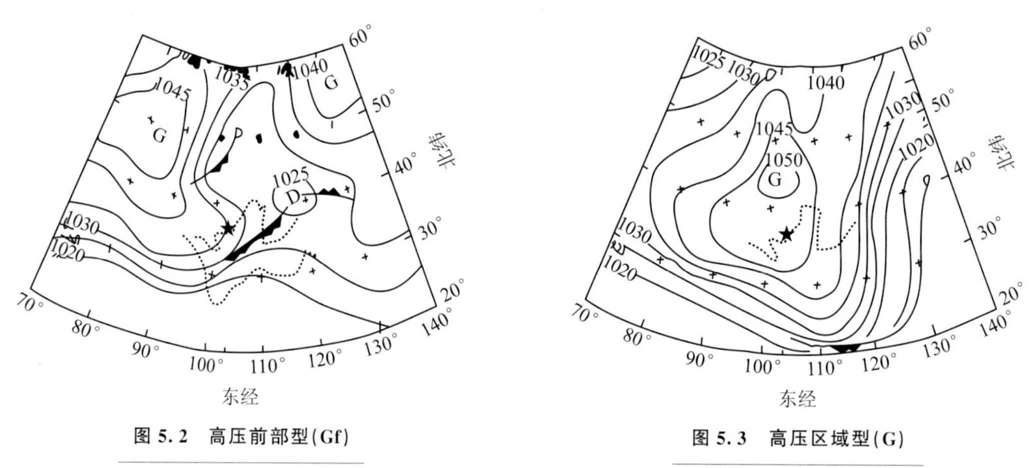

图 5.2　高压前部型（Gf）

图 5.3　高压区域型（G）

高压南部型（Gs），即蒙古高压偏北东移型，高压中心一般在 50°N 或更偏北的位置，高压移动路径为明显的东西向，有时在其东部前沿有冷锋，气压梯度最大区域在我国华北至东北一带，兰州位于高压南部外围区，天气比较稳定，多云，风速较小，且多为偏东风，没有明显的冷空气过境（图 5.4）。

高压后部型（Gb），即蒙古高压东移后呈南北向分布，其中心位于 120°E、50°N 附近，且高压中心强度明显减弱，中心值在 1040 hPa 以下，有时可分裂成几个小中心，兰州位于高压后部，有时为明显的低压槽、倒槽或在兰州附近为停滞性小高压，气压较低，天气为多云、偏暖且很稳定（图 5.5）。

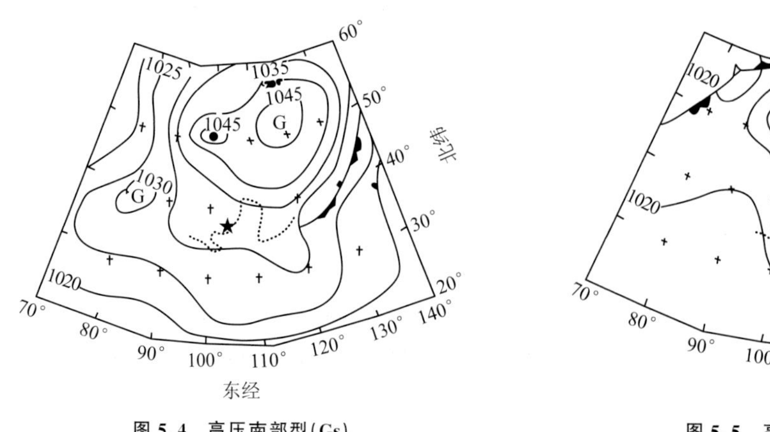

图 5.4　高压南部型（Gs）

图 5.5　高压后部型（Gb）

5.1.2.2 高空天气分型

冬季亚欧范围中高纬度地区高空一般为两槽一脊型环流形势，而对兰州地区空气污染影响最明显的是边界层内各种气象要素的变化。为此，以 700 hPa 等压面天气形势为主，同时参考 500 hPa 环流形势，对兰州、青海、新疆及蒙古国范围内的天气形势进行统计和分类，将其高空形势分为冷平流（冷槽）型（L）、暖平流（暖脊）型（N）和过渡型（LN）三种类型，其判别标准是：

L 型：主要是指在 700 hPa 上，兰州以西至新疆为一明显的低压槽或低压区，槽后有较强的冷温度槽，同时有较强的冷平流与之配合，兰州以东为一暖性高压脊，伸至河套或以北地区，兰州处在 700 hPa 冷平流前部，对应地面 24 h 后有明显的降温、升压区配合出现，一般地面降温都在 2 ℃以上，有时可达 8 ℃左右（图 5.6）。

N 型：兰州至河套以北到贝加尔湖为一较强的高压脊，河套至新疆以东有强暖脊或暖中心存在，河西走廊至新疆没有明显的低槽，暖平流很清楚，兰州地面气温明显偏高且继续升温，并有负变压或低槽区与之配合（图 5.7）。

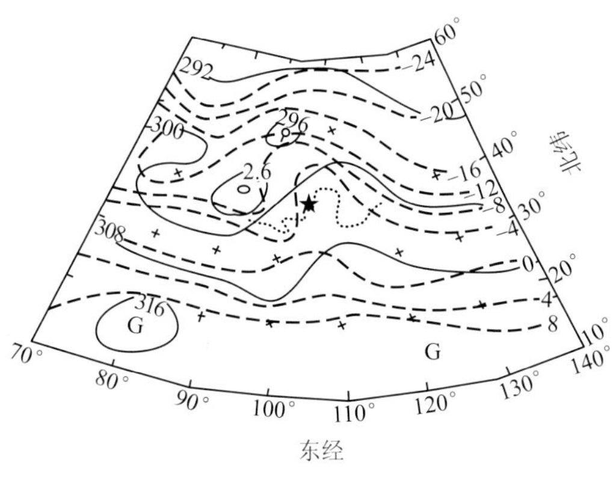

图 5.6 冷平流型（L）

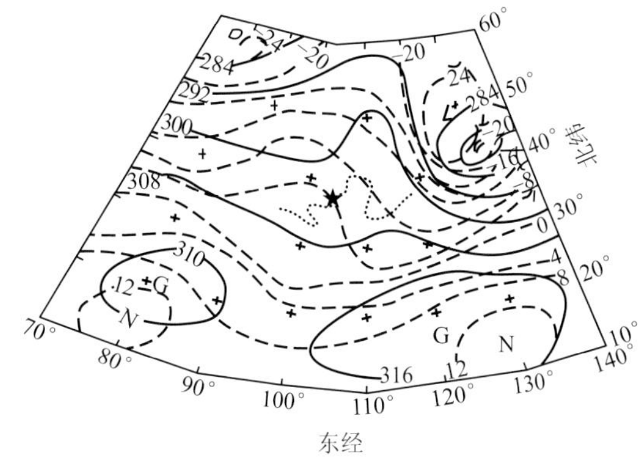

图 5.7 暖平流型（N）

LN 型：亚欧高纬地区为两槽一脊型，但槽脊都很弱，中纬 30°—40°N 之间气流较平直，无明显的气压系统，等温线分布较均匀，风速较小，无明显的冷（或暖）平流，兰州地区地面天气比较稳定，气压场和温度场变化都很微弱（图 5.8）。

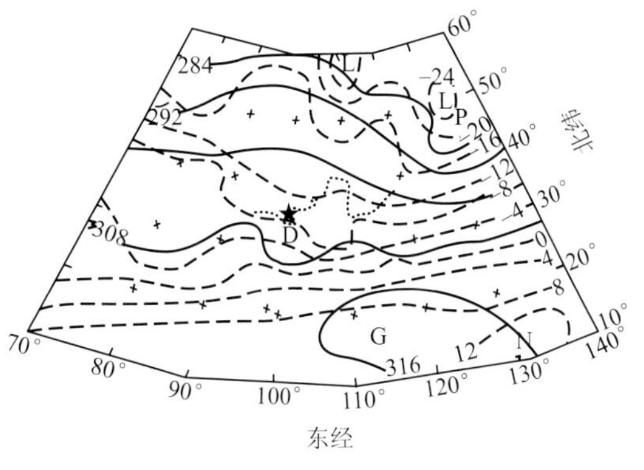

图 5.8 过渡型（LN）

5.1.2.3 各类分型结果

根据上述标准，对 1988—1991 年 1 月、11 月和 12 月共 181 d 的污染天气形势进行分类统计（表 5.1）。对应表 5.2 的统计结果表明，高压前部型（Gf），对应空气污染最轻；高压区域型（G），对应空气污染较轻；高压南部型（Gs），对应空气污染较重；高压后部型（Gb），对应空气污染最重。

地面形势主要是 Gb 和 Gs 型出现次数较多，分别为 54（占总数的 29.8%）和 50 次（占 27.6%）；其次是 G 型，为 42 次（占 23.2%）；最少是 Gf 型，为 35 次（占 19.2%）。高空形势分

表 5.1 天气形势分类统计结果

天气形势	地面高压前部型(Gf)	地面高压区域型(G)	地面高压南部型(Gs)	地面高压后部型(Gb)	合计/次	频率/%
高空冷平流型(L)/次	23	6	7	7	43	23.8
高空暖平流型(N)/次	3	5	7	20	35	19.3
高空过渡型(LN)/次	9	31	36	27	103	56.9
合计/次	35	42	50	54	181	100.0
频率/%	19.3	23.2	27.6	29.8	100.0	

析结果为过渡型(LN)出现次数最多,共 103 次(占 56.9%);冷平流型(L)次之,出现 43 次(占 23.8%);暖平流型(N)出现最少,仅 35 次(占 19.3%)。综合高空与地面形势的配合看,当兰州地区地面为冷高压前部型(Gf)控制时,对应前 24 h 高空形势主要是冷平流型(占 65.7%);当地面为 G 型和 Gs 型时,对应前 24 h 高空形势主要为 LN 型出现频率最高,分别占 73.8%和 72.0%;在地面为 Gb 型时,相应前 24 h 高空主要以 N 型和 LN 型出现频率较高,分别占 37.0%和 50.0%。其余各种对应关系也有出现,但所占比例都很小,不到 20%。

污染天气的高空与地面形势的对应关系基本为:高空冷平流型对应地面为高压前部型,空气污染最轻;高空暖平流型对应地面为高压后部型,空气污染最重;高空过渡型对应地面高压区域型和高压南部型,空气污染分别为较轻和较重。也有少数不完全符合者,主要是由于冷空气活动路径不同或有时有高原小系统的影响所致。

5.1.2.4 不同天气分型与空气污染浓度的关系

天气形势的分型主要是为了定量分析不同天气形势对污染浓度的影响程度,以便用天气分型的变化来预报空气污染浓度的变化。不同天气分型对应的空气污染物平均质量浓度(表 5.2)、超标率(即超过国家二级标准)(表 5.3)及各类天气分型转换期间污染物质量浓度的变化情况(表 5.4)统计如下。分析表明,地面高压前部型(Gf)所对应的平均质量浓度最小,超标率为 19.4%~41.7%;高压区域型(G)平均质量浓度较小,超标率为 48.9%~68.9%;高压南部型(Gs)对应的平均质量浓度较大,超标率为 64.1%~90.6%;高压后部(包括低压槽区和停滞性小高压)型(Gb)控制时平均质量浓度值最大,超标率为 81.4%~94.9%。

表 5.2 地面(或高空)天气分型与污染物平均质量浓度

污染物	地面天气分型				高空天气分型		
	Gf	G	Gs	Gb	L	LN	N
$SO_2/(\mu g \cdot m^{-3})$	35.6	48.3	58.7	76.9	43.7	57.8	74.1
$CO/(mg \cdot m^{-3})$	2.51	3.41	3.78	4.71	2.88	3.82	4.48
$NO_x/(\mu g \cdot m^{-3})$	49.0	58.8	72.6	96.8	54.7	73.5	89.8

表 5.3 地面(或高空)天气分型与污染物超标率

污染物	地面天气分型				高空天气分型		
	Gf	G	Gs	Gb	L	LN	N
SO_2/%	19.4	48.9	64.1	81.4	27.3	60.5	82.5
CO/%	33.4	60.0	77.3	89.9	45.5	71.6	87.5
NO_x/%	41.7	68.9	90.6	94.9	54.6	82.6	90.0

表 5.4 各类天气分型转换期间污染物质量浓度增加量变化

污染物	地面天气分型			高空天气分型	
	Gf-G	G-Gs	Gs-Gb	L-LN	LN-N
$SO_2/(\mu g \cdot m^{-3})$	12.7	10.9	18.0	14.1	16.3
$CO/(mg \cdot m^{-3})$	0.89	0.38	0.91	0.94	0.66
$NO_x/(\mu g \cdot m^{-3})$	10.1	13.5	24.0	18.8	16.3

天气形势发生转换时，污染物质量浓度也随之发生相应变化。当地面天气形势由高压前部型转高压区域型、高压区域型转高压南部型、高压南部型转高压后部型时，高空天气形势由冷平流型转过渡型、过渡型转暖平流型时，污染物质量浓度均出现显著增加。

其他城市空气污染与天气形势之间关系的研究结果也呈现出与兰州类似的结果。北京地区 PM_{10} 质量浓度在上升、达到峰值和下降阶段对应的天气形势分别为大陆高压均压场、相继出现的低压均压场和高气压梯度场（陈朝晖等，2007）。北京地区地面处于低压前部控制时，高温、低湿以及局地环流形成的山谷风造成区域 O_3 累积；处于高压前部控制时，低温、高湿以及系统性北风造成区域 O_3 低值（唐贵谦等，2010）。杭州地区高压类型天气形势对霾的产生有重要影响，PM_{10}、SO_2 和 NO_x 浓度显著升高，在气旋和东风带天气形势下较少出现霾天气，相应污染物浓度较低（齐冰等，2012）。银川市霾天气多发生在环流形势相对稳定的背景下，当 500 hPa 宁夏处于西北气流、平直西风气流、西南气流时，地面位于锋前暖区、气压梯度较小或锋面过境前后，易出现霾天气，有时受暖高压脊控制也会出现霾天气（纪晓玲等，2013）。

5.1.3 基于气象要素聚类的天气分型

基于气象要素客观分析的天气分型研究在国内还较少见。王莉莉（2012）综合利用大气温度、湿度、风向风速、气压、能见度、云量、降水量、辐射等各类气象要素，通过主成分分析法、两步聚类法和后向轨迹法进行统计分析，得知控制北京地区的典型气团，进一步分析得到空气质量与气团属性的关系，具有较好的参考性、代表性。

5.1.3.1 天气型分类

所选用的气象要素有：每日 4 个时刻（北京时间 02、08、14、20 时）的海平面气压（hPa）、纬向风（U；$m \cdot s^{-1}$）、经向风（V；$m \cdot s^{-1}$）、干球温度（位于 2 m 处，℃）、露点温度（位于 2 m 处，℃）、水平能见度（km）、总云量（十成），日总降水量（mm）、日照时数（h）、总辐射（$MJ \cdot m^{-2}$），以及 925、850 和 500 hPa 每日（北京时间 08、20 时）的温度、露点温度、U、V。通过对 2001—2010 年气象要素进行聚类分析，得到 14 种天气型。

天气型 1（289 d，占 7.9%）：主要出现在 4—10 月，年际变化幅度较大（从 16 d 到 41 d）。风玫瑰图显示此天气型以西南风为主，静风频率为 4.24%，气团轨迹显示南部来向占 37%，东南来向占 37%，轨迹较短，反映移动较慢，北部气团相对较少。平均气温为 23 ℃，反映此气团为暖气团；但湿度大（RH 为 65%），云量、水汽和整层大气可降水量均较高；气压和风速适中；日照、辐射少，混合层厚度较小，能见度适中；有一定的降水量。总体而言，此天气型表现为来自南部移动较慢的高温高湿气团。

天气型 2（225 d，占 6.2%）：主要出现在 10 月—次年 4 月，年际变化幅度较大（从 14 d 到 31 d）。风玫瑰图显示此天气型以西南和东南风为主，静风频率高达 6.67%，气团轨迹显示约

67%的气流从北方经南部地区到达北京，北部气团相对较少。平均气温为 3 ℃，反映此气团为冷气团；湿度大（*RH* 为 55%），但整层大气可降水量较低，云量较大；冷气团控制，气压高，但气团移动速度慢，风速小；日照、辐射少，混合层厚度和能见度适中；降水量少。总体而言，此天气型表现为来自南部或东北移动较慢的冷湿气团。

天气型 3（303 d，占 8.3%）：主要出现在 10 月—次年 4 月，年际变化幅度较大（从 16 d 到 46 d）。风玫瑰图显示此天气型风向不定，但以西南风和东北风为主，西南风约占 35%，东北风约占 25%，静风频率为 4.29%，气团轨迹显示气流主要来自西北，移动迅速，约占 78%，此外有 22%的气团虽也来自北部，但移动相对较慢。平均气温为 6 ℃，反映此气团为冷气团；但湿度较小（*RH* 为 32%），云量、水汽和整层大气可降水量均较小；同时由于空气干燥、云量少，白天阳光充足，对流活动强，气温高，夜晚由于辐射冷却，气温迅速降低，导致气温日较差大；冷气团控制，气压高，风速适中；日照、辐射、混合层厚度、能见度较高；降水量少。总体而言，此天气型表现为来自北部移动较快的干冷气团。

天气型 4（125 d，仅占 3.4%，为出现频率最少的天气型）：各个月份均有此天气型，年际变化从 4 d 到 23 d。风玫瑰图显示此天气型以东北风为主，静风频率仅为 2.4%，气团轨迹显示东北气流约占 34%，其余为来自北部的移动较快的气流。平均气温为 9 ℃，反映此气团为中性气团；湿度适中（*RH* 为 41%），云量大，但水汽和整层大气可降水量均较小；气压高，风速偏大；因云量大，日照、辐射适中，混合层厚度、能见度较高，扩散状况较好；有一定的降水；此天气型后一日同为此天气型的频率较少，而为其他天气型的频率大，反映此天气型的持续性不强，不稳定。总体而言，此天气型表现为来自北部或东北部移动较快的中性气团。

天气型 5（270 d，占 7.4%）：主要出现在 5—10 月，年际变化幅度较大（从 13 d 到 39 d）。风玫瑰图显示此天气型风向不定，但以西南风和东北风为主，西南风约占 20%，东北风约占 30%，静风频率为 5.29%，气团轨迹显示主要气流来自西北，移动迅速，约占 80%，此外有 20%的气团来自东南方向，移动速度极为缓慢。平均气温为 26 ℃，反映此气团为暖气团；湿度适中（*RH* 为 45%），云量适中，水汽和整层大气可降水量适中；气压低，风速适中；日照、辐射、混合层厚度和能见度都较高，反映出混合对流状况较好；降水量少。总体而言，此天气型表现为以来自北部气流为主的热偏湿气团。

天气型 6（278 d，占 7.6%）：主要出现在 3—10 月，年际变化幅度较大（从 14 d 到 37 d）。风玫瑰图显示此天气型受西南风控制，静风频率为 4.4%，气团轨迹显示气流主要来自西北和南部，移动较慢，南部轨迹约占 50%。平均气温为 22 ℃，反映此气团为暖气团；湿度适中（*RH* 为 46%），云量较少，水汽和整层大气可降水量稍低，但垂直结构表现为上干下湿，不利于扩散；气压低，风速适中；日照、辐射较高，但混合层厚度和能见度略低；降水量少。与天气型 5 相比，此天气型因来自南部移动较慢的气流比例多，所以总体而言，此天气型表现为以来自南部移动慢的气流为主的热偏湿气团。

天气型 7（269 d，占 7.4%）：主要出现在 10 月—次年 4 月，年际变化幅度较大（从 16 d 到 42 d）。风玫瑰图显示此天气型主要受西北风影响，静风频率仅为 2.04%，气团轨迹显示主要气流几乎全来自西北，移动迅速。平均气温最低仅为 2 ℃，反映此气团为冷气团；湿度最低（*RH* 为 27%），云量、水汽和整层大气可降水量均最低；同时由于空气干、云量少，白天阳光充足，对流活动强，气温高，夜晚由于辐射冷却，气温迅速降低，导致气温日较差大；气压高，风速最大；日照多，但因以冬天为主，所以辐射相对较小，能见度较高，因辐射量有限，混合层厚度也略低；降水量少。总体而言，此天气型表现为来自北部移动较快的极干冷气团。

天气型 8(292 d，占 8%)：主要出现在 4—10 月，并以夏季为主，年际变化从 21 d 到 38 d。风玫瑰图显示此天气型以东北风为主，静风频率为 3.5%，气团轨迹显示南部和东部来向占 87%，其中东南来向占 59%，轨迹较短，气团移动缓慢。平均气温为 23 ℃，反映此气团为暖气团；湿度最大(RH 为 75%)，云量、水汽和整层大气可降水量均最高；气压低，风速适中；日照、辐射最低，混合层厚度和能见度较低；此天气型降水最多。总体而言，此天气型表现为来自南部和东部移动较慢的高温高湿且伴有较多降水的气团。

天气型 9(359 d，占 9.8%)：主要出现在 4—9 月，并以夏季为主，年际变化从 25 d 到 44 d。风玫瑰图显示此天气型以东南风为主，静风频率为 6.13%，气团轨迹显示南部和东部来向占 91%，其中东南来向占 71%，气团移动缓慢。平均气温最高为 26 ℃，反映此气团为暖气团；湿度第三高(RH 为 68%)，云量、水汽和整层大气可降水量均最高；气压低，风速低；日照、辐射较天气型 8 高很多，为中等强度，混合层厚度和能见度较低；有一定的降水。总体而言，此天气型表现为来自南部和东部移动较慢的高温高湿气团。

天气型 10(249 d，仅占 6.8%)：主要出现在 11 月—次年 3 月，年际变化从 16 d 到 34 d。风玫瑰图显示此天气型以东北风为主，约占 50%，静风频率高达 10.84%，气团轨迹显示东部及南部气流约占 55%，其余为来自北部的移动较快的气流。平均气温为 5 ℃，反映此气团为冷气团；湿度为第二高(RH 为 72%)，云量大，但水汽和整层大气可降水量均较小，上干下湿的结构明显；气压高，但风速非常小；日照、辐射、混合层厚度和能见度均最低；降水少。总体而言，此天气型属于静稳天气，表现为来自东部或南部的冷湿静稳气团。

天气型 11(172 d，占 4.7%，为出现频率第三少的天气型)：主要出现在 3—11 月，以春季为主，年际变化幅度从 12 d 到 23 d。风玫瑰图显示此天气型受西北风控制，静风频率为 3.5%，气团轨迹显示主要气流来自西北，移动迅速，约占 89%，此外有 11%的气团来自南部，移动缓慢。平均气温为 17 ℃，反映此气团为偏暖气团；但湿度较小(RH 为 35%)，云量、水汽和整层大气可降水量均较小；同时由于空气干、云量少，白天阳光充足，对流活动强，气温高，夜晚由于辐射冷却，气温迅速降低，导致气温日较差大；气压适中，风速第二大；日照、辐射、混合层厚度、能见度较高；降水量少。总体而言，此天气型表现为来自北部移动较快的干暖气团。

天气型 12(410 d，占 11.2%，为出现频率最多的天气型)：主要出现在 11 月—次年 3 月，并以冬季为主，年际变化最大，从 27 d 到 66 d。风玫瑰图显示此天气型以西南风和东北风为主，约占 60%，静风频率最高，达 14.83%，气团轨迹显示以移动较快的西北风为主，占 82%，其余为来自南部移动缓慢的气流。平均气温为 6 ℃，反映此气团为冷气团；湿度较高(RH 为 53%)，云量、水汽和整层大气可降水量均较小，上干下湿的结构显著；气压高，但风速最小；日照、辐射适中，但混合层厚度最低，能见度也较低；无降水。总体而言，此天气型属于冷湿静稳气团，与天气型 10 类似，区别在于此天气型云量小，日照和辐射稍大，气团也以西北来向为主。

天气型 13(271 d，占 7.4%)：主要出现在 3—11 月，年际变化从 14 d 到 43 d。风玫瑰图显示此天气型以东北风为主，占 45%，其次为偏南风，占 38%，静风频率也较高，为 8.12%，气团轨迹显示南部缓慢移动的轨迹占 48%，其余为西北来向。平均气温最高为 21 ℃，反映此气团为暖气团；湿度较高(RH 为 53%)，云量、水汽和整层大气可降水量适中；气压低，风速适中；日照、辐射高，混合层厚度和能见度适中；降水少。总体而言，此天气型表现为来自南部和西北各一半、辐射状况较好的高温高湿气团。

天气型 14(140 d,占 3.8%,为出现频率第二少的天气型):主要出现在 10 月—次年 4 月,年际变化从 9 d 到 21 d。风玫瑰图显示此天气型受西北风控制约占 40%,且风速较大,静风频率为 5.7%,气团轨迹显示主要气流来自西北,移动迅速,约占 74%,此外有 26%的气团来自南部,移动缓慢。平均气温为 6 ℃,反映此气团为冷气团;湿度较高(*RH* 为 50%),云量高,但水汽和整层大气可降水量均较小,表现为上干下湿的垂直结构;气压高,风速第三大;日照、辐射适中,混合层厚度、能见度偏低;降水量少。总体而言,此天气型表现为以来自西北为主但伴有部分南部气流的冷湿气团,此气团与天气型 12 类似,但较天气型 12 云量大,风速也稍大。

总体而言,天气型根据热力状况主要分为高温高湿(天气型 1、8、9、13)、冷湿(天气型 2、10、12、14)、冷干(天气型 3、7)、热偏湿(天气型 5、6)、干暖(天气型 11)和中性(天气型 4)气团。关于热力属性类似的天气型,其气团源区或垂直结构或者辐射状况又有着不同。高温高湿的天气型 1 为偏南气流输送;8 和 9 为东和南部气流输送,但 8 降水显著;13 为南和西北气流输送。冷湿的天气型 2 为南部和北部均有输送,但底层大气都较湿;天气型 10、12 和 14 虽都为上干下湿的垂直结构,但 10 主要来自东部和南部输送,且大气较稳定,12 大气稳定性高,但来自西北气流较多,云量少使其垂直对流活动较强,14 也主要为西北气流但大气稳定性稍差,大风天占一定比例。同为干冷气团的 3 和 7,区别在于 3 的本地风场——西南和东南风占有一定比例,而天气型 7 则主要为风速较大的北风。同为热偏暖的天气型 5 和 6,风场和气团来向区别显著,5 主要来自北部气团,使其扩散状况较好,而 6 主要来自南部气团(王莉莉,2012)。

5.1.3.2 天气型对气溶胶质量浓度的影响

PM_{10} 对应质量浓度值较大的天气型为 10、14、12,质量浓度最小的天气型为 3、4、5、7;$PM_{2.5}$ 对应质量浓度值较大的天气型为 10、12、14、9,质量浓度最小的天气型为 3、4、5、7、11。与 PM_{10} 不同,在天气型 9 中 $PM_{2.5}$ 质量浓度值较高,主要由于高温高湿以及南部气流输送,导致气粒转化增加二次生成细粒子较多,而对应的粗粒子增加相对较少,天气型 11 质量浓度低的原因是西北大风对细粒子清除,但带来的沙尘和扬尘导致粗粒子增多。$PM_{2.5}$ 和 PM_{10} 对应的高污染天气型 10、14、12,其气团性质为冷湿气团,上干下湿的垂直结构,不利于污染物扩散,而静稳天气也导致污染的累积,加之南部气流的传输影响,共同导致颗粒物高值。$PM_{2.5}$ 和 PM_{10} 对应的低污染天气型 3、4、5、7,虽然热力性质不统一,但垂直扩散状况较好,且都表现为北部气团影响,一方面北部气团所携带的污染物少,另一方面北部气团对应移动速度快,对污染物扩散起到一定的作用,在这几个气团中细粒子比例相对较少(王莉莉,2012)。

5.1.3.3 天气型对气态污染物浓度的影响

SO_2 高值对应天气型 10、14、2、12,低值对应天气型 1、5、6、8、9、11、13。NO_x 高值对应天气型 12、10、2、14,低值对应天气型 1、4、5、7、8、9、11。天气型 7 为冷干气团,SO_2 稍高,但 NO_x 较低,所以 SO_2 与 NO_x 的比值较高。O_3 高值对应天气型 9、13、5、6、1,而天气型 2、10、12 值较低。O_3 高值天气型的特征为云量少、气温高,而低值天气型对应云量大、气温低。天气型 3、4、11 对应 O_3 质量浓度值适中,虽然这几个天气型对应气温并不高,但由于云量少加之北部气团动力输送,使得 O_3 质量浓度稍高,而天气型 8 尽管温度较高,但由于云量大,不利于臭氧生成,所以浓度值不高。O_x 高值对应天气型 6、1、9、12、13,低值对应 4、7、3、2、11、14。O_x 对应的高值表现为 O_3 和 NO_2 综合的高值,既有高温云量少导致 O_3 高值但 NO_x 低值的天气型(6、1、9、13),又有 NO_x 排放量大在 O_x 中 NO_2 占主导的天气型(12)。综合来看,SO_2 和

NO_x 高值主要对应冷湿气团，受冬季供暖燃烧排放源高影响；而 SO_2 低值对应湿的暖热气团，此时排放源较低，湿度大对 SO_2 也有一定的清除作用，NO_x 低值对应高温或干暖气团，反映出有利的光化学反应条件使 NO_x 光化学消耗（王莉莉，2012）。

5.1.4 典型重污染天气形势分析

考虑到污染源类型和气象要素的影响差异，我国现阶段大气污染可简要归纳为四种类型：静稳型、沙尘型、其他型和复合型。静稳型是指在大尺度高压（或低压）的弱气压场控制背景下，稳定的大气通常会有逆温层或等温层，底层气块受到某种强迫后上升达到逆温层或等温层底时，就会因存在负浮力或正浮力减小而开始减速，并最终使各种气态污染物、固态悬浮物以及水汽大量聚集在近地层，从而形成重空气污染。沙尘型是由冷空气影响时，地面沙尘被吹起或被高空气流带到下游地区而造成沙尘天气时形成的污染。其他型是指局部地区由秸秆燃烧、鞭炮燃放等其他特殊来源产生的污染物，排放量达到一定程度时造成的区域性、短时性空气污染，此类污染时效性、地域性特征非常明显。复合型是指由以上多个因素共同影响造成的空气污染。

5.1.4.1 静稳型

静稳型是我国目前主要的污染类型。李令军等（2012）对 2000—2010 年北京大气重污染统计发现，静稳型发生次数高达 69 次，占 45.7%。受大气稳定层结的影响，此类污染多发生在秋冬季节，发生时，高空气流平直，以纬向环流为主，底层盛行偏南风，回暖明显，地面风速较小、相对湿度较大，常常伴有明显的近地层逆温，大气污染物难以扩散，地面常出现明显的辐合形势，污染物得以快速积累。

王莉莉等（2010）将 2007—2008 年夏末秋初北京地区高空天气型分为 2 大类 6 种，其中槽后脊前型和脊控制型为两种典型的天气形势，这两种形势下污染物浓度均较高，在污染物积累大类中所占天数比例为 68.6%。位于槽后脊前（少数位于槽后，但低层有偏南风输送）时，低空 850 hPa 多处于槽后、脊区或偏南气流控制中，地面气压场多为均压场和高压后部或底部。此天气型时以晴朗、中等云量的天气为主，下沉气流和相对稳定的垂直结构使污染物在此天气型时以累积上升为主。处于脊控制型时，低空 850 hPa 多为偏南气流、脊或高压场控制，地面为高压和均压场。天空多晴朗、少云天气，近地层风速较小，低层偏南风输送，整层大气稳定，区域整体处于静稳状态。此天气型不利于污染物扩散，且多发生在槽后脊前型之后，污染物浓度多在此天气型时达到峰值；尤其在夏季与西进北抬的西太平洋副热带高压相结合，常形成持续多天的重污染过程。

2013 年 1 月，罕见强霾污染席卷我国中东部地区，引起社会各界高度关注。本次强霾污染涉及我国整个中东部地区，污染最严重的京津冀地区共计发生 5 次强霾污染过程，其中两次超强过程发生在 9—15 日和 25—31 日，北京 $PM_{2.5}$ 小时质量浓度最高值分别达到 680 $\mu g \cdot m^{-3}$ 和 530 $\mu g \cdot m^{-3}$，石家庄和天津等重要城市强霾污染状况与北京相似。天气系统弱、强冷空气活动少和极其不利于污染物扩散的局地气象条件及地理位置，是造成本次强霾污染形成的外部条件（图 5.9）（王跃思等，2014）。1 月华北地区高空盛行西风气流，500 hPa 以纬向环流为主，经向风弱，中高纬冷空气入侵少，重污染时段低层 850 hPa 受暖平流影响易形成逆温（图 5.10），静稳天气持续；地面不利于污染物扩散的低压场或弱气压场在一段时期内稳定控制着华北地区，导致区域气压梯度小、地面风速小，严重阻碍了空气的水平流动和垂直交换；南部污染物受山前区域偏南风的影响，在风场作用下汇聚到山前停滞，在以上多种因素的共同作用

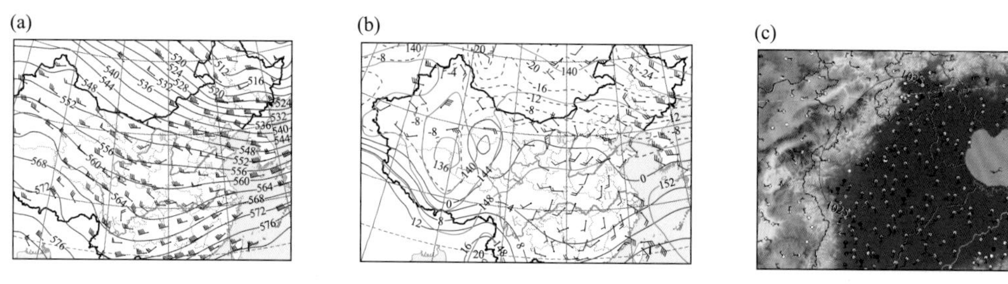

图 5.9 2013 年 1 月 12 日 500 hPa(08:00)(a)、850 hPa(20:00)(b)和地面(08:00)(c)天气图

(引自王跃思等,2014)

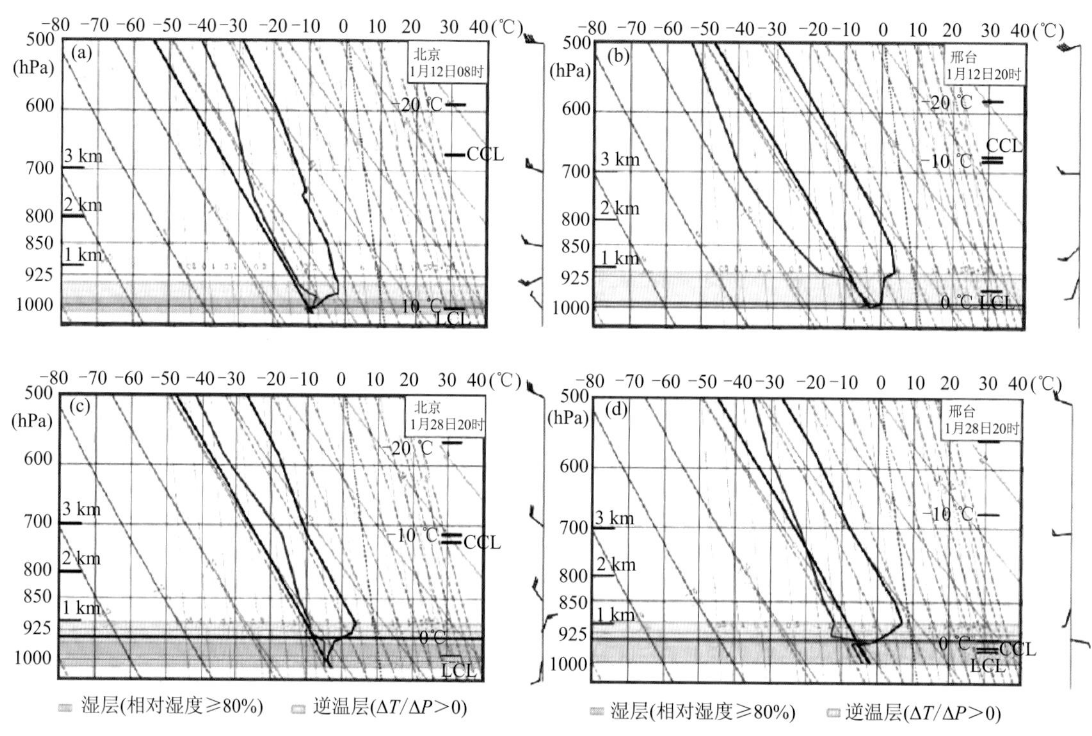

图 5.10 2013 年 1 月 12 日和 28 日北京和邢台探空曲线图(引自王跃思等,2014)

(a)北京,1 月 12 日 08 时;(b)邢台,1 月 12 日 20 时;(c)北京,1 月 28 日 20 时;

(d)邢台,1 月 28 日 20 时

下,形成了长时间持续重度霾污染的典型天气形势。

一般来讲,整层的偏北风特别是近地面层明显的北风是我国大部分城市空气污染的重要清除条件。但有时高空的北风和下沉运动并没有到达近地层,地面的扩散条件未改善,从而导致污染物浓度仍然维持在较高的水平,这是一类发生在高空偏北风背景下的污染。廖晓农等(2015)统计发现,2005 年以来北京地区高空偏北气流背景下重污染占 9.7%,虽然这种环流分型所占比例不大,但造成的污染程度比较严重。2013 年 3 月 13—15 日重污染发生时,850 hPa 以上盛行西北风,但由于其对应的冷空气势力太弱,850 hPa 以下均为偏南风,冷空气不能侵入到对流层底层,且近地层有较明显的辐合上升运动。从地面到对流层中层,垂直速度呈上升—下沉—上升的分布,而且散度呈辐合—辐散—辐合的结构(图 5.11)。

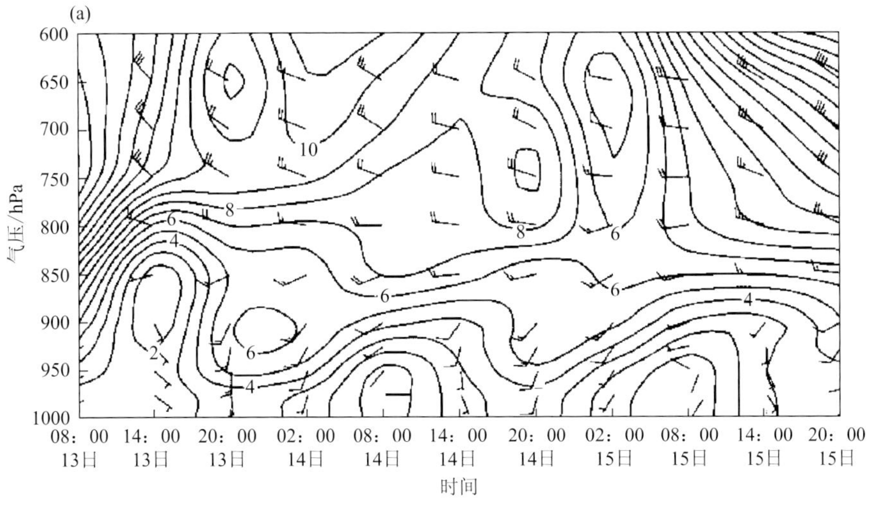

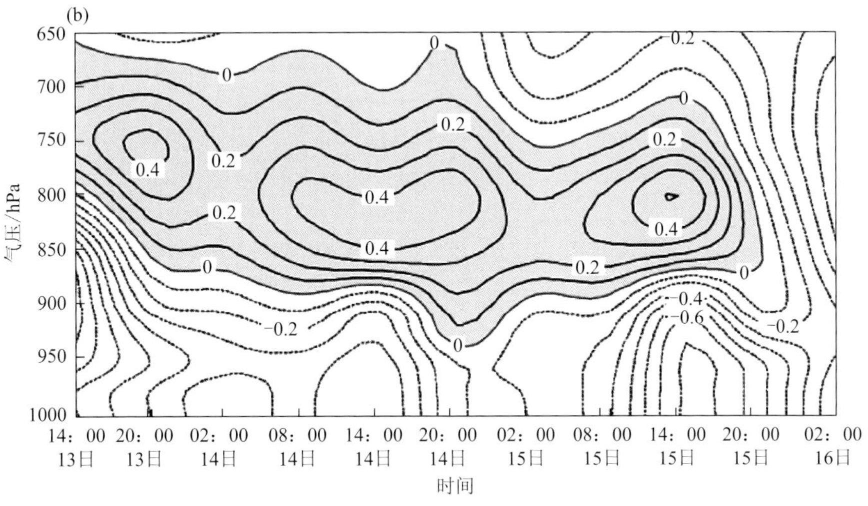

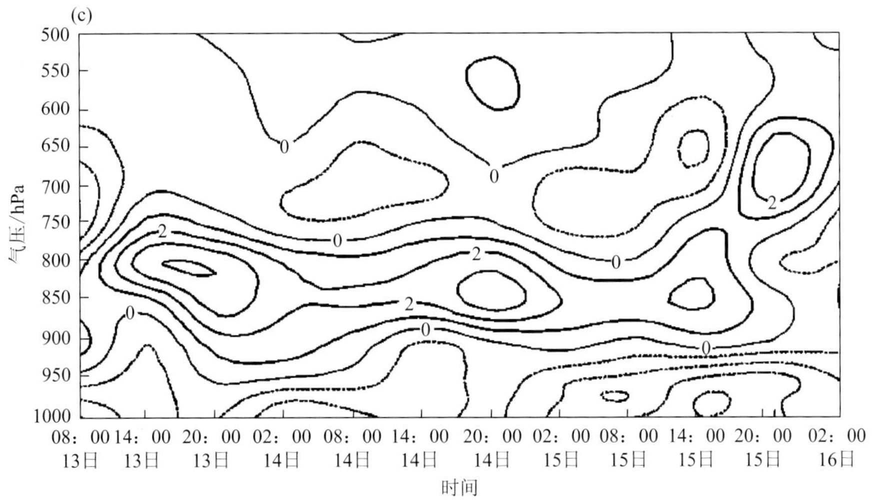

图 5.11　2013 年 3 月 13 日 08:00—15 日 20:00 北京上空物理量形势(引自廖晓农等,2015)

(a)水平风(单位:$m \cdot s^{-1}$)时间-气压图;(b)垂直速度(单位:10^{-3} $hPa \cdot s^{-1}$)剖面图(负值表示上升运动);(c)散度(单位:10^{-5})剖面图(负值表示辐合)

近地层的辐合导致周边的污染物向本地汇集，上升运动则将它们送向空中。但是，叠置在其上空的、长时间维持的下沉气流层却阻止了污染物继续向上输送，从而导致近地面层的污染物被抑制在某一高度内扩散不出去，浓度不断积累升高最终出现严重污染（图 5.12）。在这种高空偏北风背景下，由于冷空气动力作用不足，从而形成积累型高污染天气。因此，环境大气动力作用是高空偏北气流型空气污染过程形成的关键机制，关注对流层中下层 24 h 温度变化、垂直速度和散度的垂直分布，将有助于提高此类高污染过程的诊断分析和预报预警能力。

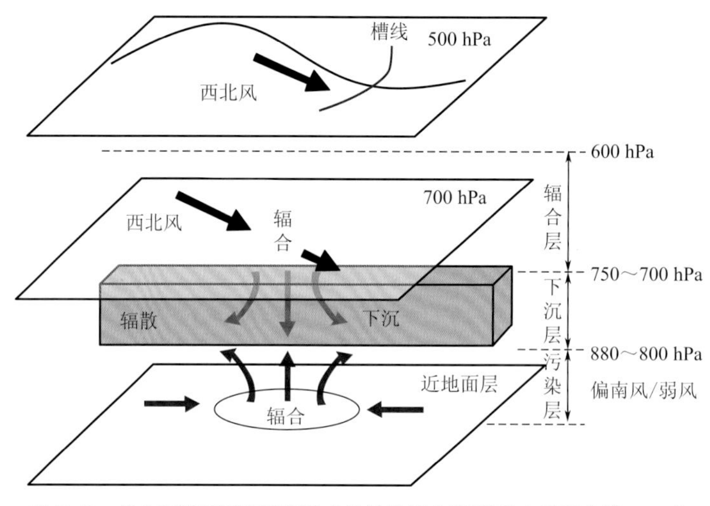

图 5.12　偏北风背景下高污染形成机制的概念模型（引自廖晓农等，2015）

5.1.4.2　沙尘型

与静稳型不同，沙尘型污染由于冷空气的影响，往往会破坏近地层大气稳定性，一方面增强本地源污染物的稀释扩散，另一方面增加外来的沙尘颗粒的大量输送，所以沙尘型污染发生期间 PM_{10} 质量浓度急剧升高，而 SO_2、NO_x 等其他气态污染物质量浓度明显下降。这类污染形成至少有 3 个必要条件：一是典型的沙尘源区，二是明显的不稳定层结，三是足够强的起动风速。从时空分布来看，一般都发生在西北、华北和中原地区春季，气候干燥、相对湿度较低、冷空气活动频繁（王式功等，2000a；冯鑫媛，2009）。污染源主要来自外来输送，境内沙源主要来自于腾格里沙漠、巴丹吉林沙漠、南疆的塔克拉玛干沙漠和北疆的库尔班通古特沙漠；境外源区主要来自蒙古国东南部戈壁荒漠区和哈萨克斯坦东部沙漠区，虽然此种污染类型发生比例较静稳型要小，但一旦发生极易产生重污染。此类污染下颗粒物大多来自地壳，对人体的危害相对较小，且由于近年来大力治理其发生次数显著降低，所以该类污染对环境的影响已经显著减小。

徐晓峰等（2003）对 2002 年 3 月 18—22 日北京地区强沙尘天气进行了分析，发现受强冷空气南下和蒙古气旋发生、发展的共同影响，造成了此次沙尘重污染过程；期间空中冷槽在移动中明显加深，槽前斜压性强，蒙古低压形成并强烈发展，配合的低涡低槽使冷空气大举南下，地面蒙古气旋东移加强，不断加深，冷锋后部冷高压势力强、影响范围大（图 5.13）。期间，850 hPa 高度冷平流明显，最大风速为 18 $m \cdot s^{-1}$，平均风速为 15.8 $m \cdot s^{-1}$，24 h 降温为 9 ℃，地面 300 m 高度平均风速最大为 14 $m \cdot s^{-1}$，冷空气强度大。此次重沙尘污染过程主要以外来沙尘输送为主，随后又夹杂了本地的扬尘，污染过程中 PM_{10} 质量浓度最高达 800 $\mu g \cdot m^{-3}$，维持一段时间后又快速下降至较低水平（200 $\mu g \cdot m^{-3}$ 以下），最终在冷空气的持续影响下，污染物得

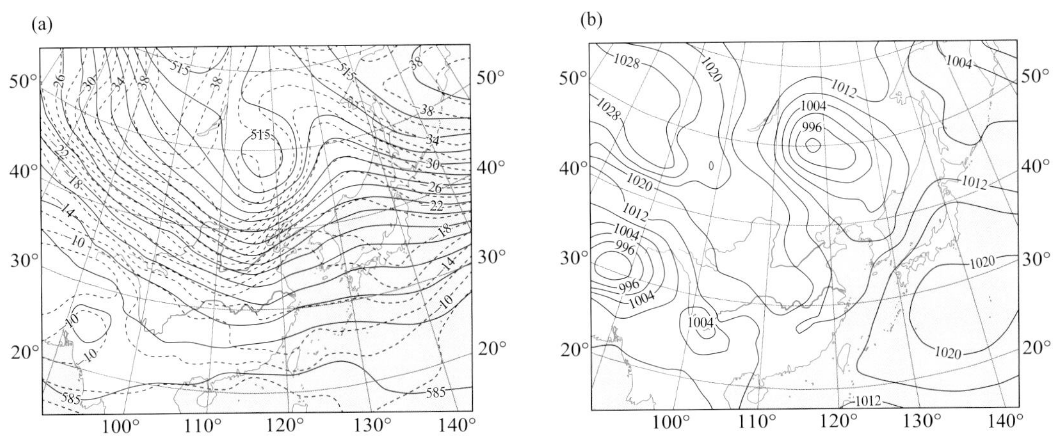

图 5.13　2002 年 3 月 20 日 20:00 500 hPa 高空天气形势图(a,单位:dagpm 和℃)与地面天气图(b,单位:hPa)形势图(引自徐晓峰等,2003)

到快速清除。

5.1.4.3　其他型

秸秆露天焚烧、鞭炮燃放过程中释放的各种气态污染物和颗粒物,也是我国局地大气污染的重要来源之一。焚烧秸秆严重污染环境,影响气候,破坏生态平衡,焚烧排放大量的颗粒物、CO、VOC、SO_2、NO_2 以及 PAHs 等有毒有害物质,在不利大气扩散条件下,造成邻近城市大气环境急剧恶化,而且极易通过输送造成区域性大气污染。目前已有学者对北京、天津、河北、河南、湖北、江苏、安徽、浙江等地秸秆燃烧产生的空气污染进行了深入研究。

长江三角洲地区是我国主要霾区之一,周边地区的秸秆焚烧也是不可忽略的重要因素之一,秸秆焚烧污染物排放量较大的区域主要集中在江苏中北部和安徽北部(图 5.14)(朱佳雷等,2012)。尹聪等(2011)利用遥感监测到的火点和云覆盖信息,结合后向轨迹模拟发现,秸秆焚烧排放的大气污染物可以长距离输送,影响范围较大,不仅有南京近郊本地的焚烧影响,江

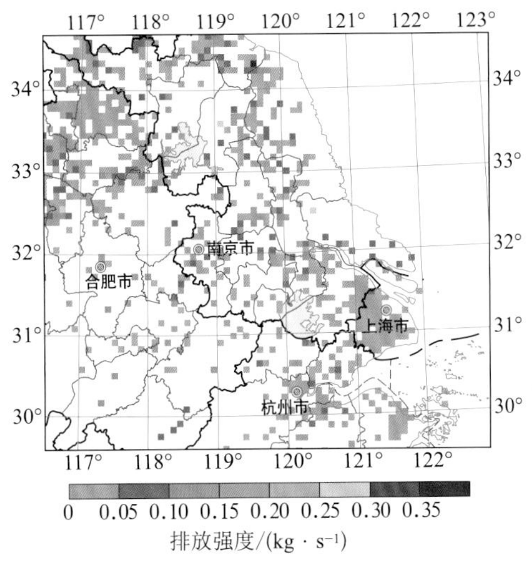

图 5.14　长三角地区 2008 年秸秆焚烧火点及 PM_{10} 排放强度分布(引自朱佳雷等,2012)

苏北部，甚至江西、湖南、浙江、安徽的秸秆焚烧都有可能输送至南京；从气象条件来看，逆温层的形成导致地面风速小而湍流弱，低层切变产生的辐合使得污染汇合，在边界层内形成堆积，而且来自海上的气团带来了水汽使得湿度增加，更有利于重度霾的形成（图 5.15）。

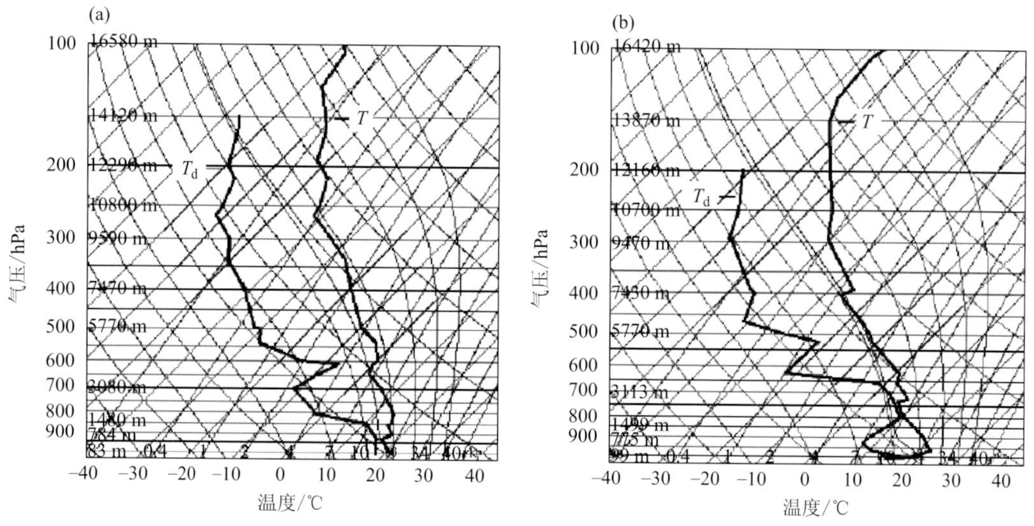

图 5.15　2007 年 6 月 5 日 08:00(a)和 2009 年 11 月 8 日 08:00(b)探空压温图（引自尹聪等，2011）

使用 RegAEMS(regional atmospheric environment modeling system，南京大学开发的区域大气环境模拟系统)，针对 2008 年 10 月底江苏一次由秸秆焚烧导致的重霾污染天气事件，模拟大气成分质量浓度变化，发现 PM_{10} 质量浓度模拟结果能很好地反映观测浓度值的变化趋势，模拟的最大峰值出现时间与观测的最大峰值出现时间非常接近（18—20 时），而在系统中加入秸秆源后模拟结果有较大的改善，模拟峰值与实测峰值绝对误差大幅减小，仅为 0.033 mg·m^{-3}，相对误差仅为 2.2%，表明秸秆焚烧源对此次霾污染事件有重要的贡献（图 5.16）。通过模拟试验发现，秸秆焚烧污染物排放导致大气中 PM_{10}、CO 质量浓度升高 30% 以上，黑碳和有机物的消光贡献明显增强。区域输送研究表明，苏中地区、外省秸秆焚烧排放源对重霾污染的贡献分别达到 32.4%、33.3%（朱佳雷等，2012）。

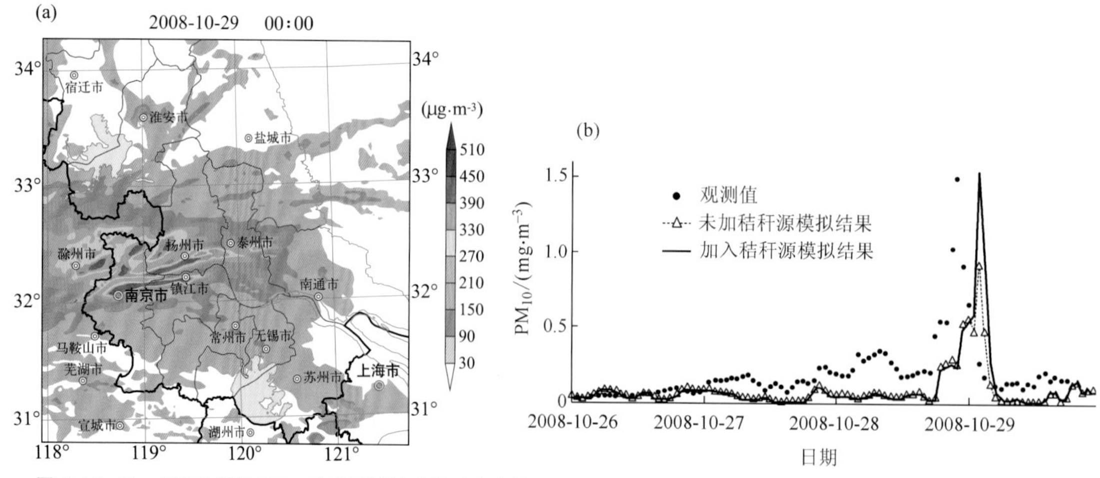

图 5.16　RegAEMS 模拟 PM_{10} 地面质量浓度的时空变化(a)及 PM_{10} 质量浓度模拟结果检验(b)（引自朱佳雷等，2012）

5.1.4.4 复合型

郭虎等(2007)分析了 2006 年 4 月 7—10 日北京地区连续重污染天气过程,发现此过程是一次沙尘天气先后两次影响北京所造成,其中第二次为沙尘型和静稳型共同作用造成的复合型污染(图 5.17)。4 月 7 日 02 时,北京中低层高空为明显西北风,这使得上游沙尘随西北气流移动至北京,在 03 时前后造成北京空气质量恶化,PM_{10} 最高时质量浓度可达 600 $\mu g \cdot m^{-3}$;7 日 08 时中低空风速明显增大,沙尘移出北京,第一次污染结束。14 时,低层风速逐渐减小,至 20 时中层由西北风转为西南风,同时低空转为偏东风,形成了利于北京回流的风场结构,并且这种形势一直维持至 10 日 20 时,在空中气流平直、地面风速小、大气层结稳定的形势下,PM_{10} 质量浓度出现了激增过程,最高质量浓度可达 950 $\mu g \cdot m^{-3}$。由于这种持续偏东南风的存在,使得移到海上的沙尘向西回流,结合本地其他污染源,造成北京连续数日的重度污染,这种复合型污染在历史上是比较少见的。

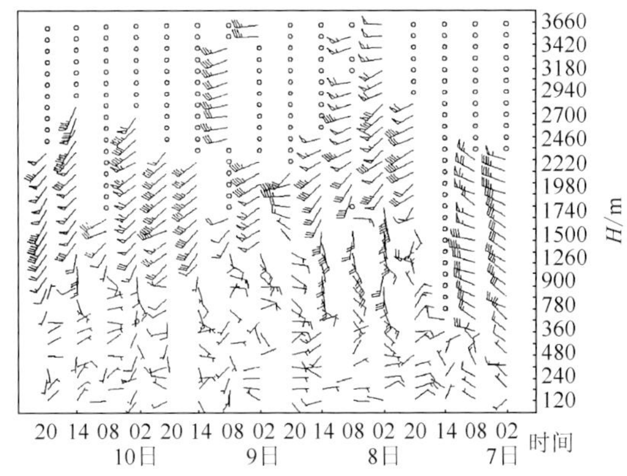

图 5.17　2006 年 4 月 7—10 日沙尘污染期间风廓线时间-高度剖面图(引自郭虎等,2007)

5.2 锋面活动对空气污染的影响

空气污染物进入大气后,主要集中在大气边界层内,其分布状况受边界层大气扩散能力的影响。边界层大气扩散能力大小又受环流形势和天气系统的制约,特别是锋面天气过程对大气扩散能力有很大影响。因此,对锋面及相应污染气象参数进行研究,有助于深入理解大气污染物扩散的有关机制。

锋面(frontal surface),是温度、湿度、气压、风、稳定度和云等物理性质不同的两种气团的交界面,或者叫作过渡带。锋面与地面相交而成的线,叫作"锋线"。一般把锋面和锋线统称为锋,锋是重要的天气系统之一。由于锋两侧的气团性质上有很大差异,所以锋附近空气运动活跃,在锋面附近有强烈的升降运动,气流极不稳定,常造成剧烈的天气变化。按照热力学分类方法,若冷气团主动推动暖气团前进,则称为冷锋;反之称为暖锋。若冷暖气团势力相当,则称为准静止锋。若冷锋追上暖锋,将暖空气抬离地面,则会形成锢囚锋(朱乾根等,1992)。

有关研究表明,锋面过境最明显的特征是气象要素发生突变,从而引起污染气象参数和大气扩散能力的急剧变化。锋面对当地污染物的去除不仅有水平方向的推动扩散作用,还会使污染物向高空输送或向地面沉降(张秀宝等,1989)。冷锋过境前,通常大气扩散条件极为不利，污染物浓度逐渐增高，并达到峰值；冷锋过境，出现大风或降水天气，污染物浓度迅速降低。冷锋过去1～2 d后，高压变性后污染物会再次开始积累、浓度回升。移动缓慢的暖锋临近，使得混合层逐渐变薄，扩散条件在锋面通过以前变得越来越差，空气污染日趋严重，但较强的暖锋过境时，扩散条件转好，空气污染物浓度也会显著降低。

5.2.1 冷锋与大气环流的对应关系

位于对流层最底部的大气边界层受大尺度、中小尺度天气系统以及局地系统的直接影响，而大气环流是不同尺度天气系统发生、发展和演变的背景条件，因此研究锋面与大气环流的对应关系，能进一步认清各种污染物在大气边界层中的扩散和输送机制。

5.2.1.1 冷锋与高空环流分型

按照欧亚区域内冬季500 hPa高空环流形势差异，可将环流特征分为四种类型：两槽一脊型、一脊一槽型、一槽一脊型和平直气流型，各自出现的百分率分别为51%、14%、13%和22%。其中，两槽一脊型中两槽指乌拉尔山或其以西至黑海为一较深的南北向低槽，贝加尔湖以东至亚洲大陆东岸的东亚大槽，两槽之间为一强高压脊区，我国西北、华北大部分地区均处于东亚大槽后部西北气流或西北偏西气流控制之下，冷空气活动频繁。一槽一脊型指欧洲南部为弱高压脊，从新地岛以东至黑海区域内为一深厚低压槽，东亚大槽很弱，我国北方处于西风气流之中，冷空气活动较弱。一脊一槽型是阻塞高压建立后与崩溃期的环流形势，一般在新地岛以南至黑海之间有阻塞高压建立，我国北方受锋区前偏西气流或锋附近的西北气流控制。平直气流型为中纬度处于纬向环流形势，欧亚范围30°～50°N均为西风气流，多短波小槽活动，我国大部分地区均处于此西风气流之中，一般无冷空气活动。

为了定量分析500 hPa环流形势与地面冷锋天气过程之间的对应关系，普查多年的历史天气图资料，以24 h降温(ΔT_{24})为统计标准，将冷锋天气划分为强冷锋($|\Delta T_{24}|>4$ ℃)、较强冷锋(3 ℃$\leqslant|\Delta T_{24}|\leqslant$4 ℃)和弱冷锋(0 ℃$<|\Delta T_{24}|<$3 ℃)3个等级，各级冷锋过程与500 hPa各环流形势的定量统计结果见表5.5。可见，冬半年，在不同的500 hPa环流形势控制下，地面冷锋天气过程的频率和强度出现较大差异。两槽一脊环流形势下，兰州地区的冷锋活动最频繁(54.8%)；一脊一槽环流形势控制下，冷锋活动次之(35.5%)；一槽一脊环流形势下，冷锋活动较少(9.7%)；平直气流环流形势下，无冷锋过程。从环流型与冷锋强弱对应关系看，强冷锋天气主要发生在两槽一脊和一脊一槽这两种环流形势下(40.3%)，较强冷锋也是在两槽一脊环流形势下产生的最多(16.1%)，而弱冷锋则是在一脊一槽环流形势下出现的最多(14.5%)，两槽一脊形势下略少(12.9%)。综合来看，两槽一脊和一脊一槽形势下地面冷锋活动较强、较频繁，尤其是前者。

表5.5 兰州地区冬半年冷锋强度与高空环流的统计关系

500 hPa环流形势	强冷锋		较强冷锋		弱冷锋		小计	
	次数/次	比例/%	次数/次	比例/%	次数/次	比例/%	次数/次	比例/%
两槽一脊	16	25.8	10	16.1	8	12.9	34	54.8
一脊一槽	9	14.5	4	6.5	9	14.5	22	35.5
一槽一脊	1	1.6	4	6.5	1	1.6	6	9.7
平直气流	0	0	0	0	0	0	0	0

5.2.1.2 冷锋活动季节变化特征

冷锋活动的强度受大气环流形势制约，而大气环流形势的季节变化特征非常显著，因此冷锋天气过程也呈现出鲜明的季节变化特征。其中冬、夏环流型差异显著，春、秋季为过渡，由于对我国大部分城市来说冬半年空气污染更加严重，因此本节只对冬半年(10—12 月、次年 1—3 月)各月份冷锋活动情况进行对比分析。

以兰州市为例，分析冷锋天气过程强度和频数的季节变化特点，统计结果见表 5.6。其中 3 月冷锋最为活跃，强度和频数均为最高，较强冷锋以上级别占该月总数的 93.4%。10 月次之，冷锋强度和频数略有下降，较强冷锋以上级别占 80.0%。12 月出现强弱两极分化的现象，虽然强冷锋出现时降温比较显著，但冷锋总次数为冬半年最低(同 1—2 月)，且弱冷锋与强冷锋活动次数一样，较强冷锋活动仅有 1 次。相反，1 月弱冷锋活动最活跃(占 55.6%)，说明 1 月冬季环流型处于稳定时期，大规模的冷暖空气活动较少，小规模弱冷空气活动较多。以上结果正好反映了春、秋过渡季节大气环流形势调整变化大、冷暖空气活动频繁的特征。

表 5.6 兰州市冬半年各月冷锋变化特征

月份	强冷锋				较强冷锋				弱冷锋				总计/次
	次数/次	平均降温/℃	最大降温/℃	比例/%	次数/次	平均降温/℃	最大降温/℃	比例/%	次数/次	平均降温/℃	最大降温/℃	比例/%	
10	5	5.6	7	50.0	3	3.3	4	30.0	2	1.5	2	20.0	10
11	3	6.0	8	27.3	4	3.0	3	36.4	4	1.5	2	36.3	11
12	4	6.8	10	44.4	1	3.0	3	11.2	4	1.0	2	44.4	9
1	3	6.0	7	33.3	1	4.0	4	11.1	5	1.4	2	55.6	9
2	5	5.4	6	55.6	2	3.5	4	22.2	2	1.5	2	22.2	9
3	7	6.1	7	46.7	7	3.3	4	46.7	1	1.0	1	6.6	15

5.2.2 冷锋强度变化对空气污染物浓度的影响

锋面过境对空气污染影响大，其作用差异与冷锋强度有直接关系。一般来说，锋前扩散条件持续转差，污染物积聚显著，空气污染日趋严重；强冷锋过境时扩散条件迅速转好，污染物得到快速扩散稀释，空气质量显著好转。此外，锋前常伴有对流性天气时，污染物扩散也非常明显，锋前伴有明显降水时，污染物也快速产生湿沉降，但降水不明显时，随着相对湿度的增加，有助于污染物的二次转化，空气污染反而会出现不同程度的加重。因此，强弱程度不同的冷锋对空气污染的影响差异是显著的。

5.2.2.1 冷锋强度影响差异

冷锋强度不同，对影响地区空气污染浓度的影响也各异。以 08:00 兰州市地面(地面温度)与高空(850 hPa、700 hPa 和 500 hPa)24 h 降温平均值 ΔT_{24}，作为冷锋天气过程强弱的划分指标。当 $|\Delta T_{24}|>5.0$ ℃为强冷锋；3.0 ℃$\leqslant|\Delta T_{24}|\leqslant5.0$ ℃为较强冷锋；$|\Delta T_{24}|<3.0$ ℃为弱冷锋。此外，为了体现冷锋活动的层次性，当 850 ～ 500 hPa 出现降温而地面未出现降温时定义为高空冷平流型冷锋。

根据划分标准，对 1988—1992 年 5 a 的冷锋，按强、较强、弱和高空冷平流 4 种类型对冷锋活动特征进行统计(表 5.7)。可见，影响兰州市空气污染的强冷锋最少(47 次)，仅占 16.0%，24 h

平均降温幅度为−6.9 ℃，最大值为−11.5 ℃；较强冷锋次之(68 次)，占 23.1%，24 h 平均降温幅度为−3.8 ℃，最大值为−4.9 ℃；弱冷锋活动最多(109 次)，占 37.1%，24 h 平均降温幅度为−1.6 ℃，最大值为−2.9 ℃；高空冷平流型出现了 70 次，占 23.8%。

表 5.7　冷锋对兰州城区空气污染的影响

	强冷锋	较强冷锋	弱冷锋	高空冷平流
次数/次	47	68	109	70
比例/%	16.0	23.1	37.1	23.8
平均 ΔT_{24}/℃	−6.9	−3.8	−1.6	−3.1*
最大 ΔT_{24}/℃	−11.5	−4.9	−2.9	−12.1*

注：* 为高空 850 ～ 500 hPa 某一等压面上的最大 ΔT_{24}。

(1)不同强度冷锋对主要空气污染物质量浓度的影响

进一步分析不同强度冷锋过境后主要空气污染物质量浓度的变化(表 5.8)：兰州市强冷锋过境后，各污染物降幅均为最高，分别使 SO_2、NO_x 和 CO 质量浓度平均降低 47.3%、35.3%和 34.2%，最大可达 81.1%、72.5%和 64.9%；较强冷锋过境后，各污染物降幅也较大，对应 SO_2、NO_x 和 CO 质量浓度平均降低 43.4%、28.0%和 28.1%；弱冷锋过境后，各污染物也出现较为明显的降幅，对应 SO_2、NO_x 和 CO 质量浓度平均降低 32.3%、21.8%和 21.5%。总之，冷锋过境都能使兰州市 SO_2、CO、NO_x 污染物平均质量浓度明显降低，其中，SO_2 质量浓度降幅最大；冷锋强度越强，污染物质量浓度降低幅度越大。

表 5.8　不同强度冷锋对主要空气污染物质量浓度的影响

	强冷锋			较强冷锋			弱冷锋		
	SO_2	NO_x	CO	SO_2	NO_x	CO	SO_2	NO_x	CO
平均降低比例/%	−47.3	−35.3	−34.2	−43.4	−28.0	−28.1	−32.3	−21.8	−21.5
最大降低比例/%	−81.1	−72.5	−64.9	−71.7	−73.2	−71.5	−73.9	−56.4	−53.0

(2)冷锋天气过程中气象要素与污染物浓度的相关关系

冷锋天气过程对城市空气污染的净化作用，主要是通过影响大气边界层对污染物的稀释扩散能力实现，而其稀释扩散能力又与有关污染气象参数密切相关。表 5.9 统计了污染物质量浓度与各污染参数之间的相关关系。结果表明，兰州市在冷锋天气过程中，污染物质量浓度与混合层厚度呈负相关，与逆温强度和逆温层厚度呈正相关。其中，污染物质量浓度与逆温层厚度的相关性最显著。再从不同强度冷锋的比较来看，较强冷锋天气过程中，各气象因子与污染物质量浓度的相关性最显著。从污染物种类比较来看，SO_2 质量浓度与各气象因子的相关性最显著，可以作为空气污染预报预警的重要参考依据。

表 5.9　污染参数与污染物质量浓度的相关系数

	强冷锋			较强冷锋			弱冷锋		
	SO_2	NO_x	CO	SO_2	NO_x	CO	SO_2	NO_x	CO
混合层厚度	−0.13	−0.13	−0.09	−0.32*	−0.23	−0.25	−0.35**	−0.35**	−0.24
逆温强度	0.14	0.15	0.13	0.60**	0.26*	0.46**	0.02	0.06	0.01
逆温层厚度	0.47**	0.44**	0.36**	0.56**	0.29*	0.48**	0.39**	0.34**	0.46**

注：* 通过 $\alpha=0.05$ 的显著性水平检验，** 通过 $\alpha=0.01$ 的显著性水平检验。

5.2.2.2 冷锋对污染气象参数的影响

不同强度冷锋过境对各种污染气象参数都有一定的影响。可通过计算不同强度下各种污染气象参数的变化量、变化百分率、变化速度等,分析不同强度冷锋过境对各种污染气象参数的影响。计算公式如下:

$$\Delta P = P_{临} - P_{前} \tag{5.1}$$

$$r = \Delta P / P_{前} \tag{5.2}$$

$$U_{\Delta P} = \Delta P / \Delta t \tag{5.3}$$

$$U_r = r / \Delta t \tag{5.4}$$

式中:$P_{前}$、$P_{临}$分别为冷锋前、冷锋来临时某一要素值;ΔP 为锋面过境前后该要素的变化量;r 为相对变化率;$U_{\Delta P}$ 为相应的平均每天变化量;U_r 为相对变化百分率的平均每天变化值。

以兰州为例,利用式(5.1)—(5.4),分别计算了不同强度冷锋天气过程污染气象参数在冷锋来临前(或过境后)的变化特征(表5.10)。

表5.10 不同冷锋强度污染气象参数的变化特征(刘建忠等,2002)

参数	冷锋强度	变化量	相对变化百分率/%
混合层厚度/m	强	930	302
	较强	799	163
	弱	669	142
	高空冷平流	483	63
通风系数/($m^2 \cdot s^{-1}$)	强	2970	566
	较强	2691	404
	弱	2242	510
	高空冷平流	1894	265
逆温层厚度/m	强	1305	97
	较强	1016	88
	弱	1000	76
	高空冷平流	802	74
逆温强度/[℃·(100 m)$^{-1}$]	强	0.210	22.4
	较强	0.076	20.9
	弱	0.018	18.0
	高空冷平流	0.017	10.6
里查森数 Ri	强	−22.7	−64.3
	较强	−14.3	−53.2
	弱	−12.7	50.7
	高空冷平流	−11.0	−35.3

分析表明:①冷锋过境前混合层厚度和通风系数达到极小,逆温层厚度、逆温强度和 Ri 达极大,此时污染最重。冷锋过境时(地面冷高压前)混合层厚度、通风系数达极大,逆温层(贴地辐射)厚度、逆温强度和 Ri 达极小,污染最轻。②对混合层厚度、通风系数而言,不同强度的冷锋过境,其上升量、上升速度、相对上升量、相对上升速度(由冷锋前的最低值上升到最大

值)因季节不同而有差异。不同强度的冷锋过境,逆温层厚度和逆温强度、*Ri* 也因季节不同而不同。在同一季节,各种污染气象参数在锋面过境时的变化,基本上按锋面强度分级的强、较强、弱、高空冷平流依次递减。

5.2.2.3 冷锋对 PM_{10} 质量浓度的影响

冯鑫媛等(2014)分析了 2007 年 4 月 19 日影响兰州市的冷锋天气过程发现,冷锋天气过程中 3 h 最大降温为 6.5 ℃、变压最大达 12.8 hPa。冷锋过境期间,PM_{10} 质量浓度先急升(图 5.18),并于 18:00 达最大值(为 777.1 $\mu g \cdot m^{-3}$);之后又大幅下降。21:00,当锋面系统移出兰州市后,受地面冷高压影响,PM_{10} 质量浓度降至 45.6 $\mu g \cdot m^{-3}$。18—20 日,冷锋影响期间,PM_{10} 日平均质量浓度分别为 104.3、182.0 和 56.5 $\mu g \cdot m^{-3}$;锋面过境当天(19 日),空气质量出现Ⅲ级污染(PM_{10} 质量浓度>150 $\mu g \cdot m^{-3}$)。可见冷锋过境初期颗粒物污染较为严重,由于过境时有效扩散作用,PM_{10} 质量浓度快速下降,污染物得到清除。

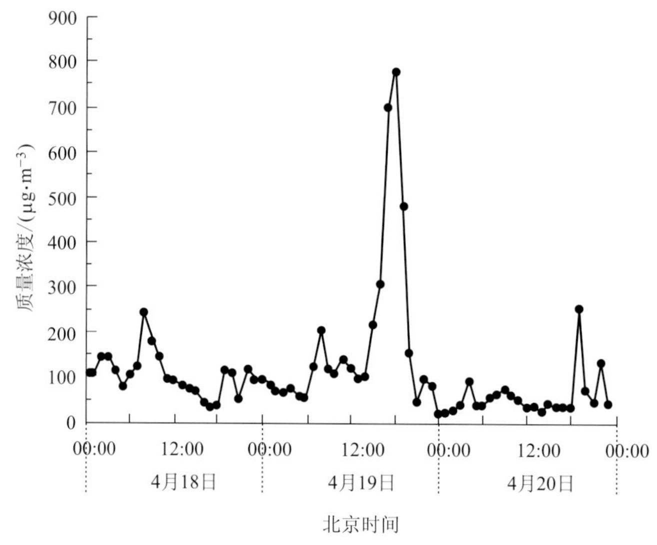

图 5.18 2007 年 4 月 18—20 日冷锋天气过程期间逐时 PM_{10} 质量浓度(引自冯鑫媛等,2014)

另外,大气边界层中的通量输送过程是地、气间的物质、动量、水热交换的必要条件之一,在冷锋天气过程中,边界层湍流输送过程是研究颗粒物输送、扩散、沉降等物理机制中至关重要的一个环节。分析 4 月 19 日冷锋天气过程边界层湍流输送特征及其与颗粒物污染的关系(图 5.19)发现,冷锋过境前和过境时,湍流强度均呈增大趋势,说明近地层湍流活动比较活跃。冷锋过境初期经向和纬向的动量均是向下输送的,且经向输送较大,动量下传特别是经向动量下传造成地表尘粒大量扬起,造成冷锋过境初期颗粒物浓度骤升,PM_{10} 质量浓度达到最大值。另外,冷锋过境前边界层有逆温层出现,随着锋面过境,逆温层完全被破坏、消失,混合层迅速发展,边界层低层温度和湿度的垂直梯度变得很小,近地层风速垂直梯度则明显增大,PM_{10} 质量浓度先升后降。

5.2.2.4 霸王级寒潮天气的空气污染净化效应

受北极冷涡倾巢南下的影响,2016 年 1 月 20—25 日一次"霸王级寒潮"袭击我国大部分地区,我国境内从北方寒潮大风到南方大范围低温雨雪冰冻天气,多地气温之低刷新历史极

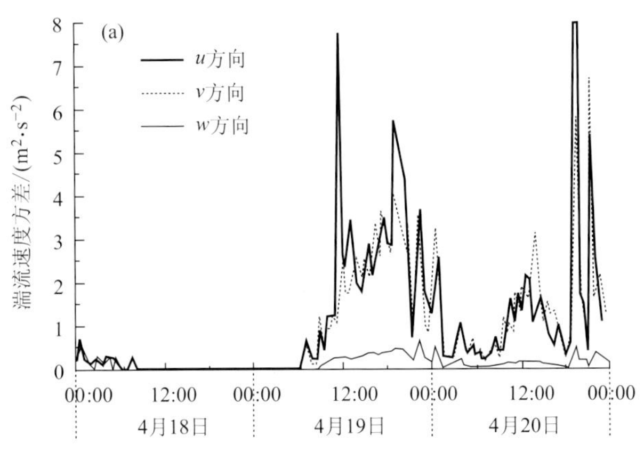

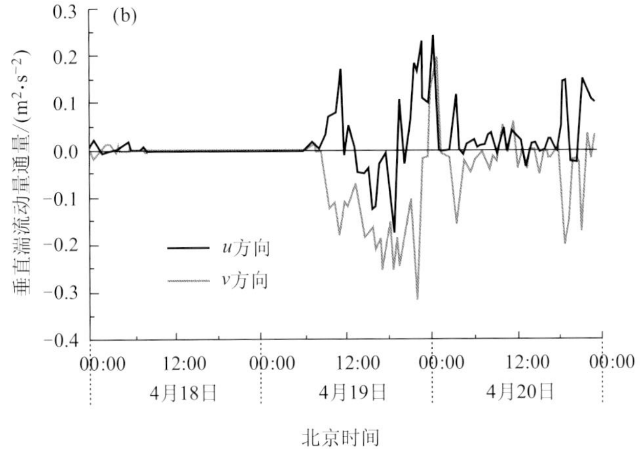

图 5.19　2007 年 4 月 18—20 日冷锋天气过程湍流速度方差(a)和垂直湍流动量通量(b)的时间变化(引自冯鑫媛等,2014)

值，此次过程强度之大、影响范围之广为历史同期同类灾害之最；影响涉及电力、交通、农业及民众生活的各个方面，直接经济损失之大和受灾人口之多也为历史同期同类灾害之最。然而，大风、雨雪天气在造成严重气象灾害的同时，其大气环境净化效应也是非常显著的。

为了能清晰地显示这次“霸王级寒潮”来袭的环境效应，我们针对每一个环境监测站的颗粒污染物 $PM_{2.5}$，用当天日平均 $PM_{2.5}$ 质量浓度与前一天日平均 $PM_{2.5}$ 质量浓度之比(ratio of daily mean $PM_{2.5}$ mass concentration，RDMC)来表征 $PM_{2.5}$ 质量浓度随寒潮移动的相对变化。图 5.20 为 2016 年 1 月 22 日、23 日和 24 日我国大陆 $PM_{2.5}$ 质量浓度相对变化的空间分布。可以看出，1 月 22 日此寒潮过程刚侵入我国北方地区，华北地区 $PM_{2.5}$ 质量浓度下降最明显(北京站 RDMC 低至 0.14)，而江苏和安徽 $PM_{2.5}$ 质量浓度较高(江苏太仓站 RDMC 高达 3.11)，且仍然上升；1 月 23 日，$PM_{2.5}$ 质量浓度下降显著区南移至陕西南部、湖北北部、河南、山东半岛、安徽北部和江苏(河南焦作站 RDMC 低至 0.12)，长江中下游及华南一带 $PM_{2.5}$ 质量浓度仍较高(江西鹰潭 RDMC 高达 3.34)；1 月 24 日，$PM_{2.5}$ 质量浓度下降显著区南移至长江中下游及华南一带(湖北黄冈 RDMC 低至 0.25)。因此，随着寒潮天气过程由北向南推移，$PM_{2.5}$ 质量浓度下降显著区逐渐南移，表现出显著的大气环境净化效应。

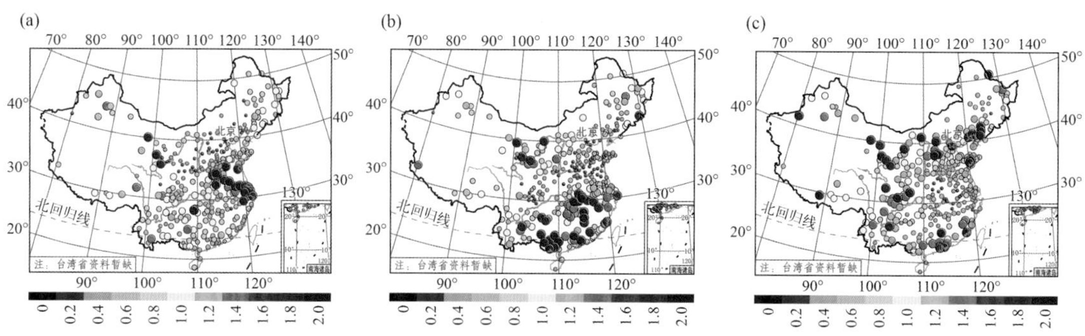

图 5.20　2016 年 1 月 22 日(a)、23 日(b)和 24 日(c)中国大陆环境监测站日平均 $PM_{2.5}$(单位:μg·m^{-3})质量浓度相对变化的空间分布(图中实心圆的大小表示 $PM_{2.5}$ 质量浓度相对变化的大小)

图 5.21 为 2016 年 1 月 22 日、23 日和 24 日 08 时我国境内各个气象站点 24 h 变温、24 h 变压的空间分布。可以看出,1 月 22 日 08 时,24 h 负变温区主要位于我国西北、内蒙古中部、山西和河北北部,其中山西广灵 24 h 负变温高达−15 ℃,其以南西北地区东部、陕西南部、河南和山东为正变温区(图 5.21a);相对应的 24 h 变压的空间分布表明,正变压区主要位于我国西北部及华北地区,其中新疆托克逊、吐鲁番东坎和甘肃敦煌 24 h 正变压高达 18 hPa,其以南河南和山东为负变压区(图 5.21d)。此时华北地区 $PM_{2.5}$ 质量浓度下降最显著(图 5.20a)。将 1 月 22 日 $PM_{2.5}$ 质量浓度的相对变化(图 5.20a)和 1 月 22 日 08 时 24 h 变温(图 5.21a)、24 h 变压(图 5.21d)进行对比,发现负变温区、正变压区都恰好与 $PM_{2.5}$ 质量浓度显著下降区

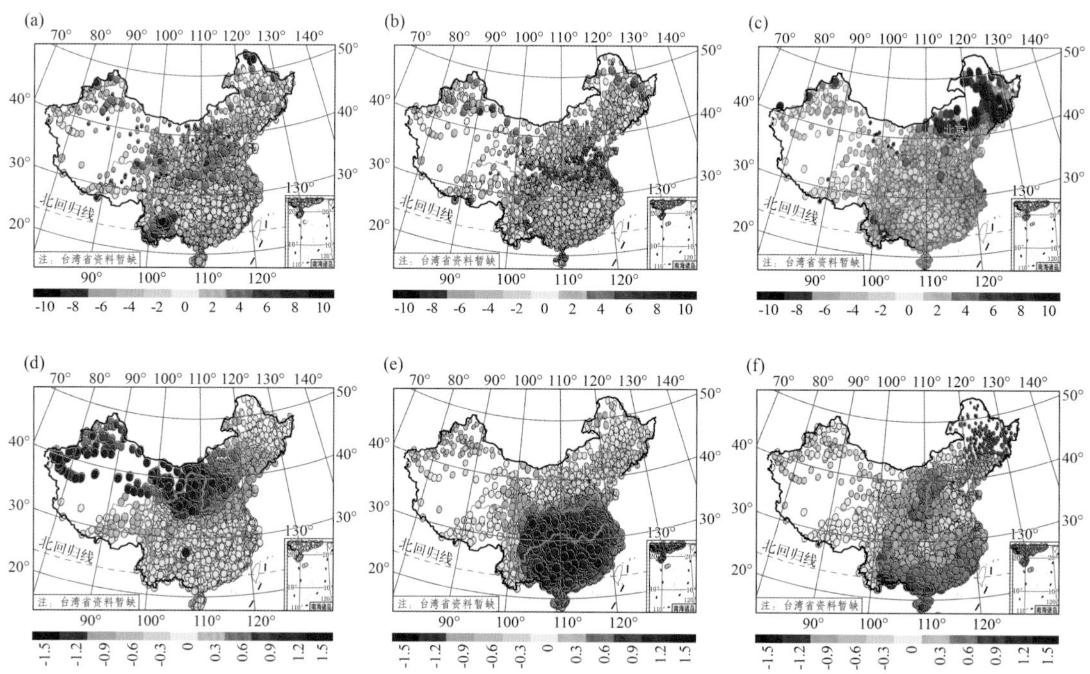

图 5.21　寒潮冷锋过境期间 24 h 变温(单位:℃)和 24 h 变压(单位:hPa)的时空分布(图中实心圆的大小表示变化幅度的大小;(a)、(b)和(c)分别为 1 月 22 日 08 时、23 日 08 时和 24 日 08 时我国境内各个气象站点 24 h 变温的空间分布;(d)、(e)和(f)分别为上述三个时次我国境内各个气象站点 24 h 变压的空间分布)

相对应。1 月 23 日 08 时，24 h 负变温区南移至陕西南部、四川、重庆、贵州、湖北、河南、山东半岛、安徽和江苏，其中河南站的负变温高达 −17 ℃，其以南江西和浙江为正变温区（图 5.21b）。相应的 24 h 变压的空间分布表明，我国南方大部分地区为显著的正变压区，其中湖北崇阳 24 h 正变压高达 15 hPa（图 5.21e）。此时西北东部—河南—安徽北部—山东—江苏一带 $PM_{2.5}$ 质量浓度下降最显著（图 5.20b）。进一步将 1 月 23 日 $PM_{2.5}$ 质量浓度的相对变化（图 5.20b）和 1 月 23 日 08 时 24 h 变温（图 5.21b）、24 h 变压（图 5.21e）进行对比，发现负变温区、正变压区与 $PM_{2.5}$ 质量浓度显著下降区相对应。1 月 24 日 08 时，负变温区和正变压区均位于长江中下游至华南一带（图 5.21c、图 5.21f），其中云南通海 24 h 负变温高达 −13 ℃，云南元阳 24 h 正变压高达 14 hPa，对应长江中下游至华南一带 $PM_{2.5}$ 质量浓度下降最显著（图 5.20c）。因此，各个时次负变温区对应正变压区，而且两者均与对应时段的 $PM_{2.5}$ 质量浓度显著下降区相对应，这为空气污染预报提供了新的参考依据。

为了探究冷锋过境期间污染物浓度与风速的关系，我们由北向南依次选择保定、新乡、郑州、驻马店和合肥站作为代表性站点进行分析。图 5.22 为 2016 年 1 月 18 日 02 时至 27 日 23 时保定（5.22a）、新乡（5.22b）、郑州（5.22c）、驻马店（5.22d）和合肥站（5.22e）逐 3 h $PM_{2.5}$ 质量浓度与风速的函数关系。可以看出，寒潮冷锋过境 $PM_{2.5}$ 质量浓度与风速呈负指数函数关系，其函数关系表达式为 $y=a\times e^{-bx}$。由此说明，随着这次"霸王级寒潮"冷锋过境后风速的增大，颗粒物质量浓度迅速降低，表现为基于风速迅速增大而大气扩散能力增强型的空气污染净化效应；在我国南方地区还叠加了降水湿清除的空气污染净化效应。此外，由图 5.22 还可看出，随着此冷锋由北向南移动，在冷锋强度逐渐减弱的过程中，风速与颗粒物质量浓度的负指数函数关系逐渐减弱。

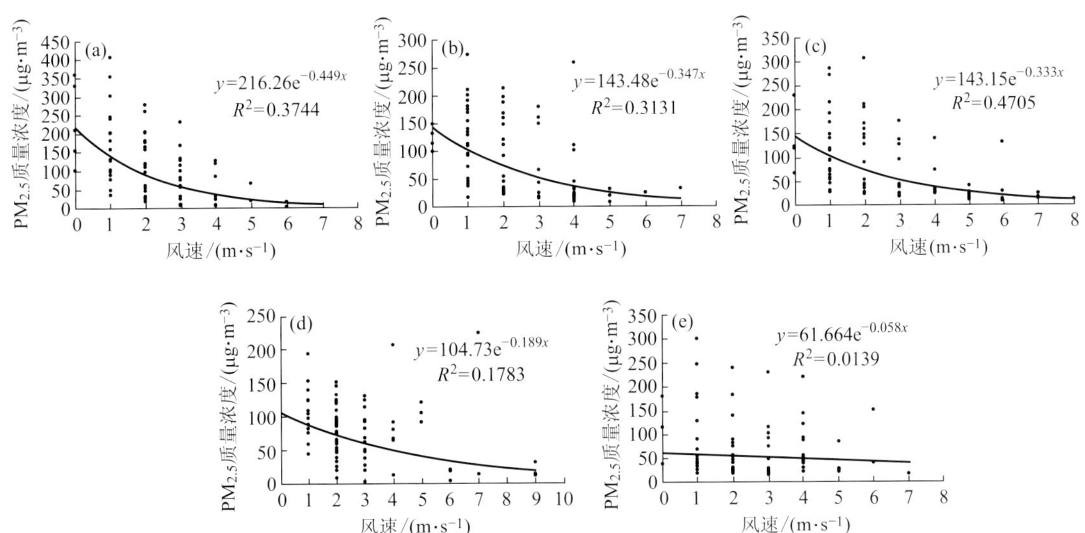

图 5.22　2016 年 1 月 18 日 02 时—27 日 23 时保定(a)、新乡(b)、郑州(c)、驻马店(d)和合肥(e) 5 个代表性站点 $PM_{2.5}$ 质量浓度随风速的变化

为评估寒潮冷锋过境对不同污染物的清除效应，我们将整个冷锋过程划分为冷锋过境前和冷锋过境后两个阶段。两个阶段保定、新乡、郑州、驻马店和合肥站污染物质量浓度的小时平均值及冷锋对污染物的清除率参见表 5.11。可以看出，冷锋过境保定站，对 5 种污染物的清除率均不低于 70%，其中对 CO 的清除率最高，达到了 88%；对 $PM_{2.5}$ 的清除率次之，为 85%。冷锋过境新乡站，对 NO_2 的清除率最高，达到了 83%；对 $PM_{2.5}$ 的清除率次之，为 82%。冷锋过境郑州站、驻马店站和合肥站时，均对 $PM_{2.5}$ 的清除率最高，分别为 85%、83% 和 70%。结果发现，冷锋过境对污染物的清除率随着冷锋南下其强度的逐渐减弱而减小。

表 5.11　冷锋过境保定、新乡、郑州、驻马店和合肥站前后 5 种污染物的平均小时质量浓度 ($\mu g \cdot m^{-3}$，其中 CO 的单位为 $mg \cdot m^{-3}$）和冷锋对 5 种污染物清除率的统计

站点	阶段	$PM_{2.5}$	PM_{10}	CO	NO_2	SO_2
保定	冷锋过境前	191.35	239.90	5.03	128.033	114.66
	冷锋过境后	28.48	63.54	0.59	26.67	34.65
	清除率/%	85	74	88	79	70
新乡	冷锋过境前	169.88	242.63	3.33	63.90	95.17
	冷锋过境后	30.38	73.46	1.82	10.81	38.13
	清除率/%	82	70	45	83	60
郑州	冷锋过境前	161.83	218.10	3.65	82.62	53.98
	冷锋过境后	23.65	96.13	0.64	29.06	23.44
	清除率/%	85	56	82	65	57
驻马店	冷锋过境前	133.17	176.83	1.44	54.58	25.79
	冷锋过境后	22.58	113.71	0.32	17.92	20.04
	清除率/%	83	36	78	67	22
合肥	冷锋过境前	97.38	105.71	0.72	34.50	25.96
	冷锋过境后	29.54	68.92	0.33	20.79	16.96
	清除率/%	70	35	54	40	35

综上所述，寒潮冷锋过境，我国大陆大部分地区污染物浓度急剧下降，空间上污染物浓度下降显著区基本上与 24 h 负变温区及 24 h 正变压区相对应，而且污染物浓度最大降幅中心也基本上与负变温中心及正变压中心一致，这为空气质量预报及大气污染防控提供了新的参考依据。同时，在没有降水的情况下，冷锋过境期间影响污染物浓度的主要气象因子是风速，且风速与污染物浓度的关系呈现为负指数函数关系；并且随着冷锋南下其强度的减弱，这种负指数函数关系也逐渐减弱。冷锋对不同污染物的清除效率也不同，其中对颗粒污染物 $PM_{2.5}$ 的清除率最大(85%)。总体上，强冷锋活动对改善区域空气质量具有很大贡献。

5.3　冬季干西南涡对四川盆地空气污染的影响

四川盆地处于青藏高原东麓，最大海拔落差超过 2000 m，属于深盆地形。因此，影响盆地空气质量的天气系统与其他地区相比，具有自身独特性。受青藏高原动力、热力的作用，青藏高原东部边缘及四川盆地在 700 hPa 等压面上容易形成西南涡、低槽等低值天气系统。此类天气系统在不同季节具有不同特性，夏秋季节为暖湿低值天气系统，对当地降水影响巨大，已备受关注。而冬季多为干冷低值天气系统，对其研究却甚少，且与当地冬季空气质量的关系并不清楚。

紧邻青藏高原东部边坡区域的成都、德阳和绵阳三市，属于高原低值天气系统东移影响的最敏感区，而且这 3 个城市构成了盆地西北部高速发展的城市群。冬季该城市群空气重污染事件频发，尤其是成都市，一年内空气质量超过国家二级标准的大气污染超标天数超过 100 d。

因而亟须从气象统计学角度，深入、系统地探究冬季高原干低值天气系统东移活动对四川盆地西北部大气扩散能力的影响，进而揭示其对当地空气重污染过程的影响机制。

5.3.1 空气重污染事件和气象条件

以往研究表明，四川盆地冬季的首要污染物主要是大气颗粒物，当前中国生态环境部规定监测的大气颗粒污染物为 PM_{10} 和 $PM_{2.5}$。这里主要利用 2006 年 1 月 1 日—2012 年 12 月 31 日和 2014 年 1 月 1 日—2017 年 2 月 28 日四川盆地西北部的成都、德阳和绵阳三市（图 5.23）PM_{10} 质量浓度数据，筛选出冬季多个空气重污染过程（当 3 个城市中出现 PM_{10} 日均质量浓度≥350 μg · m^{-3} 时，定义为空气重污染过程（事件））。

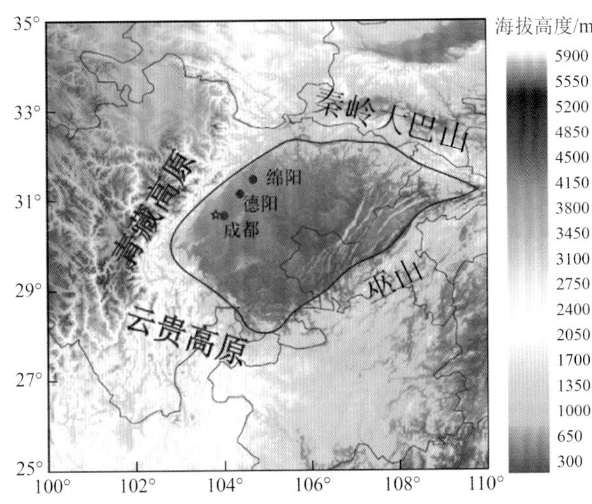

图 5.23 四川盆地及其周边地区地形(单位:m)、四川盆地西北部城市群中 3 个城市以及成都温江探空站的地理位置(红色实心圆点代表 3 个城市，蓝色五角星代表温江探空站，红色实线区域为四川盆地范围)（引自 Ning et al. ,2018b)

经普查，2006 年 1 月 1 日—2012 年 12 月 31 日和 2014 年 1 月 1 日—2017 年 2 月 28 日期间，四川盆地西北部成都、德阳和绵阳城市群冬季共发生了 10 次空气重污染事件（PM_{10} 日均质量浓度≥350 μg · m^{-3}），除一次空气重污染过程 700 hPa 层未出现低值天气系统外，其他 9 次均伴随有低值天气系统。且 9 次低值天气系统中，8 次为干过程，仅有 1 次出现弱降水。因此，本节主要研究 8 次干低值天气系统活动对四川盆地西北部冬季空气重污染事件的影响机制。8 次空气重污染事件概况见表 5.12。

由表 5.12 可知，8 次空气重污染事件发生期间，能见度均较低，首要污染物均为颗粒物（PM_{10} 或 $PM_{2.5}$）。从持续时间来看，盆地空气重污染过程大多为持续性污染过程，其中有 6 次事件属于持续性空气重污染过程，最长持续时间高达 10 d，严重危害当地居民健康。此外，盆地空气重污染事件具有区域群发性特征，期间多个城市均出现重污染（PM_{10} 日均质量浓度≥250 μg · m^{-3}）的事件有 5 次。从污染最重日期来看，其中两次重污染过程（事件 6 和事件 7）的 PM_{10} 日均质量浓度最大值出现在春节，由此表明中国传统春节烟花爆竹集中燃放会导致污染物在有限时间段内大量排放，对当地空气质量加剧恶化的效应明显。

表 5.12 2006—2017 年四川盆地西北部城市群 8 次空气重污染事件(引自 Ning et al.,2018b)

事件序号	首要污染城市	污染时间段		污染最重日期状况			污染消散日期状况			期间出现污染的其他城市
		污染起止时间	污染期间 PM_{10} 质量浓度范围/($\mu g \cdot m^{-3}$)	日期	PM_{10} 质量浓度/($\mu g \cdot m^{-3}$)	能见度/m	日期	PM_{10} 质量浓度/($\mu g \cdot m^{-3}$)	能见度/m	
1	绵阳	2006-01-13—14	284～442	2006-01-13	442	800	2006-01-15	166	12 000	成都
2	成都	2006-01-29	407	2006-01-29	407	<50	2006-01-30	190	11 000	无
3	成都	2006-12-19—23	348～385	2006-12-23	385	1500	2006-12-24	246	11 000	无
4	成都	2007-12-21—24	260～529	2007-12-23	529	800	2007-12-25	174	3000	绵阳
5	成都	2009-01-18—20	264～381	2009-01-19	381	<50	2009-01-21	220	11 000	绵阳
6	成都	2011-02-03	403	2011-02-03	403	2000	2011-02-04	190	11 000	无
7	成都	2014-01-22—31	282～562	2014-01-31	562	<500	2014-02-01	207	2500	德阳
8	成都	2017-01-01—06	294～480	2017-01-05	480	100	2017-01-07	118	11 000	德阳

通过对上述 8 次空气重污染事件 700 hPa 天气形势分析发现，在空气污染加重时段，研究区均处于 700 hPa 低值天气系统(低涡或低槽)前部，主要受偏南暖气流控制(图 5.24)，对边界层顶之上强逆温的形成至关重要。

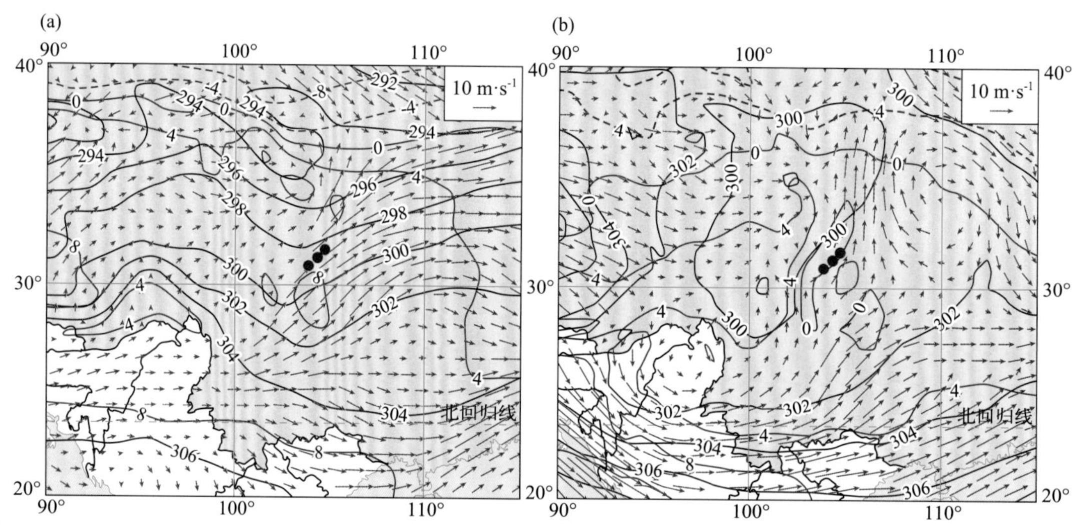

图 5.24 700 hPa 天气图(蓝线为等位势高度线(单位:dagpm)，红线为等温线(单位:℃)，黑色箭头为风场(单位:$m \cdot s^{-1}$)；红色实心点代表城市群的地理位置)(引自 Ning et al.,2018b)
(a)低槽前部型；(b)低涡前部型

在气象学中，通常可利用相对涡度来定量表征天气系统的强弱。通常当相对涡度为正值时，对应低值天气系统；反之，则对应高值天气系统。因此，本节分别就上述 8 次空气重污染过程，对其污染加重时段和减轻时段 700 hPa 层相对涡度的变化进行统计分析(表 5.13)。

由表 5.13 可知，8 次空气重污染事件在其污染加重时段，盆地西北部上空 700 hPa 层的相对涡度均为正值；结合天气形势分析发现，当地均位于低值天气系统前部，受偏南暖气流控制，导致边界层顶之上增温，有利于大气层结稳定性增强，不利于大气污染物扩散。而在空气污染

表 5.13　8 次空气重污染过程中污染加重时段、污染减轻时段 700 hPa 相对涡度统计(引自 Ning et al. ,2018b)

事件序号	污染加重时段		污染减轻时段	
	时间(北京时)	涡度/(10^{-5} s^{-1})	时间(北京时)	涡度/(10^{-5} s^{-1})
1	2006-01-13T02:00	2.58	2006-01-13T20:00	−0.94
2	2006-01-29T02:00	4.15	2006-01-30T08:00	−3.36
3	2006-12-22T20:00	4.64	2006-12-23T14:00	−1.09
4	2007-12-22T14:00	0.59	2007-12-23T14:00	−0.82
5	2009-01-19T02:00	1.75	2009-01-19T08:00	−2.48
6	2011-02-03T02:00	2.96	2011-02-03T14:00	3.16
7	2014-01-31T02:00	9.12	2014-01-31T14:00	5.49
8	2017-01-04T20:00	6.49	2017-01-05T08:00	−5.74

减轻时段,其中 6 次空气重污染事件(事件 6 和事件 7 除外)中盆地西北部上空 700 hPa 层相对涡度均由正涡度变为负涡度,表明低值天气系统东移过境,使当地上空转为受偏北干冷气流控制,边界层顶之上降温,大气层结稳定度明显减弱,有利于大气污染物扩散,污染物浓度快速降低。

为了进一步探究低值天气系统对对流层低层大气热力和动力扩散条件的影响,我们又分别对 8 次空气重污染事件中污染加重时段和污染减轻时段大气边界层高度进行了统计分析(表 5.14)。

表 5.14　8 次空气重污染过程中不同污染时段四川盆地西北部边界层高度、对流层低层大气稳定度和平均风速及其改变量(引自 Ning et al. ,2018b)

事件序号	污染加重时段			污染消散时段与污染加重时段的差		
	边界层高度/m	对流层低层稳定度/K	对流层低层整层平均风速/(m·s^{-1})	边界层高度改变量/m	对流层低层稳定度该变量/K	对流层低层整层平均风速改变量/(m·s^{-1})
1	278.16	23.13	2.86	144.75	−11.23	0.41
2	375.42	29.45	4.12	139.08	−10.2	1.93
3	279.50	18.54	2.99	−16.45	−5.61	0.34
4	282.61	18.58	1.91	−39.62	−7.23	1.04
5	251.53	19.63	3.11	51.17	−7.88	0.85
6	282.16	25.80	4.22	−16.87	0.55	1.91
7	232.57	25.95	4.21	30.77	−1.97	−1.07
8	266.23	18.88	2.59	107.57	−8.4	0.27

由表 5.14 可知,大多数污染过程中污染物消散时段边界层高度相比于污染加重时段虽有一定的增加,但不如我国东部平原地区边界层高度增加得那么显著;甚至少数污染过程(事件 3、事件 4 和事件 6)边界层高度呈现出略有降低的现象,表明 700 hPa 低值天气系统从四川盆地西北部上空过境对城市群大气边界层高度的影响较弱。因此,单纯考虑盆地西北部大气边界层范围内的气象条件变化对当地大气污染的影响具有一定的局限性。故此,借鉴先前研究,着眼于高度更高的对流层低层大气层结稳定度,构建了对流层低层整层平均风速指数,并统计分析其在上述 8 次空气重污染事件中的变化特征(表 5.14)。不难看出,在空气污染加重时段,

700 hPa 高度层与地面位温差均大于 18.5 K,最大值高达 29.45 K,表明对流层低层大气层结非常稳定;此外,8 次空气重污染过程中对流层低层整层平均风速较弱,均小于 4.3 $m \cdot s^{-1}$,最小值仅为 1.91 $m \cdot s^{-1}$。这种对流层低层呈现出强稳定、弱风速的特征,即为静稳型天气。当低值天气系统过境后,其中 6 次空气重污染事件的对流层低层大气稳定度大幅减弱,最大减幅高达 −11.23 K,并且对流层低层整层平均风速也增大。这表明,低值天气系统过境,干冷空气的侵入使得对流层低层大气稳定度显著减弱,风速增强,大气热力、动力扩散能力增强,有利于污染物的稀释、扩散。而对于两次出现在春节期间的事件 6 和事件 7 空气重污染过程,在其污染物浓度降低阶段,尽管盆地西北部上空大气热力、动力扩散条件变化并不明显,但由于除夕烟花爆竹集中燃放的停止,由此造成大气污染物排放量大幅减少,进而导致颗粒物浓度显著下降,事件 7 中 PM_{10} 日均质量浓度单日下降高达 355 $\mu g \cdot m^{-3}$。因此,本节按照空气重污染事件发生的日期,将上述 8 次空气重污染事件分成两类,即常规空气重污染事件(事件 1、事件 2、事件 3、事件 4、事件 5 和事件 8)和春节烟花爆竹燃放过量排放型空气重污染事件(事件 6 和事件 7)。下面分别研究低值天气系统对这两类空气重污染事件的影响机制。

5.3.2 低值天气系统对空气重污染事件的影响

从上述两类空气重污染事件中,各选取 1 次典型空气污染事件进行详尽分析,深入剖析低值天气系统过境前后对应的对流层低层大气热力、动力状况以及空气质量的变化特征,以便进一步探究低值天气系统活动对空气重污染事件的影响过程与机理。

(1)常规空气重污染事件

如表 5.12 的事件 8 所示(以下所指事件序号均指表 5.12 中的事件),此次空气重污染过程发生在 2017 年 1 月 1—6 日,期间上述城市群中成都市污染最重,其颗粒物(PM_{10} 和 $PM_{2.5}$)日均质量浓度最大值出现在 1 月 5 日,其中 PM_{10} 日均质量浓度高达 380 $\mu g \cdot m^{-3}$。颗粒物质量浓度急剧升高时段为 1 月 3 日 00 时至 5 日 08 时(图 5.25),期间 NO_2 和 CO 质量浓度也呈现上升趋势;1 月 5 日 12 时之后,颗粒物质量浓度大幅下降。

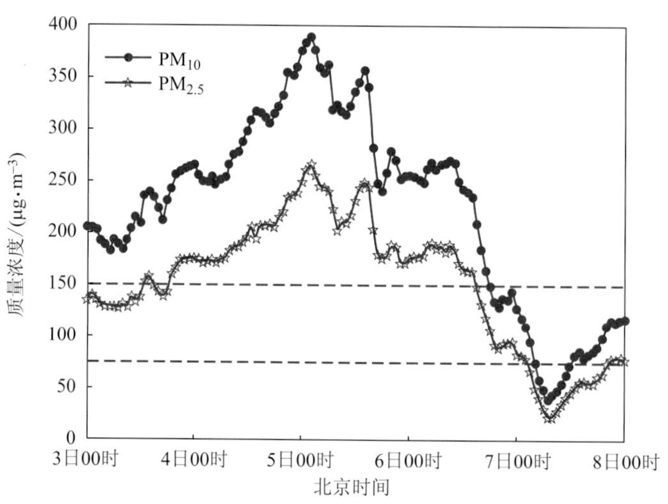

图 5.25 事件 8 空气重污染过程 2017 年 1 月 3 日 00 时—8 日 00 时 PM_{10} 和 $PM_{2.5}$ 平均质量浓度的时间变化(引自 Ning et al. ,2018b)

对事件 8 空气重污染过程中污染加重时段和污染减轻时段的 700 hPa 天气形势(图 5.24)分析可知,重污染发生之前,城市群上空 700 hPa 受西北干冷气流控制,无低值天气系统(图 5.26a)。1 月 2 日 14 时,城市群上空 700 hPa 西侧有短波槽生成(图 5.26b),此后低槽发展、加深,直至 1 月 5 日 02 时之前,城市群上空长时间位于 700 hPa 低槽前部,受西南暖气流控制(图 5.26b、c、d);期间,四川盆地西北部成都、德阳和绵阳三市颗粒物质量浓度急剧上升,空气质量恶化,形成空气重污染事件。1 月 5 日 02 时,700 hPa 低槽进一步发展东移,形成低涡,城市群上空位于低涡后部,受偏北干冷气流控制(图 5.26e、f),大气污染物被迅速稀释扩散,污染浓度明显降低。

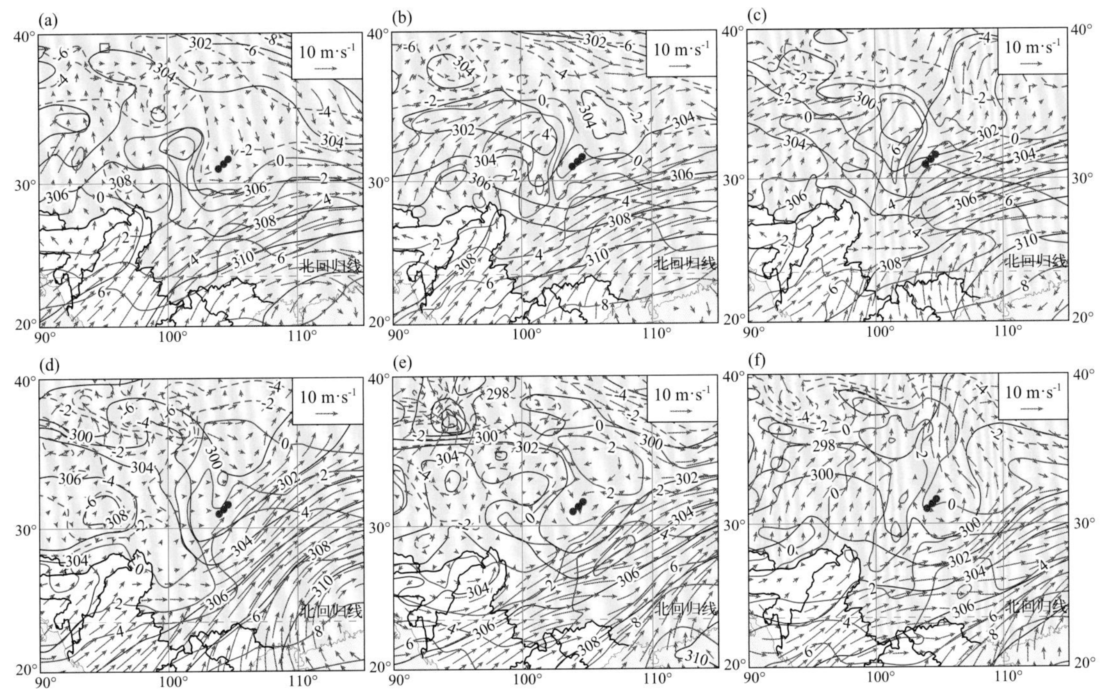

图 5.26 事件 8 空气重污染过程期间 700 hPa 天气形势图(红色实心圆点代表城市群的地理位置)(引自 Ning et al.,2018b)(a)2017-01-02T02;(b)2017-01-02T14;(c)2017-01-03T14;(d)2017-01-04T08;(e)2017-01-05T02;(f)2017-01-05T14

为了探明低值天气系统对盆地西北部对流层低层大气热力、动力扩散能力的作用,本节制作了当地东西向 24 h 变温和风场(u 和 w 合成)剖面图(图 5.27)、温度和水平风速的探空廓线图(图 5.28),并分别进行深入剖析。

由图 5.27a、b 和 c 可知,当所研究的盆地西北部城市群上空位于 700 hPa 低值天气系统前部时,低空受偏南暖气流控制,而 500 hPa 层呈现为弱下沉运动,暖平流和弱下沉增温双重作用使得该区上空 800 ~ 650 hPa 层形成增温中心,最大 24 h 增温高达 10 ℃(图 5.28a);与此同时,当地近地面至 800 hPa 出现弱降温,上、下两者的共同作用使得对流层低层大气稳定度显著增强,如图 5.28a 所示,当地上空 775 ~ 650 hPa 出现强逆温。此高原低值天气系统长时间稳定维持在城市群区西侧上空,导致当地大气边界层顶之上强逆温层长时间维持,这与我国东部平原地区冬季易在大气边界层内出现强逆温不同。此类强逆温类似于在城市群大气边界层顶之上盖上了一个大盖子,严重抑制了当地大气污染物的稀释扩散,将其称为低空强逆温

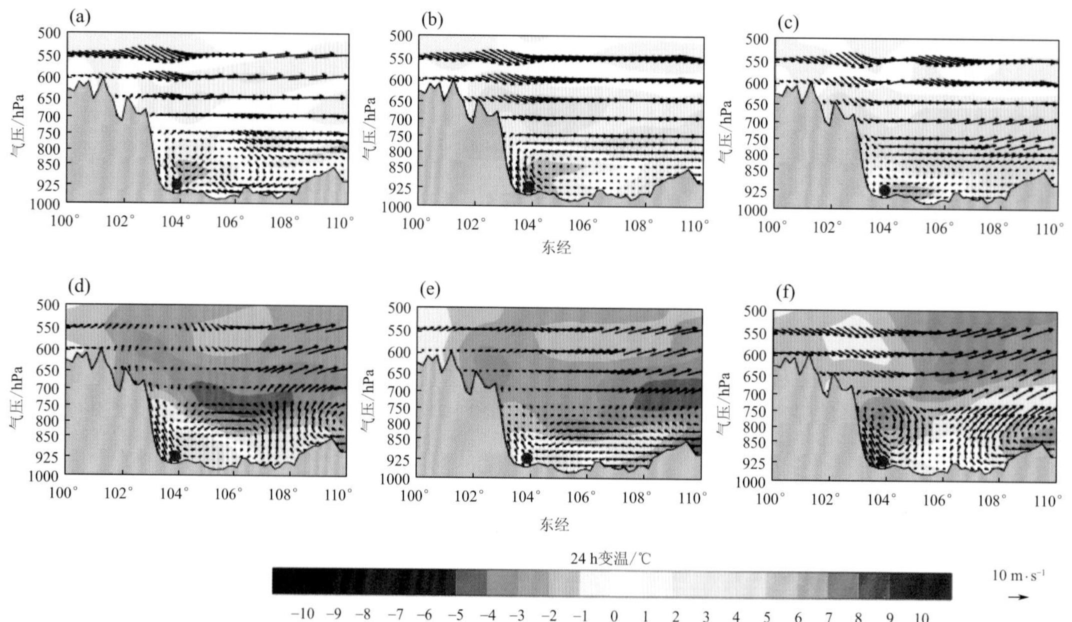

图 5.27　事件 8 空气重污染过程低值天气系统影响期间 2017-01-03T02(a)、2017-01-03T14(b)、2017-01-04T08(c)和低值系统过境后 2017-01-05T14(d)、2017-01-06T08(e)、2017-01-06T14(f)的 24 h 变温(阴影,单位:℃)和 u、w 合成风矢量通过(30.75°N,103.875°E)中心的剖面图(红色实心圆点代表城市群区,灰色阴影表示地形,黑色箭矢表示 u、w×100 合成风矢量)(引自 Ning et al.,2018b)

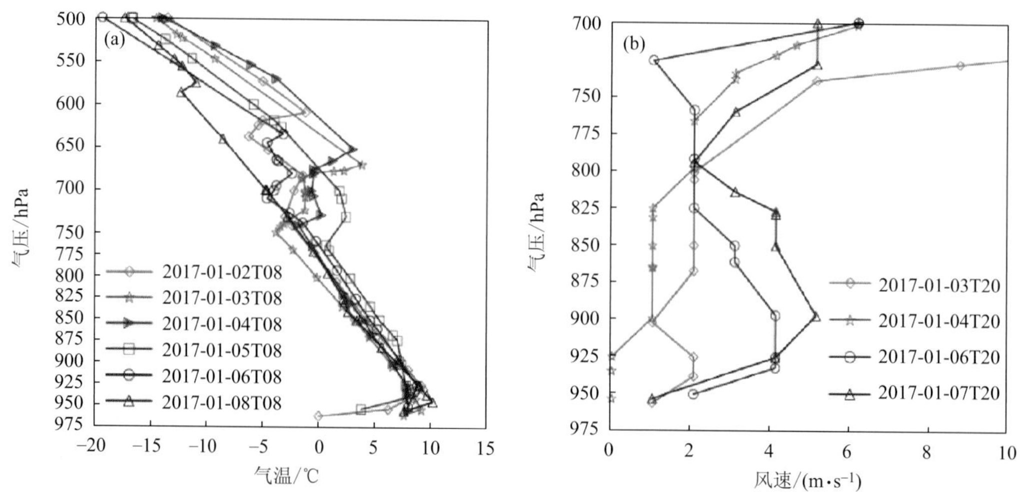

图 5.28　事件 8 空气重污染过程在低值天气系统影响期间和低值天气系统过境后的成都温江气温(a)和水平风速(b)的垂直廓线(引自 Ning et al.,2018b)

的“锅盖效应”。此类“锅盖效应”又表现为迫使城市群区局地次级环流限于大气边界层内,该次级环流中心大致位于 850 hPa(约 1500 m)高度层(图 5.27a、b 和 c),由此导致该地区大气污染物可扩散空间缩小。此外,此“锅盖效应”还会阻碍大气垂直交换,造成地面至 800 hPa 层内的水平风速较小(≤2 m·s^{-1}),大气动力扩散能力弱(图 5.28b)。因此,导致大气污染物在近地面层堆积,颗粒物浓度累积快速上升并达到峰值(图 5.26),形成一次空气重污染事件。

由图 5.27d 还可看出，700 hPa 低值天气系统过境后，城市群区上空转为受西北干冷气流控制，导致当地上空 800 ～ 650 hPa 出现降温中心（图 5.27d、e 和 f）。与此同时，近地面至 800 hPa 出现增温（图 5.27d），对流层低层大气稳定度显著减弱，具体表现如图 5.28a 所示，盆地西北部城市群上空原有的 775 hPa 至 650 hPa 强逆温的“锅盖效应”也逐渐减弱、消失，大气垂直混合、扩散能力增强。此外，“锅盖效应”的减弱、消失，也进一步导致原有局限于大气边界层内的局地次级环流明显增强抬升，其中心抬升至 775 hPa 高度层（图 5.27d、e 和 f），动量下传效应增强，使得对流层低层风速增大（图 5.28b），大气污染物可扩散空间显著增大，整体热力、动力扩散能力增强，污染物浓度迅速降低，此次空气重污染过程结束。

为了更全面地探析低值天气系统对常规空气重污染事件影响机制是否具有普遍性，本节还统计分析了其他 5 次常规空气重污染事件在低值天气系统影响中和过境后大气热力、动力变化特征（图 5.29）。由图 5.29 可知，其他 5 次空气重污染事件在污染加重时段，城市群区均受 700 hPa 低值天气系统前部偏南暖气流控制，上空 800 ～ 650 hPa 同样存在强逆温的“锅盖”（图 5.29a）；此类强“锅盖效应”迫使局地次级环流限于大气边界层内，近地面至 800 hPa 层次内的水平风速小，尤其是 850 hPa 以下层次风速均小于 2 $m \cdot s^{-1}$（图 5.29c），导致大气污染

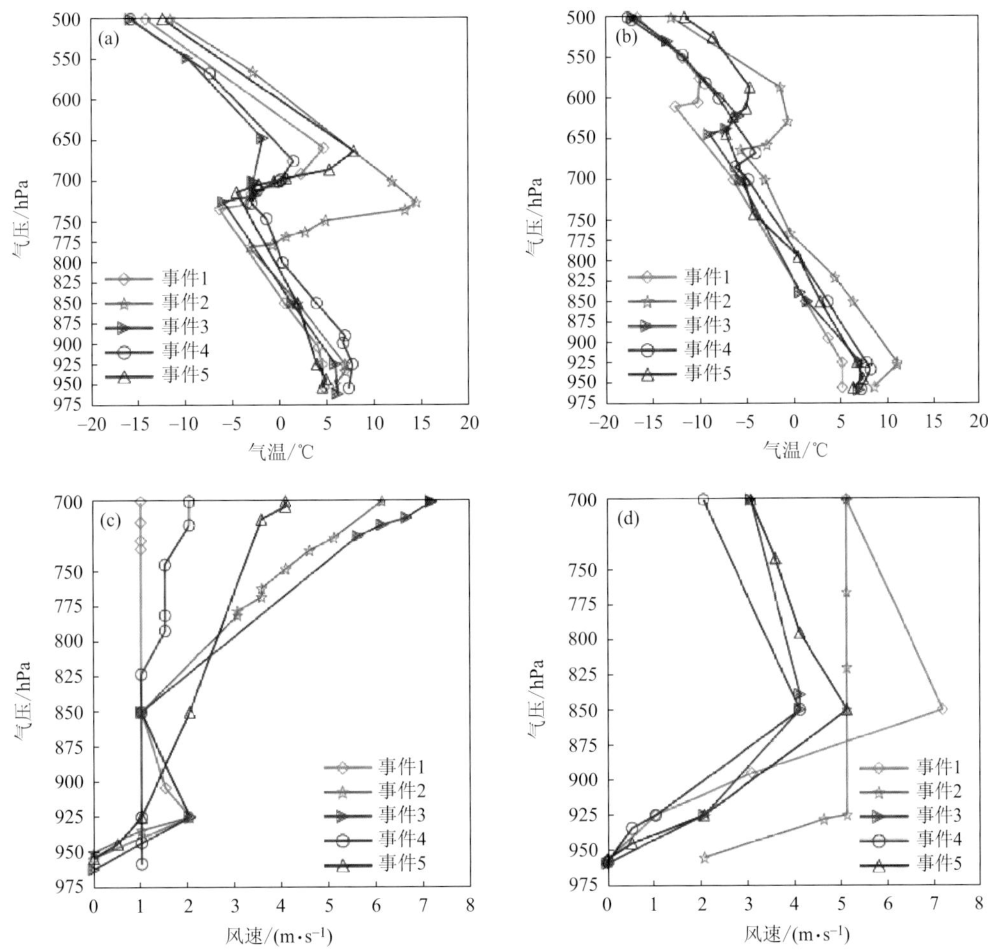

图 5.29　5 次常规空气重污染事件在低值天气系统影响时段（a、c）和过境后（b、d）成都温江温度（a、b）和水平风速（c、d）探空廓线（引自 Ning et al.，2018b）

物可扩散空间较小，热力、动力扩散能力差，大气污染物浓度累积增加并达到峰值，形成了空气重污染事件。这表明上述个例分析结果具有普遍意义，同时也说明四川盆地西北部此类空气重污染事件的形成过程与机制具有相似性。

此外，上述其他 5 次常规空气重污染事件中，当 700 hPa 低值天气系统过境后，盆地西北部上空 800～650 hPa 强逆温的"锅盖效应"也都逐渐消失，相应局地次级环流增强抬升，垂直动量下传效应增强，对流层低层风速变大，大气污染物可扩散空间明显增大，污染物浓度迅速降低，空气重污染过程都相继结束，表明此类空气重污染事件的结束过程与机制具有相似性。

（2）春节烟花爆竹燃放过量排放型空气重污染事件

如表 5.12 所示的污染事件 6 和事件 7，其空气污染最重时段均出现在春季期间，表现为颗粒物浓度急剧上升；但是，由于春节期间放长假，工厂停工，城市汽车流量明显减少，表现在事件 6 和事件 7 整个污染过程中，气态污染物浓度均较低。究其原因，中国传统春节烟花爆竹燃放引发大气污染物在除夕夜至农历正月初一的集中、大量排放，是导致当地颗粒物浓度大幅上升的主要原因。此外，上述两次空气重污染过程中，在颗粒物浓度急剧上升时段，盆地西北部上空 700 hPa 层上也均伴有低值天气系统活动。因此，探究 700 hPa 低值天气系统对春节烟花爆竹燃放过量排放型空气重污染过程的影响，对于更加全面理解当地冬季空气重污染的成因具有十分重要的意义。

图 5.30 是事件 6 空气重污染过程中污染加重时段和污染减轻时段 700 hPa 天气形势。由图 5.30a 可知，在空气污染加重前，四川盆地西北部城市群区上空 700 hPa 受反气旋和偏北干冷气流影响。在 2011 年 2 月 2 日 02 时，当地上空西侧 700 hPa 上有短波槽生成，受其槽前

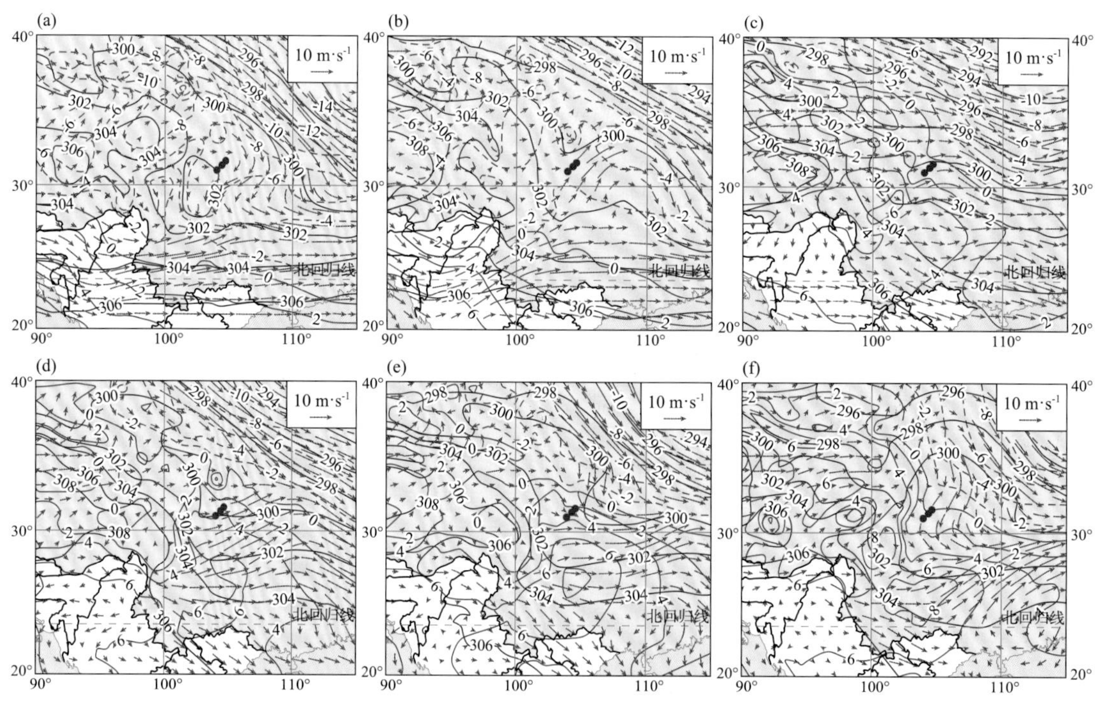

图 5.30　事件 6 空气重污染过程期间 2011-02-01T08(a)、2011-02-02T02(b)、2011-02-03T14(c)、2011-02-04T02(d)、2011-02-04T08(e)和 2011-02-04T14(f)700 hPa 天气形势

（红色实心圆点代表研究区）

西南暖气流影响(图 5.30b),当地大气边界层顶之上增温明显,导致大气稳定度增强,使大气污染物在边界层内逐渐累积;与此同时,中国传统节日春节烟花爆竹集中燃放,两者的双重影响造成当地空气污染急剧加重。但在大气污染物浓度降低时段,与常规空气重污染事件相比,700 hPa 低值天气系统对春节过量排放型空气重污染过程的影响具有不同的特征,2011 年 2 月 3 日 14 时至 4 日 02 时,尽管盆地西北部上空仍位于 700 hPa 低槽前部(图 5.30c 和 d),并非处在其过境后部,但由于中国传统春节烟花爆竹大量燃放停止所造成的人为大气污染物排放量大幅减少,导致颗粒物浓度显著下降(日均 PM_{10} 质量浓度每日降幅高达 213 $\mu g \cdot m^{-3}$)。此后,低值天气系统过境,盆地西北部上空 700 hPa 才转为受西北干冷气流控制(图 5.30e 和 f),大气污染状况进一步减轻。因此,一方面,春节期间烟花爆竹集中燃放所造成的大气污染物的短时过量排放,改变了大气污染物峰值浓度的出现时间;另一方面,春节过后烟花爆竹燃放停止,也改变了大气污染物浓度大幅降低的进程,这与常规空气重污染事件的发展到结束的进程有显著差异。总之,这两个主要由春节大量烟花爆竹集中燃放所造成的空气重污染事件的分析结果证实,不论是从防火安全来考虑,还是从大气环境保护的角度来衡量,适度禁止燃放烟花爆竹都是非常必要的。

进一步分析图 5.31a 可知,事件 6 重污染过程中,在其污染加重时段,由于受来自高原低值天气系统的影响,盆地西北部上空 800~650 hPa 同样出现增温中心,而近地面至 800 hPa 则出现弱降温,两者的共同作用使得当地对流层低层大气稳定度显著增强,如图 5.32a 所示,775~700 hPa 厚度层也呈现出强逆温的“锅盖效应”,迫使当地局地次级环流限于大气边界层内,其中心大致位于 850 hPa 高度层(图 5.31a、b、c 和 d),由此也造成对流层低层风速减小(图 5.32b),大气稀释扩散能力降低,其整体大气热力、动力特征与常规空气重污染事件相似。所

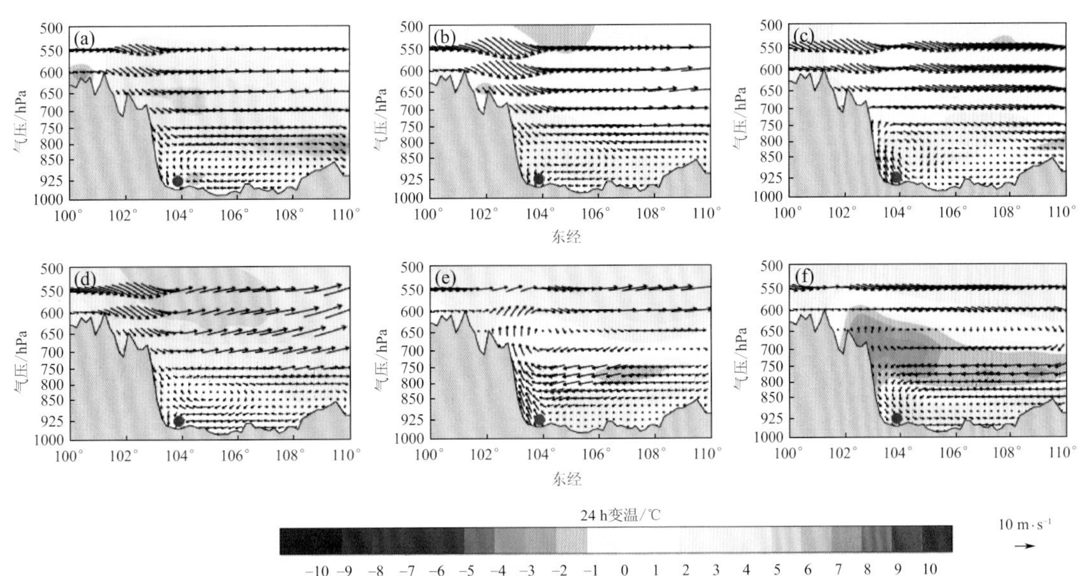

图 5.31 事件 6 空气重污染过程在低值天气系统影响期间 2011-02-02T08(a)、2011-02-03T14(b)、2011-02-03T20(c)和 2011-02-04T08(d),以及低值系统过境后 2011-02-04T14(e)和 2011-02-04T20(f)的 24 h 变温(阴影,单位:℃)和 u、w 合成风矢量通过(30.75°N,103.875°E)中心的剖面图(红色实心圆点代表研究区,灰色阴影表示地形,黑色箭矢表示 u、$w\times100$ 合成风矢量)(引自 Ning et al.,2018b)

不同的是，事件 6 重污染过程中污染浓度峰值的出现与春节除夕夜及大年初一早上烟花爆竹集中燃放密切相关；而污染物浓度开始降低，并非是大气扩散条件的改善所致，而首先是春节集中燃放烟花爆竹停止之结果，其具有先决贡献。之后，随着 700 hPa 低值天气系统过境，盆地西北部重污染区上空 800～650 hPa 出现降温中心（图 5.31d），促使空中强逆温的“锅盖效应”逐渐消失（图 5.32a），使得局地次级环流增强抬升（图 5.31e），不稳定层结发展（图 5.31f）对流层低层水平风速增大（图 5.32b），污染物质量浓度进一步降低，空气重污染过程结束。

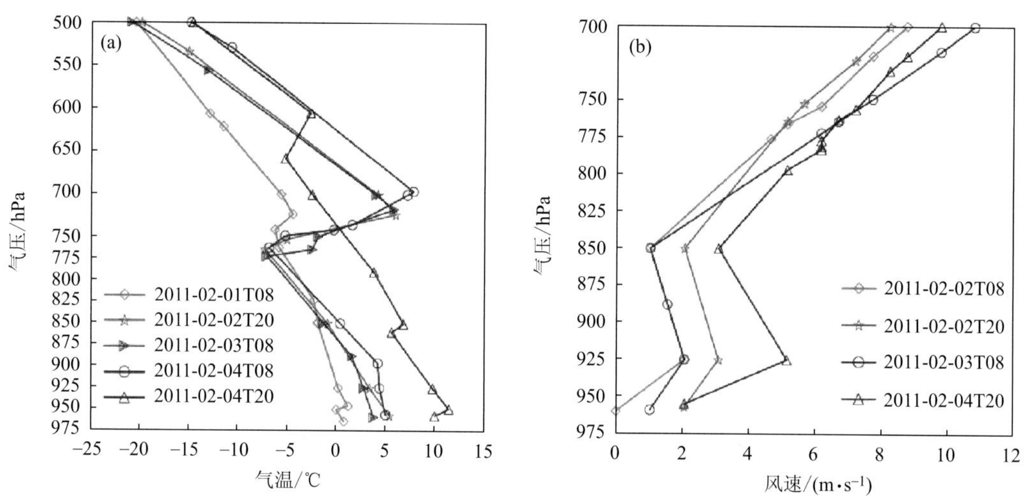

图 5.32　事件 6 空气重污染过程在低值天气系统影响期间和低值天气系统过境后（2011-02-04T20）成都温江气温（a）和水平风速（b）的探空廓线比较（引自 Ning et al.，2018b）

进一步分析污染事件 7 的对流层低层大气热力、动力特征，能更为深刻地认识低值天气系统对春节过量排放型空气重污染事件的影响机制（图 5.33）。由图 5.33 可知，空气污染加重时段，盆地西北部城市群上空 700 hPa 受低值天气系统影响，775～700 hPa 厚度层内存在强逆温的“锅盖效应”，导致对流层低层风速弱，大气垂直、水平扩散能力差。但在污染开始减轻时

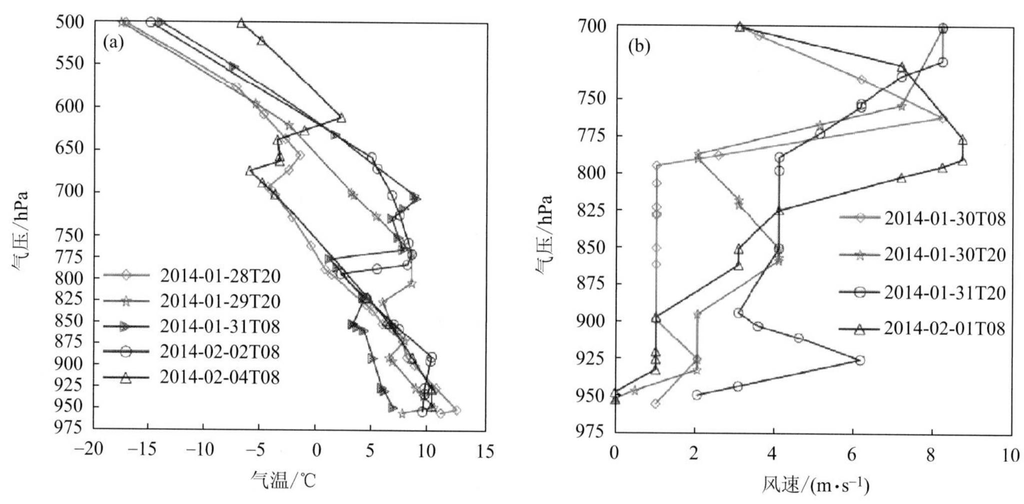

图 5.33　事件 7 空气重污染过程在低值天气系统影响期间和低值天气系统过境后成都温江气温（a）和水平风速（b）的探空廓线比较（引自 Ning et al.，2018b）

段，空中逆温的“锅盖效应”不但没有减弱，反而略有加强(图 5.33a)，对流层低层风速变化不太明显，说明污染浓度峰值的出现以及随后的明显降低，都与中国传统春节大量烟花爆竹的集中燃放及其结束密不可分，它是导致本次空气重污染事件发生的主要原因之一，不利的大气扩散条件的作用降至第二位，这与常规空气重污染事件的成因与机制有一定差别。

综合上述一系列研究，可总结归纳出 700 hPa 干低值天气系统对城市群冬季空气重污染过程的影响与机制可以用机理概念图(图 5.34)阐述：当四川盆地西北部城市群上空受来自于青藏高原短波槽等低值天气系统东移空降(或背风坡焚风)效应的影响，使其降至 700 hPa 时，形成干暖低值(低涡等)天气系统，加之受其前部偏南暖气流影响，盆地西北部城市群大气边界层顶之上出现低空强逆温层，类似于一个大盖子盖在其城市群上空，严重抑制了当地大气污染物的稀释扩散，将其称为低空强逆温的“锅盖效应”。此“锅盖效应”迫使局地环流局限于大气边界层内，并导致对流层低层水平风速显著减小；大气污染物扩散空间压缩，垂直混合和水平扩散能力很差，呈现出深盆地形特有的、结构复杂的静稳型天气特征，使大气污染物浓度在前期积累的基础上快速升高，形成空气重污染事件。

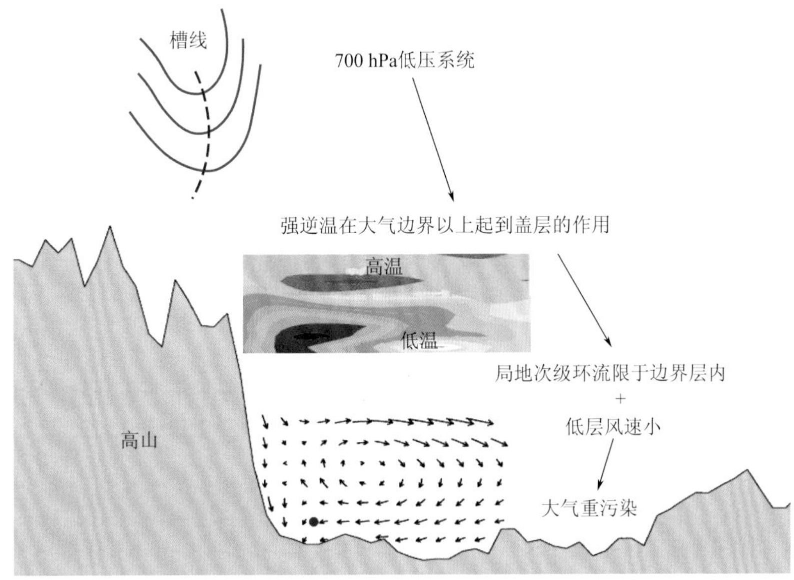

图 5.34　干低值天气系统对四川盆地西北部城市群冬季空气重污染事件的影响机理概念图(引自 Ning et al.,2018b)

5.4　霾天气与空气污染

雾和霾是两种天气现象。雾是贴地层空气中悬浮着大量水滴或冰晶微粒而使水平能见度下降至 1 km 以内的天气现象。霾也称灰霾，是指悬浮在空中，肉眼无法分辨的大量微小尘粒、烟粒、盐粒、硫酸、硝酸、碳氢化合物、含氮化合物等化学物质组成的极细小尘粒的集合体，使空气浑浊，水平能见度降至 10 km 以下的一种天气现象。霾具有明显的消光作用，通过对太阳光的吸收、散射和反射，使大气能见度显著降低。广义来讲，霾天气的本质是细粒子气溶胶污染，属于大气气溶胶的范畴，我国高频发生的城市霾现象主要是由于细颗粒物和光化学污染所引起的(吴兑，2012b)。霾对全球和区域气候、人体健康、水陆空交通等都存在严重影响和危害。

5.4.1 霾强度分级

根据中华人民共和国气象行业标准《霾的观测和预报等级》(QX/T 113—2010)规定：当能见度<10 km，排除了降水、沙尘暴、扬沙、浮尘等天气现象造成的视程障碍，可判识为霾，且划分为轻微、轻度、中度和重度4个等级(表5.15)。

表5.15 霾预报等级

等级	能见度(V,km)	服务描述
轻微	$5.0 \leqslant V < 10.0$	轻微霾天气，无需特别防护。
轻度	$3.0 \leqslant V < 5.0$	轻度霾天气，适当减少户外活动。
中度	$2.0 \leqslant V < 3.0$	中度霾天气，减少户外活动，停止晨练；驾驶人员小心驾驶；因空气质量明显降低，人员需适当防护；呼吸道疾病患者尽量减少外出，外出时可戴上口罩。
重度	$V < 2.0$	重度霾天气，尽量留在室内，避免户外活动；机场、高速公路、轮渡码头等单位加强交通管理，保障安全；驾驶人员谨慎驾驶；空气质量差，人员需适当防护；呼吸道疾病患者尽量避免外出，外出时可戴上口罩。

霾天气导致空气质量和能见度下降，造成呼吸系统疾病和过敏等的发病率增加；重度霾可导致高速公路封闭，航班延误或取消，给人民群众的身体健康和生活造成严重影响。

我国除青海、西藏和海南地区霾天气少见外，其他地区都存在着不同程度的霾天气现象。2002年12月15日在北京召开的“我国区域大气灰霾形成机制及其气候影响和预报预测研讨会”上，首次提出了霾影响大气质量的概念。2010年颁布的中华人民共和国气象行业标准QX/T 113—2010初次给出了更为技术性的判识条件。2013年1月28日，中国气象局再次发布关于做好霾天气预警工作的通知。

5.4.2 霾天气气候特征

原本霾纯粹是一种自然现象，但是随着城市化、工业化、交通运输现代化的迅速发展，化石燃料(煤、石油、天然气)的消耗量迅猛增加，汽车尾气、燃油、燃煤和废弃物燃烧直接排放的气溶胶粒子与气态污染物通过光化学反应产生的二次气溶胶污染物也在增加，致使我国城市霾现象日趋严重。

目前，我国存在4个霾天气比较严重的地区：黄淮海地区、长江三角洲、四川盆地和珠江三角洲，最严重时年雾-霾日数可超过300 d。从大的区域范围来说，除以上4个明显的地区之外，山西南部、河南中部、河北中南部、黑龙江中部等地也是霾天气的多发区。相比来说，内蒙古和中西部地区偏少，年均霾日数多在5 d以下。研究表明，20世纪80年代以后我国霾日明显增加，到21世纪大陆东部大部分地区几乎都超过100 d，其中大城市区域超过150 d(图5.35)(吴兑等，2010)。进入21世纪初期无论是霾出现的日数或强度，都呈现出增多增强的趋势。相比来说，雾(轻雾)没有明显的趋势性变化，主要反映了年际和年代际的气候波动变化。

霾天气的出现有明显的季节性特征(图5.36)。研究表明，除东北地区、青藏高原、西北西部四季霾日均很少且变化不明显外，其余大部分地区均呈现为冬季多、夏季少、春秋季居中的

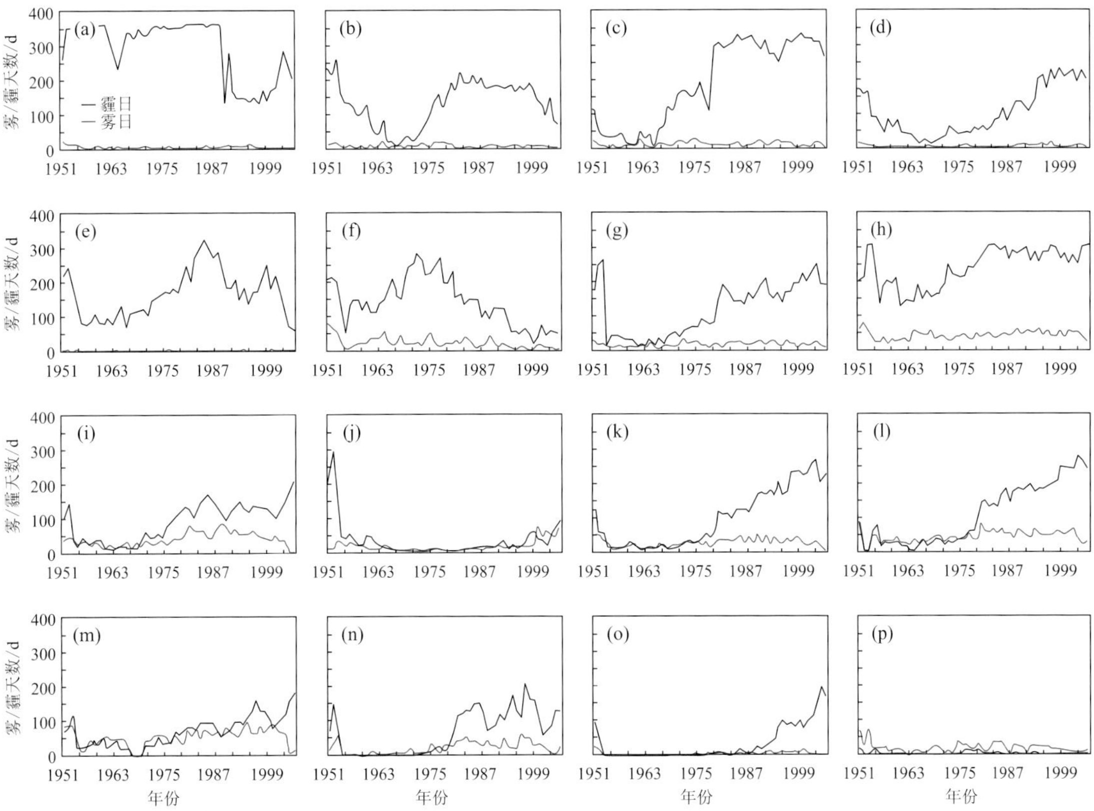

图 5.35　我国典型城市年霾日（黑线）与雾日（红线）长期变化（引自吴兑等，2010）

（a）沈阳；（b）北京；（c）邢台；（d）太原；（e）和田；（f）西安；（g）郑州；（h）重庆；（i）成都；（j）贵阳；（k）南京；（l）杭州；（m）长沙；（n）广州；（o）深圳；（p）海口

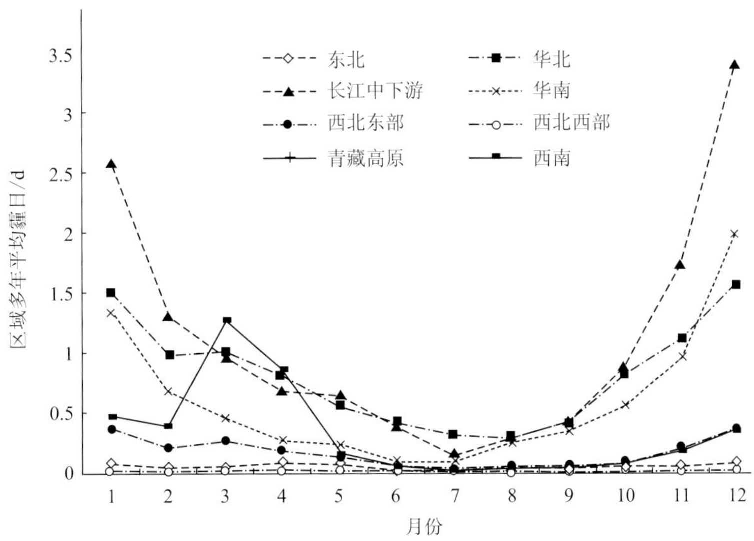

图 5.36　我国各区域 1971—2000 年平均霾日数月际变化（引自高歌，2008）

特点（高歌，2008）。霾发生时的天气条件特点是气团稳定、较干燥，冬季满足这样的天气条件日数多，而夏季为多雨期，局地对流强烈，雨水较其他季节充沛，满足霾发生条件的日数极少。最重要的是，北方地区冬季为主要采暖季，取暖和生活燃烧大量化石燃料，加之冬季气温低、气压高、降水稀少、气候干燥、风速较小、日照少、大气层结稳定、大气逆温出现频率和强度都较高，大气污染物不易稀释扩散，容易形成霾天气。夏季是非采暖季，人们使用化石燃料较少，夏季气温高，太阳辐射强烈，空气对流旺盛，大气层结不稳定，大气污染物容易扩散，同时降水较多，沉降和稀释作用较强，不易形成霾天气，因此夏季霾天气日数少。

5.4.3 霾天气成因

气象条件是霾天气形成的外部控制因素，在不同的气象条件下，同一污染源排放所造成地面污染物浓度可相差几十倍甚至几百倍，这是气象条件这一决定性的控制因素在起作用。通常，霾天气形成主要有以下几个气象方面因素：

一是大气环流异常导致静稳天气多。静稳天气是指当大范围近地面大气层持续或超过24 h出现气压场较均匀、静风或风速较小的天气。在静稳天气条件下，湍流受到抑制，低空中的水汽和颗粒物不易扩散，极易形成霾天气。多地研究结果表明，空中平直西风气流控制、地面气压场较弱时，天气多为静稳型，极易形成重污染天气或者霾天气。如2013—2014年我国中东部地区大气异常稳定，空气垂直运动弱，冷空气过程少且弱，这些是造成近几年我国大范围、长时间雾-霾天气频发的重要因素。

二是大气垂直方向上存在逆温现象。逆温层的出现会严重抑制污染物的扩散，致使霾天气过程中空气污染严重，大气颗粒物浓度出现峰值。如分析上海宝山1990—2011年污染物浓度资料发现，霾日出现与08:00接地逆（等）温密切相关，PM_{10}、SO_2、NO_2三种空气污染物浓度在霾日均明显高于非霾日，霾日的风速基本都在$4.0\ m \cdot s^{-1}$以下（郑庆锋等，2012）。

三是对流层中层为弱下沉运动、底层为弱上升运动，导致对流层中下层形成气流停滞区，混合层被压低，近地层污染物的垂直扩散被抑制，造成污染物积累、污染范围扩大，形成霾天气。反之，当中层下沉运动或底层上升运动较强时，大气扩散条件较好，则不易形成霾天气。

一般来讲，霾天气多发生在干燥的环境中，但湿度增加对气溶胶消光系数的增加起到了一定的积极作用，主要是因为细粒子或超细粒子在吸湿后会使能见度更加恶化，这从另一个角度促进了霾天气的形成。2013年1月9—17日北京地区相对湿度、PM_{10}质量浓度和能见度分析证明，当相对湿度达到80%以上时，由于相对湿度的增加导致颗粒物吸湿增长，这种吸湿性增长使颗粒物尤其使细粒子粒径增加，其消光系数也相应增大，从而使能见度急剧下降形成持续性霾天气，致使空气污染物质量浓度持续升高（图5.37）。

5.4.4 霾天气与污染物浓度

由于颗粒物的散射、吸收带来的消光作用，降低了大气能见度，给人造成“雾蒙蒙”之感觉。颗粒物，按照大小可以分为巨粒子（如降水粒子、云雾粒子、沙尘）、粗粒子（如海盐、土壤尘、火山灰）、细粒子（如硫酸盐、硝酸盐、有机物等）、超细粒子（如碳颗粒）等，其中容易造成霾天气的主要是细粒子$PM_{2.5}$。

北京地区秋冬季霾日和非霾日PM_{10}、SO_2、NO_2三种污染物质量浓度分析（表5.16）表

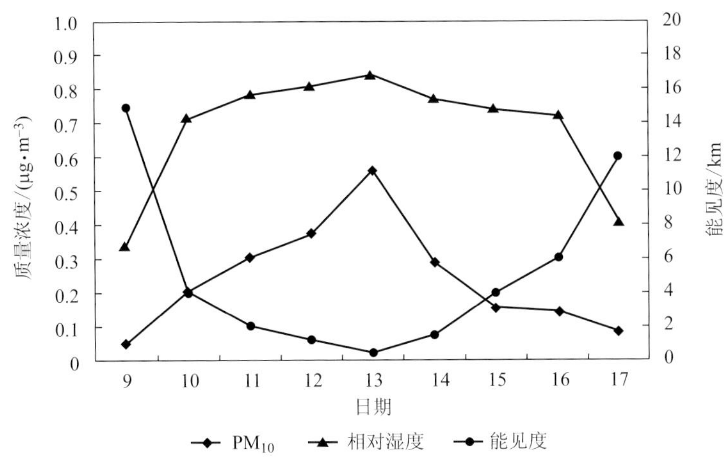

图 5.37　2013 年 1 月 9—17 日北京地区相对湿度(以左侧纵坐标扩大 100 倍,%)、PM_{10} 质量浓度($\mu g \cdot m^{-3}$)及能见度(km)的变化曲线

明,霾日三种污染物的平均质量浓度分别为非霾日质量浓度的 2.42 倍、1.65 倍和 1.69 倍。霾天气发生时,往往会导致 PM_{10}、SO_2、NO_2 质量浓度均有所升高,影响最明显的是大气颗粒物质量浓度的增加。

表 5.16　2008—2012 年北京地区秋冬季霾日与非霾日污染物质量浓度比较(单位:$\mu g \cdot m^{-3}$)

	PM_{10}	SO_2	NO_2
霾日	0.174	0.089	0.081
非霾日	0.072	0.054	0.048
霾日/非霾日	2.42	1.65	1.69

深圳市霾日与非霾日污染物质量浓度分析(王明洁等,2013)也表明,霾日 SO_2、NO_2 质量浓度为非霾日的 1.4～1.7 倍,PM_{10} 是非霾日的 2.2 倍。霾等级越高,空气中 PM_{10}、SO_2、NO_2 的质量浓度越高,从轻微到重度霾各级之间 SO_2、NO_2 和 PM_{10} 质量浓度增幅大都在 15%～20%。另外,利用微脉冲激光雷达(MPL)对南京市区霾观测分析(严国梁等,2014)也表明:2012 年 10 月 27—29 日霾日的能见度小于 5 km,相对湿度为 39.9%～89.5%,$PM_{2.5}$ 质量浓度大于 75 $\mu g \cdot m^{-3}$,其中绝大部分时间高于 150 $\mu g \cdot m^{-3}$,要显著高于非霾日观测结果。

5.5　沙尘天气与空气污染

沙尘天气往往会加重城市大气污染程度,导致大气环境质量进一步恶化,进而威胁人类健康。分析表明,沙尘天气的首要污染物是可吸入颗粒物(PM_{10})。沙尘天气所产生的沙尘气溶胶,通过多种途径造成的滞后、持续、长期的间接危害要比其直接危害大得多。特别是其中 $PM_{2.5}$ 质量浓度的增加对人体健康影响更大。

5.5.1　沙尘天气特征

沙尘天气是指风将地面尘土、沙粒卷入空中,使空气浑浊的一种天气现象的统称。沙尘天气等级主要依据当时的地面水平能见度划分，主要包括浮尘、扬沙和沙尘暴 3 类。浮尘是指尘土、细沙均匀地浮游在空中，使水平能见度小于 10 km 的天气现象。扬沙是指大风将地面尘沙吹起，使空气相当混浊，水平能见度在 1 km 至 10 km 以内的天气现象。沙尘暴是指强风将地面大量尘沙吹起，使空气很混浊，水平能见度小于 1 km 的天气现象。根据能见度和风速又可将沙尘暴强度划分为：沙尘暴，即强风将地面尘沙吹起，使空气很混浊，水平能见度小于 1 km 的天气现象；强沙尘暴，即大风将地面尘沙吹起，使空气非常混浊，水平能见度小于 500 m 的天气现象；特强沙尘暴，即狂风将地面尘沙吹起，使空气特别混浊，水平能见度小于 50 m 的天气现象。

沙尘天气主要发生在沙漠和内陆干旱荒漠地区的中亚、中非、北美和澳大利亚。我国的沙尘天气主要发生在北方地区，属中亚沙尘天气多发区的一部分。沙尘天气不仅给当地工农业生产和生态环境造成严重危害，而且由于它能把大量沙尘卷起进行长距离输送，因此作为巨大的流动污染源会影响到下游的我国北方地区。分析表明：1985—2001 年河西走廊中东部沙尘天气年均为 37.6 d，兰州河谷年均沙尘天气为 24.4 d，两者的相关系数为 0.67。大量的研究结果表明，沙尘天气，特别是沙尘暴天气发生后所经之处均出现重度污染，PM_{10} 等污染物浓度出现高值。如 2005 年 4 月 28 日，受沙尘暴影响，呼和浩特、大同和北京的 API 分别为 418、500、500；2007 年 3 月 31 日，呼和浩特、赤峰和大同的 API 分别为 500、500、423。分析 PM_{10} 与气象因子的相关性发现，沙尘暴期间，大气中 PM_{10} 的质量浓度与风速存在显著的正相关关系，风速越大的地区，可吸入颗粒物的质量浓度越大（吕艳丽等，2012）。

沙尘暴天气携带的大量沙尘蔽日遮光，天气阴沉，造成太阳辐射减少，几小时到十几个小时恶劣的能见度，容易使人心情沉闷，工作学习效率降低。轻者可使大量牲畜患染呼吸道及肠胃疾病，严重时将导致大量“春乏”牲畜死亡，刮走农田沃土、种子和幼苗。沙尘暴还会使地表层土壤风蚀、沙漠化加剧，而且覆盖在植物叶面上厚厚的沙尘，影响植物正常的光合作用，造成作物减产。1993 年 5 月 5 日，发生在甘肃省金昌、威武、民勤、白银等市的强沙尘暴天气，造成直接经济损失达 2.36 亿元，死亡 50 人，重伤 153 人。其中金昌市的强沙尘暴天气最强时段，监测到的室外空气含尘量为 1016 $mg \cdot m^{-3}$，室内为 80 $mg \cdot m^{-3}$，超过国家规定的生活区内空气含尘量标准的 40 倍。

从 1961—2000 年我国春季沙尘暴天气平均日数分布（图 5.38）可见，西北、华北大部、青藏高原大部和东北平原地区的春季沙尘暴日数普遍大于 0.5 d，是沙尘暴的主要影响区；塔里木盆地及其周围地区、柴达木盆地西部、河西走廊、阿拉善高原、河套平原、鄂尔多斯高原和西藏高原局部地区大于 5 d，是沙尘暴的多发区，其中塔里木盆地及其周围地区、阿拉善高原及相邻的河西走廊东北部是沙尘暴的两大高频中心，春季沙尘暴日数达 10 d 以上。统计表明，1954—2002 年我国北方地区总共出现了 223 例较为典型的强沙尘暴，平均每年约 4.6 次。49 年累计频次超过 5 次的多发区域主要位于南疆盆地、西北地区东部和华北地区北部。其中，新疆的若羌和民丰分别高达 33 次和 32 次，是强沙尘暴的最高频中心；其次是新疆和田 25 次、且末 23 次，甘肃民勤 27 次、安西 20 次，宁夏盐池 28 次，以及内蒙古朱日和 24 次。以这些地区为中心向周围辐射分别形成了多个高频区域。

春季，我国北方大气外来源的输送是造成 PM_{10} 质量浓度升高的重要原因。研究表明，外来沙尘输送对兰州市区 TSP 污染的贡献率，春季在 30%以上，沙尘暴发生的高峰期 4 月达到 50%以上；9 月和 12 月在 20%～30%，其他月份在 20%以下。PM_{10} 质量浓度大于 1.0 $mg \cdot m^{-3}$，主

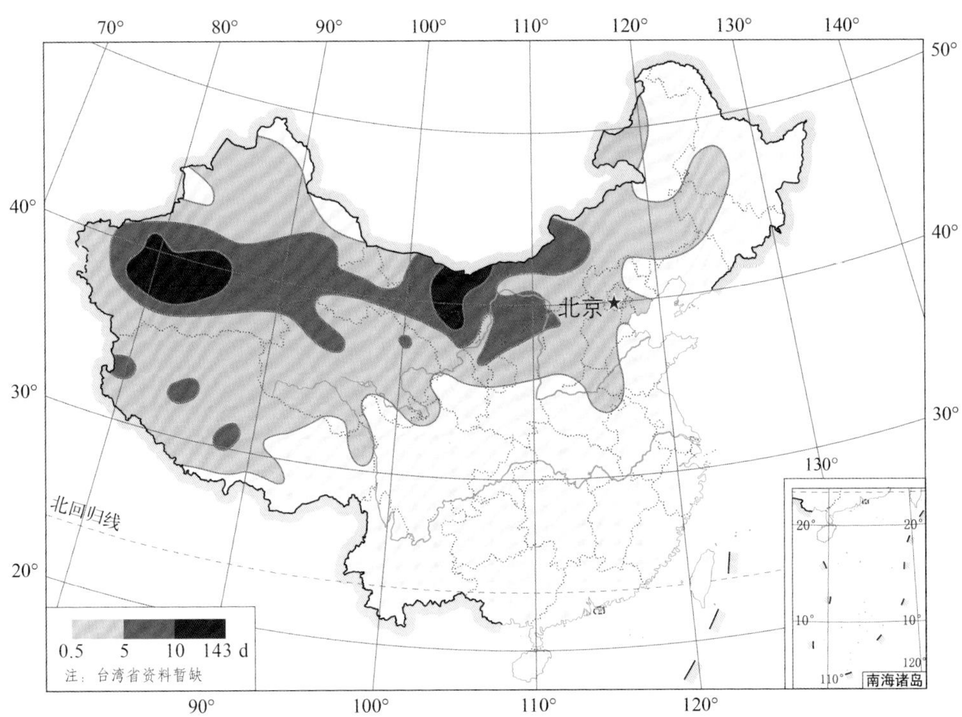

图 5.38 1961—2000 年我国春季年均沙尘暴日数分布(单位:d)

要由河西地区沙尘暴过程引起;而 PM_{10} 质量浓度在 0.5～1.0 mg · m^{-3},主要由工业污染物 SO_2、NO_x 及颗粒物的排放引起(贾晓鹏等,2011)。每当甘肃河西地区发生沙尘暴后,次日兰州市的空气污染物质量浓度会大幅增加,可见沙尘暴天气的沙尘输送与兰州市 PM_{10} 质量浓度的高低密切相关。

受四季气候变化的影响,造成空气污染的因素也各不相同。分析 2000—2012 年北京地区中度污染及重度污染发现,春季 3 月出现中度污染及重度污染的天数达到 21 d,主要是受沙尘天气的影响;11 月出现中度污染及重度污染的天数为 17 d,主要是秋冬季节北方城市燃煤采暖导致的污染排放量增加以及不利的大气扩散条件频繁出现,从而导致污染物不断累积,加剧了大气污染。

5.5.2 沙尘天气的形成条件

沙尘天气成因复杂,一般认为沙尘天气产生的必要条件是沙尘源、不稳定层结和足够大的起动风速(王式功等,2000a;钱正安等,2006)。沙尘天气的发生频率与强度变化除了与风力等气象条件有着密切相关外,还与途经区域下垫面的性质、沙源物质的地理分布和充足程度有着必然的联系。扬沙与沙尘暴都是由于本地或附近尘沙被风吹起而造成的,特点是天空混浊,能见度明显下降。浮尘是由于远地或本地产生沙尘暴或扬沙后,尘沙等细粒浮游空中而形成,俗称“落黄沙”,出现时能见度小于 10 km,大致出现在冷空气过境前后。

沙尘暴的周期变化、发生频率、强度与气候因子、环境因子和人类活动有着内在的必然联系。研究表明,大尺度的强冷空气、中尺度的干飑线和小尺度的局地热力不稳定,是沙尘暴形成的主要动力条件，沙尘暴形成与发展是它们相互作用的结果。沙尘暴的沙尘源除了有利的地理分布特点和地形特征外，还与其物理性质（土质疏松程度、干旱程度、粒子粗细等）有关。强风是沙尘暴产生的动力，沙尘源是其物质基础，而不稳定的热力条件是利于风力加大、对流发展，夹带更多的沙尘，并卷扬更高，从而形成强沙尘暴天气。

2008 年 5 月 26—28 日，蒙古国南部和我国华北、东北出现了一次持续 3 d 的沙尘天气，其中内蒙古中北部局部地区发生沙尘暴或强沙尘暴。这是当年我国北方地区持续时间最长、影响范围最大的一次沙尘天气过程。5 月 26 日，蒙古国南部至我国内蒙古自西向东出现大范围沙尘天气，其中乌拉特中旗、固阳等地发生沙尘暴。5 月 27 日，沙尘天气波及华北北部和东北西部，内蒙古东乌珠穆沁旗、苏尼特左旗、二连浩特市、镶黄旗等地发生强沙尘暴；长春、沈阳、齐齐哈尔、哈尔滨出现扬沙或浮尘天气。27 日凌晨，沙尘天气影响到京津冀地区，北京出现沙尘暴天气。28 日沙尘天气仍在持续向东、南扩展，东北大部和京津冀地区仍笼罩在浮尘中，山东半岛及河南等地也有浮尘。由于高空冷槽的底部不断有冷空气分裂东移，地面蒙古气旋明显发展东移。强西北风中心从蒙古国和我国内蒙古地区携带大量沙尘输送至下游地区，并逐渐沉降，至 28 日午后沙尘天气逐渐减弱。这次沙尘天气过程影响范围包括华北大部、东北大部以及河南、山东两省北部，共计 10 个省（区、市）537 个县市，沙尘天气所经之处沙尘满天、空气质量严重下降，交通受阻，农牧业生产受到严重影响。受影响土地面积约 190 万 km^2，受影响人口约 2.7 亿，受影响耕地面积约 2900 万 hm^2，受影响经济林地面积约 365 万 hm^2、草地面积约 5600 万 hm^2。受此强沙尘天气过程影响，北京地区 PM_{10} 质量浓度明显升高，空气污染级别达Ⅴ级。

综合利用 CALIPSO 星载激光雷达探测资料和 MM5 数值模拟结果（姜学恭等，2014），对 2010 年 3 月 19—22 日强沙尘暴过程不同阶段沙尘垂直分布特征及其动力、热力结构进行了初步分析，结果发现：在沙尘暴成熟阶段，沙尘层分布于 2～9 km（850～250 hPa）的几乎整个对流层中，冷锋前抬升和锋后下沉导致的旺盛垂直混合使沙尘呈现相对均匀的垂直分布。在沙尘扩展及远距离传输阶段，沙尘层明显分为两层，分别位于对流层低层（700 hPa 以下）和对流层中高层（600～300 hPa）。在沙尘暴各个阶段，弱风速垂直切变和弱位温、相当位温垂直变化始终与沙尘层配合，显示沙尘层维持中性混合层，而两个沙尘层之间则为强风速垂直切变及位温、相当位温锋区。另外，沙尘暴发展过程中，高空急流、位涡、比湿等要素均表现出明显的沙尘输送层顶折叠和高空位涡下传，且在对流顶较高的区域，沙尘向上的扩展也较高，反之则较低。特别是在沙尘暴扩展和远距离传输阶段，在 40°N 附近，7～9 km 沿纬向一线，均出现一小范围孤立沙尘区位于平流层中（或平流层附近），表明沙尘暴过程中能够产生沙尘的对流层—平流层输送，并在平流层中形成持续性的沙尘传输带。这可以成为沙尘气溶胶对流层—平流层输送及其在平流层中传输的一个直接的监测证据。

5.5.3 沙尘天气对污染物浓度变化的影响

在沙尘天气发生之前，大气中 PM_{10}、TSP 与 SO_2、NO_2 等气态污染物的质量浓度均维持在较高水平，相关性较好，在大气逆温下污染尤其严重，这是典型的城市污染物造成的大气污染；随着沙尘天气的爆发，冷锋后部沙漠边缘及裸露地大风区的沙尘沿西路或西北路径输送到下游地区，造成城市大气中颗粒物的质量浓度显著增大，上游沙尘暴天气引起的飘尘远距离输送和周边邻近输送的汇聚及沉降是造成后期污染的主要原因。TSP 的质量浓度变化与 PM_{10} 类似，只是变化幅度有所不同，二者比值在沙尘暴过境前后差别较大，以沙尘暴过境时数值最大，也就是说沙尘中可吸入颗粒物含量较多。

2010 年 11 月 1—10 日期间，伴随沙尘天气出现的大风，导致北京 SO_2、NO_2 等气态污染物的质量浓度显著下降（图 5.39），大气污染转变为由降尘过程造成的相对单一的颗粒物污染（方修琦等，2003）。对于 $PM_{2.5}$ 来说，在沙尘天气影响下其质量浓度虽有一定的增加，但增幅相对较小，$PM_{2.5}$ 与 PM_{10} 两者质量浓度的比值要明显低于非沙尘天气的比值，表明在沙尘天气影响下，大气中粗颗粒物质量浓度受影响大，细颗粒物受到的影响相对较小（孙珍全等，2010；李桂玲等，2014）。

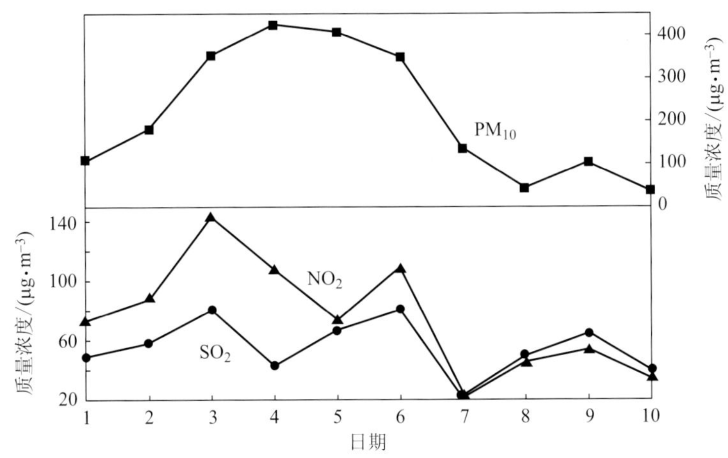

图 5.39　2000 年 11 月 1—10 日北京大气污染物的质量浓度变化（引自方修琦等，2003）

从新疆和田市 2010 年 3 月 12—14 日典型强沙尘天气过程中 PM_{10} 质量浓度（图 5.40）和能见度的变化（褚金花，2013）可见，强沙尘暴未到达之前，PM_{10} 质量浓度很小；3 月 12 日 17 时强沙尘暴到达后，PM_{10} 质量浓度飙升至 683.7 $\mu g \cdot m^{-3}$，并在 18:00 达到最大值 823.0 $\mu g \cdot m^{-3}$，与此同时，能见度由 17 时的 15 km 迅速降至 20 时的仅为 0.7 km；随着沙尘暴强度减弱，PM_{10} 质量浓度也迅速下降。沙尘天气过境前，边界层有较强逆温出现，随着沙尘天气爆发，逆温层

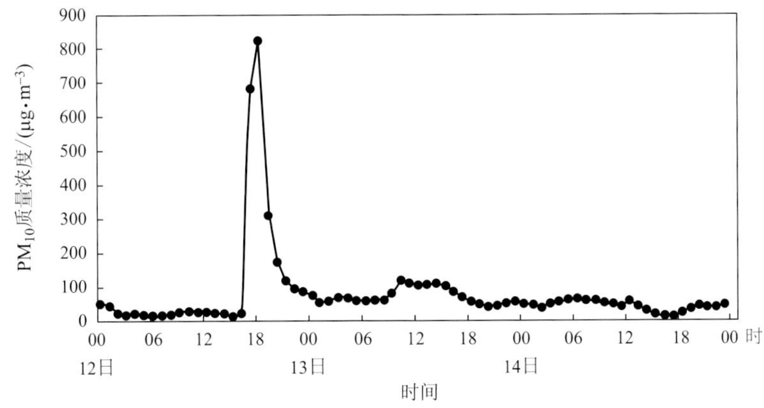

图 5.40　2010 年 3 月 12—14 日和田市沙尘暴期间 PM_{10} 质量浓度变化（引自褚金花，2013）

被破坏，混合层迅速发展，边界层低层温度和湿度垂直梯度变得很小，而风速垂直梯度则增大。此时随着风速迅速增大，PM_{10} 质量浓度骤增。动量下传特别是经向动量下传，是造成冷锋过境初期颗粒物浓度先升后降的主要原因之一。

2012 年 4 月 1 日—5 月 24 日，在北京市西三环、天津空港经济区和张家口火车南站附近同时采集的 PM_{10} 质量浓度日均值分别为 233.82、279.64 和 238.13 $\mu g \cdot m^{-3}$。其中，4 月 27—29 日，3 个地区发生了沙尘暴天气，PM_{10} 质量浓度的最大日均值分别达 755.54、831.32 和 582.82 $\mu g \cdot m^{-3}$，沙尘暴期间 PM_{10} 的有机碳（OC）质量浓度也均高于非沙尘暴期间（刘庆阳等，2014）。2015 年 4 月 15 日，西北、华北大部分地区出现扬沙、浮尘天气，其中北京在傍晚前后出现沙尘暴，据北京市环保监测中心监测，当日 17 时 PM_{10} 质量浓度为 128 $\mu g \cdot m^{-3}$，18 时 PM_{10} 质量浓度上升到 445 $\mu g \cdot m^{-3}$，1 h 之内飙升 317 $\mu g \cdot m^{-3}$。

5.6 降水天气对空气污染物的清除效应

5.6.1 降水对空气污染影响概述

降水的湿沉降存在雨除（rain out）和冲刷（wash out）两种机制，自然降雨、降雪对空气污染物能够起到清除和冲刷作用。在雨雪作用下，大气中的一些气体污染物能够溶解在水中，降低空气中气体污染物的浓度，较大的雨雪对空气污染物粉尘颗粒也起着有效的清除作用。降水对空气中污染物的清除能力主要取决于降水强度、降水频率和持续时间。近年来，国内外学者用各种方法研究了降水与大气污染物的关系，一是研究不同地区影响大气污染物变化的气象因素，二是进行降水对大气气溶胶影响的参数化研究，后来主要是通过试验研究雨滴粒子与气溶胶粒子的相互作用，由于数据获取较难且地区差异性大，故目前还是以降水与污染物浓度变化的统计分析为主。

分析 2001—2008 年降水对兰州、上海、南京、合肥、广州和长沙 6 个城市空气质量的影响，结果表明：大气降水可有效减少 PM_{10}、SO_2 和 NO_2 质量浓度，连续降水发生期间 3 种污染物浓度值均下降，其中 PM_{10} 降幅较大，但是 PM_{10}、SO_2 和 NO_2 质量浓度与降水量的关系不是简单线性关系。如 2006 年 1 月 19 日上海市降水量达到 41.0 mm 时，PM_{10}、SO_2 和 NO_2 质量浓度没有达到最低值，最低值出现在两天后降水完全结束时（图 5.41a）。此外，由图 5.41 也可看出，连续降水对 PM_{10}、SO_2 和 NO_2 的湿清除能力存在极限，超过一定的极限后，降水对 PM_{10}、SO_2 和 NO_2 的清除作用减弱，PM_{10}、SO_2 和 NO_2 质量浓度有可能增加。如 2008 年 1 月 12—13 日上海市的连续降水，使得 PM_{10}、SO_2 和 NO_2 质量浓度值分别从 0.1880、0.0860、0.1016 $mg \cdot m^{-3}$ 下降到 0.0320、0.0390、0.0336 $mg \cdot m^{-3}$。14 日后虽然降水继续，但 PM_{10}、SO_2 和 NO_2 质量浓度却开始波动式上升，到 1 月 16 日又达到一个较高的水平（图 5.41b）（董继元等，2009）。

可见，降水量的不同对大气污染物质量浓度的影响是不同的，但并非所有的降水都会降低污染物质量浓度。对重庆 2004—2008 年 11 月—次年 3 月降水与污染物浓度关系的研究（图 5.42；陈小敏等，2013）表明，当降水量在 1 mm 以下时，降水能减少大气中污染物质量浓度增加的幅度，但大气污染物质量浓度仍然增加，空气质量仍将恶化；当降水量在 1.0～4.9 mm 时，降水能将大气中增加的污染物清除，使得空气质量基本维持在前一日的水平，并使污染物

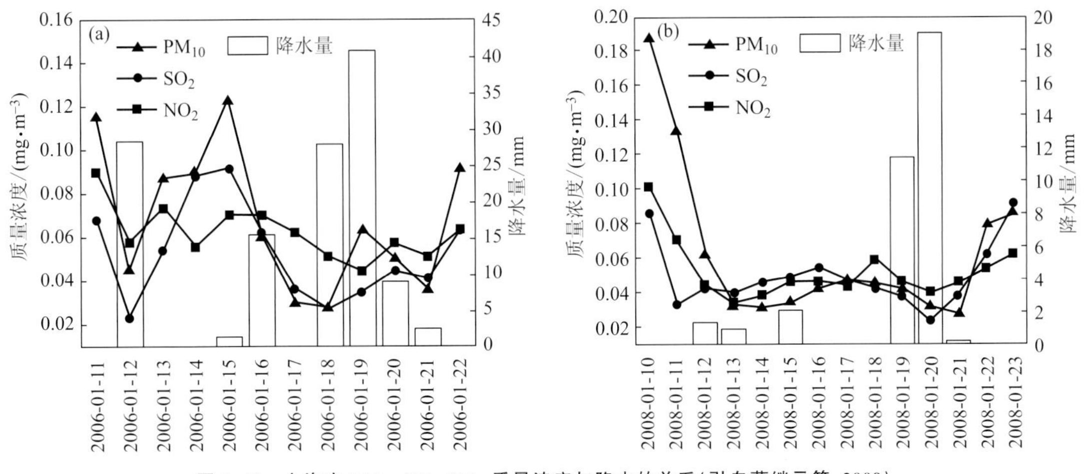

图 5.41 上海市 PM_{10}、SO_2、NO_2 质量浓度与降水的关系(引自董继元等,2009)

(a)2006 年;(b)2008 年

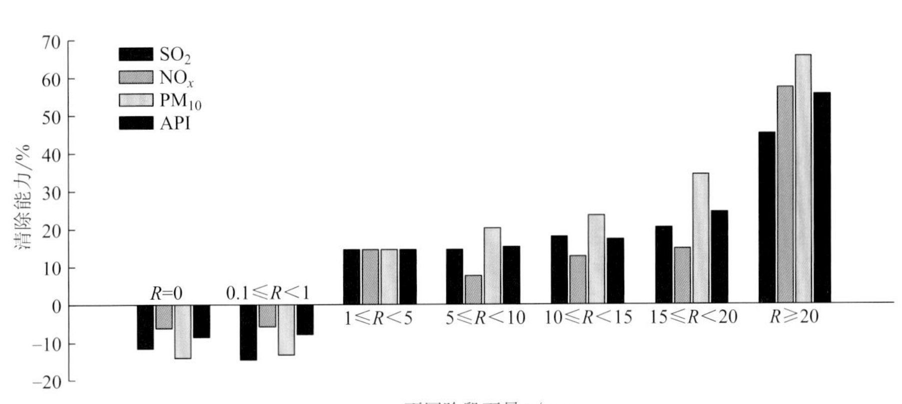

图 5.42 不同降水量时大气污染物质量浓度平均变化率(引自陈小敏等,2013)

质量浓度略有减少,空气质量略为好转;当降水量在 5.0～19.9 mm 时,降水不仅能清除当日新增加的污染物,同时也能将前一日积存的污染物清除部分;当降水量≥20 mm 时,清除能力最强,大气污染物质量浓度明显降低,空气质量明显好转。从降水时间来看(表 5.17),在降水的第 1 天和第 2 天,大气中的污染物质量浓度大部分都有降低,并且随着雨量增加,清除效果更加明显,但从第 3 天开始,降水不仅不能使大气中污染物质量浓度降低,污染物质量浓度反而上升,其中第 3 天降水使得 SO_2 质量浓度变化率为−17.8%,NO_x 质量浓度变化率为−10.1%,PM_{10} 质量浓度变化率为−18.9%,API 变化率为−11.8%。对于不同粒径的颗粒物以及不同性质的降水来说,清除效果也不同。郑晓霞等(2014)指出,降雨对颗粒物的去除作用明显,对粗粒子的清除率明显高于细粒子。不同类型的降水对颗粒物的清除率也存在明显差异,对流性降水对 TSP、$PM_{>10}$ 和 $PM_{2.5\sim10}$ 的清除率是相同降水量的稳定性降水的数倍,这是由不同的降水性质和降水特征造成的,不稳定降水环境风场本身也非常有利于污染物的扩散。

表 5.17　重庆市连续降水各阶段大气污染物平均变化率(%)

连续降水	雨量平均/mm	SO_2	NO_x	PM_{10}	AIP
第 1 天	5.30	17.33	10.53	14.30	12.82
第 2 天	5.06	9.30	6.91	22.88	17.07
第 3 天	4.02	−17.80	−10.17	−18.89	−11.82
第 4 天	5.36	−23.63	−8.90	−24.71	−12.10

降雪对大气污染物的净化作用与降雨类似，当降雪量较小时，空气污染物质量浓度会出现一定程度增加，但降雪量达到一定强度时，对污染物的清除效果也是非常明显的，甚至其清除率要远高于同量级的降雨(宁海文，2006)。从影响机理上看，雨(雪)滴粒子对气溶胶粒子的清除取决于降水的强度以及雨(雪)滴浓度随尺度谱分布、气溶胶谱分布和雨(雪)滴与气溶胶粒子的碰并系数(彭红等，1992)，而雨(雪)滴谱和气溶胶谱随时间、地点和大气状况的不同有很大的差异，因此不同时间、不同地区和不同污染状况中降水对大气污染物质量浓度的影响差异较大。

此外，从长期变化趋势来说，降水量与污染物质量浓度也存在显著关联。研究(金维明等，2012)表明，南通市 2001—2010 年年降水量与 PM_{10}、SO_2、NO_2 质量浓度年均值呈现显著的负相关关系，说明从大尺度来讲，降水对各种污染物均具有显著的清除作用(图 5.43)。

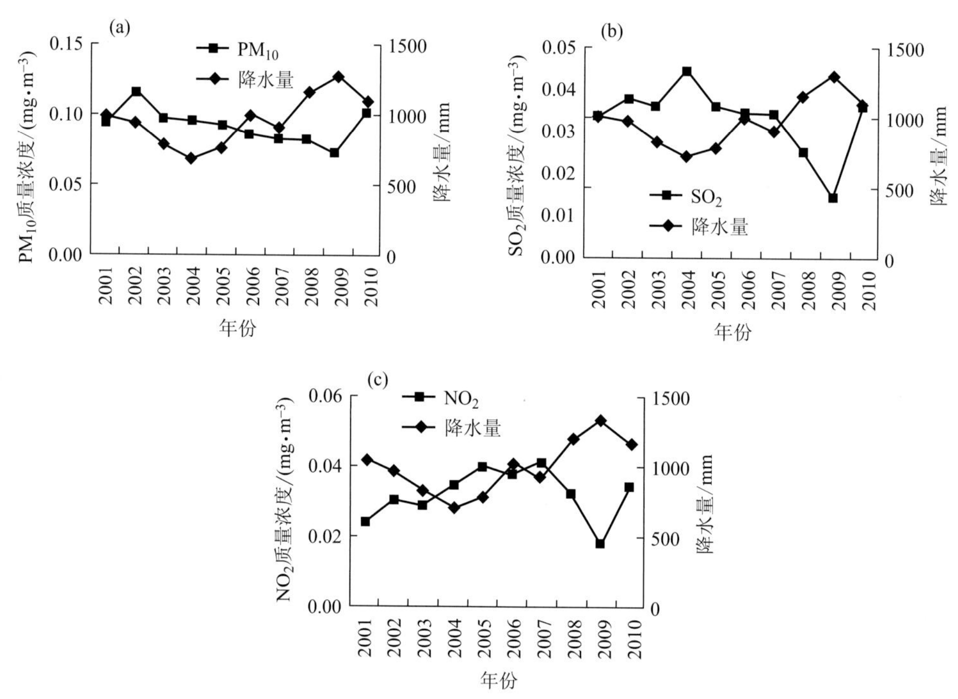

图 5.43　南通市 2001—2010 年降水量与 PM_{10}(a)、SO_2(b)、NO_2(c)质量浓度年均值的关系(引自金维明等，2012)

为了详细论述降水对空气污染物产生的影响，下文将以成都市为例，分别讨论各月降水量和不同降水量等级对空气污染物浓度的影响，对比分析不同降水性质对空气污染物的湿清除作用，从而进一步阐明降水天气对空气污染物的清除效应。

5.6.2 各月降水量与空气污染物浓度年内变化的关系

成都市 5 种空气污染物月均质量浓度的年内变化情况如图 5.44 所示，各种污染物质量浓度都表现出明显的季节性变化特征，年内变化曲线整体呈“U”形，即质量浓度峰值均出现在 1 月；但谷值出现的月份却存在一定差异，其中 CO、SO_2 和 NO_2 气态污染物质量浓度谷值出现在 6 月，而 $PM_{2.5}$ 和 PM_{10} 颗粒污染物质量浓度的谷值分别出现在 7 月和 9 月，且两者质量浓度年内变化曲线存在较好的一致性，年内质量浓度变化波动幅度也比其他 3 种气态污染物大。

2014—2016 年成都市平均月降水量的年内变化情况如图 5.45 所示，夏季是降水的高峰期，其中 7 月降水量是全年的最大值；而冬季是降水的谷值期，1 月出现全年月降水量的最小

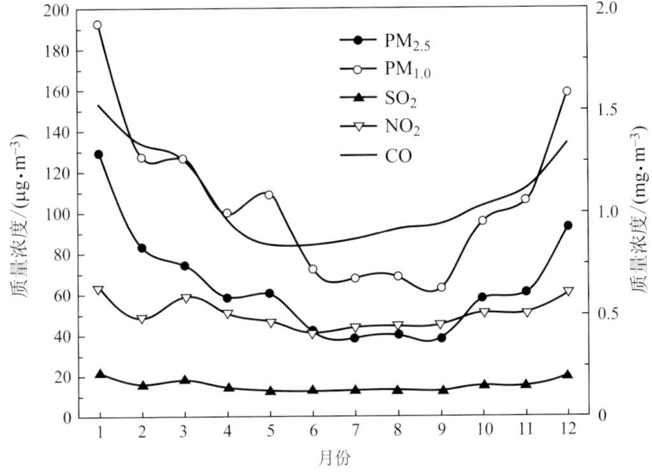

图 5.44　成都市 5 种空气污染物月均质量浓度的年内变化
(左纵坐标对应 PM_{10}、$PM_{2.5}$、SO_2、NO_2；右纵坐标对应 CO)

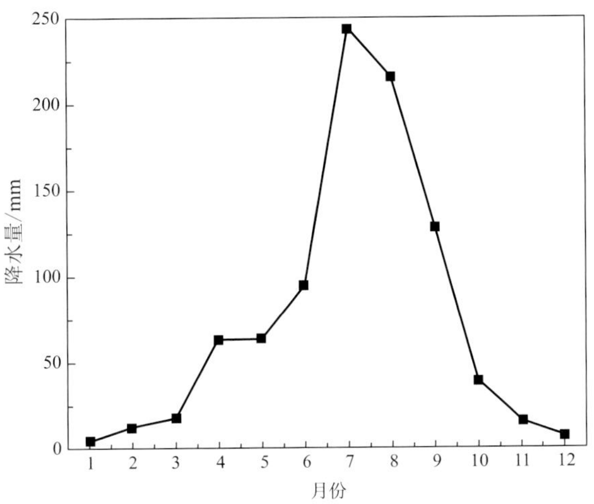

图 5.45　成都市 2014—2016 年月降水量的年内变化

值。这与该地污染物质量浓度高、低值期正好相反。对逐月降水量与5种污染物质量浓度之间分别进行了相关分析，各月降水量与$PM_{2.5}$、PM_{10}、SO_2、NO_2和CO的相关系数分别为−0.71、−0.74、−0.67、−0.68和−0.69，均呈显著的负相关关系，通过了$\alpha=0.001$的显著性水平检验。由此说明，除了受大气稀释扩散条件季节性变化的影响外，夏秋季成都市降水多的湿清除效应对改善当地空气质量起到了至关重要的作用。

5.6.3 不同降水量等级对各污染物浓度的影响

按照国家标准《降水量等级》(GB/T 28592—2012)，通常将24 h降雨量(P)分为七个等级，分别为微量降雨($P\leqslant0.1$ mm)、小雨(0.1 mm$<P<$10.0 mm)、中雨(10.0 mm$\leqslant P<$25.0 mm)、大雨(25.0 mm$\leqslant P<$50.0 mm)、暴雨(50 mm$\leqslant P<$100 mm)、大暴雨(100.0 mm$\leqslant P<$250.0 mm)、特大暴雨($P\geqslant$250.0 mm)；本节将$\geqslant$100 mm的降雨都归为暴雨。成都市2014年出现降雨天数为207 d，其中小雨出现的天数最多，为116 d；2015年出现降雨天数为197 d，降雨天数最多的为小雨117 d；2016年降雨天数为169 d，同样的，出现最多的也是小雨，为101 d。统计2014—2016年三年不同降雨量等级的降雨天数，小雨为334 d，中雨为45 d，大雨为18 d，暴雨为9 d(含大暴雨和特大暴雨)。

图5.46为2014—2016年成都市不同日降雨量等级、外加无降雨日时所对应的5种大气污染物日平均质量浓度。总体来讲，5种大气污染物质量浓度在无降雨时最高，随着降雨量的增大其质量浓度逐渐降低(中雨和大雨效应基本相当)，表明降雨量越大对大气污染物的湿清除效应越明显。此外，比较而言，随着降雨量的增大，其对颗粒污染物PM_{10}和$PM_{2.5}$的湿清除效率比气态污染物更显著。

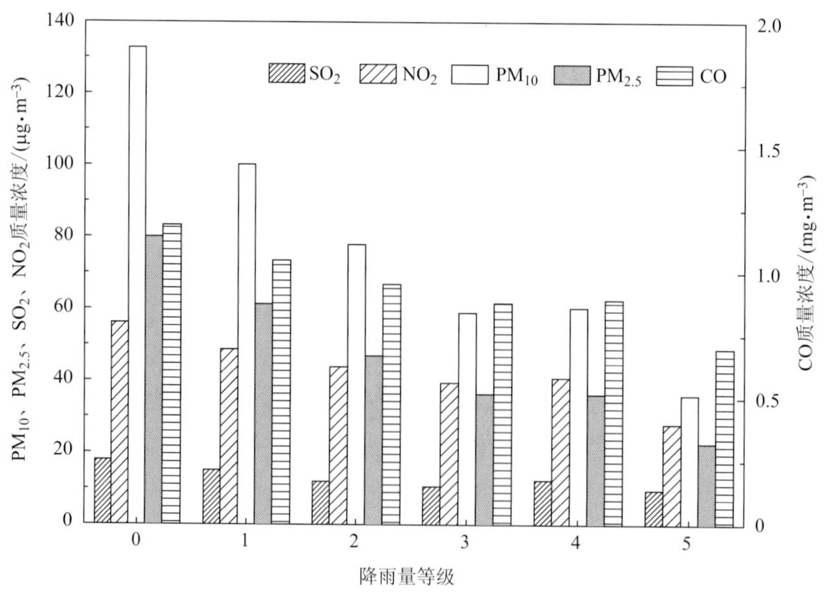

图5.46 成都市无降水日和日降雨量不同等级所对应的大气污染物日平均质量浓度
(0、1、2、3、4和5分别代表无降水日、日降水量$P\leqslant$0.1 mm、0.1 mm$<P<$10.0 mm、10.0 mm$\leqslant P<$25.0 mm、25.0 mm$\leqslant P<$50.0 mm、$P\geqslant$50.0 mm(含100 mm及以上的降雨))

为了进一步探析不同强度降水对大气污染物的湿清除效果，我们按日降雨量不同等级，分别计算其对 5 种大气污染物的平均清除率(R)，如表 5.18 所示。

表 5.18 日降雨量不同等级的 5 种污染物的平均湿清除率 R(%)

污染物	微量降雨	小雨	中到大雨	暴雨及以上
SO_2	−12.0	6.4	16.4	29.3
NO_2	−3.3	3.2	15.4	34.2
CO	−0.2	2.7	9.5	29.0
PM_{10}	−9.0	4.1	24.0	52.7
$PM_{2.5}$	−10.5	2.5	22.7	52.1

不难看出，出现微量降雨时，对 5 种污染物的湿清除率均为负值，表明由于其降雨量过小，不但没有产生湿清除效应，反而体现出大气颗粒物的吸湿性增长特点。当降雨量大于 0.1 mm 时，降雨对 5 种污染物的清除作用开始显现，并且随着降雨量的增大，其湿清除能力显著增加。当日降雨量达到或超过 50 mm 时，降水对 PM_{10} 和 $PM_{2.5}$ 颗粒污染物的平均湿清除率分别为 52.7%和 52.1%，明显大于对 3 种气态污染物 SO_2、NO_2 和 CO 的平均湿清除率(分别为 29.3%、34.2%和 29.0%)。

5.6.4 降水过程期间 5 种大气污染物湿清除率随时间的变化特征

成都市降水特点为连阴雨天气居多。当连续性降水发生时，随着降水时间的持续，其对空气污染物的清除率也会相应地发生变化。为此，我们就连续性降水对 5 种大气污染物的湿清除率进行细致分析。把连续两天及以上的降水称为连续性降水，2014—2016 年成都市的统计结果如图 5.47 所示。不难看出，连续性降水过程中的第 1 天和第 2 天，降水对 5 种空气污染物的湿清除率均为正值，且第 2 天湿清除率最高，第 3 天的湿清除率大幅度降低，之后湿清除率就非常弱了，甚至变成负值，即污染物浓度会反弹上升。说明连续性降水对空气污染物的湿

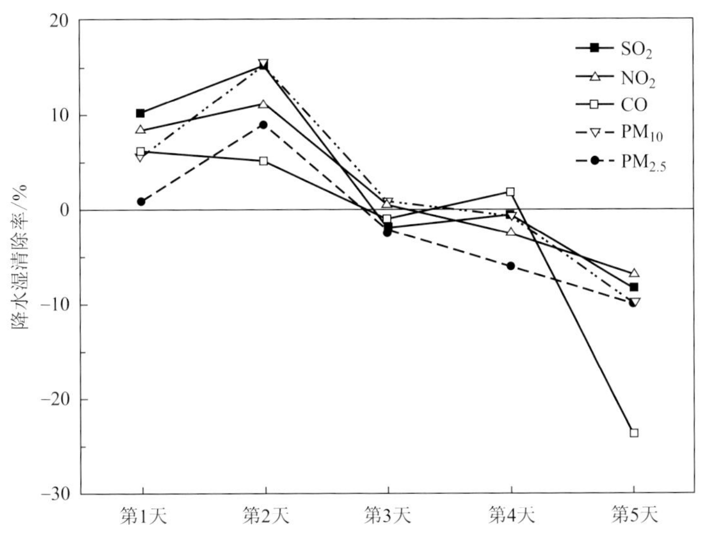

图 5.47 2014—2016 年成都市连续性降水过程期间 5 种污染物的湿清除率的时间变化

清除效果存在一个极值，其中，对 $PM_{2.5}$、PM_{10}、NO_2 和 SO_2 的最大湿清除率出现在第 2 天，分别为 9.0%、15.4%、11.3%、15.3%；而对 CO 污染物的湿清除率最大值出现在第 1 天，最高值为 6.2%。这与 5.6.1 节中对重庆的研究结果一致(陈小敏等，2013)。

5.6.5 典型降水个例对空气污染物的湿清除率

(1)连续性降水个例的湿清除率

虽然上述研究已较好地反映了不同强度或不同等级日降水对各种污染物的湿清除率，但是，日降水量是由每天逐小时降水量累计起来的，无法反映出不同降水时段内空气污染物被清除的过程及其变化情况。因此，我们选取成都市 2015 年 8 月 16—18 日的一次连续性降水个例，通过分析逐时空气污染物浓度和相应降水量来探讨降水对各种污染物的湿清除率，即改善空气质量的作用。在这次连续性降水过程中，选取降水相对集中的时段内逐小时降水量与空气污染物(CO、SO_2、NO_2、PM_{10})质量浓度进行分析，结果如图 5.48 所示。降水从 16 日中午 12 时开始，在此之前污染物质量浓度达到此次过程中的最大值，之后各空气污染物质量浓度开始明显降低，整个降水过程持续到 8 月 17 日傍晚，降水停止后各种空气污染物质量浓度立即出现不同程度的反弹，但总体来看，降水前 12 h 内各污染物质量浓度高于降水停止后 12 h 的污染物质量浓度。这次降水时段内出现了 3 次小时降水达到中雨量级，依次为 20.0、16.1 和 12.1 mm，其对污染物的最大湿清除率出现在 16.1 mm 降水量的时刻(即 16 日午夜)，并且该时刻前后污染物质量浓度变化幅度较大。再由 2015 年 8 月 16—18 日降水期间成都市降水对空气污染物的湿清除率的逐小时变化(图 5.49)可以看出，从 16 日 12 时到 17 日 02 时空气污染物的湿清除率除 SO_2 外都为正值，且维持的时间最长，各空气污染物质量浓度在该时段内降低幅度最大；之后降水对空气污染物的清除率呈现正、负波动式变化态势。

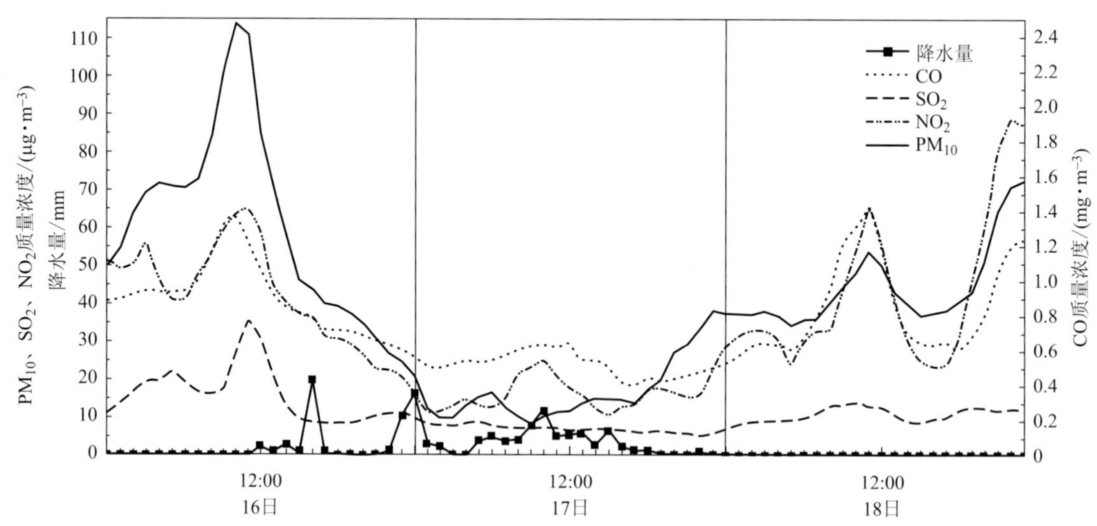

图 5.48 2015 年 8 月 16—18 日降水期间成都市逐小时降水量与空气污染物质量浓度的变化

(2)阵性降水个例的湿清除率

选取 2016 年 7 月 22 日成都市一次阵性降水过程，利用该次过程的逐小时降水量和空气污染物质量浓度的变化，讨论降水对空气污染物的湿清除作用。图 5.50 为此次阵雨过程逐小

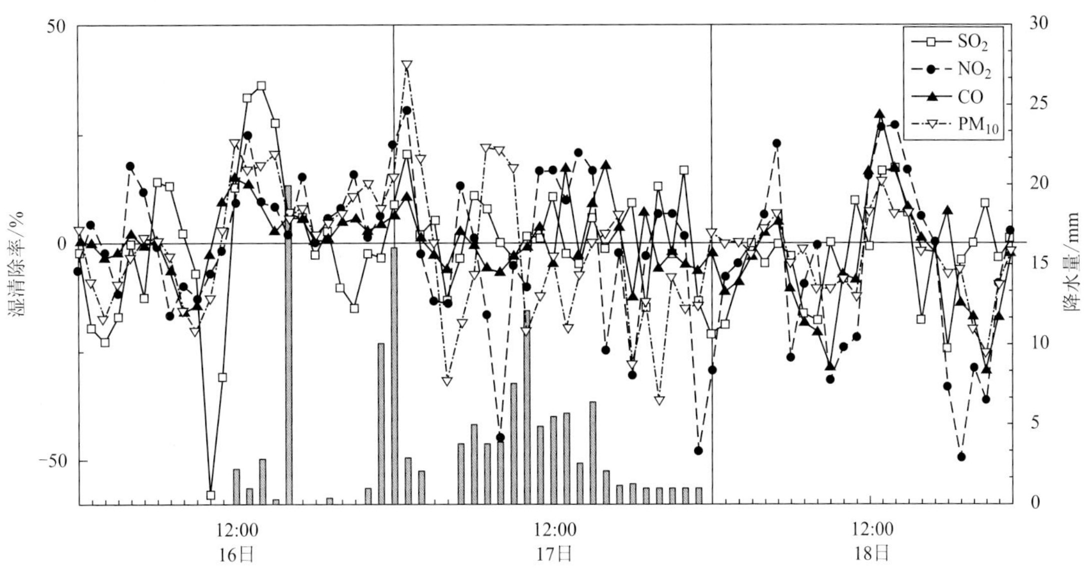

图 5.49 2015 年 8 月 16—18 日降水期间成都市降水量及其对空气污染物的湿清除率的逐小时变化

时降水量和空气污染物质量浓度的变化情况，从图中可以看出，夜间 03 时开始产生降水，04—05 时降水时段集中且降水强度大，两个小时的累计降水量迅速达到 57.6 mm；各污染物质量浓度在降水出现后开始明显降低，其中 PM_{10} 在此期间降低幅度最大，表明湿清除效果最为显著；阵性降水对其他气态污染物也有不同程度的清除效果。凌晨 05 时过后降水强度突减到每小时 1.0 mm，至 08 时结束，各种空气污染物质量浓度从强降水停止即 05 时过后就开始出现不同程度的波动式反弹上升。总之，与连续性降水相比，阵性降水由于其突发性和高强度性而对空气污染物的单位时间湿清除效果更为显著。

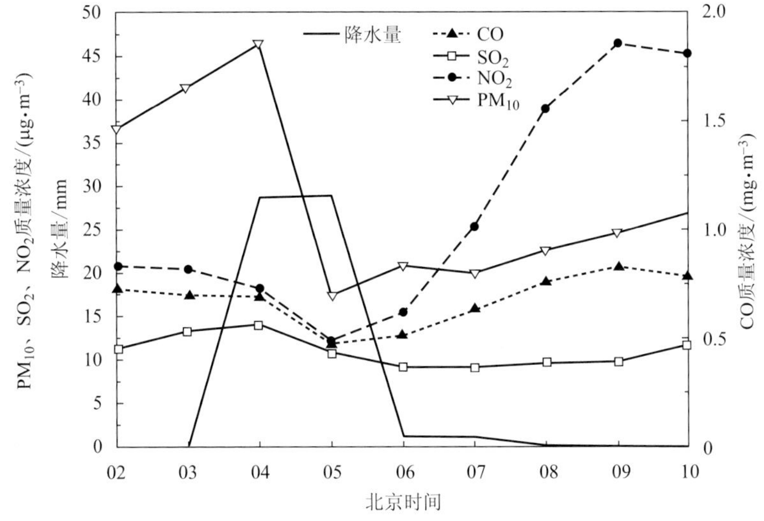

图 5.50 2016 年 7 月 22 日成都市阵雨过程逐小时降水量和对应小时空气污染物质量浓度的变化

5.7 小结

(1)天气过程对空气污染的影响主要体现在以下 3 个方面:①影响地面物质向大气的自然释放和输送;②通过边界层内的热力和动力因素影响污染物的积累和扩散;③影响污染物的转化和清除。

(2)我国现阶段城市空气污染可归纳为 4 种类型:静稳型、沙尘型、复合型和其他型,其中静稳型是我国目前主要的空气污染类型,受大气稳定层结的影响,此类污染多发生在秋冬季节,在地面弱气压场控制下,近地层常形成逆温层或等温层,大气扩散条件差,污染物长时间积累,最终形成重污染。

(3)锋面过境最明显的特征是相关气象要素发生骤变,从而引起污染气象参数和大气扩散能力的显著变化。其中,冷锋过境可大大提高城市大气边界层对污染物的稀释扩散能力,若同时伴有降水的湿清除时,其对城市空气污染的净化作用就更加明显。主要表现在伴随强冷锋移动的 24 h 负变温区对应 24 h 正变压区,而且两者均与相应时间段内 $PM_{2.5}$ 质量浓度下降幅度最大区对应,这为空气污染预报提供了新的参考依据。

(4)当四川盆地西北部城市群上空受来自于青藏高原短波槽等低值天气系统东移空降(或背风坡焚风)效应的影响时,其降至 700 hPa 层,形成干暖低值(低涡等)天气系统,在当地大气边界层顶之上形成低层强逆温层,产生“锅盖效应”,迫使当地次级环流局限于大气边界层内,严重抑制了当地大气污染物的稀释扩散,加剧大气污染物浓度在前期积累的基础上快速升高,形成空气重污染事件。

(5)霾的本质是以 $PM_{2.5}$ 为主的空气污染现象,常发生在无风、层结稳定、干燥的大气环境中,但当湿度增加时,细粒子会出现吸湿增长,从而进一步加剧空气污染。由于污染源排放和气象条件的季节性变化,霾天气具有明显的季节性特点,冬季最严重,SO_2、NO_2 质量浓度也会伴随显著升高。进入 21 世纪初期霾呈现出阶段性增多增强的态势。

(6)沙尘天气除与风力等气象条件有密切关系外,还与途经区域下垫面的性质、沙源物质的地理分布和充足程度有着必然的联系。沙尘天气发生前各污染物浓度常维持较高水平,沙尘天气出现时颗粒物浓度急剧升高,气态污染物浓度则会伴随大气扩散能力的增强而迅速降低,大气污染状态则转变为单一的颗粒物污染,其中对粗颗粒 PM_{10} 质量浓度影响最大,对 $PM_{2.5}$ 质量浓度影响相对较小。

(7)降水对大气污染物的质量浓度具有显著的改变作用,微量的降水由于其吸湿增长效应会导致大气污染物质量浓度升高,但整体上随着降水量的增大其质量浓度都会逐渐降低,表明降水量越大对大气污染物的湿清除效应越明显。此外,比较而言,随着降水量的增大,其对颗粒污染物 PM_{10} 和 $PM_{2.5}$ 的湿清除比气态污染物更显著。从降水性质来看,连续性降水对空气污染物的湿清除效果存在一个极值,其最大湿清除率通常出现在第 2 天;与连续性降水相比,阵性降水由于其突发性和高强度性,对空气污染物的单位时间湿清除效果更为显著。

第6章 基于数据建模的空气污染统计预报

开展城市空气质量预报是一个城市环境意识和文明程度的标志，具有良好的环境效益和社会效益。近年来，大气污染物排放的控制和空气质量的不断提高已成为全国乃至全球范围内迫在眉睫的热点问题。随着我国经济社会的快速发展和绿色环保观念的倡导，人们对居住环境洁净空气的需求愈发迫切，城市空气污染预报也日益备受重视。空气质量预报预警是控制大气环境污染的前提和基础，有助于进一步提升环境空气污染治理成效和水平。因此，城市大气污染预报预警是治理城市大气污染中最重要的任务之一，如何有效提高其预报技术和水平是当前国际上大气环境领域研究的前沿课题。

统计预报方法是采用大量的、长期的相关观测资料，根据概率统计学的原理，寻找出空气污染变化的统计规律及其影响因子，由此建立统计学预报模型来制作空气污染预报。它与现有的数值模式类预报方法受限于排放源清单及其准确性有所不同，是一种更具实用性的预报方法。目前常用的方法有时间序列方法、数理统计方法和动力统计方法等。其中，时间序列方法是单纯考虑污染物浓度的变化，采用时间序列分析方法，建立模型进行预测，但这种方法存在一定的时间滞后和局限性。数理统计方法是在对一定长度的大气污染数据和相应气象数据时间序列进行分析归纳的基础上，利用逐步回归、聚类分析、卡尔曼滤波、支持向量机和人工神经网络等多种数学方法，建立空气污染浓度(指数)与气象因子之间的定量数学关系，从而以空气污染物浓度实时监测结果为基础，根据对未来气象因子变化的预报结果及其与污染物浓度变化之间的关系，来实现对未来空气污染状况的预报。模型中不过多考虑污染物的物理、化学和生态演变过程，以预报值与实际值之间的误差最小化为准则，虽然缺乏一定的大气物理基础，但针对单点或小规模城市的平均污染状况预报还是较为准确的，因此，在许多国家和城市的空气污染预报中得到了广泛应用。为了解决统计预报缺乏物理基础的问题和数值预报由于边界条件和初始条件不易给出而导致的精度不高的问题，随着计算机运行速度的提高和统计预报技术的发展，许多学者在统计预报中逐渐引入了大气动力学过程(比如湍流扩散方程等)或者对数值预报产品进行释用，这就是动力统计方法，由此所建立的动力统计模型简单实用、业务运行方便、预报效果更好，对于一般的污染预报任务更加友善、易行。

6.1 时间序列预测法

时间序列分析是概率统计学科中应用性较强的一个分支，在金融经济、气象水文、信号处理、机械振动等众多领域有着广泛的应用(王婷婷等，2010)。时间序列预测法(time series forecasting method)是将各类空气污染观测资料的统计指标数值，按时间先后顺序排列形成数列，然后通过编制和分析时间序列，对时间序列所反映出来的发展过程、方向和趋势进行类推或延伸，借以预测下一时间段或以后若干年内可能达到的水平（张美英等，2011）。目前学者们对空气污染物进行的时间序列预测分析，是单纯利用环境空气监测资料，建立空气污染的时间序列分析预报模型。由于预报因子和预报量之间呈非线性关系，而线性回归方法无法更好地描述这种关系，因此，对空气污染预报的时间序列方法研究经历了从线性到非线性的转变。

众所周知，时间序列基本特征包括趋势性（trend）、季节性或季节变动（seasonal）、周期性或循环波动（cyclic）、随机性或不规则波动（irregular fluctuation）。其中周期性或循环波动（cyclical fluctuation），是时间序列中呈现出来的围绕长期趋势的一种波浪形或振荡式波动。根据对资料分析的方法不同，时间序列预测法可分为传统预测方法和非线性方法两类。

传统的时间序列预测方法主要有：简单序时平均数法、加权序时平均数法、移动平均法、加权移动平均法、趋势预测法、指数平滑法、季节性趋势预测法等。例如，用 $x(t)$ 表示某地区第 t 个月的空气污染物可吸入颗粒物（PM_{10}），$\{x(t), t=1,2,\cdots\}$ 是一时间序列。对 $t=1,2,\cdots,T$，记录到逐月的 PM_{10} 数据 $x(1), x(2), \cdots, x(T)$，称为长度为 T 的样本序列。依此即可使用时间序列分析方法，对未来各月 PM_{10} 的 $x(T+l)(l=1,2,\cdots)$ 进行预报。这些方法虽然简便，并能迅速求出预测值，但由于没有考虑整个经济社会等发展的新动向和其他环境因素的影响，预报范围和精度都有一定的局限性。针对自然与社会经济系统的复杂性，非线性趋势预测（如灰色模型等）成为近年来预测领域的研究热点。

6.1.1 周期分析

对于某一气象要素的时间序列，它的时间演变是复杂的，包含了多种不同频率的波动，可以将其分解为由不同的正弦波所组成。有关谐波的数学分析在18世纪和19世纪已经奠定了良好的基础。傅里叶等提出的谐波分析方法至今仍被广泛应用（黄嘉佑，1990）。谐波是一个数学或物理学概念，是指周期函数或周期性的波形中能用常数、与原函数的最小正周期相同的正弦函数和余弦函数的线性组合表达的部分。

（1）规则周期的谐波分析方法

对任一时间序列 $x_t(t=1,2,\cdots,n)$，如果它仅由一个正弦波组成，那么可以写为：

$$x_t = A\sin(\omega t+\theta) = a\cos\omega t + b\sin\omega t \tag{6.1}$$

式中：A 为振幅；ω 为圆频率，它与周期 T 的关系为 $\omega = 2\pi/T$，T 为该正弦波的基本周期，这里 $T=n$，即资料序列总长度；θ 为位相。

① 谐波分析的基本理论

谐波分析的原理就是认为任何一时间序列都可以看作由一系列正弦波叠加而成，它们是相互正交的，最长的周期等于序列的长度，这个称为正弦波的基波，对应的周期称为基本周期。其余正弦波称为谐波，它们的周期分别为基本周期的1/2，1/3，…，最短的周期为时间序列间隔的2倍。例如时间序列是以年为时间间隔，共有30年，则基本周期为30，其余谐波周期分别为15，10，7.5，6，5，4.29，3.75，3.33，3，2.73，2.5，2.31，2.14和2。它们叠加在一起就得到一个原序列的估计序列。例如，对某一时间序列 $x_t(t=1,2,\cdots,n)$ 取 p 个谐波叠加作为估计，有：

$$\hat{x}(t)=a_0+\sum_{k=1}^{p}(a_k\cos\omega_k t+b_k\sin\omega_k t) \tag{6.2}$$

式(6.2)就是一般谐波分析的模型,其中:$\omega_k=2\pi k/T$ 为各谐波的频率,$T=n$ 已知,谐波分析的核心就是如何计算 a_k、b_k。

② 计算谐波系数

计算谐波系数 a_k、b_k 可采用最小二乘法。估计值与实际值任一时刻 t 都有一误差 e_t:

$$e_t=x_t-\hat{x}_t \tag{6.3}$$

要使所有点误差平方和达到最小,即:

$$\sum_{t=1}^{n}e_t^t=\sum_{t=1}^{n}(x_t+\hat{x}_t)^2\rightarrow 最小$$

经过数学推导,可以得到:

$$\begin{cases}a_0=\dfrac{1}{n}\sum\limits_{t=1}^{n}x_t\\ a_k=\dfrac{2}{n}\sum\limits_{t=1}^{n}x_t\cos\dfrac{2\pi k}{n}(t-1)\\ b_k=\dfrac{2}{n}\sum\limits_{t=1}^{n}x_t\sin\dfrac{2\pi k}{n}(t-1)\end{cases} \tag{6.4}$$

③ 方差分析

$$\hat{x}(t)-a_0=\sum_{k=1}^{p}(a_k\cos\omega_k t+b_k\sin\omega_k t)$$

总方差为:

$$\sum_{t=1}^{n}(\hat{x}_t-\overline{x})^2=\sum_{t=1}^{n}\left[\sum_{k=1}^{p}(a_k\cos\omega_k t+b_k\sin\omega_k t)\right]^2=n\sum_{k=1}^{p}\frac{1}{2}(a_k^2+b_k^2) \tag{6.5}$$

$$s_n^2=\frac{1}{n}\sum_{t=1}^{n}(\hat{x}_t-\overline{x})^2=\sum_{k=1}^{p}\frac{a_k^2+b_k^2}{2} \tag{6.6}$$

④ 显著性检验

检验某个谐波的重要性,可用下面的统计量:

$$F=\frac{\frac{1}{2}(a_k^2+b_k^2)/2}{\left[s^2-\frac{1}{2}(a_k^2+b_k^2)\right]\Big/(n-2-1)} \tag{6.7}$$

通过显著性检验的谐波所对应的周期,可定为序列的主要周期。

(2)非规则周期的均生函数方法

现有的时间序列预测模型,如自回归(autoregressive model,AR)、自回归滑动平均(seasonal autoregressive integrated moving average,ARMA)和门限自回归(threshold autoregressive model,TAR)模型,都着眼于序列中邻近时刻的联系,即序列的自相关。由于空气污染因子周期性变化的不确定性,使我们对于转折性变化的预测能力较差。依据气候时间序列蕴涵不同时间尺度振荡的特征,魏凤英(1999)拓展了数理统计中算术平均值的概念,定义了时间序列的均生函数,提出了视均生函数为原序列生成的、体现各种长度周期性的基函数的新构思。

均生函数预报模型是基于序列的周期记忆，构造一组源自序列的周期函数，通过建立原时间序列与这组周期函数间的回归，构造预报模型，从而对系统未来的状态进行预测。均生函数预报模型已在空气污染预测中得到应用。任成等（1999）根据营口市主要大气污染物浓度（如 $PM_{2.5}$）的变化特征，建立了均生函数预测模型。

设有 N 个观测样本的 $PM_{2.5}$ 序列：

$$X(t)=\{X(1),X(2),\cdots,X(N)\} \tag{6.8}$$

$X(t)$的平均值为：

$$\overline{X}(t)=\frac{1}{n}\sum_{t=1}^{n}x(i) \tag{6.9}$$

定义该序列的均生函数为：

$$\overline{X_l}(t)=\frac{1}{n_l}\sum_{j=1}^{n_l-1}x(i+jt) \tag{6.10}$$

式中：$i=1,2,\cdots,l$；$1\leqslant l\leqslant M$；$n_l=\mathrm{INT}(n/l)$，$M=\mathrm{INT}(N/2)$，或者 $M=\mathrm{INT}(N/3)$，INT 表示取整数。

根据式(6.10)可得 M 个均生函数，像在傅里叶分析中所做的那样，将 $\overline{X_l}(t)$ 延拓到整个数轴上，即做周期性延拓，则可得到：

$$f_l(t)=x_l\left[t-l\times\mathrm{INT}\left(\frac{t-1}{l}\right)\right] \tag{6.11}$$

式中：$f_l(t)$为均生函数延拓序列；$l=1,2,\cdots,M$；$t=1,2,\cdots,N,N+1,\cdots$。对 $f_l(t)$求解便可用于对 $PM_{2.5}$ 等要素序列的预报。预报检验结果表明，该预测模型不但可以很好地拟合大气污染物，而且还能对未来时段的大气污染物浓度做出较符合实际的预报。

6.1.2 灰色预测模型

时间序列预测是采用趋势预测原理进行的，但其存在以下问题：①时间序列变化趋势不明显时，很难建立起较精确的预测模型；②它是在系统按原趋势发展变化的假设下进行预测的，因而未能考虑对未来变化产生影响的各种不确定因素。为了克服上述缺点，邓聚龙教授引入了灰色因子的概念，采用累加和累减的方法创立了灰色预测理论（陕振沛等，2010）。控制论中主要以颜色命名，常以颜色之深浅表示研究者对内部信息和对系统本身的了解及认识程度之多寡。黑色，表示信息缺乏；白色，表示信息充足；而介于白色（W）系统与黑色（B）系统之间，其部分信息已知，部分信息未知的这类系统便称之为灰色（G）系统。灰色系统理论是研究灰色系统分析、建模、预测、决策和控制的理论。它把一般系统论、信息论及控制论的观点和方法延伸到社会、经济和生态等抽象系统，并结合数学方法，发展出一套解决信息不完全系统（灰色系统）的理论和方法。该方法已被广泛地应用于气象、大气污染预测与评价等领域。

秦肖生等（2000）以衡阳市 1990—1996 年城区污染物总量的预测为例，探讨了各种模型的应用效果。结果表明：非线性灰色模型在污染物总量预测中的精度更高。曹玉珍等（2006）进行了基于 Matlab 的 GM(1,1)模型在广州市降尘预测中的应用研究。刘朋（2010）利用西北地区城市空气污染物 SO_2、NO_2 和 PM_{10} 年均质量浓度的实测数据，分析比较了 GM(1,1)和等维灰数递补模型的拟合精度和预测精度。结果表明：等维灰数递补模型拟合值的相对误差逐渐减小，拟合精度逐渐提高，拟合能力优于 GM(1,1)模型。代伟等（2011）根据 2004—2009 年

大气中污染物 SO_2 质量浓度的监测数据，通过灰色 GM(1,1)模型预测了未来 6 a 秦皇岛市大气中 SO_2 的变化趋势，结果显示灰色系统 GM(1,1)模型合理、精度较高。李朝阳等(2012)以乌鲁木齐市市区的大气环境监测资料为依据，在分析灰色预测模型基本原理的基础上，通过灰色系统 GM(1,1)模型，对乌鲁木齐市未来 4 a 的环境空气质量进行了预测分析，效果良好。

GM(grey model)是灰色系统理论的基本模型。灰色 GM(1,1)线性动态模型由于其建模思维的独创性和新颖性，而被广泛应用于包括环境预测在内的多个学科领域的数据分析和预测之中。该模型把观测到的数据序列视为一个随时间变化的灰色量或灰色过程，通过累加生成和相减生成逐步使灰色量白化，从而建立相应的微分动态方程并做出预测。由于 GM(1,1)模型的单变量变化率是一个指数分量，随时间的发展变化过程是单调的，当原始动态序列近似符合指数规律时就有较好的拟合、预测效果，反之则不够理想。

6.1.2.1 灰色预测的基本原理

(1)GM(1,1)模型

灰色预测 GM(1,1)模型是一个拟微分方程的动态系统，其建模的实质是对原始数据先进行一次累加生成，使生成的数据序列呈现一定规律，而后通过建立一阶微分方程模型，求得拟合曲线，用以对系统进行预测。

当一时间序列无明显趋势时，采用累加的方法可生成一趋势明显的时间序列。如时间序列 $X(0)=\{32,38,36,35,40,42\}$ 的趋势并不明显，但将其元素进行累加所生成的时间序列 $X(1)=\{32,70,106,141,181,223\}$ 则是一趋势明显的数列，按该数列的增长趋势可建立预测模型并考虑灰色因子的影响进行预测，然后采用累减的方法进行逆运算，恢复原时间序列，得到预测结果，这就是灰色预测的基本原理。

(2)灰色预测的类型

灰色预测是基于灰色预测 GM(1,1)模型的预测，按其应用的对象可有 4 种类型：数列预测(针对系统行为特征值的发展变化所进行的预测)、灾变预测(针对系统行为的特征值超过某个阈值的异常值将在何时出现的预测)、季节性灾变预测(若系统行为的特征值有异常值出现或某种事件的发生是在一年中的某个特定的时区，则该预测为季节性灾变预测)、拓扑预测(对一段时间内系统行为特征数据波形的预测)。

6.1.2.2 GM(1,1)模型的建立方法和步骤

(1)GM(1,1)模型的建立方法

设原始时间序列为：$X^{(0)}=\{x^{(0)}(1),x^{(0)}(2),\cdots,x^{(0)}(n)\}$；其累加生成序列为：$X^{(1)}=\{x^{(1)}(1),x^{(1)}(2),\cdots,x^{(1)}(n)\}$。

按累加生成序列建立的微分方程模型为：

$$\frac{\mathrm{d}X^{(1)}}{\mathrm{d}t}+aX^{(1)}=u \tag{6.12}$$

式中：a 为发展灰数；u 为内生控制灰数。求解微分方程，即可得到预测模型：

$$X^{(1)}(t+1)=\left[X^{(0)}(1)-\frac{u}{a}\right]\mathrm{e}^{-at}+\frac{u}{a} \tag{6.13}$$

式中：$t=1,2,\cdots,n$。确定了参数 a 和 u 后，按此模型递推，即可得到预测的累加数列，通过检验后，再累减即得到预测值。

(2)GM(1,1)模型建立的 6 大步骤

① 由原始序列 $X^{(0)}$ 按下式计算累加生成序列

$$X^{(1)}(t):X^{(1)}(i)=\sum_{m=1}^{n}X^{(0)}(m) \tag{6.14}$$

② 设 $\hat{a}$ 为待估参数向量，$X^{(1)}$ 采用最小二乘法按下式确定模型参数：

$$\hat{a}=\binom{a}{u}=(\boldsymbol{B}^{\mathrm{T}}\boldsymbol{B})^{-1}\boldsymbol{B}\boldsymbol{Y}_N \tag{6.15}$$

式中：$\boldsymbol{B}$、$\boldsymbol{Y}_N$ 分别为

$$\boldsymbol{B}=\begin{bmatrix}-1/2(X^{(1)}(1)+X^{(1)}(2)) & 1\\ -1/2(X^{(1)}(2)+X^{(1)}(3)) & 1\\ \vdots & \vdots\\ -1/2(X^{(1)}(n-1)+X^{(1)}(n)) & 1\end{bmatrix} \tag{6.16}$$

$$\boldsymbol{Y}_N=(X^{(0)}(2),X^{(0)}(3),\cdots,X^{(0)}(n))^{\mathrm{T}} \tag{6.17}$$

③ 建立预测模型，求出累加序列：

$$X^{(1)}(t+1)=\left[X^{(0)}(1)-\frac{u}{a}\right]\mathrm{e}^{at}+\frac{u}{a}$$

④ 采用残差分析法进行模型检验。

⑤ 根据系统未来变化，确定预测值上、下界，即按下式确定灰平面：

上界为 $X_{\max}{}^{(1)}(n+t)=X^{(1)}(n)+t\sigma_{\max}$；

下界为 $X_{\min}{}^{(1)}(n+t)=X^{(1)}(n)-t\sigma_{\min}$。

⑥用模型进行预测。采用上述模型进行预测是利用累加生成序列 $X^{(1)}$ 的预测值，利用累减生成法将其还原，即可以得到原始序列 $X^{(0)}$ 的预测值，如满足灰因子条件则完成预测。

6.1.2.3 前期对原始数据的处理

(1)前期三种检验

原始数据通常是时间序列，每个数据都是在特定的时间段受各种因素共同作用的真实值，难免会受到特定时段外部重大事件的影响，因而数据的波动会比较大。为避免外部因素对灰色系统的剧烈扰动，灰色系统 GM(1,1)模型对原始数据有更高的要求。通常有三种前期检验的方法：准光滑性检验、准指数规律检验、级比检验。

设原始数据为：$X^{(0)}=\{x^{(0)}(1),x^{(0)}(2),\cdots,x^{(0)}(n-1),x^{(0)}(n)\}$；

$x^{(0)}$ 的 1-AGO 序列为 $x^{(1)}$：$X^{(1)}=\{x^{(1)}(1),x^{(1)}(2),\cdots,x^{(1)}(n-1),x^{(1)}(n)\}$。

准光滑性检验：$\rho(k)=\dfrac{X^{(0)}(k)}{X^{(1)}(k-1)}<0.5$；

准指数规律检验：$\delta(k)=\dfrac{X^{(1)}(k)}{X^{(1)}(k-1)}\in[1,1.5]$；

级比检验：$\sigma(k)=\dfrac{X^{(0)}(k-1)}{X^{(0)}(k)}\in(\mathrm{e}^{-\frac{2}{n+1}},\mathrm{e}^{\frac{2}{n+1}})$。

以上三种检验又有如下关系：$\sigma(k)=\dfrac{\rho(k+1)}{\rho(k)}(1+\rho(k))$，$\delta(k)=(1+\rho(k))$。因此，它们又是相通的。

(2)数据的处理方法

如果原始数据没有通过检验,说明灰色系统受到的扰动较大,即数据的光滑性较差,会影响到模型的精度等级。此时处理数据有如下方法可以借鉴。

① GM(1,1)模型是对原始非负准光滑序列 $x^{(0)}$ 进行累加,生成具有指数规律的 $X^{(1)}$,再对 $X^{(1)}$ 建模。如果原始序列 $X^{(0)}$ 已具有明显的指数规律,再做累加反而会破坏其指数规律性,可以建立 EMG 模型。

② 对原始数据进行指数变换,或幂函数变换,或对数变换,或余弦函数变换,均可以提高数据的光滑性。

③ 构造缓冲算子。分为弱化缓冲算子和强化缓冲算子两种。其中,弱化缓冲算子作用于数据前一部分增长(衰减)快速,后一部分增长(衰减)缓慢的序列,将使序列变得比较平稳;强化缓冲算子作用于数据前一部分增长(衰减)缓慢,后一部分增长(衰减)快速的序列,将使序列变得比较平稳。无论强化还是弱化缓冲作用都可以构造平均缓冲算子、几何平均缓冲算子、加权平均缓冲算子、加权几何平均缓冲算子。为了提高模拟精度和预测精度,还可以构造二阶,甚至高阶的缓冲算子。

6.1.2.4 模型的检验及其优化

GM(1,1)模型检验分为残差检验、关联度检验和后验差检验。通常多采用残差检验法。所谓残差检验法是指按所建模型计算出累加序列,再按累减生成法还原,还原后将其与原始序列 $X^{(0)}$ 相比较,求出两序列的差值即为残差,通过计算相对精度以确定模型精准程度的一种方法(曹玉珍等,2006;代伟等,2011)。

如果相对精度均满足要求精度,则模型通过检验;如果不满足要求精度,可通过上述残差序列建立残差 GM(1,1)模型对原模型进行修正。

GM(1,1)残差模型共有两种方式可提高原模型的精度。

(1)当用累加生成序列的残差建立 GM(1,1)残差模型时,其残差序列为:

$$\varepsilon^{(0)}(t)=\hat{X}^{(1)}(t)-X^{(1)}(t)$$

其累加生成的 GM(1,1)模型为:

$$\varepsilon^{(1)}(t+1)=\left[\varepsilon^{(0)}(1)-\frac{\mathrm{d}t}{at}\right]\mathrm{e}^{-a_{\varepsilon}t}+\frac{u_{\varepsilon}}{a_{\varepsilon}} \tag{6.18}$$

其导数即对模型 $\hat{X}^{(1)}$ 的修正项

$$\delta^{(1)}(t-i)(-a_{\varepsilon})=\left[\varepsilon^{(0)}(1)-\frac{u_{\varepsilon}}{a_{\varepsilon}}\right]\mathrm{e}^{-a_{\varepsilon}t} \tag{6.19}$$

式中:a_{ε}、u_{ε} 为残差序列参数;$\delta^{(1)}(t-i)=\begin{cases}1 & (t\geqslant i)\\ 0 & (t<i)\end{cases}$。修改后模型为:

$$\hat{X}^{(0)}(t+1)=-a\left[X^{(0)}(1)-\frac{u}{a}\right]\mathrm{e}^{-at}+\delta(t-i)(-a_{\varepsilon})^{2}\left[\varepsilon^{(0)}(t)-\frac{u_{t}}{a_{t}}\right]\mathrm{e}^{-a_{t}t} \tag{6.20}$$

$$\hat{X}^{(1)}(t+1)=\left[X^{(0)}(1)-\frac{u}{a}\right]\mathrm{e}^{-at}+\frac{u}{a}+\delta(t-i)(-a_{\varepsilon})\left[\varepsilon^{(0)}(1)-\frac{u_{\varepsilon}}{a_{\varepsilon}}\right]\mathrm{e}^{-a_{\varepsilon}t} \tag{6.21}$$

(2)当用还原序列的残差序列建立 GM(1,1)模型时,其残差序列为:

$$q^{(1)}(t)=\hat{X}^{(0)}(1)-X^{(0)}(t)$$

其累加生成的 GM(1,1)模型为：

$$q^{(1)}(t+1)=\left[q^{(0)}(1)-\frac{u_q}{a_q}\right]e^{-a_q t}+\frac{u_q}{a_q} \tag{6.22}$$

对该模型的修正项求导得到：

$$\delta(t-i)(-a_q)=\left[q^{(0)}(1)-\frac{u_q}{a_q}\right]e^{-a_q t} \tag{6.23}$$

式中：$\delta(t-i)=\begin{cases}1 & (t\geqslant i)\\ 0 & (t<i)\end{cases}$。

修正后的模型为 $\hat{X}^{(1)}(t+1)$ 的导数与 $q^{(1)}(t+1)$ 的导数之和，即

$$\hat{X}^{(0)}(t+1)=-a\left[X^{(0)}(1)-\frac{u}{a}\right]e^{-at}+\delta(t-i)(-a_q)\left[q^{(0)}(1)-\frac{u_q}{a_q}\right]e^{-a_q t} \tag{6.24}$$

或者，

$$\hat{X}^{(1)}(t+1)=\left[X^{(0)}(1)-\frac{u}{a}\right]e^{-at}+\frac{u}{a}+\left[q^{(0)}(1)-\frac{u_q}{a_q}\right]e^{-a_q t}+\frac{u_q}{a_q} \tag{6.25}$$

综上所述，GM(1,1)模型实质上是采用线性化方法建立的一种指数预测模型。因此，当系数呈指数变化时，预测精度较高(陕振沛等，2010)。

6.1.2.5 GM(1,1)模型应用实例

(1)太原市空气污染物 GM(1,1)预测模型

根据 2000—2008 年太原市主要大气污染物监测数据(表 6.1)，按照 GM(1,1)模型建立方程，得到太原市空气污染物 GM(1,1)预测模型(表 6.2)，然后进行灰色预测(余光辉等，2010)。

表 6.1 2000—2008 年太原市主要大气污染物数据统计结果 单位：$mg\cdot m^{-3}$

年份	PM_{10}	NO_2	SO_2
2000	0.401	0.200	0.051
2001	0.206	0.153	0.044
2002	0.177	0.129	0.037
2003	0.172	0.099	0.030
2004	0.164	0.079	0.022
2005	0.139	0.077	0.020
2006	0.142	0.066	0.025
2007	0.122	0.064	0.027
2008	0.094	0.073	0.021
标准	0.150	0.150	0.120

注：引自太原市国民经济和社会发展统计报告(引自余光辉等，2010)

试验结果表明，太原市主要空气污染物 GM(1,1)预测模型效果良好，通过了模型的精度检验(方差比 c)，且小残差概率(若 $P>0.95$，$c<0.35$ 模型精度为优良；若 $P>0.70$，$c<0.65$ 模型精度为合格)均为 1.0。由表 6.2 中 GM(1,1)预测模型的精度检验可知，PM_{10} 和 NO_2 的灰色预测模型为优良，SO_2 为合格。

表 6.2　太原市主要空气污染物 GM(1,1)预测方程及检验

名称	GM(1,1)预报方程	精度检验值 c
PM_{10}	$\hat{X}^{(1)}(t+1)=-2.361016e^{-0.090496t}+2.762016$	0.0978
NO_2	$\hat{X}^{(1)}(t+1)=-1.08276e^{-0.14206t}+1.282760$	0.2328
SO_2	$\hat{X}^{(1)}(t+1)=-0.389544e^{-0.107704t}+0.440544$	0.4199

对 2013 和 2018 年空气污染物 PM_{10}、NO_2 和 SO_2 的预测结果(表 6.3)表明,3 种污染物均有明显下降趋势,其中 NO_2 下降幅度最大,其次为 SO_2,而 PM_{10} 变化幅度相对较小。

表 6.3　2013 和 2018 年太原市主要空气污染物预测结果　单位:$mg \cdot m^{-3}$

年份	PM_{10}	NO_2	SO_2
2008	0.094	0.069	0.044
2013	0.073	0.026	0.013
2018	0.021	0.011	0.006

(2)乌鲁木齐市空气污染物 GM(1,1)预测模型

MATLAB(Matrix Laboratory 的简称)强大的矩阵功能,具有操作过程方便、程序简单、算法清楚等特点,避免了复杂运算过程以及模型精度不够而进行的一系列重复计算,可以实现灰色 GM(1,1)模型算法(李朝阳等,2012)。

利用 MATLAB 程序,根据灰色模型建模过程,分别对乌鲁木齐市空气污染的主要污染物 PM_{10}、NO_2 和 SO_2 建立 GM(1,1)模型(表 6.4 和 6.5)。

表 6.4　2006—2010 年乌鲁木齐市主要空气污染物监测值　单位:$mg \cdot m^{-3}$

年份	PM_{10}	NO_2	SO_2
2006	0.151	0.064	0.115
2007	0.137	0.067	0.088
2008	0.144	0.065	0.106
2009	0.140	0.068	0.093
2010	0.133	0.067	0.089

表 6.5　乌鲁木齐市主要空气污染物 GM(1,1)预测方程及检验

名称	GM(1,1)预报方程	精度检验值 c
PM_{10}	$\hat{X}^{(1)}(t+1)=12.5123e^{-0.0113t}-12.6633$	0.525
NO_2	$\hat{X}^{(1)}(t+1)=14.6787e^{-0.0045t}-14.6107$	0.631
SO_2	$\hat{X}^{(1)}(t+1)=-9.4467e^{-0.0102t}+9.5617$	0.600

由表 6.5 可知,通过残差检验,各空气污染物因子相对误差较小,精度检验值 c 均小于 0.65,P 均为 0.8,说明预测模型精度为合格,可以用来预测 2011—2014 年 PM_{10}、NO_2 和 SO_2 质量浓度变化。

由表 6.6 可知,2011—2014 年乌鲁木齐市主要空气污染物预测值总体减轻,环境空气质量趋好,其中 PM_{10} 和 SO_2 质量浓度均呈下降趋势,NO_2 基本持平(增加 0.0009 $mg \cdot m^{-3}$)。

表 6.6 2011—2014 年乌鲁木齐市主要空气污染物预测结果 单位：mg·m^{-3}

年份	PM_{10}	NO_2	SO_2
2011	0.1346	0.0675	0.0916
2012	0.1331	0.0678	0.0907
2013	0.1316	0.0681	0.0898
2014	0.1301	0.0684	0.0889

6.2 数理统计预报

经典统计预报方法，主要是从大量的历史资料中寻找与预报对象关系密切的物理因子作为预报依据，运用多种统计学方法，将所选预报因子与预报量之间建立初始条件和未来时刻的统计关系，找出污染物浓度变化的统计规律，建立预报方程，由此来预报未来空气污染水平。

6.2.1 回归分析方法

回归分析预测法(regression analysis pediction method)，就是在寻找出因变量 y 与自变量 x 之间存在的相关关系的基础上，建立因变量与自变量之间的回归方程 $y=f(x)$。回归分析预测法有多种类型：一是依据相关关系中自变量的个数不同，可分为一元回归分析预测和多元回归分析预测；二是依据自变量和因变量之间相关关系的不同，又可分为线性回归分析预测和非线性回归分析预测两大类。

6.2.1.1 线性回归预测模型

(1)一元线性回归预测模型

它是仅用一个主要影响因素作为自变量来解释因变量的变化。设 y 为因变量，x 为自变量，并且自变量与因变量之间为线性关系时，则一元线性回归预测模型为：

$$\hat{y}=a+bx \tag{6.26}$$

式中：$\hat{y}$ 为时间序列 y 的估计值；x 为自变量；a、b 为未知参数。a 代表趋势线在 $\hat{y}$ 轴上的截距，即 $x=0$ 时，$\hat{y}$ 的数值就是 a；b 为回归直线的斜率，表示自变量 x 每变动一个单位时间时 $\hat{y}$ 的增量。a、b 可根据最小二乘法的原理求得。即

$$\begin{cases} a=\dfrac{\sum y_i}{n}-b\dfrac{\sum x_i}{n} \\ b=\dfrac{n\cdot\sum x_iy_i-\sum x_i\cdot\sum y_i}{n\cdot\sum x_i^2-(\sum x_i)^2} \end{cases} \tag{6.27}$$

式中：n 为时间序列的项数；$\sum x_i$、$\sum x_iy_i$、$\sum x_i^2$、$\sum y_j$ 的数值都可求。

相关系数 r：

$$r=\frac{\sum(x_i-\overline{x})\sum(y_i-\overline{y})}{\sqrt{\sum(x_i-\overline{x})^2}\sqrt{(y_i-\overline{y})^2}} \tag{6.28}$$

式中：$\overline{x}=\frac{\sum x_i}{n}$；$\overline{y}=\frac{\sum y_i}{n}$；$r$ 表示两变量之间的函数关系与线性的符合程度，$r\in[-1,1]$。当 $|r|\to1$ 表示 x、y 间线性关系好；$|r|\to0$，表示 x、y 间无线性关系，拟合无意义。

(2)多元线性回归预测模型

在线性回归分析中，如果有两个或两个以上的自变量，就称为多元线性回归。事实上，空气污染现象常常与各种气象要素、污染源等多个因素相联系。研究表明，用多个自变量的最优组合共同来预报或估计因变量，比只用一个自变量进行预报或估计更有效，更符合实际。

多元线性回归的表达式为：

$$\hat{y}=b_0+b_1x_1+\cdots+b_mx_m+\varepsilon \tag{6.29}$$

式中：ε 为 $\hat{y}$ 中无法用 x 表示的随机因素的影响，称为随机误差。如果容量为 m 的各次观测值为$(x_t,y_t)(t=1,2,\cdots,m)$，则有：

$$\hat{y}_t=b_0+b_1x_{t1}+\cdots+b_mx_{tm}+\varepsilon_t \tag{6.30}$$

式中：$x_{t1},\cdots,x_{tm}$ 为自变量；$b_0,b_1,\cdots,b_m$ 为常数项。ε_t 随 t 而改变，它通常满足如下假定：

① ε_t 没有系统性偏倚，即 $E(\varepsilon_t)=0$。

② ε_t 之间相互独立，但是具有相同的精确程度。因此，ε_t 的协方差可表示为：

$$\mathrm{Cov}(\varepsilon_t,\varepsilon_\tau)=\begin{cases}0 & t=\tau\\ \sigma^2 & t\neq\tau\end{cases} \tag{6.31}$$

③ 误差服从正态分布。

这三个假定可简单地概括为“误差 ε_t 相互独立地服从正态分布 $N(0,\sigma^2)$”。方程的系数采用乔里斯基(Cholesky)分解法消元求解获得。

多元线性回归模型的参数估计，同一元线性回归方程一样，也是在要求误差平方和($\sum e^2$)为最小的前提下，用最小二乘法求解参数之后，需要进行必要的检验与评价，以决定模型是否可以应用。

(3)兰州市大气污染气象潜势预报模式简介

相关研究表明，城市大气污染物主要来源于两方面：一是本地污染源排放，二是上游污染物的平流输送等。影响兰州市空气污染的主要因素有：特殊的河谷地形、污染物的排放量和复杂多变的天气条件。考虑到某一段时间内地形条件和污染物的排放量相对是比较稳定的，此时影响兰州市空气污染的首要因子就是天气状况等(王式功等，1994，1996；杨德保等，1994；尚可政等，1999)。因此，通过污染物浓度、天气状况与污染事件发生频率之间的相关统计分析，就可以确立该地区的空气质量统计预报方法(王式功等，1997；尚可政等，1998)。具体方法如下：

首先，统计分析兰州市气象资料与空气污染物的关系，确定一些对空气污染物稀释、扩散或聚合有重大影响的气象因子。刘娜等(2012)通过聚类分析得到春季到达兰州市区的主要气团轨迹组，结合可吸入颗粒物 PM_{10} 日均质量浓度资料，通过计算潜在源贡献因子 PSCF(potential source contribution function)和浓度权重轨迹 CWT(concentration-weighted trajectory)分析，得到影响兰州市春季 PM_{10} 质量浓度的潜在源区以及不同源区对兰州市春季 PM_{10} 质量浓度贡献的差异。结果表明：在沙尘天气相对多的年份，西路径和西北路径沙尘天气发生比例高，分别占总路径的 33.0%和 19.4%，其中 50%以上是造成兰州市春季 PM_{10} 高污染浓度的主要沙尘输送路径。

其次，对气象因子与污染物浓度求相关(兰州市90%时间内首要污染物为颗粒物，因此主要针对 PM_{10} 求相关)，确定各气象因子的权重系数，建立线性回归方程。

第三，经过相关统计分析后，遴选出6种与大气污染物稀释、扩散或聚合有密切关系的气象因子，建立兰州市污染潜势预报方程：$\hat{Y}=T+\sum_{i=1}^{6}A_iX_i$。式中：$\hat{Y}$ 为污染潜势预报指数；T 为特殊天气(如沙尘、降水等)；A_i 为每种气象因子的权重系数；X_i 为各气象因子，它们分别是天气型、逆温、大气稳定度、相对湿度、低空风向和风速。

第四，将当日的天气型和主控气象因子观测数值代入所构建的兰州市污染潜势预报方程中，以该方程所得到的结果作为预报结论。该方法经过多年不断优化完善，其预报准确率较高，并在城市空气污染预报预警工作中发挥了良好作用。

6.2.1.2 曲线(非线性)趋势预测模型

二次曲线趋势预测模型为：

$$\hat{y}=a+bx+cx^2 \tag{6.32}$$

式中：a、b、c 为需求解的未知参数。求解二次曲线方程未知参量的方法有平均法和最小平方法。其中，平均法将原数列一分为三，分别求每段 x 与 $\hat{y}$ 的平均值后，代入标准方程组求解未知参数。其理论依据是：三点确定一条抛物线。

最小平方法：其基本原理、数学依据与直线趋势模型求解方法相同。即原时间数列的实际值与理论值之间的离差平方和为最小，用微分极值法，建立标准方程组，求解未知参数 a、b、c。

6.2.1.3 逐步回归预测模型

逐步回归得到的回归方程可以说是最优回归方程。为满足“最优回归”的基本要求，在建立回归方程的同时，应进行因子筛选，使某些对因变量贡献大的自变量因子随时可以进入方程，对因变量贡献小的因子又可以随时剔除出方程，进入与剔除均需要通过 F 检验，因此，也将其叫作双重检验的逐步回归技术。

逐步回归的主要思想是在考虑的全部自变量中按其对 Y 的作用大小、显著程度或者说贡献大小，根据一定的显著性标准，从可供挑选的自变量中逐个地引入回归方程，每步只选入一个自变量进入方程，并要求当前步选出的变量是所有可供挑选的变量中能使剩余方差下降最多的一个。而对那些对 Y 作用不显著的变量可能始终不被引入回归方程。另外，已被引入回归方程的变量在引入新变量后也可能失去重要性，而需要从回归方程中剔除出去。引入一个变量或者从回归方程中剔除一个变量都称为逐步回归的一步，每一步都要进行 F 检验，以保证在引入新变量前回归方程中只含有对 Y 影响显著的变量，而不显著的变量已被剔除。因此，逐步回归能使最后组成的方程只包含重要的变量。其主要步骤可以用数学公式表述如下。

假设有一组时间序列(如 SO_2、NO_2、PM_{10}、$PM_{2.5}$ 等观测数据)集为 Y，长度为 n：

$$\boldsymbol{Y}=\begin{bmatrix} y_1 & y_2 & \cdots & y_n \end{bmatrix} \tag{6.33}$$

假设有一组备选因子集(如数值模式输出结果：温度、降水、高度场、湿度场等)为 X，样本长度为 n，每个样本中有 m 个因子，即 $\boldsymbol{X}$ 为一个 n 行×m 列的矩阵：

$$\boldsymbol{X}=\begin{bmatrix} x_{11} & x_{12} & \cdots & x_{1m} \\ x_{21} & x_{22} & \cdots & x_{2m} \\ \vdots & \vdots & \ddots & \vdots \\ x_{n1} & x_{n2} & \cdots & x_{nm} \end{bmatrix} \tag{6.34}$$

将时间序列 $\boldsymbol{Y}$ 与备选因子集合并得到增广矩阵 $\boldsymbol{YX}$：

$$\boldsymbol{YX}=\begin{bmatrix} y_1 & x_{11} & x_{12} & \cdots & x_{1m} \\ y_2 & x_{21} & x_{22} & \cdots & x_{2m} \\ \vdots & \vdots & \vdots & \ddots & \vdots \\ y_n & x_{n1} & x_{n2} & \cdots & x_{nm} \end{bmatrix} \tag{6.35}$$

第一步：根据公式(6.28)，求解 $\boldsymbol{YX}$ 的相关系数矩阵 $\boldsymbol{R}$：

$$r_{ij}=\frac{\sum_{t=1}^{n}(x_{ti}-\overline{x}_i)(x_{tj}-\overline{x}_j)}{\sqrt{\sum_{t=1}^{n}(x_{ti}-\overline{x}_i)^2\sum_{t=1}^{n}(x_{tj}-\overline{x}_j)^2}} \tag{6.36}$$

$$\boldsymbol{R}=\begin{bmatrix} r_{yy} & r_{y1} & r_{y2} & \cdots & r_{ym} \\ r_{1y} & r_{11} & r_{12} & \cdots & r_{1m} \\ r_{2y} & r_{21} & r_{22} & \cdots & r_{2m} \\ \vdots & \vdots & \vdots & \ddots & \vdots \\ r_{my} & r_{m1} & r_{m2} & \cdots & r_{mm} \end{bmatrix} \tag{6.37}$$

第二步：在尚未引入的因子中挑选方差贡献最大的作为引入因子。同时，在已经引入的因子中计算其方差贡献，找出方差贡献最小的作为剔除因子。我们根据式(6.36)来计算偏回归平方和，用来衡量各个因子对因变量的方差贡献。在找出需要引进和剔除的因子后，对其做 F 检验。

$$F_i=\frac{{r_{iy}}^2}{r_{ii}} \tag{6.38}$$

式中：$i=1,\cdots,m$。

$$F_{\text{sel}}=\frac{\dfrac{{r_{iy}}^2}{r_{ii}}}{\left(r_{yy}-\dfrac{{r_{iy}}^2}{r_{ii}}\right)/(N-L-2)} \tag{6.39}$$

$$F_{\text{del}}=\frac{\dfrac{{r_{iy}}^2}{r_{ii}}}{r_{yy}/(N-L-1)} \tag{6.40}$$

式中：F_{sel}、F_{del} 分别为选入和剔除因子的 F 值；N 为样本数；L 为选中在方程中的因子数，选入一个因子，则因子数变为 $L+1$。式(6.39)与(6.40)都是服从自由度为 1 与 $N-L-1$ 的 F 分布的统计量，对于给定的检验水平 α，从 F 分布表中可以查得临界 $F_\alpha(1,n-m-1)$。如果当 $F_{\text{sel(计算值)}}\geqslant F_{\alpha\text{(查表值)}}$ 时，说明所选因子通过 F 检验，认为该因子对 Y 有重要作用，应该将该因子引入到方程中。

当 $F_{\text{del(计算值)}}<F_{\alpha\text{(查表值)}}$ 时，说明所选因子未通过 F 检验，认为该因子对 Y 不起重要作用，应将已经引入的该因子剔除。

第三步：利用求解求逆紧凑方案（式(6.28)），对当前步的相关系数矩阵进行变化。然后重新返回第二步进行下一步的因子引入与剔除。

$$r_{ij}=\begin{cases} r_{ij}-\dfrac{r_{ij}r_{ji}}{r_{kk}} & (i\neq k,j\neq k) \\ -\dfrac{r_{ij}}{r_{kk}} & (i\neq k,j=k) \\ \dfrac{r_{ji}}{r_{kk}} & (i=k,j\neq k) \\ \dfrac{1}{r_{kk}} & (i=k,j=k) \end{cases} \tag{6.41}$$

式中：k 为进入或剔除的因子序号。变量的引入和剔除都是通过矩阵变换来完成的。当既无变量可引入，又无变量可剔除时，逐步回归过程就结束了。

6.2.1.4 逐步回归预报模型实例

为了便于正确掌握空气污染逐步回归预报方法，以及建立模型和选取因子时需要注意的问题，下面以兰州市空气污染逐步回归预报模型为例，全面介绍空气污染预报因子选取、相关系数计算、预报方案修订和效果检验等。

(1)空气污染物浓度预报因子的选取

污染物浓度除了受排放量的变化影响之外，另一主要影响因素就是气象要素的变化。不同天气形势下的空气污染程度差异很大，而且即使是同类天气形势还有强弱之别，其必然对空气污染物浓度产生不同影响。另外，不同的月份，虽然有时天气形势相似，空气污染物浓度差别也很大，但污染物浓度的 24 h 变化却比较接近。因此，我们将 3 种污染物 SO_2、CO、NO_x 质量浓度的 24 h 变量作为预报量，从历史天气图上寻找一批气象因子，采用双重检验的逐步回归方案，建立预报 SO_2、CO、NO_x 质量浓度 24 h 变量的回归方程。

预报量及预报因子的选取如下：

Y_1：SO_2 质量浓度的 24 h 变量(mg·m^{-3})。

Y_2：CO 质量浓度的 24 h 变量(mg·m^{-3})。

Y_3：NO_x 质量浓度的 24 h 变量(mg·m^{-3})。

X_1：前一天 700 hPa 层上游与兰州温差。求取方法是：在前一天 08:00 700 hPa 图上，从兰州出发，沿等高线逆风向根据风速大小找出预计 24 h 后可移动到兰州的点（一般在兰州以西大约 10°经度处），该点与兰州之间的温差即为 X_1(℃)。

X_2：前一天 08:00，兰州地面 24 h 变压(hPa)。

X_3：前一天 20:00，兰州地面 12 h 变压(hPa)。

X_4：前一天 20:00，兰州地面 3 h 变压(hPa)。

X_5：前一天 20:00，甘肃酒泉与兰州海平面气压差(hPa)。

X_6：前一天 20:00，甘肃酒泉与兰州 24 h 变压之差(hPa)。

X_7：前一天 20:00 甘肃酒泉与兰州海平面气压差，减去前一天 08:00 新疆哈密、甘肃酒泉平均海平面气压与兰州气压差(hPa)。

X_8：$0.1X_5+0.2X_6$。

X_9：$X_9=X_5$（当 $X_5>8.0$ hPa 时）；$X_9=X_6$（当 $X_5\leqslant 8.0$ hPa 时）。

(2)污染物浓度变化与各因子之间的相关分析

选取的资料时间为1988—1990年1月、11月和12月以及1991年1月,总样本数为183,经过计算,Y_1、Y_2、Y_3与因子$X_1 \sim X_9$的相关系数如表6.7所示。

表6.7 污染物浓度变量与因子$X_1 \sim X_9$的相关系数

	X_1	X_2	X_3	X_4	X_5	X_6	X_7	X_8	X_9
Y_1	0.5910	0.3478	0.0968	−0.1966	−0.3452	−0.4804	−0.2941	−0.4798	−0.4598
Y_2	0.5586	0.4804	−0.0005	−0.2666	−0.4064	−0.5129	−0.2783	−0.5212	−0.5076
Y_3	0.6112	0.4072	0.1069	−0.2057	−0.4074	−0.5663	−0.3384	−0.5635	−0.5406

由表6.7可知,除X_3外,各因子均通过了$\alpha=0.05$的显著性水平检验。在各因子中,X_1(700 hPa层两地温差)相关性最好,相关系数为0.6左右;X_6(两地24 h变压之差)次之,相关系数为−0.5左右。

(3)逐步回归方程的建立

将$X_1 \sim X_9$分别与Y_1、Y_2、Y_3进行双重检验的逐步回归运算,得到的回归方程为:

$$\hat{Y}_1 = 0.00595 + 0.00726X_1 - 0.00138X_6 - 0.00161X_7 \tag{6.42}$$

$$\hat{Y}_2 = -0.34438 + 1.29050X_1 + 0.51375X_2 - 0.57750X_6 \tag{6.43}$$

$$\hat{Y}_3 = 0.00212 + 0.00580X_1 + 0.00120X_3 - 0.00253X_6 \tag{6.44}$$

方程(6.42)、(6.43)和(6.44)的复相关系数分别为0.6381、0.6509、0.6917。

使用方程(6.42)—(6.44)进行试预报,平均误差比持续预报下降25%以上。

以上分析表明:影响SO_2、CO和NO_x质量浓度变化的主要因子是X_1与X_6。说明700 hPa层温度场的主要因子X_1,能够反映逆温层上部的加强或破坏、温度平流及混合层的升高与降低等;描述地面气压形势变化的因子X_6能较好地反映近地面逆温层的加强(或破坏)及气压系统的加强(或减弱)。X_1与X_6相结合,加上其他因子的补充,就能够较好地反映逆温层、混合层和大气层结稳定性及气压系统的变化情况,进而可以预测兰州市污染物质量浓度的变化情况。陈淳祺等(2013)利用2001—2010年武汉市空气污染物和气象参数资料做研究,结果表明,空气污染物PM_{10}、SO_2、NO_2指数与气象参数(如气温、气压、湿度、降水量、风速)之间,3种污染物指数与气压呈正相关,与气温、风速和降水量呈负相关。其中,风速对污染物指数影响最大,这是因为大风是污染物在水平方向上稀释扩散的主要动力,由此可直接造成污染物浓度增大或降低。

(4)预报方案的修正

由方程(6.42)—(6.44)给出的预报通常还存在两方面的问题:①在空气污染物质量浓度下降时,预报误差较大;②对于一些特殊的天气形势(如大风、扬尘、沙尘暴和雾-霾等),由于出现次数较少,回归方程中无法有效反映,因而预报误差较大。针对以上问题,在定量预报中,采用了以下修正方案:

第一步,根据方程(6.42)—(6.44)进行初步预报,得出三种污染物SO_2、CO、NO_x质量浓度24 h变化量的预报值$\hat{Y}_1$、$\hat{Y}_2$、$\hat{Y}_3$。

第二步,令$A=875\hat{Y}_1+3.2\hat{Y}_2+934\hat{Y}_3$(调节系数根据各污染物质量浓度变化尺度而定);

若 $A \geqslant -3.0$，预报仍用方程(6.42)—(6.44)的结果。

若 $A < -3.0$，表示初步预报空气污染物质量浓度有明显下降，则进行第二次回归预报，使用以下方程：

$$\hat{Y}_1 = Y_{10}(-1.06281 + 0.16779X_1 - 0.01425X_5) \tag{6.45}$$

$$\hat{Y}_2 = Y_{20}(-1.13503 - 0.02375X_5) \tag{6.46}$$

$$\hat{Y}_3 = Y_{30}(0.97984 - 0.12416X_8 + 0.16319X_1 + 0.01561X_9) \tag{6.47}$$

式中：Y_{10}、Y_{20} 和 Y_{30} 分别为前一天的 SO_2、CO 和 NO_x 质量浓度值。

第三步，判断有无上述提到的特殊天气形势，分不同情况做进一步预报：

① 若 700 hPa 贝加尔湖出现横槽，表示北方将有强冷空气南下，则：

$$\hat{Y}_1 = -0.0043X \tag{6.48}$$

$$\hat{Y}_2 = -0.1X \tag{6.49}$$

$$\hat{Y}_3 = -0.0043X \tag{6.50}$$

式中：X 为前一天 20:00 的内蒙古巴音毛道、乌拉特中旗两站平均海平面气压与兰州气压之差(hPa)。

② 若 700 hPa 西宁、兰州出现低涡，则：

$$\hat{Y}_1 = 0.0571 \tag{6.51}$$

$\hat{Y}_2$、$\hat{Y}_3$ 仍为第二步的结果。

③ 其他天气形势：

$\hat{Y}_1$、$\hat{Y}_2$、$\hat{Y}_3$ 仍为第二步的结果。

④ 预报模型使用效果检验

将 1988—1991 年 1 月、11 月和 12 月的气象资料及污染资料代入预报方案进行回报检验，回报 24 h 空气污染物质量浓度变化 184 次，误差小于均方差的次数为：SO_2 170 次，CO 163 次，NO_x 165 次，分别占回报总次数的 93.4%、89.1%和 90.7%。若按《环境空气质量标准》(GB 3095—2012)(表 6.8)评定，回报级别正确或误差小于 1/2 均方差的次数为：SO_2 169 次，CO 155 次，NO_x 157 次，分别占回报次数的 92.3%、84.7%和 85.6%。

表 6.8 污染物质量浓度等级划分标准 单位：$mg \cdot m^{-3}$

污染物	一级	二级	三级	均方差
SO_2	0.05	0.15	0.25	0.0475
CO	4.00	4.00	6.00	1.2110
NO_x	0.05	0.10	0.15	0.0419

对 1992 年 1 月 2—19 日进行预报检验(表 6.9)，预报 24 h 空气污染质量浓度变化 16 次，误差小于均方差的次数为：SO_2 15 次，CO 14 次，NO_x 15 次，分别占预报总次数的 93.8%、87.5%和 93.8%。若按《环境空气质量标准》(GB 3095—2012)评定，预报级别正确或误差小于 1/2 均方差的次数为：SO_2 15 次，CO 14 次，NO_x 15 次，分别占预报次数的 93.8%、87.5%和 93.8%。

表 6.9 1992 年 1 月兰州空气污染预报检验情况 单位:mg·m^{-3}

日期	实际值			预报值			误差		
	SO_2	CO	NO_x	SO_2	CO	NO_x	SO_2	CO	NO_x
2	0.161	8.425	0.167	0.155	8.762	0.152	−0.006	0.337	−0.015
3	0.173	7.862	0.166	0.185	8.650	0.182	0.012	0.788	0.016
4	0.157	7.175	0.145	0.146	6.300	0.137	−0.011	−0.875	−0.008
5	0.127	5.062	0.102	0.116	5.537	0.109	−0.011	0.475	0.007
6	0.107	5.850	0.107	0.137	4.825	0.108	0.030	−1.025	0.001
7	0.104	6.300	0.114	0.109	6.462	0.116	0.005	0.162	0.002
8	0.132	6.900	0.180	0.146	7.100	0.153	0.014	0.200	−0.027
9	0.113	6.787	0.178	0.110	4.837	0.138	−0.003	−1.950	−0.040
10	0.109	6.775	0.177	0.120	7.250	0.188	0.011	0.475	0.011
13	0.094	4.475	0.108	0.101	4.425	0.121	0.007	−0.050	0.013
14	0.128	5.650	0.135	0.129	5.550	0.138	0.001	−0.100	0.002
15	0.133	7.000	0.168	0.150	5.437	0.141	0.017	−1.562	−0.026
16	0.141	7.912	0.227	0.154	7.200	0.182	0.013	−0.712	−0.045
17	0.139	6.750	0.194	0.149	7.737	0.224	0.010	0.987	0.030
18	0.135	6.687	0.182	0.149	6.912	0.199	0.014	0.225	0.017
19	0.140	6.712	0.184	0.155	6.912	0.195	0.015	0.200	0.011

6.2.2 卡尔曼(Kalman)滤波法

城市的空气质量除与污染源的排放有最直接关系外，还与气象条件密切相关。空气污染预报除分析污染源的变化外，还必须研究当地的气象特征及其变化。由于多元回归方法的自身原因，其预报结果不可避免地出现系统误差，该误差的长期积累会对回归系数产生连带偏差，进而影响预报结果。而 Kalman 滤波方法可建立可变的模型，它能根据增加的观测资料修正原模型中的参数，解决误差积累所带来的结果偏差问题。

卡尔曼滤波是一种高效率的递归滤波器(自回归滤波器)，它能够从一系列的不完全包含噪声的测量中，估计动态系统的状态。卡尔曼(Rudolf Emil Kalman)是匈牙利数学家，1930 年出生于匈牙利首都布达佩斯，我们现在要了解的卡尔曼滤波器，正是源于他的博士论文和 1960 年发表的论文《线性滤波与预测问题的新方法》(*A New Approach to Linear Filtering and Prediction Problems*)(Kalman，1960)。Kalman 滤波方法建立的预报模式可随着时间变化而变化。它是一种利用上一次的预报误差反馈信息来修正原模式中的参数和预报方程的方法(周势俊等，2000；朱江等，2006)。

近年来，随着数值天气预报技术的不断发展和完善，表征大气扩散能力的物理量场，尤其是行星边界层的大气状态及其预报场，可通过多种数值预报产品格点场资料方便得到。因此，选用 Kalman 滤波方法，根据 NO_2、SO_2、$PM_{2.5}$ 及 PM_{10} 质量浓度观测资料和数值天气预报产品资料，开展城市空气污染预报就变得简便易行。下面重点以 NO_2 质量浓度预报为例，介绍 Kalman 滤波方法在城市空气污染预报中的应用。

6.2.2.1 基本原理

Kalman 滤波方法，首先进行模式状态的预报，接着引入观测数据，然后根据观测数据对模式状态进行重新分析(即更新)。随着模式状态预报的持续进行和新的观测数据的陆续输入，这个过程可以不断向前推进。用 Kalman 滤波方法做连续性变量的预报，就是通过利用前一时刻预报误差的反馈信息来及时修正预报方程，以提高下一时刻预报精度的一种统计方法。该方法是建立在一种资料不断生成的过程模式基础上的，新的资料对其影响比老资料的影响要大，所需历史资料少，便于建立预报方程。

6.2.2.2 递推公式

用于天气预报的递推公式：

$$\begin{cases}\hat{\boldsymbol{Y}}_t=\boldsymbol{X}_t\hat{\boldsymbol{\beta}}_{t-1}\\ \boldsymbol{R}_t=\boldsymbol{C}_{t-1}+\boldsymbol{W}\\ \boldsymbol{\sigma}_t=\boldsymbol{X}_t\boldsymbol{R}_t\boldsymbol{X}_t^{\mathrm{T}}+\boldsymbol{V}\\ \boldsymbol{A}_t=\boldsymbol{R}_t\boldsymbol{X}_t^{\mathrm{T}}\boldsymbol{\sigma}_t^{-1}\\ \hat{\boldsymbol{\beta}}=\boldsymbol{\beta}_{t-1}+\boldsymbol{A}_t(\boldsymbol{Y}_t-\hat{\boldsymbol{Y}}_t)\\ \boldsymbol{C}_t=\boldsymbol{R}_t-\boldsymbol{A}_t\boldsymbol{\sigma}_t\boldsymbol{A}_t^{\mathrm{T}}\end{cases} \tag{6.52}$$

式中：$\hat{\boldsymbol{Y}}_t$ 为预报值；$\boldsymbol{X}_t$ 为预报因子；$\boldsymbol{\beta}_{t-1}$ 为回归系数；$\boldsymbol{R}_t$ 为递推值 $\hat{\boldsymbol{\beta}}$ 的误差方差阵；$\boldsymbol{C}_{t-1}$ 为 $\hat{\boldsymbol{\beta}}_{t-1}$ 的误差方差阵；$\boldsymbol{W}$ 为动态噪声的方差阵；$\boldsymbol{\sigma}_t$ 为预报误差的方差阵；$\boldsymbol{X}_t^{\mathrm{T}}$ 为 $\boldsymbol{X}_t$ 的转置矩阵；$\boldsymbol{V}$ 为测量噪声的方差阵；$\boldsymbol{A}_t$ 为增益矩阵；$\boldsymbol{\sigma}_t^{-1}$ 为 $\boldsymbol{\sigma}_t$ 的逆矩阵；$\boldsymbol{Y}_t$ 为预报量的实际观测值；$\boldsymbol{C}_t$ 为 $\hat{\boldsymbol{\beta}}_t$ 的误差方差阵。

通过对式(6.52)的反复运算，就可以在做预报的同时，对预报方程中的系数不断进行修订。

6.2.2.3 气象因子的选取

利用国家气象中心数值预报 T639 格点场的 850 hPa 以下各层的物理量资料，先根据其物理意义选出 70 个因子作为备选因子，再利用逐步回归方法筛选出与各测点的各种污染物浓度相关性较好的气象因子。然后利用两个月的历史资料(数值预报产品和实况)计算出方程的初始系数，求解初始方程。此后每天实现递推，即根据前一天的预报误差订正方程系数，再利用新资料计算下一天的结果，并对结果进行存储。

6.2.2.4 Kalman 递推试验

基于大连市两个月的数值气象资料和相应的 NO_2、SO_2、$PM_{2.5}$ 和 PM_{10} 质量浓度资料(1 号自动监测地面站所得)，利用逐步回归方法从中选取 4 个与污染物浓度相关性较好且有较明显物理意义的气象因子：1000 hPa 的东西风、南北风、垂直速度；925 hPa 与 1000 hPa 层之间的温差。

建立多元回归方程后，得到初始系数 β_0、C_0、V 和 W，然后根据 Kalman 递推公式(6.52)进行 1 号自动监测地面站 SO_2 污染浓度的逐日预报。

通过对 1999 年 8 月逐日 SO_2 日均质量浓度预报，并与常规的多元回归方法预报结果比较(表 6.10)，显示 Kalman 污染物浓度预报结果与实测结果比较一致，然而多元回归预报结果与实测结果相差较大。这说明 Kalman 方法的预报精度更高，实用性更强。但是它具有滞后性，而滞后性问题则是Kalman方法应用普遍存在的，它可以随着数值模式本身的进步而改进。王辉赞等(2006)指出，Kalman滤波方法较其他统计预报方法的自适应能力更强，能够对预报对象提供更为准确、有效的跟踪和描述。

表6.10　1999年8月大连市SO_2质量浓度Kalman滤波预报与多元回归预报结果比较

单位：$mg \cdot m^{-3}$

日期	实测值	Kalman预报	多元回归预报	日期	实测值	Kalman预报	多元回归预报
1	0.039	0.029	0.031	17	0.042	0.038	0.032
3	0.027	0.032	0.063	18	0.028	0.041	0.050
4	0.026	0.031	0.045	19	0.027	0.032	0.039
5	0.038	0.027	0.052	20	0.050	0.043	0.052
6	0.027	0.034	0.046	21	0.052	0.049	0.048
7	0.028	0.035	0.043	22	0.036	0.050	0.060
8	0.027	0.031	0.058	23	0.036	0.034	0.077
9	0.027	0.026	0.025	24	0.044	0.039	0.058
10	0.029	0.026	0.026	25	0.045	0.039	0.068
11	0.027	0.025	0.054	26	0.039	0.048	0.035
12	0.027	0.026	0.048	27	0.042	0.037	0.027
13	0.026	0.023	0.047	28	0.044	0.042	0.043
14	0.043	0.028	0.045	29	0.044	0.043	0.049
15	0.041	0.034	0.045	30	0.043	0.035	0.036
16	0.042	0.038	0.043	31	0.049	0.045	0.050

从上述结果比较可以看出，应用卡尔曼滤波法，选取数值天气预报产品格点场资料进行污染物浓度预报检验，可以得到很高的准确率，表明应用价值很大，并且有望通过一些改进进一步提高预报准确率。建立实时预报系统时还应进行以下改进：

(1)由于空气污染物浓度的变化不仅仅由气象条件所决定，污染源的变化也是一个很重要的因子。所以选取因子时也应选能反映污染源变化状态的因子。可考虑用前一天的质量浓度值作为一个因子代入方程。

(2)由于各种污染物与气象因子的相关各有不同，针对各站点各要素分别用逐步回归方法选取气象因子，这样能够提高要素的预报准确率。首先从T639格点场的850 hPa以下各层的物理量中筛选出70个因子作为备选因子；其次分别与污染物浓度做单相关分析，一般说来，当样本超过300个时，相关系数达到0.2以上可考虑入选，这样针对各种污染物在各个站点先粗选出10～20个因子；然后对粗选因子进行逐步回归，最终选出4个气象因子(根据经验，卡尔曼滤波方法最好用4～5个因子)。入选的因子大体包括：近地面层的相对湿度、温度、上下层的温差、比湿、水汽通量、假相当位温、温度露点差、散度、南北风、东西风、垂直速度、水汽通量散度以及地面温度和气压等。

(3)选取T639预报场的不同时段，对应预报不同时段的污染物浓度。例如用24 h、36 h

和 48 h 预报场分别对应预报夜间、凌晨和白天的 SO_2 质量浓度；日均质量浓度因子从 36 h、48 h 合计粗选因子中选出。选好因子后，即可建立集资料接收、分析处理、递推运算、结果输出于一体的自动化预报系统，每天自动定时启动此实时业务预报系统，由此得到未来 24 h、36 h 和 48 h 空气质量预报预警结果。

6.2.3 人工神经网络预测模型

空气污染物质量浓度的时空分布往往受气象场、排放源、复杂下垫面、理化生化过程的耦合等多种因素的影响，具有较强的非线性特性。为了更好地反映环境污染变化趋势，有利于强化空气污染防治，预防严重污染事件发生，引入人工神经网络（artificial neural network，ANN）方法对空气质量进行预测具有重要的现实意义和较好效果。人工神经网络用于空气污染预报领域，始于 20 世纪 90 年代初。近年来，随着人工神经网络理论的快速发展，其在模式识别和系统辨识中也得到了广泛应用。

人工神经网络是一种模仿生物神经网络结构和功能的数学模型（或计算模型）。它是由大量计算单元（神经元、处理器件、光电器件等）广泛连接而成的复杂网络，是现代神经科学研究的重要成果。由于它与数学及统计学等紧密联系，在处理线性与非线性规划问题、数值逼近及统计计算方面，拥有传统方法所不具备的分布式存储、并行处理、容错性及自学习、自组织和自适应能力的特点，使其在众多科学领域中被广泛应用。目前，主要的应用研究工作集中在以下 4 个方面：①生物原型研究：从生理学、心理学、解剖学、脑科学、病理学生物科学方面研究神经细胞、神经网络、神经系统的生物原型结构及其功能机理；②建立理论模型：根据生物原型的研究，建立神经元、神经网络的理论模型，其中包括概念模型、知识模型、物理化学模型和数学模型等；③网络模型与算法研究：在理论模型研究的基础上构建具体的神经网络模型，以实现计算机模拟或准备制作硬件，包括网络学习算法的研究，这方面的工作也称为技术模型研究；④神经网络应用系统：在网络模型与算法研究的基础上，利用神经网络组成实际的应用系统，例如，完成某种信号处理或模式识别的功能、构成专家系统、制成机器人等。

1943 年，心理学家 Mcculloch 和数理逻辑学家 Pitts 在分析、总结神经元基本特性的基础上首先提出神经元的数学模型（Cowan，1990；Hayman，1999）。1947—1969 年，科学家们提出了许多神经元模型和学习规则，如 MP 模型、HEBB 学习规则和感知器（CMAC）等。20 世纪 70 年代末期至 80 年代中期，神经网络控制与整个神经网络研究进入了一个缓慢发展的萧条期。1982 年，Hopfield 教授引入了能量函数的概念，并给出了网络的稳定性判据，提出了用于联想记忆和优化计算的途径（Massini，1998）。1984 年，Hiton 教授提出 Boltzman 机网络模型。1986 年，Mcclelland 和 Rumelhart（1986）提出了一种利用误差反向传播训练算法的神经网络，该算法被称为误差反向传播算法（back propagation，BP）。它是一种有隐含层的多层前馈网络，学习规则是使用最快速下降法，通过反向传播来不断调整网络的权值和阈值，使网络的误差平方和最小。BP 神经网络模型（简称 BP 模型）是人工神经网络的重要模型之一并被广泛使用，其拓扑结构包括输入层（input）、隐层（hide layer）和输出层（output layer）（刘罡等，2000；周秀杰等，2004）。

6.2.3.1 人工神经网络基本原理

人工神经网络是由大量简单的基本元件——神经元相互连接，模拟人的大脑神经处理信息的方式，进行信息并行处理和非线性转换的复杂网络系统。人工神经网络的神经元模型有4个基本要素：①一个求和单元，用于求取各输入信号的加权和线性组合；②每个神经元有一个阈值；③一组连接（对应于生物神经元的突触）的连接强度由各连接上的权值表示，权值为正表示激活，为负表示抑制；④一个激活函数，起映射作用并将神经元输出幅度限制在一定范围内。

建立人工神经网络系统，首先要构筑合适的人工神经网络结构，固定处理单元（神经元）的数目，然后通过信息样本对神经网络进行训练，即通过不断改变处理单元间的连接强度对网络进行训练，使其具有人的大脑的记忆、辨识能力，完成各种信息的处理功能。

人工神经网络较传统的预测方法有其明显的优势。主要表现在4个方面：①神经网络是一种自适应方法，通过对训练集的反复学习来调节自身的网络结构和连接权值，然后对未知的数据进行分类和预测；②神经网络可以以任意精度逼近任意函数；③神经网络研究的一个重要问题是泛化能力，即预测与训练数据差距比较大的数据的能力，泛化能力可以在训练网络的过程中不断提高；④神经网络是一个非线性模型，这使得它能够灵活地模拟现实世界中数据之间的复杂关系，具有对非线性数据快速建模的能力。目前广泛使用的神经网络包括BP神经网络和径向基函数（RBF）神经网络等。

6.2.3.2 BP模型基本原理和结构

由于人工神经网络具有良好的非线性映射能力、灵活有效的学习方法、不需要建立反映系统物理规律的数学模型、较其他方法更能容纳噪声等优点，加之引入误差反馈传播算法，使得人工神经网络在数据的分类、聚类和预测等方面表现出较强能力。

对于任意一组随机的、正态的数据，都可以利用人工神经网络算法进行统计分析，做出拟合和预测。BP神经网络学习过程由信号的正向传播与误差的反向传播两个过程组成。正向传播时，模式作用于输入层，经隐层处理后，转入误差的反向传播阶段，将输出误差按某种形式，通过隐层向输入层逐层返回，并“分摊”给各层的所有单元，从而获得各层单元的参考误差（或称误差信号），以作为修改各单元权值的依据。权值不断修改的过程，也就是网络学习过程。此过程一直进行到网络输出的误差逐渐减少到可接受的程度，或达到设定的学习次数为止。

（1）BP模型的结构

BP神经网络结构分为前向网络（BP）、反馈网络（hopfield）和自组织网络（adaptive resonance theory，ART）。它是一种具有一个输入层、一个或多个隐层、一个输出层的多层网络。隐层和输出层上的每个神经元都对应一个激发函数和一个阈值。每一层上的神经元都通过权重与其相邻层上的神经元互相连接。这种结构使多层前馈网络可在输入和输出间建立合适的线性或非线性关系，又不致使网络输出限制在−1和1之间。其中：

输入层 $X=(x_0,x_1,x_2,\cdots,x_i,\cdots,x_n)$；

隐藏层 $Y=(y_0,y_1,y_2,\cdots,y_j,\cdots,y_m)$；其中，$X_0=Y_0=-1$。

输出层 $O=(O_1,O_2,\cdots,O_k,\cdots,O_l)$；

期望输出 $T=(t_1,t_2,\cdots,t_k,\cdots,t_l)$。

（2）BP模型算法

它是在BP神经网络现有算法的基础上提出的，是通过任意选定一组权值，将给定的目标输出直接作为线性方程的代数和来建立线性方程组的算法。

BP 模型算法的基本思想:学习过程(即权值调整过程)由正向传播和反向传播组成。在正向传播过程中,每一层神经元的状态只影响到下一层神经元网络。如果输出层不能得到期望输出,就是实际输出值与期望输出值之间有误差,那么转入反向传播过程,将误差信号沿原来的连接通路返回,通过修改各层神经元的权值,逐次地向输入层传播并进行计算,再经过正向传播过程,这两个过程的反复运用,使得误差信号最小。实际上,误差达到人们所希望的要求时,网络的学习过程就结束了。

(3)BP 模型算法实现的基本步骤

① 初始化;

② 输入训练样本对,计算各层输出;

③ 计算网络输出误差;

④ 计算各层误差信号;

⑤ 调整各层权值;

⑥ 检查网络总误差是否达到精度要求,如果满足,则训练结束;若不满足,则返回步骤②继续进行训练。

6.2.3.3 BP 模型的分类

根据连接方式的不同,神经网络分为没有反馈的向前网络和相互连接型网络两大类。向前网络由输入层、中间层和输出层组成,中间层有若干层,每一层的神经元只接受前一层神经元的输出。而相互连接型网络中任意两个神经元之间都有可能连接,因此,输入信号要在神经元之间反复往返传递,从某一初态开始,经过若干次的变化,渐渐趋于某一稳定状态或进入周期振荡等其他状态。

BP 模型主要包括输入输出模型、作用函数模型、误差计算模型和自学习模型。

(1)节点输出模型

隐节点输出模型:

$$O_j = F(\sum W_{ij} \times X_i - \theta_j) \tag{6.53}$$

输出节点输出模型:

$$Y_k = F(\sum T_{ik} \times O_j - \theta_k) \tag{6.54}$$

式中:O_j 为隐节点计算输出值;Y_k 为输出节点计算输出值;F 为非线性作用函数;θ_j 和 θ_k 为神经单元阈值;W_{ij} 为从神经元 i 到 j 的连接权值;X_i 为对该神经元的输入(典型 BP 网络结构模型图略);T_{ik} 为 ik 节点的期望输出值。

(2)作用函数模型

作用函数是反映下层输入对上层节点刺激脉冲强度的函数(又称激励函数),一般为[0,1]内连续取值 Sigmoid 函数:

$$F(x) = \frac{1}{1 + e^{-x}} \tag{6.55}$$

(3)误差计算模型

误差计算模型是反映神经网络期望输出与计算输出之间误差大小的函数:

$$E_p = \frac{1}{2}(\sum_p \sum_i T_{pi} - O_{pi})^2 \tag{6.56}$$

式中：T_{pi} 为 i 节点的期望输出值；O_{pi} 为 i 节点的计算输出值。

(4)自学习模型

神经网络的学习过程，即连接下层节点和上层节点之间的权重矩阵 W_{ij} 的设定和误差修正过程。BP 网络有有师学习方式(需要设定期望值)和无师学习方式(只需输入模式)之分。自学习模型为：

$$\Delta W_{ij}(n+1) = h \times \Phi_i \times O_j + a \times \Delta W_{ij}(n) \tag{6.57}$$

式中：h 为学习因子；$\boldsymbol{\Phi}_i$ 为输出节点 i 的计算误差；O_j 为输出节点 j 的计算输出；a 为动量因子。

6.2.3.4 BP 模型应用现状及实例介绍

BP 模型应用于空气污染预报可达到较高的预测精度，为信息社会的城市空气污染预报工作提供了一种全新的思路和方法。刘罡等(2000)采用 BP 模型展示其对非线性现象的刻画能力，利用长达 10 a 的观测资料建立起时间序列与大气污染物浓度的非线性映射关系，从而实现大气污染物浓度的预报，并得到了较好的预报效果。周秀杰等(2004)综合考虑 BP 神经网络的逼近能力和泛化能力，提出了空气污染指数 BP 网络预报模型。于文革等(2008)将基于主成分分析的 BP 神经网络预报方法引入大气污染预报中，建立了 SO_2 浓度预报模型。张伟等(2010)将 BP 神经网络方法引入 2008 年北京奥运会期间空气质量预报工作中，BP 神经网络大大提高了模式预报效果，平均误差率减少 34.7%，相关系数提高 39%，特别是在模式模拟效果较差的情况下，对提高预报效果更明显。李璐等(2013)在传统 BP 神经网络的基础上提出了基于气象相似准则的样本优化方法，建立了 3 层样本筛选优化机制，确定了阈值及权重矩阵，建立了城市空气质量动态预报模型。经过广州 8 个空气质量监测站点的 SO_2、NO_2 和 $PM_{2.5}$ 的级别预报准确率评分检验，可知它们分别为 89.6%、92.6%和 84.6%，预报准确度综合评分达 81.6%，并且比传统神经网络模型具有更高的预报精度。张鹏达(2014)通过 BP 神经网络建立的空气质量预测模型具有较高的预测精度，预测结果的相对误差均在 5%以内，能够很好地满足实际应用的需求。

以周秀杰等(2004)在哈尔滨空气污染预报中 BP 模型的应用为例，根据哈尔滨市 2000 年 11 月 1 日—2001 年 2 月 12 日的 SO_2、NO_2 和可吸入颗粒物 PM_{10} 日观测数据，对当天地面、高空因子与 PM_{10}、SO_2、NO_2 质量浓度进行相关系数计算，筛选出的气象因子为当天 02:00 的温度、风速、相对湿度，08:00 逆温(850 hPa 温度减地面温度)，以及前一天空气污染指数 API。将 2000 年哈尔滨市冬季污染物日观测数据，根据天气特点分成 3 个学习库(2000 年 11 月 1 日—12 月 19 日、2000 年 12 月 20 日—2001 年 1 月 20 日和 2001 年 1 月 21 日—2 月 28 日)，样本数分别为 49、32 和 39 个。输入层为 5 个节点(02:00 温度、风速、相对湿度，08:00 逆温，前一天空气污染指数 API)。输出层是 1 个节点(即实际污染物指数)。

样本集：$\boldsymbol{S} = \{(X_1, Y_1), (X_2, Y_2), \cdots, (X_n, Y_n)\}$，逐一地根据样本集中的样本$(X_k, Y_k)$，计算出实际输出 O_k 和误差测度 E_k，对 $W^{(1)}, W^{(2)}, \cdots, W^{(L)}$ 分别做一次调整，重复这个循环直到 $\sum E_p < \varepsilon$，以期学习出使误差函数极小化的权值组合。BP 算法步骤可描述如下。

第一步，输入样本，并使用事先确定的激励函数计算各节点的实际输出值，$O = f(wx)$。

一般激励函数取[0,1]上的 Sigmoid 函数：

$$F_1(x)=\frac{1}{1+\mathrm{e}^{-\lambda x}} \tag{6.58}$$

第二步，使用误差函数公式：

$$E(W)=\frac{1}{2}\sum_{k\in \text{outputs}}(T_k-O_k)^2 \tag{6.59}$$

计算网络性能的均方差。式中：$t_k(k=1,2,\cdots,n)$为样本的期望输出值；O_k 为输出层第 k 个节点的实际输出值。

第三步，计算输出层中每个输出节点的误差项：

$$\delta_h=o'_k(t_k-o_k)=o_k(1-o_k)(t_k-o_k) \tag{6.60}$$

第四步，计算隐含层中每个隐含节点的误差项：

$$\delta_k=o'_h\sum_{k\in \text{outputs}}W_{kh}\delta_k=o_h(1-o_h)\sum_{k\in \text{outputs}}W_{kh}\delta_k \tag{6.61}$$

第五步，计算各连接权的修正值：

$$\Delta W_{ji}=\eta\delta_j x_{ji}$$

式中：η 为学习率，较小的 η 可以保证训练能更稳定地收敛，较大的 η 可以在某种程度上提高收敛速度；x_{ji} 为节点 i 到节点 j 的输出。

第六步，按 $W'_{ji}=W_{ji}+\Delta W_{ji}$，调整各连接权的权值，并返回到第一步。其中，$W'_{ji}$ 为更新后的第 j 个隐层神元和第 i 个输出层神经元之间的权重，W_{ji} 为更新前的权重。

以 2000 年 11 月 1 日—12 月 19 日的学习库为例，建立网络模型，各层间阈值和权值的初始值为随机数，隐含层的节点数分别是(2,2)，(3,3)，…，(9,9)个。训练次数统一规定为 4000 次即结束训练，并用 2002 年 11 月 1 日—12 月 19 日进行检验，得到的训练误差、检验误差、总体误差见表 6.11。

表 6.11　哈尔滨 2002 年 11 月 1 日—12 月 19 日检验结果的各种误差值(一)

隐含层节点数/个	训练误差	检验误差	总体误差
(2,2)	0.0103	0.0258	0.0361
(3,3)	0.0099	0.0257	0.0356
(4,4)	0.0304	0.0344	0.0648
(5,5)	0.0329	0.0354	0.0683
(6,6)	0.0336	0.0358	0.0694
(7,7)	0.0338	0.0357	0.0695
(8,8)	0.0329	0.0351	0.0680
(9,9)	0.0483	0.0429	0.0912

由表 6.11 可见，当隐含层节点数为(3,3)个时，误差最小。分别以第一层隐节点数为 3、第二层为其他节点数，以及第二层隐节点数为 3、第一层为其他节点数建立网络模型，训练和检验结果见表 6.12，得出最佳的网络模型是第一隐含层的节点数为 3，第二隐含层的节点数为 2。用同样方法对另两个学习库建立网络模型，得出了相同的结论。

表 6.12 哈尔滨 2002 年 11 月 1 日—12 月 19 日检验结果的各种误差值(二)

隐含层节点数/个	训练误差	检验误差	总体误差	隐含层节点数/个	训练误差	检验误差	总体误差
(3,2)	0.0096	0.0259	0.0355	(2,3)	0.0219	0.0293	0.0512
(3,3)	0.0099	0.0257	0.0356	(3,3)	0.0099	0.0257	0.0356
(3,4)	0.0208	0.0294	0.0502	(4,3)	0.0225	0.0301	0.0526
(3,5)	0.0264	0.0322	0.0586	(5,3)	0.0275	0.0325	0.0600
(3,6)	0.0190	0.0287	0.0477	(6,3)	0.0192	0.0284	0.0476
(3,7)	0.0317	0.0352	0.0669	(7,3)	0.0318	0.0345	0.0663
(3,8)	0.0284	0.0334	0.0618	(8,3)	0.0330	0.0351	0.0681
(3,9)	0.0338	0.0363	0.0701	(9,3)	0.0511	0.0447	0.0958

用选定的 BP 网络结构对 2001 年冬季哈尔滨市空气污染指数进行预报(图 6.1),结果表明,神经网络对高污染预测的准确度和整体趋势预测的准确度都较好,特别是对骤升、骤降趋势预测效果较好,而且明显优于逐步回归方法,使用同样的 BP 模型对 NO_2、SO_2 进行预报,得到类似结果(图略)。此外,马雁军等(2003)以源强、初始浓度、风速、风向、天空云况、日照、温度和相对湿度作为预报因子,建立辽宁省本溪市 PM_{10}、NO_x 日均浓度预报模型,得到的预测值与观测值较为符合,两种污染物的线性相关系数分别为 0.768 和 0.785,说明 BP 网络在处理大气污染物浓度的非线性预测问题方面,具有明显的优越性。同时也指出,影响 BP 网络模型的大气污染预报结果,关键问题是输入模式的确定、训练数据和最佳隐节点数的选取。

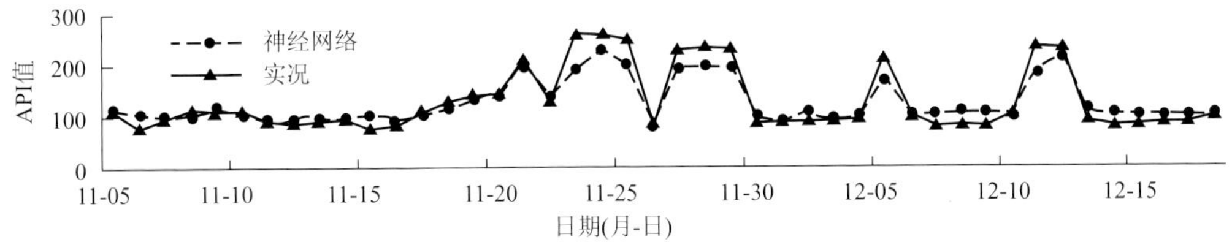

图 6.1 2001 年哈尔滨市 API 指数的神经网络预测值与实况值对比

近年来,快速发展的 MATLAB 软件为神经网络理论的应用提供了一种便利的仿真手段。神经网络工具箱功能十分完善,提供了各种 MATLAB 函数,包括神经网络的建立、训练和仿真等函数,以及各种改进训练算法函数,用户可以很方便地进行神经网络的设计和仿真,也可以在 MATLAB 源文件的基础上进行适当修改,形成自己的工具包以满足实际需要。MATLAB 软件不但提高了工作效率,而且还提高了计算的准确度和精度,减轻了工程人员的负担(石云,2010;刘永红等,2011;张鹏达,2014)。在人工神经网络预测方面,除了 BP 模型,还有径向基函数(radial basis function,RBF)、支持向量机(support vector machines,SVM)等模型,它们使用较方便、应用较广泛,此处不再一一列举。

6.3 动力统计预报

动力统计预报又可分为在动力方程基础上的统计预报,以及在数值预报产品释用基础上的统计预报。在动力方程基础上的统计预报主要是指在经典统计预报中引入大气动力学方程，从大气污染扩散方程出发，经过推导简化，得到预报量与预报因子之间的数学表达式，其中的参数运用经典统计方法来确定。数值预报产品释用统计预报，是指对数值预报产品进行大量的精细分析和解释应用，主要包括完全预报（perfect prognostic，PP）和模式输出统计预报（model output statistics，MOS）两种方法。其中，PP 预报方法是采用实况资料作为预报因子，建立与预报量的统计关系，在假定数值预报的结果是“完全正确”的前提下，用数值预报输出值代入到上述所建立的统计方程中，就得到与预报时刻相对应的预报值，由于建模时用了较长时间的历史资料，所得预报方程比较稳定，不会受到数值模式改变的影响，可长久使用，预报精度一般高于经典的统计预报方法。而 MOS 方法是采用数值预报产品的预报场资料作为预报因子，建立与预报量之间的统计关系，其优点是可以消除数值模式的系统误差，但当数值预报模式发生改变时，则需要重新积累资料，重建预报方程，特别是现今数值模式飞速发展，这一点给 MOS 方法的应用造成了很大的不便。在应用时，与完全预报一样，将数值预报模式输出的变量和局地观测资料代入方程，就可得到预报量，其优点之一就是能够引入许多完全预报方法不易取得的预报因子，所以模式输出统计预报方法具有较高的精度。

6.3.1 基于扩散方程的动力统计预报模型

动力统计预报是一种客观的预报方法，是目前数值预报、经典统计预报和动力统计预报三种客观定量预报方法之一。本节中提到的预报模型是从大气扩散方程出发推导简化而来，既考虑了气象条件的主控影响，又考虑了污染物排放量和污染物浓度的作用，故称之为基于扩散方程的动力统计预报模型。与以往的空气污染预报统计模型相比，它所依据的物理基础更为客观可信，预报因子也更为全面。

6.3.1.1 基本原理

顾名思义，基于扩散方程的动力统计预报，是指首先通过求解大气动力学和热力学的大气扩散方程组，其次利用统计方法对其数值预报模式的输出结果进行加工释用，最后做出局地或有限区域内空气污染预报的方法。

对于一单位体积空间而言，一般来说含有多种空气污染物，其中某一特定污染物的浓度（S）随时间变化的方程（吕美仲等，1992；蒋维楣等，1993）为：

$$\frac{\partial S}{\partial t}=-\mathbf{V}\cdot\nabla S+K_H\left(\frac{\partial^2 S}{\partial x^2}+\frac{\partial^2 S}{\partial y^2}\right)+\frac{1}{D^2}\frac{\partial}{\partial z}\left(K_V\frac{\partial S}{\partial z}\right)+A-S\alpha \tag{6.62}$$

式中：$-\mathbf{V}\cdot\nabla S$ 为浓度平流项；$K_H\left(\frac{\partial^2 S}{\partial x^2}+\frac{\partial^2 S}{\partial y^2}\right)+\frac{1}{D^2}\frac{\partial}{\partial z}\left(K_V\frac{\partial S}{\partial z}\right)$ 为浓度扩散项；A 为该空气污染物排放率；α 为污染物浓度化学转化率。将上式水平方向按城区面积、垂直方向取高架污染源高度积分，可得出城区空气污染物浓度平均值的变化方程：

$$\frac{\partial \overline{S}}{\partial t}=-\overline{\mathbf{V}\cdot\nabla S+K_H\left(\frac{\partial^2 S}{\partial x^2}+\frac{\partial^2 S}{\partial y^2}\right)+\frac{1}{D^2}\frac{\partial}{\partial z}\left(K_V\frac{\partial S}{\partial z}\right)}-\overline{S}\alpha+\overline{A} \tag{6.63}$$

式中：$\overline{S}$、$\overline{A}$ 分别为某种特定空气污染物浓度的平均值和排放率。城区的面积，从小尺度角度看，似乎很大，但从大尺度角度看，几乎可看成一个点，$\overline{-\mathbf{V}\cdot\nabla S+K_H\left(\frac{\partial^2 S}{\partial x^2}+\frac{\partial^2 S}{\partial y^2}\right)+\frac{1}{D^2}\frac{\partial}{\partial z}\left(K_V\frac{\partial S}{\partial z}\right)}$ 可

用 $\overline{S}\cdot F$ 近似代替，F 为各种气象条件的综合函数。这样，式(6.63)可简化为：

$$\frac{1}{\overline{S}}\frac{\partial\overline{S}}{\partial t}=(F-\alpha)+\frac{\overline{A}}{\overline{S}} \tag{6.64}$$

式(6.64)说明，污染物浓度相对变化率，既与气象条件有关，又与污染物排放率和污染物浓度的比值有关。一般城区污染源的存在，是污染物浓度增加的原因；气象条件的平流、扩散作用，使得污染物浓度下降，因此 $F-\alpha\leqslant 0$。当 $F-\alpha=0$ 时，$\overline{S}=\overline{S}_0+\overline{A}t$，即当气象条件不利于污染物扩散时，污染物浓度会随时间迅速增长，增长的速度决定于排放率的大小。

设气象因子个数为 N，采用线性模型拟合气象条件综合函数 F 时，则 $F-\alpha=a_0+a_1x_1+\cdots+a_ix_i+\cdots+a_Nx_N$，$x_i$ 为第 i 个气象因子。式(6.64)左端项中微分用差分代替，并采用前差格式，时间步长取 $\Delta t=1$ d，则 $\frac{1}{\overline{S}}\frac{\partial\overline{S}}{\partial t}=\frac{\overline{S}_{k+1}-\overline{S}_k}{\overline{S}_k}$，令其为 Y_k，k 为天数序列，式(6.64)又可简化为：

$$Y_k=\frac{\overline{A}_k}{\overline{S}_k}+(a_0+a_1x_1+\cdots+a_ix_i+\cdots+a_Nx_N)_k \tag{6.65}$$

式中：系数 a_0，a_1，…，a_N 可以通过回归统计来确定。在一个时期内一般相对稳定，此处假定一个月内变化不大，故将污染物浓度的倒数 $1/\overline{S}$ 当作一个因子来处理。

当式(6.65)中的系数确定以后，利用第 k 天的气象因子和污染物浓度，就可以预报出次日的污染物浓度变化率 Y_k，进而得到第 $k+1$ 天的污染物浓度：

$$\overline{S}_{k+1}=(1+Y_k)\overline{S}_k \tag{6.66}$$

因此，问题的关键在于如何确定式(6.65)中的系数。

6.3.1.2 因子选取与预报模型的建立

相关研究表明，冬季影响兰州市污染的地面气压形势有四类，即高压前部型、高压区域型、高压南部型和高压后部型；高空天气形势有三类，即冷平流型、暖平流型和过渡型。污染物浓度与逆温层厚度呈显著的正相关，这说明逆温层越厚，越不利于污染物的稀释扩散，污染物浓度也就越高。兰州市空气污染指数时间序列中存在明显的混沌特性，是非线性混沌动力系统演化的结果，说明大气污染系统是混沌研究对象之一，运用混沌理论分析空气污染天气系统的动力学特征及变化规律是可行的。根据关联维的计算结果($D_2=3.4913$)可以得知，特殊地形、气象条件、大气污染物过量排放及能源消耗结构等 4 个因子是造成兰州市空气污染变化的主要因素(余波等，2014)。

下面以兰州市三种空气污染物 SO_2、CO、NO_x 日平均质量浓度($mg\cdot m^{-3}$)为预报对象，在空气污染气象条件分析的基础上，选取 3 类气象因子(重点说明预报因子筛选方法)：一是兰州气象站(简称兰州站)的地面气象要素；二是兰州站的探空资料(为低空气象参数)；三是采用天气实况图和欧洲中期数值天气预报中心的预报产品。于 2—10 月选取 58 个预报因子，11 月—次年 1 月选取 61 个预报因子。各预报因子说明如下：

$X_1\sim X_{19}$，分别为兰州站各地面气象要素。其中：

$X_1\sim X_7$，分别为兰州站 02:00(北京时间，下同)、08:00 和 14:00 三个时次平均的地面气压、气温、相对湿度、风速、总云量、低云量、能见度；

$X_8\sim X_{14}$，分别为兰州站 14:00 的地面气压、气温、相对湿度、风速、总云量、低云量、能见度；

$X_{15} \sim X_{16}$，分别为兰州站14:00的地面气压和气温的12 h变量；

$X_{17} \sim X_{18}$，分别为兰州站14:00的地面气压和气温的6 h变量；

X_{19}，为兰州站截至14:00的24 h降水量。

$X_{20} \sim X_{40}$，分别为兰州站低空气象参数。其中：

$X_{20} \sim X_{23}$，分别为兰州站08:00的300、500、600和900 m的低空风；

X_{24}，为兰州站日最大混合层厚度，采用王式功等(2000b)给出的方法计算；

X_{25}，为兰州站通风系数，计算公式为 $TF = \int_0^H V dz$，H 为最大混合层厚度；

X_{26}，为兰州站通风质量系数，计算公式为 $TQ = -\int_{p_0}^{p_H} V dp$，$p_H$ 为最大混合层厚度顶对应的气压；

X_{27}，为兰州站日最大混合能量，采用尚可政等(2001)给出的方法计算；

$X_{28} \sim X_{30}$，分别为兰州站地面至300～900 m的里查森数；

X_{31}，为兰州站08:00近地面逆温层厚度；

X_{32}，为兰州站08:00近地面逆温层强度；

$X_{33} \sim X_{40}$，分别为兰州站300～1000 m每隔100 m的稳定能量，采用尚可政等(2001)给出的方法计算。

$X_{41} \sim X_{42}$、$X_{50} \sim X_{51}$、$X_{59} \sim X_{61}$ 为天气实况图中所选取的预报因子。其中：

X_{41}，为08:00的700 hPa哈密、敦煌气温平均与兰州站气温之差；

X_{42}，为08:00哈密、敦煌、酒泉三站海平面气压平均与兰州站海平面气压之差；

X_{59}，为14:00哈密、敦煌、酒泉三站海平面气压平均与兰州站海平面气压之差；

X_{50}、X_{51}、X_{60}，分别为 X_{41}、X_{42}、X_{59} 的24 h变量；

$X_{61} = X_{59} - X_{42}$。

另外，$X_{43} \sim X_{49}$、$X_{52} \sim X_{58}$ 取自欧洲中期数值天气预报中心发布的500 hPa高度场预报：

$X_{43} = (H_5 + H_7 + H_9 + H_{11}) - 2(H_6 + H_{10})$；

$X_{44} = (H_6 + H_8 + H_{10} + H_{12}) - 2(H_7 + H_{11})$；

$X_{45} = (X_{43} + X_{44})/2$；

$X_{46} = (H_2 + H_3 + H_{10} + H_{11}) - 2(H_6 + H_7)$；

$X_{47} = (H_6 + H_7 + H_{14} + H_{15}) - 2(H_{10} + H_{11})$；

$X_{48} = (X_{46} + X_{47})/2$；

$X_{49} = (H_1 + H_2 + H_5 + H_{12} + H_{15} + H_{16})/3 - (H_6 + H_7 + H_{10} + H_{11})/2$；

$X_{52} \sim X_{58}$，分别为 $X_{43} \sim X_{49}$ 的24 h变量。其中，$H_1 \sim H_{16}$ 的选取见图6.2。

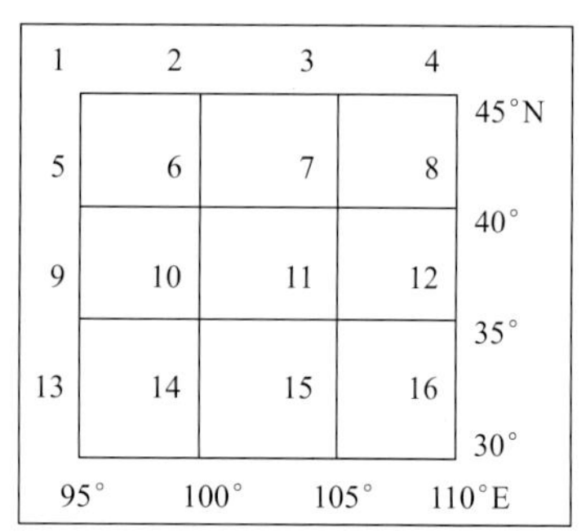

图6.2 500 hPa格点位置示意图

根据式(6.65)给出的回归模型，利用兰州市环境监测站自动监测系统监测的兰州城区1988—1992年3种主要空气污染物 SO_2、CO、NO_x 日平均质量浓度(mg·m^{-3})，首先计算出污染物浓度的24 h变率 Y_k，并取污染物浓度的倒数为

因子 X_0，将所有因子和 Y_k 进行标准化处理，然后求相关，通过逐步回归建立 24 h 变率预报方程(表 6.13)。

表 6.13 兰州城区各月污染物浓度 24 h 变率预报方程

月份	样本数/个	回归方程	复相关系数
1	89	$Y_1=-18.1846+0.0372X_0+0.0021X_8+0.2240X_{20}-0.0037X_9$	0.7092
		$Y_2=-23.7894+0.0028X_1+0.0229X_{41}+0.7434X_0+0.0889X_{20}$	0.6951
		$Y_3=0.0399-0.0064X_{28}-0.0037X_9+0.0139X_0+0.0254X_{41}$	0.6393
2	58	$Y_1=-31.7191+0.0286X_0+0.0037X_8+0.0418X_{41}-0.0286X_{13}$	0.7772
		$Y_2=-16.7574+0.0325X_{41}+0.7061X_0+0.0020X_1-0.0040X_{28}$	0.7590
		$Y_3=-0.3858+0.0168X_0-0.0048X_2$	0.6296
3	73	$Y_1=-0.2461+0.0157X_0-0.0030X_{12}-0.0154X_{44}+0.0039X_{19}$	0.6951
		$Y_2=-0.0706+0.4422X_0-0.0066X_6-0.0007X_{40}$	0.5860
		$Y_3=-0.3319+0.0141X_0+0.0037X_{13}$	0.3436
4	85	$Y_1=-0.9063+0.0209X_0+0.0236X_{50}-0.0046X_{13}+0.0734X_{21}$	0.8205
		$Y_2=0.0146-0.0068X_{28}+0.0169X_{54}+0.1128X_0$	0.5387
		$Y_3=-0.3682+0.0128X_0$	0.4295
5	76	$Y_1=-0.3011+0.0116X_0+0.0117X_{55}+0.0213X_{41}-0.0008X_{14}$	0.7240
		$Y_2=-0.3923+0.3499X_0+0.0237X_{41}-0.0085X_{44}$	0.6703
		$Y_3=-0.3698+0.0147X_0-0.0181X_{45}+0.0147X_{41}-0.0019X_{30}$	0.6996
6	59	$Y_1=-0.8572+0.0162X_0+0.0002X_{26}$	0.7092
		$Y_2=-0.6924+0.0879X_0+0.0209X_{56}+0.0011X_3-0.0035X_{13}$	0.6978
		$Y_3=28.5126+0.0167X_0-0.0026X_{12}-0.0034X_8$	0.6177
7	37	$Y_1=0.8356-0.0105X_{18}-0.0389X_{52}$	0.6737
		$Y_2=-1.7608+0.3686X_0+0.0018X_3$	0.8621
		$Y_3=-0.2143+0.0085X_0-0.0004X_{31}$	0.5179
8	44	$Y_1=-1.2456+0.0117X_0+0.1527X_{41}-0.1507X_{48}+0.0010X_{26}$	0.7686
		$Y_2=-0.5084+0.2265X_{20}+0.2139X_0+0.0248X_{50}$	0.6910
		$Y_3=-0.7740+0.0192X_0$	0.7328
9	58	$Y_1=0.2704+0.0126X_0+0.0000X_{25}+0.0032X_{13}-0.0070X_2$	0.6863
		$Y_2=-0.1284+0.0284X_{50}+0.2129X_0+0.0031X_{15}$	0.5508
		$Y_3=-0.6296+0.0240X_0$	0.5258
10	53	$Y_1=-0.3989+0.0166X_0+0.1879X_{21}-0.0014X_{10}-0.0173X_{46}$	0.7008
		$Y_2=-24.1238+0.0035X_{19}+0.0029X_1-0.0019X_{18}$	0.6195
		$Y_3=-22.1289+0.0101X_0+0.0026X_1$	0.4592

续表

月份	样本数/个	回归方程	复相关系数
11	91	$Y_1=-48.3176+0.0227X_0+0.0056X_8-0.0380X_{49}+0.1508X_{20}$	0.7681
		$Y_2=-19.5620-0.0017X_{60}+1.0247X_0+0.0023X_1-0.0117X_{47}$	0.6266
		$Y_3=-35.9855+0.0223X_0+0.0042X_8+0.1226X_{20}-0.0123X_{46}$	0.7445
12	84	$Y_1=-24.5513+0.0722X_0+0.0028X_8-0.0033X_2-0.0026X_{59}$	0.6834
		$Y_2=-18.6305+0.0022X_8-0.0040X_{16}-0.0020X_{59}+0.6635X_0$	0.6981
		$Y_3=-16.6660+0.0679X_0-0.0025X_{59}-0.0172X_{57}+0.0019X_1$	0.7994

注：Y_1、Y_2、Y_3 分别代表 SO_2、CO、NO_x 质量浓度的 24 h 变率。

分析表明，污染物浓度的 24 h 变率与污染物浓度倒数的相关最显著，与地面气象要素中的气压、气温和天气形势的相关次之，与低空气象参数的相关相对差一点。

表中的样本只是总数的 9/10，留 1/10 作试预报检验用。

6.3.1.3 拟合及预报检验

利用表 6.13 给出的方程和式(6.65)，对 9/10 的总样本进行了回代拟合检验和 1/10 的预留独立样本试预报检验。检验结果表明，逐日拟合、预报情况与实际比较接近。1988 年 1 月 20 日—1992 年 1 月 20 日 3 种主要空气污染物浓度拟合和试预报情况见图 6.3。

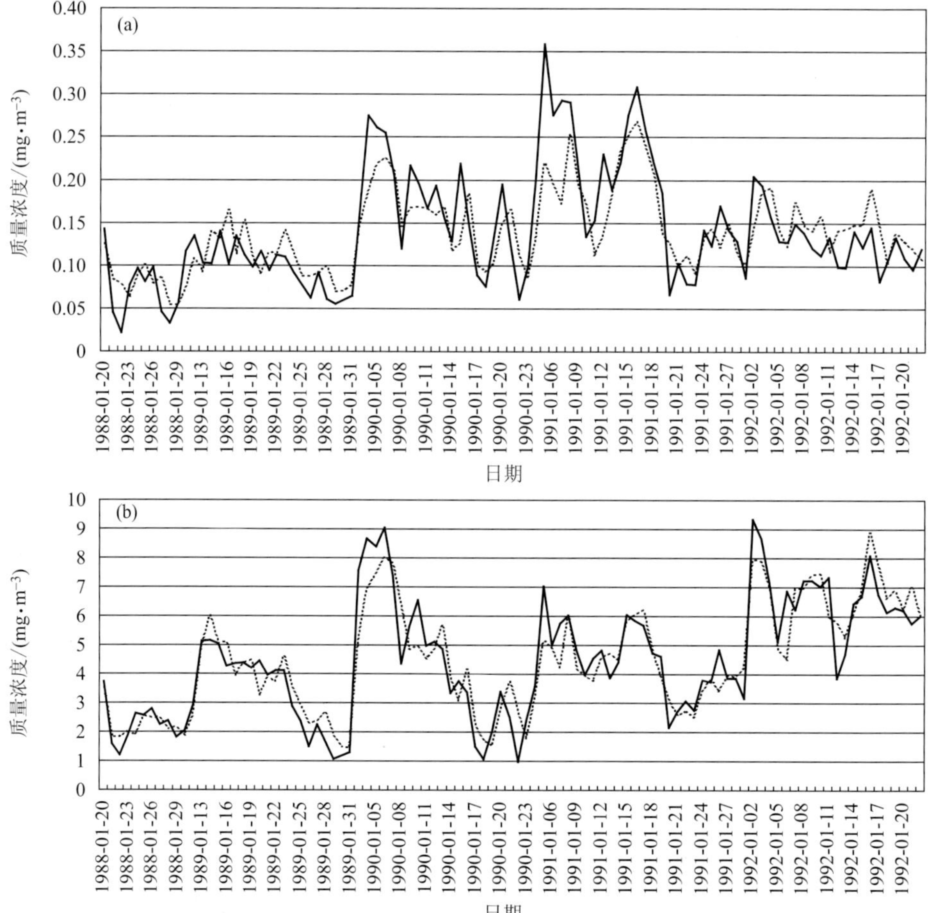

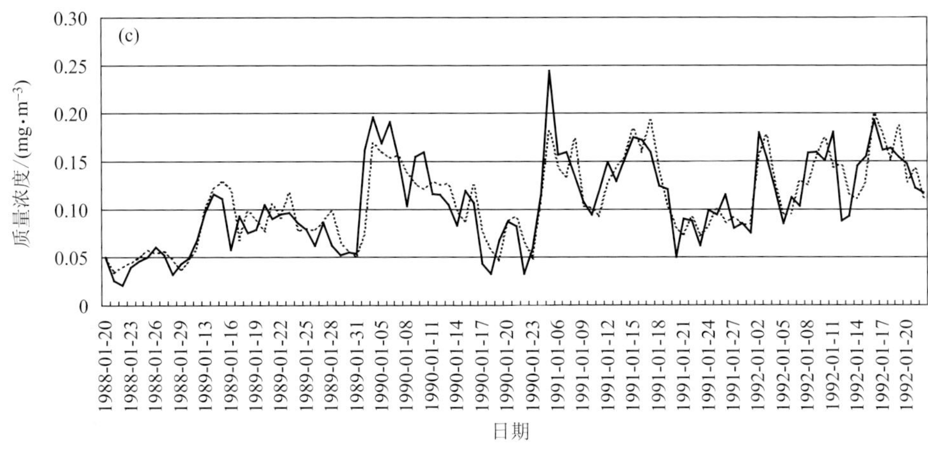

图 6.3　1 月 SO_2(a)、CO(b)、NO_x(c)质量浓度拟合和试预报情况

(实线为实际值,虚线为拟合及试预报值)

设 D=每天以平均值作为预报值产生的平均误差,H=某种预报方案的平均误差,则可用 H/D 来衡量该方案是否有预报技巧上的提高。显然 $H/D<1$,预报方案才有价值,而且 H/D 越小越好。本节给出的预报方案,拟合情况除 7 月、8 月 SO_2 外,其余均有技巧上的提高(表 6.14),总体看冬半年好于夏半年;试预报情况除 4 月、5 月 SO_2,7 月 CO,3 月 NO_x 外,其余均有技巧上的提高。

表 6.14　全年拟合、试预报平均相对误差

		1月	2月	3月	4月	5月	6月	7月	8月	9月	10月	11月	12月
拟合	SO_2	0.555	0.670	0.641	0.893	0.844	0.836	1.158	1.047	0.614	0.751	0.520	0.665
	CO	0.381	0.488	0.591	0.638	0.601	0.585	0.657	0.502	0.555	0.267	0.622	0.411
	NO_x	0.483	0.692	0.667	0.704	0.641	0.676	0.377	0.724	0.704	0.429	0.573	0.663
试预报	SO_2	0.899	0.870	0.341	1.151	1.349	0.655	0.956	0.862	0.986	0.555	0.614	0.263
	CO	0.278	0.686	0.228	0.108	0.789	0.119	1.303	0.294	0.450	0.157	0.378	0.197
	NO_x	0.455	0.590	1.440	0.500	0.300	0.806	0.953	0.865	0.846	0.348	0.735	0.574

6.3.2　完全预报法

完全预报方法(PP)是采用实况资料作为预报因子,建立与预报量的统计关系,在假定数值预报的结果是"完全正确"的前提下,用数值预报输出值代入到上述所建立的统计方程中,由此得到预报量的预报方法。它最早由 Klein 等 1959 年提出,基本思路是将各种大气状态变量(如位势高度、温度、气压、风、相对湿度等)的客观分析值与几乎同时发生的天气现象或地面气象要素值建立统计关系,得到一组 PP 方程,在应用 PP 方程做预报时,则将不同时效的大气状态变量的数值模式预报值作为相应时效的客观分析值代入 PP 方程,做出相应时效的天气现象或地面气象要素预报。

完全预报法的优点是构建预报方程所用历史资料序列较长、预报方程较稳定,其预报精度也高于传统统计预报方法,而且不受数值预报模式更替的影响;缺点是没有考虑数值预报的系统误差和预报往往偏慢的缺点，使得它的精度受到一定影响，同时由于历史资料上没有过多物理量，因此新的较好的物理量因子难以选进方程中。20 世纪 60 年代，该方法已成为美国全国气象要素预报的主要方法，后来许多国家纷纷开展完全预报，至今欧洲一些国家仍用该法制作要素预报。近年来，国内一些学者在空气污染预报中进行了尝试和应用，取得了较好的效果。

何建军等(2013)利用 WRF 数值模式模拟的兰州市及其周边气象场，结合污染物浓度监测数据，在分析了气象影响因素与污染物浓度之间相关性的基础上，分别建立了 NO_2 与 PM_{10} 质量浓度与气象影响因子的预报回归方程：

$$\ln\overline{C}_{\mathrm{SWH}} = -0.371\ln\overline{u} + 102.783\,\overline{\frac{\partial\theta}{\partial Z}} - 3.001$$

$$\ln\overline{C}_{\mathrm{SWH}} = -0.608\ln\overline{u} + 177.493\,\overline{\frac{\partial\theta}{\partial Z}} - 2.13$$

式中：SWH 表示某个环境监测站；$\overline{C}$ 为污染物日平均质量浓度($\mu g \cdot m^{-3}$)；$\overline{\frac{\partial\theta}{\partial Z}}$ 为 100 m 高度日平均位温递减率(单位：$K \cdot m^{-1}$)；$\overline{u}$ 为 50 m 高度日平均风速($m \cdot s^{-1}$)。回归方程对 NO_2 与 PM_{10} 质量浓度的拟合度分别为 0.463 和 0.580，其预报结果与观测值的比较见图 6.4。结果表明：对兰州城区 NO_2 与 PM_{10} 日均质量浓度模拟效果较好，预报值与观测值相关系数、归一化平均误差和归一化平均偏差甚至好于数值模拟的效果。与空气质量数值模式相比，该方法不需要污染源排放数据，并且可用 WRF 模式预报的气象场来预测污染物浓度水平，为城市空气质量预报、大气污染防治和研究提供了一定的技术支持。

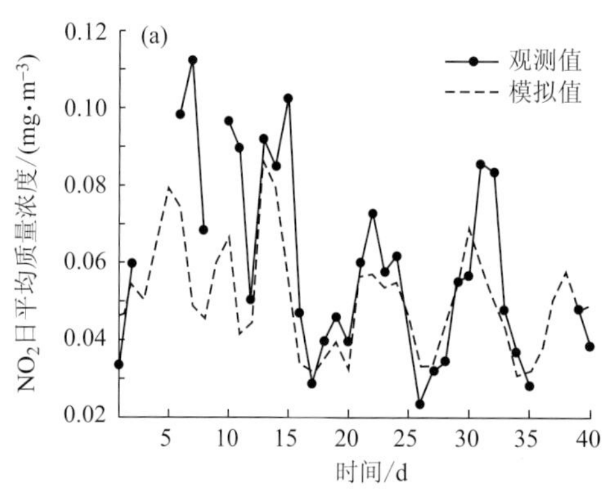

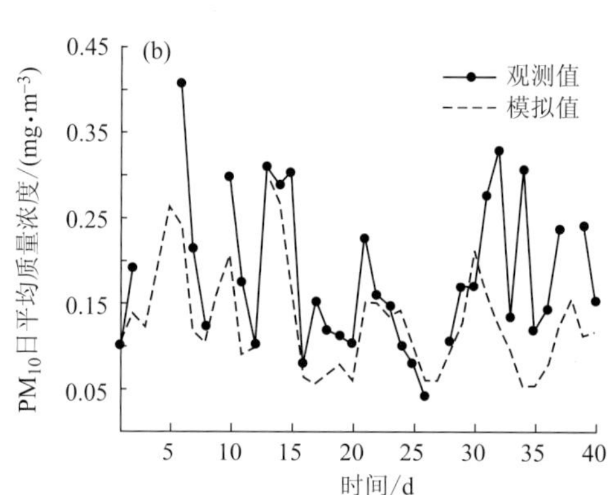

图 6.4 预报模型得到的 NO_2(a)与 PM_{10}(b)日均质量浓度与观测值的比较

6.3.3 模式输出统计预报法

模式输出统计预报(MOS)结合了数值模式对天气形势预报的准确性以及统计模式对局地污染天气定量化预报的优势，避免了数值模式对某些局地污染条件的错误估计，特别适用于预报因子多(包含多个数值预报产品新物理量，以及历史资料中没有的实际观测要素)，预报对象和预报因子关系目前还没有完全搞清楚的局地空气污染预报。MOS 预报由于预报因子与预报量之间具有明确的物理学、天气动力学意义，因此在空气污染浓度预报中发挥了良好作用。

该方法是 Glathn 和 Lowry 最早于 1972 年提出的，它逐步取代了完全预报法，成为美国国家气象中心的指导预报(丁士晟,1985)。MOS法的基本思路认为:当时天气取决于当时环流因子,因而在建模过程中预报量与预报因子的统计关系是同时性的。该方法利用数值模式预报产品等资料,通过统计方法建立预报量与预报因子的数学关系式。MOS法的优点在于考虑了数值模式的偏差和不确定性,如今已成为数值预报产品释用技术的主导工具。如黄晓娴等(2012)利用南京地区2009—2010年气象资料计算空气污染潜势指数APPI(air pollution potential index),通过3项式拟合得到API与APPI的统计方程预报表明,拟合得到的API与实际API相关系数为0.67,具有显著的相关性,且等级准确率达到76.7%。陈亦君等(2014)首先根据WRF模式的气象输出资料,结合大气污染观测数据,筛选出与霾事件密切相关的预报因子,其次运用系统辨识实时迭代模型,建立依据MOS预报方法的$PM_{2.5}$、PM_{10}和能见度预报模式。目前常见的MOS预报方法有单模式输出统计预报和多模式集成输出统计预报两种。

6.3.3.1 单模式输出统计预报

霾是气溶胶细颗粒在不利气象条件下形成的一种复合型污染现象。为了探讨对霾天气预报预警,陈亦君等(2014)认为因子选择和权重函数的确定是MOS预报成功与否的关键。他们选取上海2012年10月1日—11月10日的$PM_{2.5}$质量浓度日均值作为模式学习和因子选择的流程依据(图6.5)。因子选择以该时段的数值模式预报值,或在该时段之前更长时间序列的气象观测值和美国国家环境预报中心(NCEP)再分析值,以及污染要素观测值作为输入。采用逐步回归方法剔除存在多重共线性的因子,保证所选因子通过显著性检验。

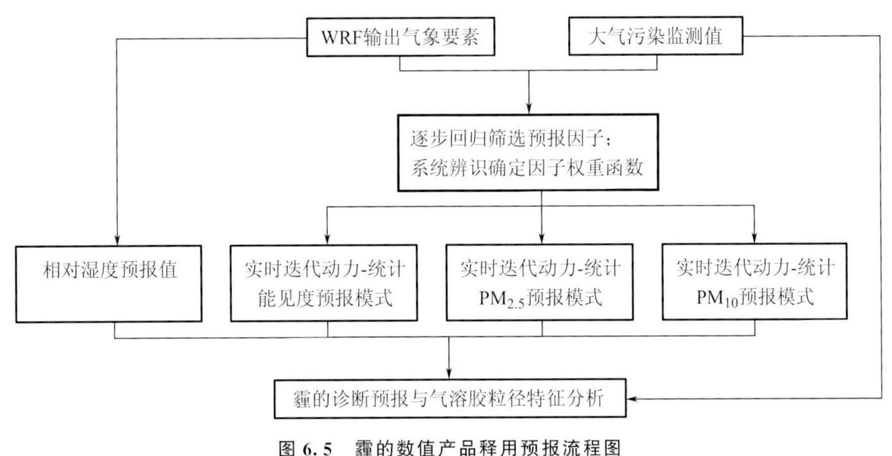

图6.5 霾的数值产品释用预报流程图

用逐步回归方法最终筛选出的$PM_{2.5}$质量浓度预报因子共有6个,为DRH2(浦东机场13:00与07:00的相对湿度差)、RH2(浦东机场日平均相对湿度)、T2(浦东机场日平均温度)、W1(虹桥机场日平均风速)、DP1(虹桥机场13:00与07:00气压差)、P2(浦东机场日平均气压)。

PM_{10}预报模式和能见度预报模式的因子选择与$PM_{2.5}$类似,最终挑选的PM_{10}预报因子为PMH($PM_{2.5}$日平均质量浓度值)和RH1(虹桥机场日平均相对湿度),能见度的预报因子为PMH($PM_{2.5}$日平均质量浓度值)、RH1(虹桥机场日平均相对湿度)和DD(虹桥机场日平均风向)。

通过对模式预报值与机场实际观测数据进行比较,以虹桥机场为例,由WRF输出2012

年10月—2013年1月逐日不同时刻温度、湿度、气压、风速等气象预报因子，对上述因子求24 h平均值后与虹桥机场实测污染数据进行拟合。拟合结果表明，模式输出的气象预报因子与实测值拟合效果较好。以风速(W)、温度(T)、相对湿度(RH)和气压(p)为例，实测值和预报值的相关系数分别达到0.77、0.92、0.82、0.93，显著性水平 $P<0.001$。因此，模式输出的因子作为MOS的预报因子。将2012年11月11日—2013年1月31日WRF模式中输出的DRH2、RH2、T2、W1、DP1预报值输入$PM_{2.5}$实时MOS预报模式中，预报结果及分析如下：$PM_{2.5}$、PM_{10}和能见度等要素的预报值与实测值标准化残差满足了线性模型要求，且异方差现象并不明显，以24 h预报为例，模式参数的最小二乘估计是有效的。$PM_{2.5}$、PM_{10}、能见度的预报值与实测值的相关系数分别为0.77、0.85和0.81，显著性水平 $P<0.001$；预报值与实测值有较好的一致性(图6.6、图6.7)。

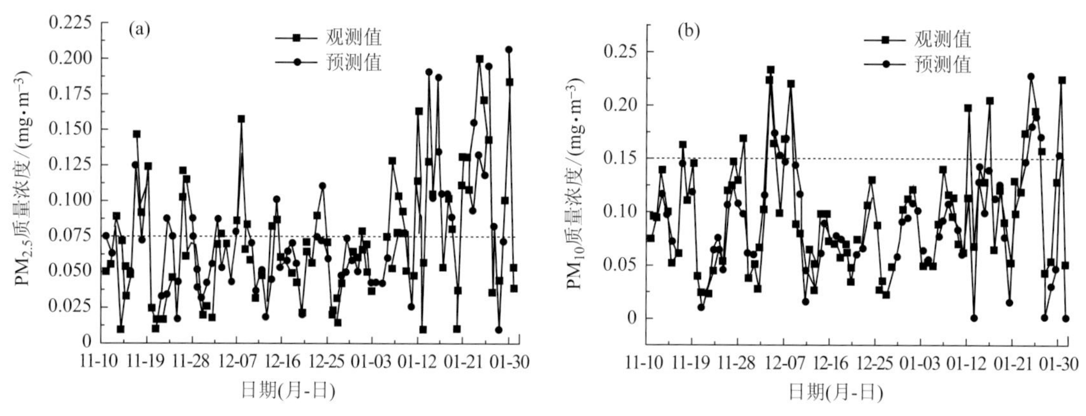

图6.6 2012年11月11日—2013年1月31日上海$PM_{2.5}$(a)和PM_{10}(b)日平均质量浓度24 h预报值和观测值比较

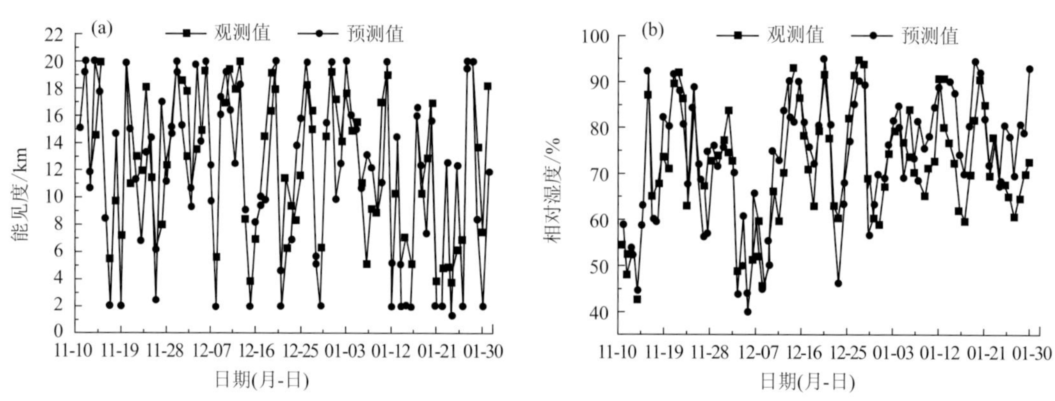

图6.7 2012年11月11日—2013年1月31日上海冬季能见度(a)和相对湿度(b)24 h预报值与观测值比较

对2012年11月11日—2013年1月31日上海冬季霾日进行24 h和48 h预报，拟合率为84.1%、85.4%，准确率为72.7%、73.7%；所构建的MOS预报模式输出的$PM_{2.5}$和PM_{10}质量浓度以及能见度与实测值均有较高的拟合度；$PM_{2.5}$模式预报成功率为75.0%、63.9%；PM_{10}模式预报成功率为87.5%、81.8%；能见度模式预报成功率为71.0%、74.2%。所构建的MOS预报模式的输出结果具有较高的拟合度，能够在一定程度上提高霾预报的准确率，可作为单项预报应用于实际工作中，为霾天气预报预警业务化提供参考。此外，在实际应用中，若结合人机对话、配合天气形势分析，则可减少漏报与空报现象。

6.3.3.2 多模式集成输出统计预报

多模式集成方法是一种提高模式预报准确率的非常有效的后处理统计方法。早在20世纪60年代，Danard等(1996)就发现，通过将两个相互独立的预测结果进行特定的线性组合，其预测均方根误差可以小于单个预测的均方根误差。自Krishnamurti等(1999,2012)将集成思想运用到多个数值预报模式中提出了超级集合预报方法后，近年来，集合预报方法逐渐引入空气质量预报中并得到快速发展。国内外已有许多学者在数值预报中将权重集成方法、蒙特卡罗集合预报方法、多元线性回归集成方法等集成于各空气质量模式，结果均表明多模式集成预报优于单个预报模式的预报结果，但基于多种模式集成的统计预报研究目前仍不多见。李亚运等(2017)用算术平均、多元线性回归和递归正权方法集成WRF-KALMAN(卡尔曼滤波)、WRF-PLS(偏最小二乘回归)和WRF-RTIM(基于辨识理论的实时迭代统计)等3种MOS方法，对上海冬季$PM_{2.5}$日均质量浓度进行试预报(图6.8)，并对3种模式集成的预报结果进行非参数检验和参数评估，3种MOS模式对轻污染天气和重污染天气预报的相关系数分别集中在0.70～0.85和0.50～0.65之间，其中WRF-RTIM模式对任意样本和时长的相关系数基本上均最高。

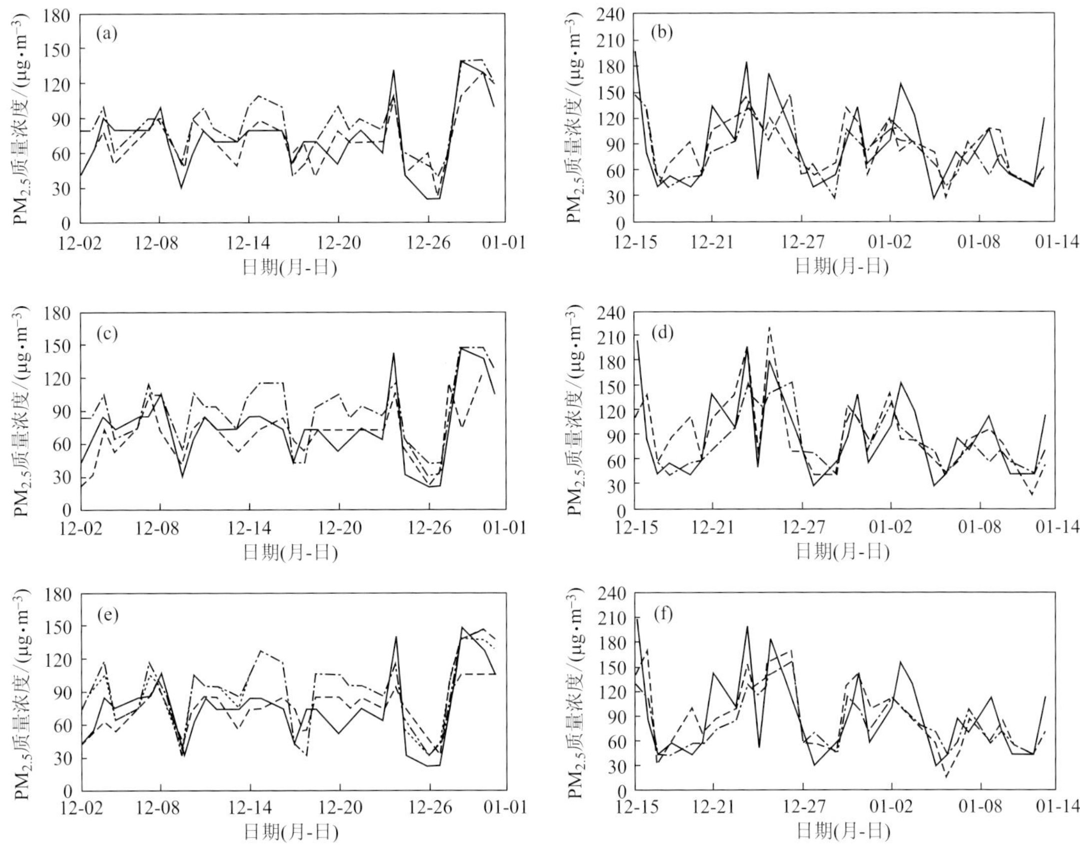

图6.8 基于3种MOS模式的上海市1 d、2 d和3 d的$PM_{2.5}$日均质量浓度预报结果

(a)轻污染1 d;(b)重污染1 d;(c)轻污染2 d;(d)重污染2 d;(e)轻污染3 d;(f)重污染3 d

通过与多种 MOS 集合的输出结果对比(表略)发现,虽然集成模式对轻污染天气的预报多数时段高于实测值,对重污染天气的预报多数时段低于实测值,但相比于 3 种单一的 MOS 模式,集成模式通过获取更为准确的信息而减少了系统误差,这不仅可以提升对污染天气过程的预报能力,且有可能降低污染过程中决策失败的风险。通过对 $PM_{2.5}$ 轻度污染天气和重污染天气过程预报的比较发现,集成模式整体预报显示出更高的精度和稳定性,对于 $PM_{2.5}$ 预报显示出良好的性能,可为业务化预报模型的选择提供可借鉴的参考。

6.4 小结

空气污染统计预报方法,是以数理统计为基础,利用气象观测资料或污染物排放监测信息,通过污染物浓度、气象要素甚至污染源响应等因素的相关性分析,建立统计预报模型来对未来污染水平进行预测。

(1)统计预报的核心问题是预报因子的优选问题,应尽可能找到与预报对象有密切关系的预报因子,利用数学统计方法,在优选因子与预报量之间建立起最为恰当的联系,是统计预报的关键。

(2)对空气污染预报的时间序列方法研究经历了从线性到非线性的转变,由于传统的时间序列预测方法不能有效解决趋势预测问题,以自回归模型、灰色模型等为主的非线性预测方法近年来成为空气污染预报中应用时间序列预测的主要方法。

(3)城市的空气质量除与污染源的排放有直接关系外,还与气象条件、社会环境等密切相关,由于经典统计方法自身的局限性,其预报结果不可避免地出现系统误差,而 Kalman 滤波法和人工神经网络法能有效克服误差积累带来的结果偏差,在空气污染趋势预报上准确度较高。

(4)为了适度解决统计预报缺乏物理基础的问题和数值预报由于边界条件和初始条件不易给出而导致的精度不高的问题,在统计预报中引入大气动力学过程或者数值预报模式输出产品,由此所建立的动力统计预报模型具有简单实用、业务运行方便、预报效果更好的特点,尤其是随着国内外数值模式预报水平的不断提高,模式输出统计预报已成为当前空气污染预报发展的重要方向。

第7章 大气环境容量

按照国家环保部门制定的有关标准，各地单一污染源已陆续达到浓度排放标准，但由于污染物排放源数量和排放总量的持续增加，不少地区大气环境质量仍在不断恶化，出现了继续实行单一污染源浓度控制已无法实现区域大气环境质量标准的局面。为此，中国最早就在20世纪90年代初期确立了由单一污染源浓度控制向总量控制过渡的污染防控政策，并陆续开始在各主要城市实行重点污染物总量控制。

实施以大气环境容量为基础的排污总量控制制度是改善大气环境质量的根本手段（国家环境保护总局等，1991）。要想有效解决区域大气污染问题，就必须对大气污染源进行最优分布、合理消减并进行总量控制，因此，详细掌握大气环境所能承纳的最大污染物负荷总量也即大气环境容量是重要前提。环境保护部（现为生态环境部）自2003年8月开始在全国展开环境容量测算工作，要求科学、准确地掌握区域、流域和城市的环境容量。大气环境容量的计算不仅是掌握大气传输、扩散和排放方式的依据，更是建立区域空气质量排放标准、实施污染物排放总量控制的基础。

7.1 概念及意义

7.1.1 概念

大气环境容量是指在满足大气环境目标值（即能维持生态平衡并且不超过人体健康要求的阈值）的条件下，某区域大气环境所能承纳污染物的最大能力，或所能允许排放污染物的总量。前者常被称为自净介质对污染物的同化容量；而后者则被称为大气环境目标值与本底值之间的差值容量。大气环境容量限值实际上就等同于大气的稀释扩散能力。若超过了容量的限值，大气环境就不能发挥其正常的功能或用途，生态的良性循环、人群健康及物质财产将受到损害。研究大气环境容量可为制定区域大气环境质量标准、控制和治理大气污染提供重要的科学依据（胡毅等，2010）。

容量是一定空间容纳某种物质的能力，环境容量又称环境负载容量、地球环境承载容量或负荷量，是在人类生存和自然生态系统不致受害的前提下，某一环境所能容纳污染物的最大负荷量。环境容量是污染物质的特性和自然环境的特性相融合的结果，是以水热平衡规律、化学元素在自然环境中的迁移转化规律和生物与环境之间的物质能量交换规律为基础的综合性指标（蔡载昌等，1991）。就环境污染而言，即为污染物存在的数量超过最大负荷量，这一环境的生态平衡和正常功能就会遭到破坏。在实际研究和应用时更关注的是“区域大气环境容量”，即在一定的气象条件及一定的排放源条件下，某一特定区域在满足该区域大气环境目标的前提下，单位时间所能允许的各类污染源向大气中排放的某种污染物的总量。由此可见，大气环境容量的大小取决于两个因素：一是环境本身具备的背景条件，如环境空间的大小，气象、水文、地质、植被等自然条件，生物种群特征，污染物的理化特性等；二是人们对特定环境功能的规定，这种规定经常用环境质量标准来表述。也有学者将环境容量分为静态容量和动态容量两部分(陆雍森，1999)。静态容量指在一定环境质量目标下，一个区域内各环境要素所能容纳某种污染物的静态最大量(最大负荷量)；动态容量指该区域内在一确定时段内受大气扩散能力等各种要素共同影响而对该种污染物的动态自净能力。

与大气环境容量不同，大气环境承载力是一个复杂变量，更加体现了其社会属性。环境容量和环境承载力是两个不同的概念，环境承载力是指在一定时期、一定范围内、一定自然环境条件下，维持环境系统结构不发生质的改变，环境功能不遭受破坏的前提下，环境系统所能承受人类活动及其影响的阈值。大气环境承载力的内涵是抵御、消除污染的影响，维持环境系统基本功能且质量不下降的能力，反映的是人类活动控制污染的能力，除其自然属性外，更具有社会属性(周敬宣，2010)，考虑了社会、经济、环境、能源等多因素之间的宏观关系。而大气环境容量是环境系统本身抵抗污染的能力，主要体现的是其环境承载力客观存在的自然属性，是大气环境承载力概念的雏形。在概念上，大气环境承载力是在大气环境容量基础上进行了扩展，不仅包含容量，更注重人类活动规模及影响。

大气环境是一个开放的、动态的系统，由于空间的开放性与气象条件及影响的复杂性，大气污染问题相对来说更为复杂：在一个特定的区域和特定的时期，其污染气象条件、下垫面状况、社会功能、环境背景、污染源位置(布局)、污染物的物理化学性质、人们的社会活动与经济活动、环境自净能力以及人们对大气环境质量的要求都有一定的特点(Cheng et al. ,2007)，并且受多方面因素的共同影响。

7.1.2 意义

随着社会工业化的不断发展，能源消耗量不断增加，人类源源不断地向近地层大气环境过量排放污染物，导致其环境质量下降。在大气环境污染治理过程中，一方面要对污染源排放的污染物进行有效管控和治理，实现达标排放；另一方面还必须将环境体系中污染物排放总量控制在自然环境的可承载能力范围之内。可见，准确掌握大气环境体系中环境容量的大小，不仅可以科学指导环境污染治理，恰当制定大气污染物总量控制目标，还可以根据环境体系的实际动态情况，合理利用大气环境动态容量资源，既能有效保护环境，又能将制约经济社会发展的污染物排放量控制在最低限度，有助于真正实现社会经济和环境保护协调发展。

某一区域的大气环境容量是恰当确定当地大气污染物排放总量的重要科学依据，因此，大气环境容量的研究与应用，特别是不同季节、不同天气过程中对其大气环境容量的有效把控和利用，是政府相关部门合理制定大气污染防控决策和环境规划、进行动态环境管理的主要依据。例如，通常夏季比冬季的大气环境容量要大几倍，即使同一季节，不同天气系统控制时，其大气环境容量也呈现较大差异。因此，可以根据当地大气环境容量的动态变化特征，对当地污染源及其排放量进行适时的动态弹性管控，做到社会经济和环境保护协调发展。此外，大气环境容量的准确计算对于排污许可证总量核定的合理性和科学性也具有极为重要的现实意义，有助于不断提高大气环境管理科学化程度和水平。

7.2 大气环境容量计算方法简介

曾庆存(1996)提出的自然控制论,为大气环境污染优化控制问题建立了数学理论框架。此后陈红岩等(1998)对大气污染优化控制的一些实际问题进行了探讨。但事实上,如何准确地计算区域大气环境容量,至今仍是一个值得深入细致研究的课题。对于同一个规划区域,运用不同的方式和方法计算出的大气环境容量不尽相同,有些甚至相差很大,对环境规划及影响评价的有效进行带来了不便,使得同一类型的环境规划及影响评价难以进行横向的对比。另外,一旦大气环境容量确定得不好,就有可能使得区域社会经济或者是生态环境受到很大影响。若容量定得偏小,不能充分利用区域的自然环境资源,使得当地经济得不到充分的发展;若容量定得偏大,则污染源及其排放总量超出当地大气环境承载力,使得环境管理压力过大,达不到区域污染控制和管理的既定目标。

有关大气环境容量计算的方式、方法很多,国内外都有许多相关研究,我国政府也颁布了《规划环境影响评价技术导则(试行)》(HJ/T 130—2003)和《开发区区域环境影响评价技术导则》(HJ/T 131—2003)等。"HJ/T 131—2003"作为区域规划环境影响评价工作的技术指南,对大气环境容量的计算方式、方法做了明确规定。目前对大气环境容量或大气环境承载力的计算,常用的主要有4类方法:①*A-P* 值法;②空气质量模型模拟法;③线性规划法;④系统动力学方法。

A-P 值法是目前环境影响评价工作中最为普遍使用的方法之一。该方法以大气质量标准为控制目标,在大气污染物稀释扩散规律的基础上,使用控制区排放总量允许限值和点源排放允许限值控制计算大气环境容量(国家环境保护总局等,1991)。其与区域的污染源布局没有直接关系,主要考虑评价区域的面积大小、区域内的环境功能区划和各地区 A 值(地理区域性总量控制系数,$10^4\ km^2 \cdot a^{-1}$)的差异。

空气质量模型模拟法是利用环境空气质量模型模拟人类活动所排放的污染物引起的环境质量变化,考察是否会导致环境空气质量超标,如果超标可按等比例或按对环境质量的贡献率对相关污染源的排放量进行削减,以最终满足环境质量标准的要求。满足这个充分必要条件所对应的所有污染源排放量之和,便可视为此区域的大气环境容量(马小明等,1999)。该方法考虑了污染物的干、湿沉降及化学转化的变化,测算结果准确性较好。

线性规划法则是考虑多源叠加的基础上,通过对区域的浓度进行控制,最后实现以多源排放量总和最大化的方式对大气环境容量进行计算。其特点是将污染源及其扩散过程与控制点联系起来,以目标控制点的浓度达标作约束,通过线性、非线性规划等优化方法确定污染源的最大允许排放量或削减量(国家环保总局计划司《环境规划指南》编写组,1994)。

系统动力学方法是运用概率论与数理统计的方法,根据系统内部组成要素互为因果的反馈特点,从系统的内部结构来寻找问题发生的根源的一种方法,是一门综合自然科学和社会科学的横向交叉学科。充分利用各领域的年均统计数据,宏观、动态地分析社会、经济、环境、能源等关系,建立复杂系统的多目标规划模型,来对未来大气环境容量和大气环境承载力进行预测(周业晶等,2017)。与其他方法显著不同,该方法并未从理化计算的角度出发去建立复杂的大气传输和扩散过程,而是从社会学角度出发,引入各污染物的比例系数、转化率,建立不同类型变量之间的数量联系。

以上4类方法各有特点,A-P值法估算简单,运用得比较普遍,但是目标针对性和定量考察性不够强;系统动力学方法虽基于复杂、真实的社会情况,但涉及数据较广,目前运用极少;空气质量模型模拟法和线性规划法适用于规模较大、具有复杂环境功能的新建开发区,或将进行污染治理与技术改造的现有开发区,但使用这两种方法时需要通过调查和类比了解或模拟开发区大气污染源的排放量和排放方式。综合来看,目前A-P值法和空气质量模型模拟法应用最为普遍。

在大气环境容量计算的过程中,有一些环节是比较重要的。一是污染源分析,其中包括污染源清单的制定(点源、线源、面源和体源的划分)、颗粒物源解析、排放时间因子和大气污染物扩散模拟中的一些重要参数(比如污染源网格坐标、排气筒高度、年运行天数和日运行时数、废气排放量、污染物源强和排放速率等)。二是背景值的确定,在空间尺度上,若干个监测点是否能够足以表征整个评价区域的环境质量现状;在时间尺度上,一次性监测能从多大程度上反映该区域在一年中各种天气条件下的环境状况。这将会直接或间接影响到最后的分析结果。因此,在实际工作中对监测数据的预处理是非常必要的,通常需要对手动监测值与自动监测值之间的差别、境外大气污染物输入的影响以及区域内大气污染物的衰减等各方面进行综合考虑。

7.3 A-P值法

A-P值法为国家标准《制定地方大气污染物排放标准的技术方法》(GB/T 3840—91)提出的总量控制区排放总量限值计算方法,是目前国内广泛采用的以箱模型为基本模型推导出的宏观总量控制值法。该方法是根据计算出的排放量限值及大气环境质量现状本底情况,确定出该区域可容许的排放量。它首先是利用基于箱式模型的A值法计算出控制区的大气环境容量,然后利用P值法在区域内所有污染源排放量之和不超过上述容量的约束条件下,确定各个点源的允许排放量,最终可得到大气环境容量的估算值。

7.3.1 箱式模型

把城市上空的大气层当一个箱体看待,假设污染物浓度在此箱体混合层内处处相等,整个城市具有相同的面源强度 q_a(总源强除以面源的面积),城市上空的混合层厚度为 H_F,则距城市上风向边缘 Δx 处箱中大气污染物平均质量浓度可以用下式表示:

$$C=\frac{q_a \Delta x}{u H_F} \tag{7.1}$$

式中:C 为箱内大气污染物平均质量浓度($mg \cdot m^{-3}$);q_a 为箱内单位面积平均源强($mg \cdot m^{-2} \cdot s^{-1}$);$\Delta x$ 为沿风向的边界长度(m);u 为风速($m \cdot s^{-1}$)。

上述假设中,不同地区的地形、地貌特征、沉降(干沉降、湿沉降)、转化过程(吸收、吸附、化合、分解等)也不相同。综合考虑上述因素,则箱中任一点的大气污染物平均质量浓度可以表示为:

$$\overline{C}=\frac{\overline{u}C_B+\Delta x q_a/H_F}{\overline{u}+(u_d+u_w+H_F/T_c)\Delta x/H_F} \tag{7.2}$$

式中:$\overline{C}$ 为箱内任一点大气污染物平均质量浓度($mg \cdot m^{-3}$);$\overline{u}$ 为平均风速($m \cdot s^{-1}$);u_d 为干

沉降速度；T_c 为污染物转化时间常数(s)，$T_c=T_{1/2}/0.693$；C_B 为由上风向进入该箱内的大气污染物本底质量浓度($mg \cdot m^{-3}$)；u_w 为湿沉降速度($m \cdot s^{-1}$)，$u_w=W_r \cdot R$，W_r 为清洗比，R 为降水率($mm \cdot a^{-1}$)。

若城市面积为 S，其等效直径为：

$$\Delta x = 2\sqrt{S/\pi} \tag{7.3}$$

取 $\overline{C}=C_B$，设 C_B 近似于 0，则单位面积上污染物的允许排放量 $q_s=q_a$，若在整个研究区内，污染源的分布是均匀的，则在控制周期 T 时间内，整个箱体允许排放的污染物总量 Q_a 为：

$$Q_a = q_s ST \tag{7.4}$$

取 T 为 1 a，则由式(7.1)—(7.4)可以得出：

$$Q_a = \overset{①}{AC_s\sqrt{S}} + 3.1536C_sS\left(\overset{②}{u_d} + \overset{③}{W_rR} + \overset{④}{0.693\frac{H_F}{T_{1/2}}}\right) \tag{7.5}$$

式中：①为平流输送和混合扩散项；②为干沉降迁移项；③为湿沉降迁移项；④为化学转化项；C_s 为环境空气质量控制目标($mg \cdot m^{-3}$)；A 为反映大气环境承载能力的地理区域性总量控制系数($10^4\ km^2 \cdot a^{-1}$)，计算公式如下：

$$A = 3.1536 \times 10^{-3}\sqrt{\pi}V_E/2 \tag{7.6}$$

式中：V_E 为通风量，$V_E=\overline{u}H_F$。可见 A 值法中的大气环境容量限值由以下 3 个因子所决定：环境空气质量控制目标 C_s；地理区域性总量控制系数 A 值；总量控制区面积 S。

由于在某特定的控制区，环境空气质量控制目标 C_s 与总量控制区面积 S 是固定的，化学转化速率也比较稳定，大气环境容量限值 Q_a 实际上由平流输送和混合扩散能力、干沉降迁移速率、湿沉降迁移速率等综合决定。而此三项均由气象条件决定，大气环境容量限值 Q_a 实际上等同于大气的稀释扩散能力。

7.3.2 计算方法

A-P 值法是对区域大气污染物进行宏观总量控制的一种方法。其基本假定为：假定计算区域外无大的污染源对本区域产生影响，区域内环境空气质量的优劣主要取决于区域内部大气污染源的排放贡献。区域内适用的 A 值法：整个评价区域分 n 个分区，每个分区面积为 S_i。计算公式为：

$$Q_{ak} = \sum_{i=1}^{n}\left[A \times (C_{ki} - C_a) \times S_i / \left(\sum_{i=1}^{n} S_i\right)^{0.5}\right] \tag{7.7}$$

式中：Q_{ak} 为总量控制区某种污染物年允许排放量限值(万 t)；S_i 为第 i 功能区面积(km^2)；n 为总量控制区中功能区总数；C_{ki} 为国家和地方有关大气环境质量标准所规定的与第 i 功能区类别响应的年日平均质量浓度限值($mg \cdot m^{-3}$)；C_a 为区域大气环境质量年日平均质量浓度限值($mg \cdot m^{-3}$)；A 为地理区域性总量控制系数($10^4\ km^2 \cdot a^{-1}$)。

以上为一般大气污染物的 A-P 值法的计算方法，适用于 SO_2 和 NO_2 等大气污染物，对于 PM_{10} 这类污染物则需要特别考虑沉降作用。

7.3.3 A 值的选取

对于某一特定的规划区域，其大气环境质量标准限值和规划区域的面积大小是相对固定的，由此可见，影响 A-P 值法计算结果的关键在于 A 值的取值。而目前常见的 A 值的取值有以下几种方法：直接对照国标进行取值、按照国标对其计算因子的方式进行取值以及罗氏伽(Nozaki)法、联合频率罗氏法和干绝热法等。

(1)直接对照国标进行取值。根据《制定地方大气污染物排放标准的技术方法》(GB/T 3840—91)，中国各地区总量控制系数 A 值如表 7.1 所示。

表 7.1　中国各地区总量控制系数 A 一览表　单位：$10^4\ km^2 \cdot a^{-1}$

序号	地区	A 值
1	新疆、西藏、青海	7.0～8.4
2	黑龙江、吉林、辽宁、内蒙古(阴山以北)	5.6～7.0
3	北京、天津、河北、山东、河南	4.2～5.6
4	内蒙古(阴山以南)、山西、陕西(秦岭以北)、宁夏、甘肃(渭河以北)	3.5～4.9
5	上海、广东、广西、湖南、湖北、江苏、浙江、安徽、海南、台湾、福建、江西	3.5～4.9
6	云南、贵州、四川、甘肃(渭河以南)、陕西(秦岭以南)	2.8～4.2
7	静风区(年平均风速小于 1 $m \cdot s^{-1}$)	1.4～2.8

(2)按照国标对其计算因子的方式进行取值

根据式(7.6)，A 值与平均风速和混合层厚度有关。混合层厚度 H_F《制定地方大气污染物排放标准的技术方法》(GB/T 3840—91)中规定的方法计算。

当大气稳定度为 A、B、C 和 D 时，

$$h = a_s U_{10}/f \tag{7.8}$$

当大气稳定度为 E 和 F 时，

$$h = b_s \sqrt{U_{10}/f} \tag{7.9}$$

$$f = 2\Omega \sin\varphi \tag{7.10}$$

式中：h 为混合层厚度(m)；U_{10} 为 10 m 高度处平均风速($m \cdot s^{-1}$)，大于 6 $m \cdot s^{-1}$ 时取为 6 $m \cdot s^{-1}$；a_s、b_s 为混合层系数，取值如表 7.2 所示；Ω 为地转角速度，取为 7.28×10^{-5} $rad \cdot s^{-1}$；f 为地转参数；φ 为地理纬度(°)，取为北纬 25°03′。

表 7.2　中国各地区 a_s 和 b_s 取值一览表

地区	a_s				b_s	
	A	B	C	D	E	F
新疆、西藏、青海	0.090	0.067	0.041	0.031	1.66	0.70
黑龙江、吉林、辽宁、内蒙古、北京、天津、河北、山东、山西、陕西(秦岭以北)、宁夏、甘肃(渭河以北)	0.073	0.060	0.041	0.019	1.66	0.70
上海、广东、香港、澳门、广西、湖南、湖北、江苏、浙江、安徽、海南、台湾、福建、江西	0.056	0.029	0.020	0.012	1.66	0.70
云南、贵州、四川、甘肃(渭河以南)、陕西(秦岭以南)	0.073	0.048	0.031	0.022	1.66	0.70

(3)罗氏伽(Nozaki)法

Nozaki 等 1973 年提出一种用地面气象资料估算混合层厚度的方法,认为混合层是由热力与机械湍流共同作用的结果,且边界层上部运动状况与地面气象参数间存在着相互联系和反馈作用(王式功等,2000b)。因此,可用地面气象参数来估算混合层厚度,并提出如下计算公式:

$$L=\frac{121}{6}(6-P)(T-T_{\mathrm{d}})+\frac{0.169(U_z+0.257)}{12f\ln(z/z_0)} \tag{7.11}$$

式中:L 为计算的混合层厚度(m);$T-T_{\mathrm{d}}$ 为温度露点差;P 为帕斯奎尔稳定度级别规定的取值,如表 7.3 所示;U_z 为 z 厚度处所观测的平均风速($\mathrm{m\cdot s^{-1}}$);z_0 为地面粗糙度,根据观测台站位置及其周围地理环境和下垫面状况取值;f 为地转参数,$f=2\Omega\sin\phi$。

表 7.3 帕斯奎尔稳定度级别规定的 *P* 值一览表

稳定度	A	A-B	B	B-C	C	C-D	D	E	F
P	1.0	1.5	2.0	2.5	3.0	3.5	4.0	5.0	6.0

7.3.4 *A-P* 值法在国内的应用

范绍佳等(1994)按照《制定地方大气污染物排放标准的技术方法》(GB 3840—91)中所提出的 *A-P* 值法,对广东某市的大气环境容量进行了计算,并对其大气污染物的总量控制规划做了调整。李玉麟(1995)首先根据箱式模型的原理,推导出了 *A* 值法的计算公式,然后分阶段对 1990、1995、2000 年的城市规划发展期限之间的环境功能区划重新做了规划,再根据 *P* 值法对各功能区内的污染物排放限值进行了计算。此方式较适合于规划环境影响评价,以及区域内不同时期的规划目标和建设进度的要求。秦艳等(1999)从分析大气污染物净化的各种理化过程着手,讨论 *A-P* 值法简化处理的合理性及局限性,指出只考虑输送和扩散过程的现用控制模式在一定程度上估算容量偏小,并且随着评价区域面积的扩大,基本大气环境容量所占的比例越来越小;换句话说,面积足够大时,用 *A-P* 值法的计算结果就不足以表征该区域的大气环境容量了。此文指出,在实施污染物排放总量控制时,应合理引入湿沉降、干沉降和化学转化三个过程,以利于充分利用大气环境容量。张虹(2005)对污染物在环境中的排放量及其所造成的污染程度以及污染物迁移扩散规律进行分析,在当时国内广泛采用的总量控制模式基础上,将干沉降、湿沉降和化学转化三个过程合理引入,建立了湘潭市区环境容量的数值计算模型,对研究区中的 SO_2 和总悬浮颗粒物的环境容量进行计算。结果表明,该模式与实际情况吻合较好,可为湘潭市进行环境规划和环境质量评价提供理论依据,具有一定的实用价值。因此,在实施污染物排放总量控制时,合理引入干沉降、湿沉降和化学转化三个过程,能够起到充分利用大气环境容量的作用。

箱式模型应用前提过于严格,当研究区域内污染源强或下垫面变化显著时,不再适用。马晓力等(2006)在该模型基础上进行改进,根据箱体内污染物"物质守恒"原理,以箱式模型为基础,推导出箱体内污染物浓度随时间和空间的变化规律,并根据污染物自身特点,引入 k_1、k_2 两个浓度修正系数,分别建立了适合于川西古镇区域的 SO_2 和 TSP 环境容量计算的修正模型,使其能适用于具有下垫面变化显著或大气污染源源强变化显著等特点的研究区域。

由于受地形影响,各地气象条件差异很大,直接使用国标中 *A* 值取值也会出现一定误差。

A 值取值高则不利于大气污染的控制，A 值取值低则不利于充分发挥当地大气的自净能力，一定程度上影响当地的经济发展。李文慧等(2013)利用陕西省气象台 1961—2008 年的气象资料，推导出了大气环境容量宏观总量控制修正 A 值法，对西安市 A 值进行细化，除临潼区 A 值大于国标 A 值外，其余各市县均小于国标 A 值；基于修正 A 值法估算了西安市各区、县大气环境容量及剩余环境容量，对当地社会经济和环境保护协调发展有一定参考价值。徐芙蓉等(2003)利用长江下游某地的 2000 年之前气象资料，分析了该地区 A 值的变化趋势，提出了 A 值法研究大气总量控制的环境质量达标保证率的概念，通过总量控制 A 值法的基本原理，给出小时/日环境质量达标保证率的量化公式；经过分析得到：环境质量达标保证率与污染物种类有关，同一污染物的保证率与 A 值的年分布情况密切相关。根据此文的计算和分析结果可知：一年中 A 值有明显的季节变化；就同区域而言，其大气环境容量在季节上由大到小的排列顺序是夏＞秋＞春＞冬。

在实际过程中，控制区内的高架点源往往对控制区仅产生部分影响(一部分可能会扩散到区外)，以及一些区外高架源对本区域内部也会产生影响。尽管可以通过考虑背景浓度将控制区周边的污染源对区域的影响考虑进来，但这种处理难免显得过于粗糙。针对此问题，王勤耕等(1997)提出了一种改进的 A-P 值控制法，通过引入“影响风向”和“影响份额”的概念，更合理地考虑了周围地区高架点源对控制区的实际影响，由于直接计算周围高架点源对控制区的实际贡献量而不是通过背景浓度来考虑它们的影响，从而避免了由背景浓度的确定所带来的不确定性。在前人已有研究的基础上，严李锟等(2010)又提出了分担率的概念，对 A-P 值法进行了改进，分析了污染源的有效贡献，并应用于实例研究，使得计算结果更加可靠。虽然考虑了区域内外高架点源的有效贡献，但对于周围低矮面源及距控制区较远的点源，必要时仍需通过背景浓度来考虑它们的影响。如何更加准确地把握高架源对区域的影响，仍是需要深入研究的重要问题之一。

7.3.5 小结与讨论

目前国内环境影响评价工作中，对大气环境容量的计算大多都使用 A-P 值法，主要是因为这种方法简单易行，较为普遍的使用也使其在国内的环境影响评价工作中具有较强的可比性。A-P 值法依赖简单的箱体模型作为污染源与城市污染浓度的响应关系，总量计算的浓度目标取箱体的混合平均浓度，限定前提较为严格，但与地面浓度达到环境质量目标的要求仍有偏差，其参数的确定也依靠经验数据。

通过国内已有案例比较发现，该方法也会产生一定的误差。A-P 值法首先假定污染物大气环境容量与所评价的面积呈正比，一般只根据较大尺度的区域环境气象特征来确定其常数值，不考虑区域内部和周边已有污染源分布及地形的特殊性，因其假定条件是认为区域内的污染物是均匀分布的。根据前人的研究可以看出，由于大气污染物的环境容量存在着时间和空间上的变化，因此在一段时间尺度内，对于一定空间尺度而言，A 值法的“均一化”处理可能会造成一定的误差，其原因在于以不变的 A 值来表征随时间和空间都在不断变化的大气环境容量，其准确度肯定是存在问题的。因此，对 A-P 值法修正的一个重要研究方向就是对 A 值合理、动态取值进行修正，若能恰如其分地考虑其在时间上和空间上的变化特征，则会获得更加准确的大气环境容量计算结果，对于科学指导大气污染恰到好处地防控至关重要。

7.4 空气质量模型模拟法

空气质量模型模拟法是利用空气质量模型模拟区域内污染物的变化过程,在特定的污染源布局和气象条件下,建立污染物排放总量与环境空气质量之间的关系,根据环境空气质量控制目标和约束条件确定空气质量是否达标,如未达标,则根据有关的削减方案对污染源排放清单中的源强进行重点削减,重新模拟后,再次检验是否达标,如此反复,直到城区地面空气污染物浓度在时间和空间分布上都满足达标要求为止,最后确定空气质量达标情况下污染源排放清单中各污染物所允许的排放量即为大气环境容量,它照样是随季节或天气过程的变更而变化的。

1970 年起美国环境保护署(EPA)开始致力于空气质量模型的研发,并在 20 世纪 70—80 年代推出了第 1 代空气质量模型,根据其理论核心又可分为箱式模型、高斯扩散模型(ISC、AERMOD、ADMS 模型等)和拉格朗日轨迹模型(OZIP/EKMA、CALPUFF 等)(Macintosh et al.,2010;Melo et al.,2012)。第 2 代空气质量模型是在 20 世纪 90 年代被开发出来的,主要是基于欧拉方法的网格模型(UAM、ROM、RADM 等)(Schmolke et al.,2003;Sandu et al.,2005)。20 世纪 90 年代以后,随着各种理论和技术的进步,出现了综合化的空气质量模型,即第 3 代空气质量模型,其代表有 CMAQ、CAMx、WRF-Chem、GEOS-Chem、NAQPMS 等(Dennis et al.,1996;Arnold et al.,2003)。表 7.4 为目前国内外计算大气环境容量时主要采用的一些大气预测模型和方法。在 CALPUFF、AERMOD、ADMS、CAMx-PSAT、GEOS-Chem 模型以及耦合其他模型或软件的基础上,结合不同的计算方法,环境容量计算结果的准确性不断得到提升。

表 7.4 国内外主要大气预测模型和方法一览表

序号	模型	特点
1	CALPUFF	CALPUFF 适用于几十至几百千米范围的评价,它包括计算层次网格区域的影响(如地形的影响)和长距离输送的影响(如由于干湿沉降导致的污染物清除、化学转变和颗粒物浓度对能见度的影响等)。
2	ISC-AERMOD	模拟大气主要污染物和有毒物质及危险废弃污染物质的连续排放;能处理多重来源,包括点、立体、线、面和露天矿等各类源;污染物排放的源强可按年、季、月、小时等根据需要选取设定;可以计算点源排放时由于附近建筑物造成的空气动力学气流下洗的影响;可以使用实时气象数据来计算影响模拟地区的空气污染分布的大气条件。
3	ADMS-Urban	包括点源、线源、面源、体源和网格源模型,基于 Monin-Obukhov 长度和边界层高度描述边界层结构参数的最新物理知识,使得预测结果更为精确、更可信;可以作为一个独立的系统使用,也可以与地理信息系统 GIS 联合使用。
4	GEOS-Chem	一个不断完善的全球性的三维大气化学传输模式,主要针对大气成分的源、汇及其传输过程中的物理化学作用,模拟各成分实际浓度分布及其演变进程,驱动该模式所用的初始场为美国国家航空航天局(NASA)的全球模式与资料同化办公室(GMAO)提供的从 GEOS 同化而得的气象场。

续表

序号	模型	特点
5	WRF-Chem	气象场驱动数据由中尺度气象模型WRF模式提供，WRF模式与CAMx模型采用相同的空间投影坐标系，但模拟范围大于CAMx模拟范围，可将研究区域划分为若干个网格，WRF模型模拟结果通过WRF-CAMx程序转换成CAMx模型输入格式。CAMx模型所需污染物排放清单的化学物种主要包括SO_2、NO_x、颗粒物(PM_{10}、$PM_{2.5}$及其组分)、NH_3和VOCs(含多种化学组分)等多种污染物。
6	CAMx-PSAT	采用CAMx内嵌的颗粒物来源识别工具PAST来对目标区域空气质量进行模拟，由于PAST考虑了示踪物在物理过程、化学过程中的生成、消除和转化，能有效地追踪不同地区、不同种类源排放对目标区域$PM_{2.5}$的贡献，使得敏感源筛选识别由理论上可行转变为实际中可操作。
7	Models-3	包括了排放模式系统MEPPS、气象模式系统MM5(WRF)和通用多尺度空气质量模式系统CMAQ等三大子系统。该模式框架包含了程序管理、科学管理、模式建设、数据库管理、策略管理、工具管理及研究计划等七大部分。
8	EIAA环评助手	按照国家的技术导则进行设计，采用了面向项目和面向模型两种界面，可以创建独立的环评项目文件，具有功能强大、自动化程度高的特点；但其计算过程不透明，操作步骤相对繁琐。此环评助手有针对性强、使用方便灵活的特点，便于对扩散过程进行详细研究；但不含数据的预处理和后处理功能，对某些叠加还需手动进行。
9	区域大气污染物质量控制模型	采用国内外最新资料，计算方法科学可靠，已经过多年的实际应用；采用常规的气象统计资料和地方大气污染源调查统计资料，软件界面友好，数据处理功能比较完善，计算快捷准确，操作使用方便；数据库采用ACCESS，兼容性好，已经开发了结合GIS的城市大气环境管理信息系统。
10	颗粒物源解析模型	是针对煤烟尘而开发的模型，关注煤烟尘的贡献值和分担率，分采暖期和非采暖期，是一种简单易行的方法。
11	环境规划院的"大气扩散烟团轨迹模型"	能够对污染源排放出的烟团在随时间、空间变化的非均匀性流场中的运动进行模拟，同时保持了高斯模型结构简单、易于计算的特点。

7.4.1 CALPUFF模型

7.4.1.1 基本模型

CALPUFF模型是三维非稳态拉格朗日扩散模型，是当今国际上主流的应用于复杂地形下的空气质量模型之一，它是在美国EPA的长期支持下，由美国西格玛公司研发的新一代的非稳态气相和空气质量建模系统。在美国的《空气质量模型导则》中，CALPUFF模型属于推荐模型中的首选模型，它同时也是我国《环境影响评价技术导则　大气环境》(HJ 2.2—2018)中推荐的三种大气模型之一。该模型采用小时风场的气象资料，充分考虑复杂地形对污染物干、湿沉降的影响，能够很好地模拟不同尺度区域内污染物扩散方式。污染物包括SO_2、NO_x、C_mH_n、O_3、CO、NH_3、PM_{10}(TSP)、Black Carbon，物理与化学过程主要包括污染物的排放、平流输送、扩散、干沉降以及湿沉降等(Melo et al.，2012)。

CALPUFF模型系统由CALMET气象模式、CALPUFF预测模式和CALPOST后处理软件三大部分组成。其中，CALMET气象模式作为气象信息预处理模型可用于模拟三维风场和气象场(Scire et al.，2001)。通过气象信息预处理模型，输入该区域地理环境及高空气象数据资料，可计算出初始数据，并计算出 CALPUFF 模型所需参数。CALPUFF 模式是具有传输和扩散两种模拟方式的模型，通过气象模式给出的初始参数，模拟污染物作为非稳态烟团从排放源中排放后的传输和扩散及转化过程。CALPOST 后处理软件的功能是处理 CALPUFF 输出的数据，可将其进行可视化。

单个烟团在某个接受点的基本浓度方程为(Melo et al.,2012)：

$$C=\frac{Q}{2\pi\delta_x\delta_y}g\exp[-d_a^2/(2\delta_x^2)]\exp[-d_c^2/(2\delta_y^2)] \tag{7.12}$$

$$g=\frac{2}{\delta_z\sqrt{2\pi}}\sum_{n=-\infty}^{\infty}\exp[-(H_e+2nh)^2/(2\delta_z^2)] \tag{7.13}$$

式中：C 为地面污染物质量浓度(mg · m^{-3})；Q 为源强(mg · s^{-1})；δ_x、δ_y、δ_z 为扩散系数；d_a 为顺风距离；d_c 为横向距离；H_e 为有效高度(m)；h 为混合层厚度(m)；g 为高斯方程的垂直项(m)，解决混合层和地面之间多次反射的问题。

CALPUFF 模型能够模拟几百千米范围内的污染物传输扩散运动方式，适用于大范围城市大气环境容量的研究，并且通过 CALMET 气象模式中输入地面、地形数据及高空气象资料自动计算出逐时的风场、混合层厚度、大气稳定度等初始参数，能够用于复杂地形条件下的模拟。目前 CALPUFF 大气污染扩散模型的理论体系较为完善，充分考虑了气象、地形、地面条件等诸多因素的影响，适用于不同区域尺度的研究和应用。

7.4.1.2 CALPUFF+平权法

通过 CALPUFF 模型模拟可定量描述现状污染源的排放量与其产生的控制点处浓度之间的关系。对污染物浓度超标的控制点，可采用平权法对排放量进行削减，使得控制区域内所选择控制点处的污染物浓度都满足控制标准(此为约束条件)，将污染物排放量依据其对控制点造成的浓度贡献按比例进行削减，分配得出各污染源的平权允许排放量，最后将各源平权允许排放量求和得到研究区域的实际大气环境容量。

平权法是对各污染源污染物排放量削减的基本方法和主要方法，包括等比例削减法、浓度贡献加权法和传递系数加权法。其中：①等比例削减法，即浓度贡献越大，削减量越大，其表达式为 $\Delta C_{ij}=K_j\times C_{ij}$；②浓度贡献加权法($B$ 值法)，即浓度贡献越大，削减率越大，其表达式为 $\Delta C_{ij}=K_j\times C_{ij}^2$；③传递系数加权法，即污染效应越大，削减率越大，其表达式为 $\Delta C_{ij}=K_j\times F_{ij}\times C_{ij}$。

使用传递系数加权法计算大气环境容量的基本步骤有：①模拟测算控制区范围，自定义网格步长；确定各点源的位置坐标及污染源排放数据，划分面源并整理出面源排放数据，选择国控空气质量自动监测点作为控制点；将划分范围气象数据输入，进行模拟计算。②通过模型模拟污染源与控制点间的输入、响应关系，获得传递函数。③模拟中出现控制点的预测浓度值超标，则以环境质量标准为约束，采用平权法对污染源排放量进行削减，直至控制点满足约束条件。④统计出使全部控制点污染物浓度达标的允许排放量并进行求和，即为现状污染源布局下的研究区实际大气环境容量。

7.4.1.3 CALPUFF+线性优化法

利用 CALPUFF 模型模拟区域大气环境质量，建立大气环境容量的线性优化模型，采用浓度-排放量这一反推模式来测算大气环境容量。具体步骤如下(张明等,2013)。

(1)建立传输矩阵。假设区域内含有 n 个点源,点源的扩散函数为 $f(x,y,x',y',h)$,则高为 h 的污染源的传输矩阵 $\boldsymbol{T}=(t_{ij}(h))$ 的通项为:$t_{ij}(h)=f(x,y,x',y',h)$。其中:x、y 代表点源的坐标;x'、y'为控制点的位置;h 为污染源的位高;t_{ij} 为第 j 个点源对第 i 个控制点平均浓度贡献值的传递系数($\mu g \cdot m^{-3} \cdot t$)。据此可以计算出不同高度的传输矩阵 $\boldsymbol{T}$。利用线性叠加可得大气环境质量模型如下:

$$\begin{pmatrix} C_1 \\ C_2 \\ \vdots \\ C_n \end{pmatrix} = \begin{pmatrix} t_{11} & \cdots & t_{1n} \\ \vdots & \ddots & \vdots \\ t_{n1} & \cdots & t_{nn} \end{pmatrix} \begin{pmatrix} Q_1 \\ Q_2 \\ \vdots \\ Q_n \end{pmatrix} \tag{7.14}$$

式中:C_i 为第 i 个网格的控制点污染物质量浓度($\mu g \cdot m^{-3}$);Q_i 为第 i 个点源的排放强度($t \cdot a^{-1}$)。

(2)LINGO 线性优化。以污染源的排放量之和最大为目标,约束条件为所有源对每个控制点的总污染浓度贡献均小于控制目标值和各污染源排放量非负,据此建立大气环境容量线性优化模型:

$$\mathrm{Max}Q=\sum_{j=1}^{n} Q_j \quad (\text{约束条件为:}\boldsymbol{TQ} \leqslant C_{i0}-C_{\mathrm{b}}, Q_j \geqslant 0, j=1,2,\cdots,n, i=1,2,\cdots,m) \tag{7.15}$$

式中:$\boldsymbol{T}$ 为根据污染物扩散模式模拟所得到的传输系数矩阵;C_{i0} 为各控制点的环境质量目标值;C_{b} 为污染物的本底浓度;Q_j 为第 j 个源的排放强度。

7.4.1.4 MM5(WRF)+CALPUFF+线性优化法

第 5 代中尺度模式(MM5)是由美国国家大气研究中心(NCAR)和美国宾夕法尼亚州大学(PSU)在 MM4 基础上联合研制发展起来的中尺度数值预报模式,已被广泛应用于各种中尺度现象的研究。

使用 MM5(或 WRF)模型产生的数据作为初始猜测气象场的初始条件,边界条件可采用美国国家环境预报中心(NCEP)$1^\circ \times 1^\circ$ FNL 格式再分析数据,在嵌套了三层模拟的 MM5(或 WRF)基础之上,利用其输出的气象产品作为气象场模拟的输入资料,将 MM5(或 WRF)模拟计算的气象数据作为 CALMET 输入数据,最后形成完整的诊断风场,得到各种气象要素特征。利用 CALMET 耦合模拟出研究区域内气象场,使其能够反映出研究区域中高分辨率的地形和土地利用数据,结合排放源信息,运行 CALPUFF,从而对 SO_2、NO_x、PM_{10}、$PM_{2.5}$ 的质量浓度进行模拟,并得到各污染源对环境质量目标控制点的质量浓度贡献值,再根据各点源自身的源强,可计算得到污染源与控制点之间的传递系数,从而建立各点源与环境质量目标控制点之间的传递系数矩阵,引入设定好的约束条件,得到各区域大气环境容量优化分配结果。

7.4.1.5 WRF+CALPUFF+平权法+多超标点同时保证法

应用气象模型 WRF 和空气质量模型 CALPUFF,联用模拟得到污染源和控制点污染浓度的关系,即传递系数。模拟浓度若没达到国家空气质量标准,采用 B 值法和多超标点同时控制法对污染源进行平权允许排放量的分配,具体步骤如下(胡艺文,2017)。

(1)模拟方法:使用 WRF 模拟生成逐时的 wrfout 文件气象数据,用 CALMET 模型对 WRF 数据做进一步分析,使其能够反映高分辨率的地形和土地利用数据,生成高分辨率的诊断气象场。通过对气象场的模拟,得到气象场详细的时空变量。

(2)模拟结果:模拟得到气象要素,其中包括风速风向、混合层厚度、大气稳定度和温度层结。模拟结果为理想环境容量模型提供混合层厚度数据,并为 CALPUFF 模型准备输入数据。

平权法:同前,使用 B 值法。

多超标点同时保证法:多超标点同时保证法是对所有超标控制点同时削减分配的方法,存在数值迭代取最优的方法,对各污染源而言更加公平。

根据 B 值分配法和多超标点同时保证法达标迭代,将削减后的污染源排放量再次输入 CALPUFF 模型,所得各控制点浓度未超过国家二级质量标准,说明以上计算实际大气环境容量的方法可行。

7.4.2 CAMx 模型

综合空气质量模型 CAMx(comprehensive air quality model extensions)是美国环境技术公司在 UAM-V 模式基础上开发的综合三维欧拉(网格)区域光化学模型(Tesche et al.,2006),模型基于"一个大气"的框架,采用质量守恒大气扩散方程,以有限差分三维网格为架构,模拟气态、颗粒物污染及空气毒物在大气中排放扩散、化学反应和干湿沉降等过程,适用于城市尺度甚至大尺度区域的模拟和评估。

7.4.2.1 CAMx-PSAT 模型

采用 CAMx 内嵌的颗粒物来源识别工具(particulate source apportionment technology,PAST)对目标区域空气质量进行模拟,由于 PAST 考虑了示踪物在物理过程、化学过程中的生成、消除和转化,能有效地追踪不同地区、不同种类源排放对目标区域 $PM_{2.5}$ 的贡献,使得敏感源筛选识别由理论上可行转变为实际中可操作(Li et al.,2013a)。

CAMx 模型自带 PAST 颗粒物溯源追踪模块,气相化学机制为 CB05,气溶胶化学机制为 CF。使用 CAMx 模型自带的 PSAT 颗粒物溯源追踪模块,以各城市的行政区域所在网格作为标识,追踪各城市 $PM_{2.5}$ 传输情况,将传输浓度归一化处理后,以受体城市为行、贡献城市为列,绘制传输贡献矩阵 $PM_{2.5}$,通过具体组分的限值约束其前体物的减排,即通过控制 SO_2、NO_x、NH_3、$PM_{2.5}$ 的排放从而降低组分浓度,使之符合标准,此时达标的各项污染物排放量即为大气环境容量,而原始排放清单的多次减排试算过程即为迭代计算过程,在迭代过程中所有模拟得出达标的城市按环境不恶化原则,不予增加排放。

贾佳等(2016)在传统的环境容量计算方法基础上,筛选不利气象年份,结合 CAMx-PSAT 模式计算的区域传输结果,优化广东省各城市的大气环境容量分配,并综合分析各城市超负荷情况,模拟容量允许情景下的 $PM_{2.5}$ 质量浓度。结果表明,在广东全省各地市 $PM_{2.5}$ 质量浓度$\leqslant 35\ \mu g \cdot m^{-3}$ 的约束下,广东省 SO_2 环境容量约为 68 万 t;NO_x 约为 135 万 t;NH_3 约为 46 万 t;$PM_{2.5}$ 约为 51 万 t。2014 年广东省 SO_2 排放超出其大气环境容量的 10%,NO_x 超出 12%,NH_3 超出 9%,一次 $PM_{2.5}$ 超出 20%。污染物种超负荷数量较多的城市有广州、佛山、中山、清远。当实现大气环境容量情景时,广东全省 $PM_{2.5}$ 年均质量浓度约为 30 $\mu g \cdot m^{-3}$,各城市年均值都达到国家空气质量二级标准。

7.4.2.2 WRF-CAMx 模型

研究中的气象场驱动数据由中尺度气象模型 WRF 模式提供,其中 WRF 所需的气象场资料来源于美国国家环境预测中心(National Center for Enuironmental Prediction,NCEP)发布的 FNL 再分析数据,其空间分辨率为 1°×1°,时间分辨率为 6 h。WRF 模型采用与 CAMx 模型相同的空间投影坐标系,但模拟范围大于 CAMx 模拟范围,可将研究区域划分为若干个网格。WRF 模型模拟结果通过 WRF-CAMx 程序转换成 CAMx 模型输入格式。CAMx 模型所需污染物排放清单的化学物质主要包括 SO_2、NO_x、颗粒物(PM_{10}、$PM_{2.5}$及其组分)、NH_3和 VOCs(含多种化学组分)等多种污染物,数据可来源于全国污染源普查数据、清华大学 MEIC 排放清单以及全球排放清单 GEIA 等。

国内外已有许多学者使用 WRF-CAMx 耦合模型对全国或区域的污染物环境容量进行模拟计算,薛文博等(2014)基于第 3 代空气质量模型 WRF-CAMx 和全国大气污染物排放清单,开发了以环境质量为约束的大气环境容量迭代算法(图 7.1),并以我国 333 个地级城市 $PM_{2.5}$ 年均质量浓度达到环境空气质量标准(GB 3095—2012)为目标,模拟计算了全国 31 个省(市、区)SO_2、NO_x、一次 $PM_{2.5}$ 及 NH_3 的大气环境容量,并指出空气污染较严重的河南、河北、天津、安徽、山东及北京 6 省(市)4 项污染物排放量均超过环境容量 1 倍以上,环境容量严重超载区域与 $PM_{2.5}$ 高污染地区具有显著的空间一致性。

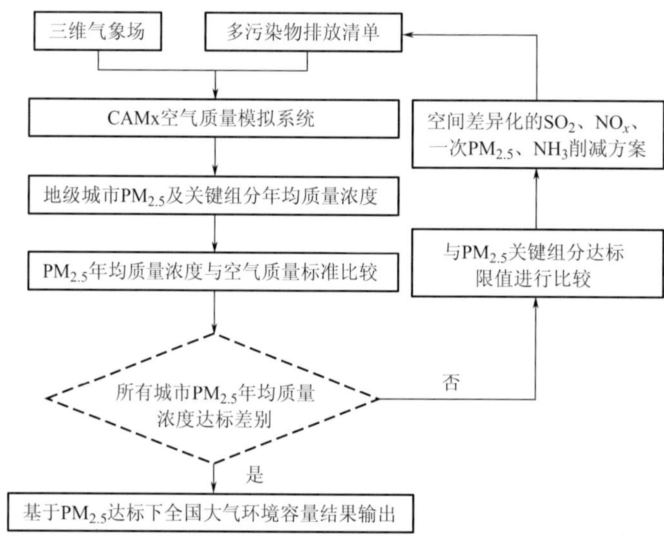

图 7.1 大气环境容量模拟技术路线(引自薛文博等,2014)

7.4.3 GEOS-Chem 模式

全球大气化学传输模式(goddard earth observing system-chem,GEOS-Chem)作为一个不断完善的全球性的三维大气化学传输模式,主要针对大气成分的源、汇及其传输过程中的物理化学作用,模拟各成分实际浓度分布及其演变进程,驱动该模式所用的初始场为美国国家航空航天局(NASA)的全球模式与资料同化办公室(GMAO)提供的从 GEOS 同化而得的气象场。郝吉明等(2017)以京津冀和西北 5 省(区)为例,利用 GEOS-Chem 模拟计算大气污染源排放所带来的环境空气中污染物的浓度,以京津冀和西北 5 省(区)的网格平均地面 $PM_{2.5}$ 年均质量浓度达到环境空气质量标准(GB 3095—2012)为约束条件,确定出京津冀和西北 5 省(区)SO_2、NO_x、一次 $PM_{2.5}$、VOCs 和 NH_3 5 种大气污染物环境容量,以此分析基准年的超载情况及减排需求。

基准年为 2013 年全年，目标年为 2030 年全年，模拟时间间隔为 3 h，气象年选择为 2012 年；模拟区域包括中国以及中国邻近的其他亚洲地区和国家；基准年和目标年中国境内的人为源排放为清华大学最新人为源排放清单，其他采用 GEOS-Chem 默认的排放清单；由于 GEOS-Chem 模型采用的气象场为已同化的 GEOS-5 气象场，因此不再对气象场进行验证。

以 2012 年为气象年，将 2013 年我国的人为源大气污染物排放清单更新为目标年的排放清单，自然源及境外源排放清单保持不变，利用 GEOS-Chem 模拟京津冀和西北 5 省(区)地面 $PM_{2.5}$ 质量浓度分布。校验结果表明，京津冀的标准平均偏差为－8.0%，相关系数 R 为 0.83；西北 5 省(区)的标准平均偏差为－8.4%，相关系数 R 为 0.97。模型对地表 $PM_{2.5}$ 质量浓度评估略低，这是因为气象年为 2012 年，而普遍认为 2013 年的扩散条件优于 2012 年，所以导致模型对地表 $PM_{2.5}$ 质量浓度的模拟结果略低于监测值。京津冀和西北 5 省(区)合计 66 个城市，2015 年地面 $PM_{2.5}$ 监测值与基准年模拟值的相关性分析结果表明，虽然气象场和排放清单两者在 2013 年与 2015 年都存在差异，但是该相关性分析结果还是能够反映模拟结果的准确程度。

目标年排放清单的排放量是以京津冀和西北 5 省(区)的网格平均地面 $PM_{2.5}$ 年均质量浓度达到环境空气质量标准(GB 3095—2012)为约束条件的大气环境容量，SO_2、NO_x、一次 $PM_{2.5}$、VOCs、NH_3 的环境容量如表 7.5 所示。从结果来看，该环境容量对应的京津冀和西北 5 省(区)中 66 个地级市的 $PM_{2.5}$ 年均质量浓度达标率为 76.6%，100%达标率对应的大气环境容量应小于该容量。若使大气环境容量不超载，相对于 2013 年，京津冀 5 种大气污染物削减比例分别为 55%、64%、72%、39%、41%；西北 5 省(区)5 种大气污染物削减比例分别为 56%、56%、64%、42%、22%。

表 7.5 主要大气污染物环境容量(引自郝吉明等，2017) 单位：$t \cdot a^{-1}$

地区	SO_2	NO_x	一次 $PM_{2.5}$	VOCs	NH_3
北京	5	7	2	24	40
天津	12	12	4	23	21
河北	44	55	23	85	565
京津冀	61	74	29	132	626
陕西	32	23	9	29	268
甘肃	16	21	8	16	234
青海	3	5	2	4	80
宁夏	12	12	4	5	40
新疆	31	33	12	23	294
西北 5 省(区)	94	94	35	77	916

7.4.4 AERMOD 模型

AERMOD 模型是由美国气象学会和美国 EPA 共同开发的新一代局地空气质量模式系统，在我国已使用多年，经不断修改完善，目前已较为成熟。该模式是一个稳态烟羽扩散模式，主要包括 AERMET 气象前处理、AERMOD 扩散模型和 AERMAP 地形前处理 3 个模块,对气象数据和地形数据的处理非常精细。该模式可基于大气边界层数据特征,模拟点源、面源、体源等排放出的污染物在短期、长期的浓度分布,适用于农村或城市地区、简单或复杂地形。AERMOD 模式使用每小时连续预处理气象数据,模拟大于等于 1 h 平均时间的浓度分布,适用于研究范围小于等于 50 km 的项目。

AERMET 的尺度参数和边界层廓线数据可以直接由输入的现场观测数据确定,也可以由输入的中国气象局的常规气象资料生成(地表数据、低空数据)。尺度参数和边界层廓线数据经过设于 AERMOD 中的界面(INTERFACE)进入 AERMOD 后,给出相似参数,同时对边界层廓线数据进行内插。最后,将平均风速 u、水平方向及垂直方向湍流量脉动(δ_v,δ_w)、温度梯度 $d\theta/dz$、位温、水平方向拉格朗日时间尺度等数据输入扩散模式,并计算出质量浓度。在保持污染源分布与结构不变的前提下,区域的大气环境容量 $Q_{容}$ 与研究区域内的地面大气污染物浓度增值预测值 C 和环境空气质量背景值 $C_{背}$ 有如下关系(吴耀光等,2013):

$$Q_{容}=\frac{C_{标}-C_{背}}{C}Q$$

式中:$C_{标}$ 为环境空气质量标准限值($mg \cdot m^{-3}$);$C_{背}$ 为环境空气质量背景值($mg \cdot m^{-3}$);C 为地面大气污染物质量浓度增值预测值($mg \cdot m^{-3}$);Q 为地面大气污染物质量浓度增值预测值 C 相应的区域污染物排放总量($t \cdot a^{-1}$);$Q_{容}$ 为区域的大气环境容量($t \cdot a^{-1}$)。利用上述公式和 AERMOD 模式模拟计算,可得到研究区域内环境空气污染物的大气环境容量。

我国是一个多山的国家,很多城市分布在山谷地带,由于低层大气受下垫面特性的强烈影响,污染物的输送和扩散规律比平原复杂得多,除 AERMOD 模型以外,采用一般模式对山谷城市空气质量进行预测,结果会存在较大偏差。以山谷城市攀枝花为例,马戎(2008)把城市工业区分成 1000 m×1000 m 的网格,每个网格作为一个单元来分析整个区域的环境容量,通过 AERMOD 模式,建立起了污染物排放总量和环境空气质量之间的直接关系,利用各控制点浓度(环境空气质量标准值),反求各规划的污染源的源强,将所有污染源源强求和得到攀枝花市城区的大气环境容量,结果见表 7.6。通过进一步计算主要大气污染物的削减量,对该市总量控制进行合理规划,从而提出了空气污染物综合整治的基本思路、措施及保障条件。

表 7.6 攀枝花市大气环境容量(引自马戎,2008) 单位:$t \cdot a^{-1}$

污染物	河门口	弄弄坪	其他地区	合计
SO_2	1.7332	3.2242	1.0544	6.0118
NO_2	1.1142	1.9745	2.0920	5.1807
PM_{10}	1.4272	2.1080	2.4101	5.9453

7.4.5 ADMS 大气扩散模型

ADMS 是由英国剑桥环境研究咨询有限公司、英国国家动力技术与环境中心以及英国国家气象局共同开发的空气质量模式系统,分 ADMS-Screen、ADMS-Industrial、ADMS-EIA、ADMS-Urban 等独立系统。该模型是一个三维高斯模型,以高斯分布公式为主计算污染物浓度,但在非稳定条件下的垂直方向为双高斯叠加的 PDF 分布系统,包括气象数据输入、边界层参数计算及烟羽扩散与浓度计算 3 个模块。其中,ADMS-Urban 模型可处理更大量污染源,进行更为复杂的化学反应模拟，适用于从街道尺度到大型城市尺度的模拟。ADMS 在世界范围内广泛应用于城镇、城市、高速公路、大型工业基地等复杂条件下的空气质量评价、规划措施评价、交通污染管理、空气质量预测等。

该模型的主要特点是用点源、线源、面源、体源和网格源模型来模拟污染物扩散过程，考虑了从最简单到最复杂的城市污染物扩散问题；应用了基于 Monin-Obukhov 长度和边界层高度描述边界层结构参数的最新物理知识，边界层结构由可直接测量的物理参数决定，可以更真实地表现出随高度变化而变化的扩散过程，所获取的污染物浓度的预测结果通常更精确、更可信。此外，该模型既可以作为一个独立的系统使用，也可以与地理信息系统联合使用。

在几种大气扩散模式中，ADMS-Urban 模式是使用频率较高的一种。目前，ADMS 模式在沈阳、锦州、鞍山等我国北方城市已经得到较为普遍的使用，在广州顺德等南方城市也用来做了一定的研究工作。孙红继等（2004）应用“ADMS-Urban 大气扩散模型”计算 2002 年锦州市实际空气环境容量，重点介绍了“ADMS-Urban 大气扩散模型”及建模过程中模型条件、控制参数的选择，并提出污染物削减预案。此研究中一个非常重要的环节就是“数据修整和运行条件”的分析。首先是对锦州市的自动监测子站和手动监测数据进行了比对和修正，修正系数取 1.1；另外，还考虑境外污染源的影响，引入境外输入项，境外输入项比例系数取值为 33%；最后，一类区还考虑 SO_2 的衰减，SO_2 净化系数取值为 40%。计算结果显示，校正后的 5 个点位的日均值和修正后的模拟值的相关系数为 0.9231，相关性很好。史红香等（2006）利用 AMDS-Urban 大气扩散模型对抚顺的大气环境容量进行了计算。通过对 PM_{10} 和 SO_2 两个常规因子模型的有效性检验，发现其实测值与检验值之间的相关系数较高，分别为 0.82 和 0.79；2 倍差值以内百分比分别为 98%和 85%。鉴于现有环境条件无法完全满足国家环境空气质量标准的要求，作者采取了达标保证率，体现了不同环境条件下城市采取分阶段达标的目标要求，其值选取为 90%。

以重庆市 2005 年污染源调查数据为依据，刘晓刚（2007）利用 ADMS-Urban 大气扩散模型对重庆主城区 SO_2 质量浓度场进行了模拟。基本结构如下：

目标函数：

$$\mathrm{Max} f(Q)=\sum_{i=1}^{n} Q_i \quad (i=1,2,\cdots,n)$$

约束条件：

（1）环境质量目标约束，即必须满足达到环境质量标准要求：

$$\sum_{i=1}^{n} a_{ij} Q_i \leqslant S_j - C_j \quad (j=1,2,\cdots,n)$$

（2）削减规模与削减效率约束，即最小排放量约束：

$$Q_i \geqslant (1-k_i) Q_{si} \quad (i=1,2,\cdots,n)$$

（3）排放总量上限约束，即最大排放量约束：

$$Q_i \leqslant m_i Q_{0i} \quad (i=1,2,\cdots,n)$$

（4）生产力布局约束。

以上各式中：$\mathrm{Max} f(Q)$ 为 SO_2 总量目标控制函数；Q_i 为第 i 个源的 SO_2 允许排放量（$t \cdot a^{-1}$）；n 为污染排放单元数目；a_{ij} 为浓度影响传输系数矩阵元素；S_j 为环境目标值（$\mu g \cdot m^{-3}$）；C_j 为环境背景值（$\mu g \cdot m^{-3}$）；Q_{si} 为第 i 类源基准年最大可能排放量；k_i 为第 i

类源相对于基准年最大可能排放量 Q_{si} 的最大脱硫率；Q_{0i} 为第 i 类源基准年现状排放量（$t \cdot a^{-1}$）；m_i 为第 i 类源相对于基准年现状排放量 Q_{0i} 的最大可能增长率（%）。

在建立基于最大环境容量方案的污染物大气环境容量模型的基础上，利用模型对 SO_2 环境容量按 3 种情景（情景 1：低减排情景下，最小排放量约束条件中的 k_i 值保持在 40%左右。情景 2：适当提高排放控制水平，k_i 取值为 55%。情景 3：高减排情景下，k_i 取值为 80%）进行测算，结果见图 7.2。从环境总容量大小来看，情景 3 与情景 2 相当，情景 1 最小；从环境总容量在电力源与非电力源之间的分配来看，情景 1 与情景 2、情景 3 的主要区别在于电力行业的环境容量大小，情景 2 与情景 3 的主要区别在于非电力源的环境容量，但其总体差距不明显。从某种意义上来说，不同的情景分别对应着不同的环境管理和城市发展模式，每种模式都既有其自身的局限性也有其优点。为便于决策分析，可从环境容量大小、环境有效性、污染源减排压力、方案风险性、环境监管便利性等方面进行对比分析（分析略）。

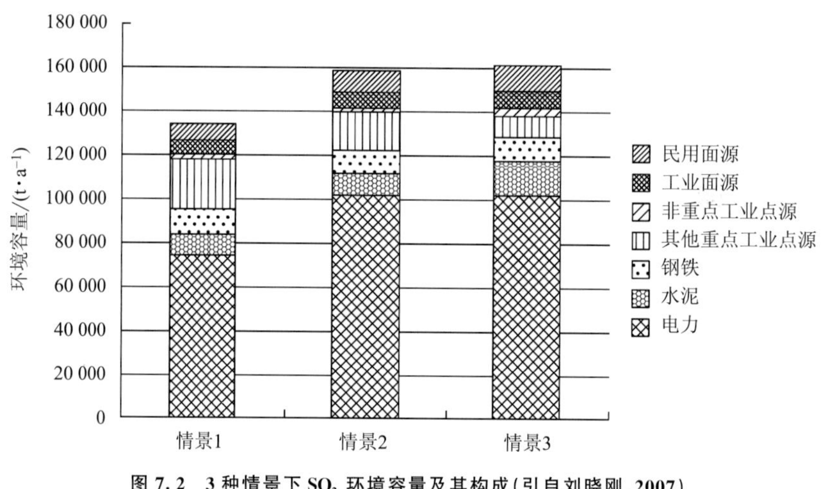

图 7.2　3 种情景下 SO_2 环境容量及其构成（引自刘晓刚，2007）

7.4.6　EIAA 环评助手

"EIAA 大气环评助手"是宁波环科院六五软件工作室开发的软件，是以《环境影响评价技术导则　大气环境》（HJ/T 2.2—93）、《公路建设项目环境影响评价规范》（JTJ 005—96）大气部分、《中国环境影响评价培训教材》等文献中推荐的模型和计算方法作为主要框架，内容涵盖了导则中的全部要求，并进行了适当的拓展与加深。软件采用了面向项目和面向模型两种界面，是两个独立的程序模块，以适应不同的使用习惯和计算要求。

在采用"项目预测"模块时，每一个环评项目建立一个独立的"＊.Prj"文件，用以保存该项目中用户输入的所有数据、所有方案组合以及所有方案的计算结果。包含了数据预处理、后处理功能，由程序内部选择计算方法。该模块的特点是功能强、自动化程度高，但计算过程不透明、操作步骤较繁琐。

若采用"模型预测"模块，则每一个扩散模型都有相对应的程序模块，而且可以同时打开任意多个相同的窗口，便于对比查对。其特点是针对性强，使用方便、灵活，便于对扩散过程进行详细研究，但不含数据的预处理和后处理功能，对某些叠加还需手动进行。"模型预测"中的每一个功能模块，均有 RTF 格式的说明文档与之相对应。这样，对于使用者来说，既可以随时查看该功能模块的意义、来源，又可以方便地将这些文档直接插入字处理器中。因为这些文档常常包括了大量复杂的公式，这样做就大大提高了撰写报告书的速度。

对于预测计算结果，可以查看各接受点地面高程及其等高线图，各接受点的背景浓度及其分布图，各污染源的浓度和总的浓度及其分布图，各污染源的分担率及其分布图，各污染源或总的浓度的平均评价指数和超标面积。还可以任意改变各污染源的排放率(排放强度)以观察不同排放率下的浓度变化情况。也可查看任意一个横截面或竖截面上的浓度变化图。对所有表格中的数据可以方便地进行各种运算、输出、绘图或打印，其提供的电子表格和图形处理功能也能够输出浓度的平面分布图或轴线变化图。

7.4.7 其他模型

除以上几种模型使用较为普遍外，还有多种模型也在对大气环境容量评估和计算中发挥了作用。如美国环保局野外研究实验室大气模式研制组研制的第 3 代空气质量预报和评估系统(Models-3)，中国科学院大气物理研究所研究建立的城市空气污染数值预报系统(NAQPMS)，中国气象科学研究院研究建立的城市空气质量数值预报系统(CAPPs)，南开大学提供的在城市颗粒物源解析结果基础上开展的城市环境空气中煤烟尘贡献值(分担率)的评估方法，以及国家“九五”重点攻关课题研究成果(是为了配合全国大气污染物总量控制制度实施而开发的区域大气污染物总量控制模型和软件等)。此处不再一一列举。

7.5 线性规划法

最优化方法是数学模型与应用科学技术结合的产物，其中目前应用最广泛和最成熟的便是线性规划方法。线性规划方法是在具有确定目标、而实现目标的手段和资源又有一定限制，目标和手段之间的函数关系是线性的条件下，从所有可供选择的方案中求解出最优方案的数学分析方法。我国学者自 20 世纪 90 年代开始，就开展了若干城市的环境规划优化模型以及总量控制规划研究。近年来随着全国大气和水环境容量测算以及污染物排放总量分配工作的推进，线性规划方法在环境规划中的应用取得了空前的发展。用线性规划法估算大气环境容量，是将大气扩散模式结合运筹学原理，把自然界容纳大气污染物的能力进行一种最优配置的方法，是一种动态的环境容量计算方法，根据关注内容的差异，还可以进行权重上的调整，把大气环境容量与总量控制直接分配到各个大气污染源中。

7.5.1 计算方法

线性规划法(多源模式加数学规划法)根据线性规划理论计算大气环境容量。该方法根据测算区域的大气环境功能及相应指标，以污染源排放之和的最大值为目标，所有源对每个控制点的总浓度贡献均小于控制目标值和各污染源排放量非负为约束条件，结合传输系数矩阵建立线性规划模型(孙维等，2017)。

目标函数为：$\mathrm{Max}F(Q)=\sum_{j=1}^{N}Q_j$

约束条件为：$\sum_{j=1}^{N} A_{ij}Q_j \leqslant C_i - C_i^0 \quad (j=1,2,\cdots,N; i=1,2,\cdots,M)$

式中：$F(Q)$ 为目标函数，即区域内所有污染源污染物排放量之和的最大值；Q_j 为污染源 j 的允许排放量；A_{ij} 为区域内污染源 j 对控制点 i 的浓度贡献系数(即污染源 j 对控制点 i 的浓度贡献值/污染源 j 的污染物排放速率)；C_i 为区域内各质量控制点浓度达到的目标值，为函数 $F(Q)$ 的约束条件；C_i^0 为区域污染物浓度水平现状；M、N 为区域质量控制点和污染源总数。

线性规划模型可用单纯形法或改进单纯形法求解，需由计算机辅助完成。工具方面，美国芝加哥 LINDO 系统公司研制的交互式的线性和通用优化求解器软件(linear interactive and general optimizer，LINGO)，可以用于求解非线性规划，也可以用于一些线性和非线性方程组的求解等，功能十分强大，是求解线性规划模型的最佳选择。

7.5.2 线性规划法的应用及修正

与其他方法类似，在实际操作中往往会根据区域污染特征对线性规划法进行修正或改进。徐盛荣(2005)利用线性规划法计算哈尔滨市的大气环境容量时，针对现有大气环境容量测算方法中存在的缺点，提出了“阶梯法”，对污染源允许排放量能够进行较为合理的分配，实现了大气环境容量测算中“从浓度到容量”的确定，技术方法可行。目前各地所介绍的优化削减方法主要有等比例法、浓度贡献法、传递系数法、综合加权法、分层法等，对污染源允许排放量分配都存在不同程度的随机性、不公平性和不合理性。为了能够更好地体现问题的实质并易于操作，通常对优化削减方案进行技术处理。例如，对控制点 j 来说，如果其污染物浓度是超标的，所有源对其都是有贡献的，由于各源对其贡献率大小是不同的，若按照同一比例进行削减，显然对贡献率小的源来说是不公平的，所以对第 i 个源进行削减时，其浓度削减量 Δq_i 要按照“浓度贡献大，其削减量也大”的原则来确定。

马晓明等(2006)提出了一套适合我国城市大气污染物允许排放总量计算与分配的技术路线和模型，通过将区域划分为不同的功能区和管理小区，构造区域间大气污染物转移矩阵，并利用线性规划模型来确定城市大气污染物允许排放总量及分布，并以此作为区域控制指标分配至污染源，充分体现环境功能区差异和容量分配的公平性。

7.5.3 线性规划法与其他方法的结合

为了有效克服传统单一方法遇到的困难，近年来，国内外许多学者在应用中将线性规划法与 A-P 值法或空气污染模型模拟法结合起来，建立的新模型，能够较为准确、全面地解决环境容量计算及规划问题。

7.5.3.1 线性规划法 + A-P 值法

李巍等(2005)利用线性规划结合修整后的高斯模型对大同市的大气环境容量进行了模拟。考虑到大同市的城市性质，是以煤炭资源的开采、加工和利用为主的资源型城市，再加之不利的地形和气象条件，容易形成比较严重的能源结构型大气污染，特别是市区 SO_2 污染十分突出。针对大同市大气 SO_2 污染的特殊性，采用修正的高斯模型，分别计算该市 SO_2 总量控制区的现状和规划环境容量。研究结果表明，该市总量控制区 SO_2 环境容量不及该目标区域现状(2000 年)排放量的一半,而规划环境容量则是现状环境容量的约 1.5 倍。

王宝民等(2004)将 *A-P* 值法和线性规划法结合使用,以后者为主、前者为辅,对河北省唐山市大气环境容量进行了评估计算。首先,利用污染源调查资料、气象资料和污染物浓度监测资料,对采用的多源正态烟流模式进行检验;其次,利用多源正态烟流模式计算污染源对计算点的浓度传输矩阵,在此过程中,对每个网格的污染物排放量采用 *A-P* 值法进行控制;最后用线性规划法的单纯形方法计算大气污染物总量。两种方法结合的优越性在于:通常的线性规划模型在进行总量计算时,存在规划排放量"极端化"现象,即部分污染源要么以下界排放,要么以上界排放,从而不能很好地符合实际工作需要,引入 *A-P* 值法后则很好地解决了这一问题。该模型应用于计算河北省唐山市高新技术开发区大气污染物排放总量,结果表明:在平原地区,该模式简捷实用,可用于大气环境容量及规划研究。该模型是将 *A-P* 值法和多源模式加线性规划法相结合并且加以优化的一个实用的大气环境容量计算模型。

7.5.3.2 线性规划法+空气污染模型模拟法

以 ADMS 大气扩散模型作为环境质量预测的基础模型,建立大气环境容量的线性优化模式,依据预定的环境质量标准,反演各虚拟点源的污染物最大允许排放量。肖扬等(2008)基于 ADMS-Urban 和线性规划模型,构建了浓度-排放量反推模式,从区域自然生态环境和污染气象特征出发,以区域大气环境质量保护目标为约束条件,结合虚拟点源法测算区域大气环境容量(图 7.3)。以北京市通州区进行案例分析,根据当地自然环境与污染气象特征等信息,在环境质量目标约束条件下,应用该方法测算出通州区的 SO_2 环境容量为 41 311 $t \cdot a^{-1}$;但其空间分布极为不均,主要分布于建城区以外的乡镇,建城区的环境容量较小。由于通州区 SO_2 排放主要集中在采暖期的建城区,尽管全区的 SO_2 年排放量远小于其环境容量,但是仍然在建城区造成了严重污染。

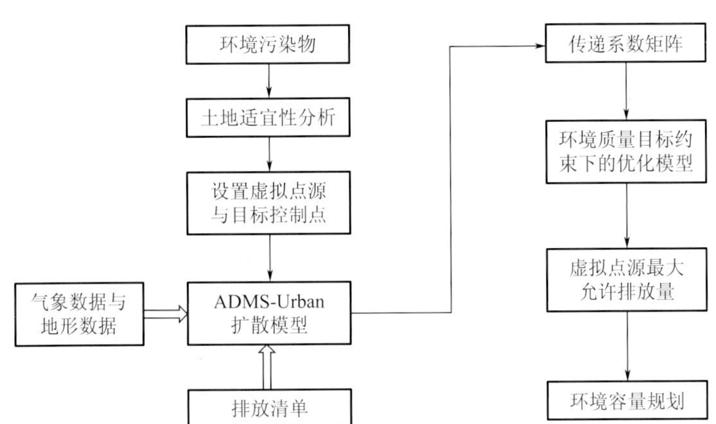

图 7.3 ADMS+线性规划法的技术路线图(引自肖扬等,2008)

7.5.3.3 线性规划法+*A-P* 值法+空气污染模型模拟法

大尺度区域由于空间尺度大、下垫面和气象条件复杂、排放源多样、分布差异大,空气污染表现出显著的区域性和复合型特征,尤其在京津冀、长三角、珠三角、四川盆地等重点城市群区域,二次污染也占了不小的比例,这些污染特点都对大尺度区域的环境容量评估计算提出了较高的要求和挑战,即单纯使用某一种估算方法都不可能较准确、全面地满足大尺度区域的评估需求。A-P 值法在城市、工业集聚区等地区得到了较多应用，主要适用于尺度较小的有限区域；空气污染模型模拟法（以下简称“模拟法”）在大气环境容量评估工作中应用较为广泛，相比 A-P 值法，其输入要求高、计算量大，在容量的区域配置方面，模拟法一般采用等比例或平方比例削减技术，不具有区域优化特性；线性规划法可以像模拟法一样较细致地反映“排放源-受体”的响应关系，同时可以在区域上对大气环境容量进行优化配置，但该方法由于受到线性响应关系的制约，一般不能处理非线性过程显著的二次污染问题。

充分考虑大尺度区域性大气污染及其复合型特征，兼顾多种因素对大气环境容量的制约，分解区域、简化污染源是行之有效的一种解决办法。基于此，钱跃东等（2011）提出了一种将线性规划法与 A-P 值法、模拟法有机地结合起来的综合计算方法，基本思路是：将大尺度区域划分为一系列小区域，将真实污染源简化为若干污染源单元；基于线性规划法寻求区域最大容量及优化配置方案；采用箱模型以保证污染源单元尺度的环境质量要求，采用模拟法考虑二次污染对前体物环境容量的制约；将箱模型容量与模拟法容量作为规划法的约束条件。也就是说，基于线性规划模型，其目标函数为区域所能容纳的污染物的最大排放量，约束条件包括环境质量约束、基于经济技术等条件的排污量约束、基于箱模型容量的排污量约束、基于模拟法容量的排污量约束等。该综合模型的基本形式如下：

$$\mathrm{Max}Z = \sum_{i=1}^{N} Q_i - x \cdot PENALTY \tag{7.16}$$

式(7.16)为目标函数。式中：Q_i 为污染源单元的污染物排放量；N 为污染源单元总数；$PENALTY$ 为罚函数，其定义见式(7.17)；x 为罚函数的系数，其值反映罚函数在目标函数中的比例。

$$PENALTY = \sum_{j=1}^{K} w_j \cdot C_{kj} \tag{7.17}$$

式(7.17)为罚函数。式中：w_j 表示控制点 j 的权重，在不区分控制点重要性的情形下，一般统一取值为 1；C_{kj} 为控制点 j 的浓度松弛变量（即控制点 j 的浓度允许超标量）。

使用该方法对我国东南沿海某区域进行了大气环境容量的评估试验，该区域包括 13 个地级市，以 SO_2 为例（表 7.7），表中“规划容量”即为最终的容量估算结果，“箱模型容量”和“模拟法容量”作为规划容量计算的两种约束条件，也就是说，规划容量将不会大于这两种容量。“制约因素”反映了环境容量估算结果主要受到何种因素的制约：若规划容量等于箱模型容量，则说明主要受局地污染的影响；若规划容量等于模拟法容量，则主要受某种二次污染的影响（其中包括 O_3 对于 NO_x 排放的限制、酸沉降和细颗粒物污染对于 SO_2 的限制）；若规划容量显著小于上述两种容量，则说明主要受一次污染跨区域输送的影响。从计算结果可以看出，由于大尺度区域中空气污染具有明显的区域性和复合型，大气环境容量受到多种因素的制约，具体来说，既有污染源单元尺度的局地影响，也有大尺度的跨区域输送影响；既有一次污染的直接影响，也有二次污染的间接影响。比如，对 SO_2 来说，一个大区域内，其中，地区 A 的 SO_2 容量可能主要受到区域细颗粒物污染的制约，地区 B 的容量也可能主要受污染源单元尺度的 SO_2 直接污染的制约，地区 C 的容量则主要受 SO_2 跨区域输送的制约，而地区 D 的 SO_2 容量也许主要受到区域酸沉降的制约。由此可见，本研究提出的方法可以较全面地考虑大尺度区域内多种污染因素对环境容量的制约，表明该方法考虑全面、合理可行，具有较好的推广应用前景。

表 7.7 SO_2 环境容量及环境承载率(引自钱跃东等,2011)

地区序号	容量估算结果(万 $t \cdot a^{-1}$)				2007 年承载率
	箱模型容量	模拟法容量	规划容量	制约因素*	
1	11.25	8.49	8.49	P	0.59
2	9.89	4.52	4.51	P	0.29
3	15.04	21.63	15.04	L	0.58
4	15.67	5.50	3.55	R	0.84
5	25.67	20.09	14.38	R	0.69
6	12.90	2.77	2.42	R	0.70
7	21.72	6.00	4.82	R	0.65
8	8.85	7.22	7.21	P	0.75
9	5.84	7.51	5.84	L	1.33
10	15.45	4.29	4.28	A	0.93
11	13.14	3.27	3.27	P	0.17
12	16.54	5.96	5.96	P	0.32
13	12.87	7.67	7.67	P	0.58
汇总	184.80	104.88	87.45		0.65

注:* 制约因素表明某地的环境容量计算结果主要受制于何种因素:P 为区域 $PM_{2.5}$ 污染;L 为局地一次污染;R 为区域一次污染;A 为区域酸沉降。

7.5.4 小结与讨论

关于线性规划法,国内较早使用,其优点在于考虑到了区域外污染源的影响,另外把区域大气环境容量直接“优化分配”到各大气污染源上,这种“源解析”的方法使得大气环境容量能直接与大气污染物总量控制结合起来。相对于 *A-P* 值法而言,其精度更高,更有针对性,适合于位置相对来说较为确定的多个污染源叠加问题的评价。但如果是评价区域内污染源位置不确定的情况,则会有较大问题,其解决办法是运用情景分析法,设计几种极端和常规的情景分别进行预测,不仅本区域的大气环境容量可以计算出来,而且评价区域内污染源的优化布局也能实现。

然而,线性规划法模型所依赖的因素较多,不易操作,特别是在暂时没有污染源或污染源信息不详尽时,很难得出区域内的容许排放总量。此外,由于受到污染源排放高度、气象条件、地形条件、污染源排放状况等诸多因素的影响,在保证地面浓度达标的前提下,区域内某种污染物的最大允许排放量,不是一个常量,其允许排放量则是污染源排放高度的函数,将随着排放高度的增加而增加。

另外,相对于 *A-P* 值法和空气污染模型模拟法两种方法而言,线性规划法的难度和工作量都较大。首先,必须搜集到气象资料,以提供给大气扩散模式使用;其次,必须搜集到比所规划区域更大评价范围内的污染源分布和污染物排放情况,以做出在评价区域内的关注点(控制点)上的污染叠加,也就是通常所说的多源叠加。以前这种方法由于计算量过大,在环境影响评价中使用得较少，但随着现在计算机的计算能力飞速提高，再加上像 ADMS-Urban 和 ISC-AERMOD 等国外先进软件的引入，以及严格按照环境影响评价技术导则要求而设计的“环评助手 EIAA”的研发，使得这种方法在环境影响评价工作中的应用变得更为容易了。

7.6 系统动力学模型

如前所述，理化方法最大的短板是着眼于理化过程的精准，忽视了全局，不能把经济、社会等多种情况纳入系统进行综合分析，不能全面有效地测算环境容量和环境承载力的阈值。系统动力学（system dynamics，SD）是研究复杂系统的有力工具，其充分利用各领域的年均统计数据（空气质量的改善是一个长期过程，宜用年均统计值进行分析），宏观、动态地分析社会、经济、环境、能源等之间的关系，因此，可以更有效地解决多目标的规划问题（Vafa-Arani et al.，2014）。

7.6.1 基本概念

系统动力学（SD）模型通常包含经济、能源、环境 3 个子系统，分别包含一系列变量。从变量功能类型来看，它们分为 5 类：状态变量、速率变量、辅助变量、常量、调控变量（常量和调控变量也属于辅助变量）。其中，GDP（国内生产总值）、能源消费量都按目标要求来设定，按照一定增长率而增长。GDP 对应一部分“产污 GDP”，是 GDP 中会排放污染物的那一部分经济产量，通过采用“比例系数”来体现，由此确定排放量与 GDP 之间的动态比值，并将这种比例关系由 GDP 传导到污染物排放量，即经济变化导致排放量随之变化。然后，污染物排放量又通过“转化率”进行传导，例如，转化率可表征排放量与 $PM_{2.5}$ 质量浓度之间的动态数量关系，换句话说，排放量的变化可引起 $PM_{2.5}$ 质量浓度随之变化。最后是构建 SD 模型，确定好各变量初值和调控参数后，就可按某一趋势进行预测。除了调控变量和常量外，其他变量均是随 SD 模型推演的进行而不断反馈、动态变化的。图 7.4 为周业晶等（2017）在研究武汉环境容量时使用的 SD 模型流程图。

以武汉市为例，对大气环境容量、大气环境压力和大气环境承载力（周业晶等，2017）分别定义如下：大气环境容量（atmospheric environmental capacity，AEC）指标具体为当 $PM_{2.5}$ 年均质量浓度为 35 $\mu g \cdot m^{-3}$ 时，6 种大气污染物（SO_2、NO_x、VOCs、NH_3、一次 $PM_{2.5}$、一次 PM_{10}）的允许排放量；大气环境压力（atmospheric environmental stress，AES）指标具体为以武汉市 2015 年各种大气污染物排放量为基准，假定经济结构、能源结构、环保水平基本不变，且保持一定的 GDP 增速，6 种大气污染物的预测产生量；大气环境承载力（atmospheric environmental carrying capacity，AECC）包括显性指标和隐性指标两部分，其中，隐性指标部分是维持环境质量当前状况的实际能力，如经济状况、产业结构、能源结构、技术水平、自然资源、地理气候条件、环保投入等因素，而显性指标部分则是隐性指标部分的综合外在表现，是抵消一部分环境压力的累计削减量（存量＋增量）（图 7.5）。

AES、AEC、AECC 彼此之间是相互作用、相互影响且随时间变化的，它们之间的动态关系为：在以消耗化石能源为基础的传统 GDP 增长模式下，AECC（显性）始终小于 AES，抵御污染的能力小于排放力度，大气污染量（复合曲线）超过 AEC，环境质量变坏（图 7.6a）；新常态下，

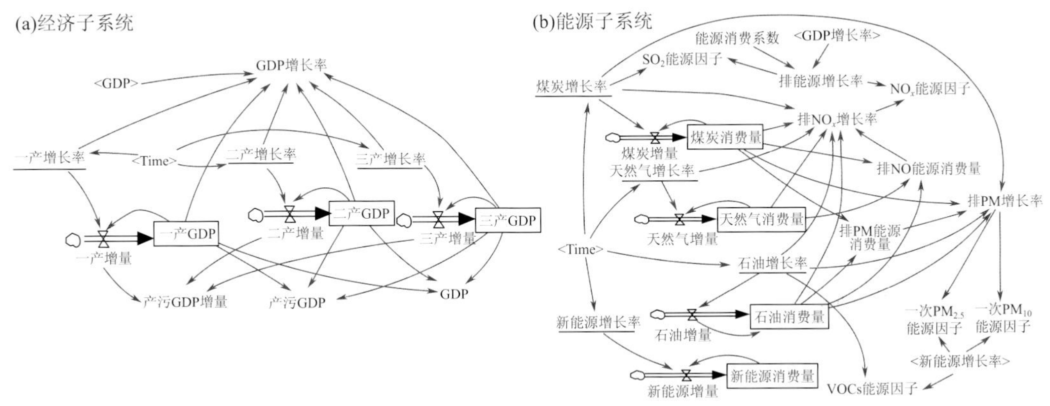

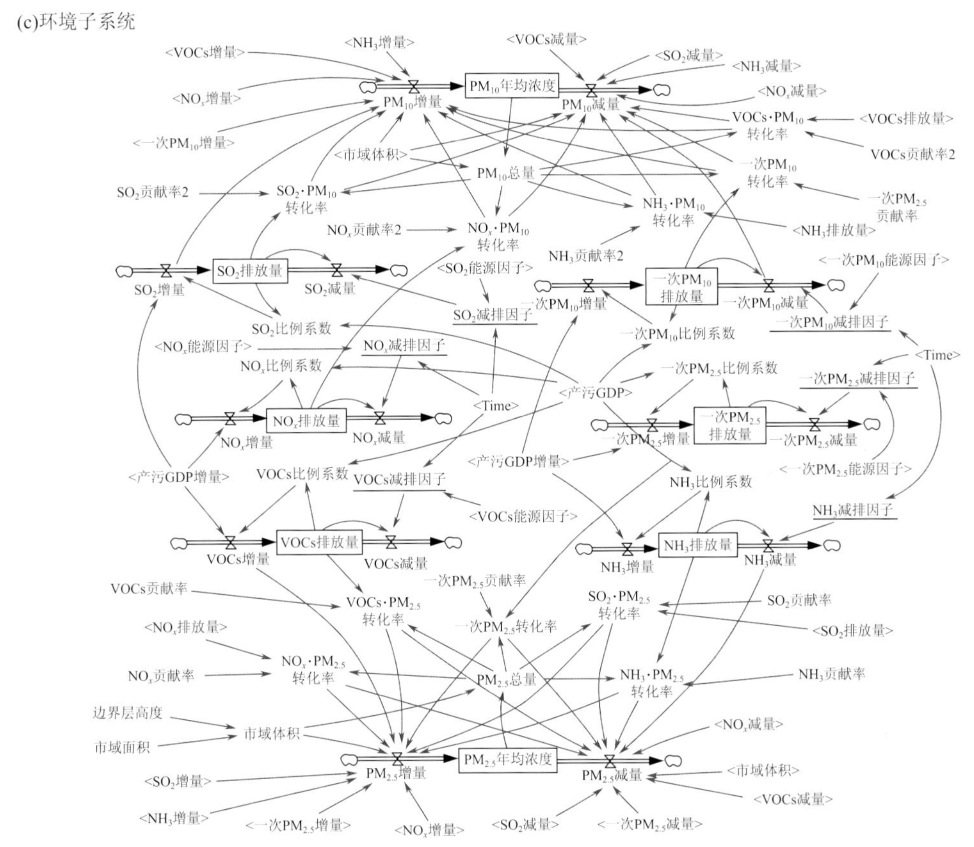

图 7.4　SD 模型流程图(引自周业晶等,2017)

当 AECC(显性)逐渐超越 AES,抵御污染的能力逐渐超越了排放力度,大气污染量(复合曲线)逐渐收敛于 AEC 内,环境质量不断得到改善(图 7.6b)。

7.6.2　系统动力学模型的应用

为了减少排放、提高大气环境质量,在 SD 模型中通常由 3 种控制措施来体现:①通过调整一产、二产、三产 GDP 的增长率来调整产业结构,减小产污 GDP 的比例;②通过调整各

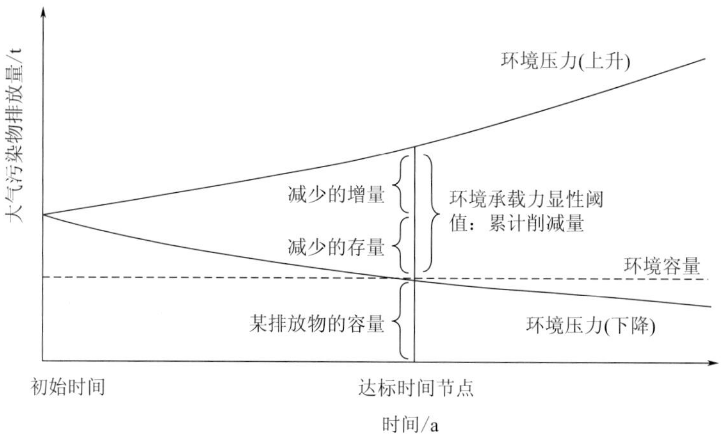

图 7.5　大气环境承载力线性指标部分图示说明(引自周业晶等,2017)

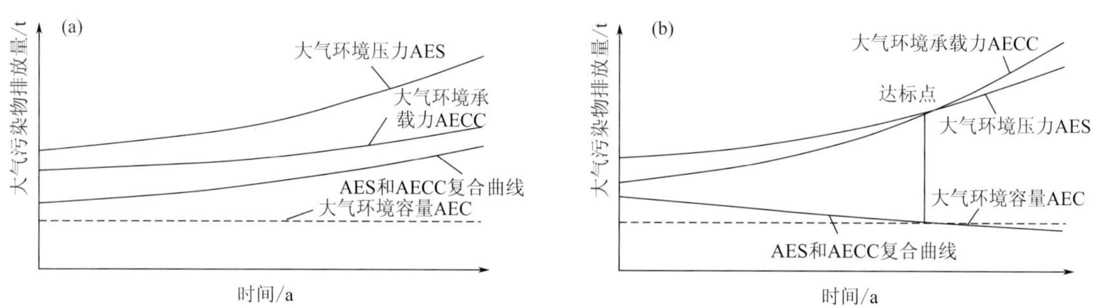

图 7.6　大气环境污染(a)和大气环境改善(b)下 AES、AEC、AECC 之间的辩证关系(引自周业晶等,2017)

能源增长率来调整能源消费结构,减少单位 GDP 的污染增量;③通过设定减排因子,进行末端治理。周业晶等(2017)设置的 3 种发展情景由强到弱分别为:S_1 基础型,在 2015 年基础上,2020 年 $PM_{2.5}$ 年均质量浓度下降 18%,达到 53 $\mu g \cdot m^{-3}$;S_2 适度型,$PM_{2.5}$ 年均质量浓度下降 25%,达到 53 $\mu g \cdot m^{-3}$;S_3 强化型,$PM_{2.5}$ 年均质量浓度下降 30%,达到 49 $\mu g \cdot m^{-3}$。

武汉市的预测结果见图 7.7。可见,不同情景下大气环境容量预测结果趋势基本一致,以 $PM_{2.5}$ 为代表得到复合型污染的未来变化特征,受到政策、社会、经济、能源等多因素的制约,各污染物的减排能力及彼此间所占比例是比较稳定的,预测出来的减排量也应该在一个稳定的范围内变化。到 2020 年,武汉市在 3 种情景下的 $PM_{2.5}$ 年均质量浓度分别为 58、53 和 48 $\mu g \cdot m^{-3}$,可见只有在 S_3 强化型情景下 $PM_{2.5}$ 年均质量浓度的预测结果才能满足武汉市最新环保规划的要求,达标时间节点是 2025.75 年(接近 2026 年),该情景下模拟计算出的以 GDP-$PM_{2.5}$ 达标为约束前提下的 SO_2、NO_x、VOCs、一次 PM_{10}、一次 $PM_{2.5}$、NH_3 的大气环境容量,其量值分别为 23083、92773、89678、78984、32580 和 12226 t。该项研究的预测结果已被武汉市环境科学研究院采纳,为当地政府制定环境保护规划提供了参考依据,为环境友好型社会经济发展提供了量化依据和科技支持(周业晶等,2017)。

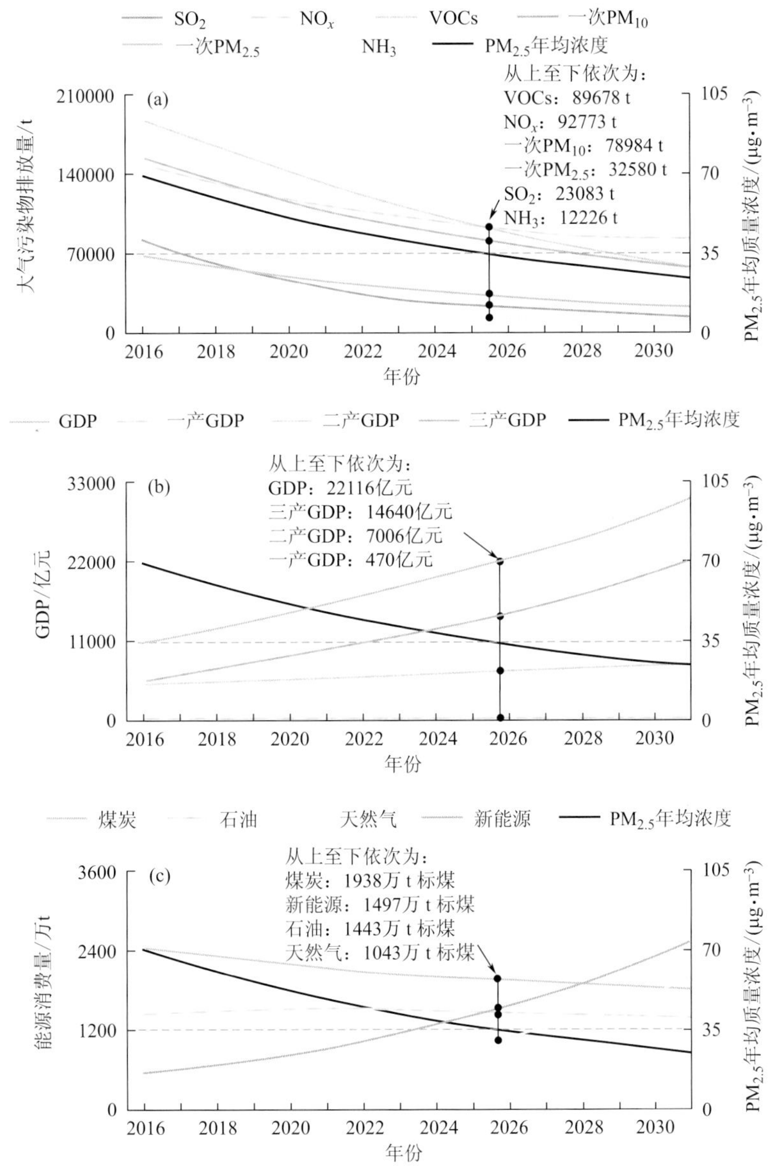

图 7.7　不同情境下大气环境容量(a)、大气环境经济承载力(b)及大气环境能源承载力(c)指标阈值的预测结果(引自周业晶等，2017)

7.7　小结

为达到一个区域的经济发展、环境保护、生态保持、资源利用以及社会构成处于一个良性的和谐状态，必须要以该区域的自然生态属性为基础进行区域环境总量控制，其中，大气环境容量的计算结果是指导区域污染控制和管理的基本依据。本章对多种大气环境容量的计算方法进行了细致介绍，阐明了各自的优缺点，因此本小结不再一一赘述。

(1)A-P 值法、空气污染模型模拟法及线性规划法是从理化角度出发，对大气环境容量计算的常用方法。由于 A-P 值法可操作性强、空气质量模型模拟法准确性好，目前这两种方法应用最为普遍。

（2）系统动力学方法综合了社会、经济、环境、能源等多种因素的影响，可宏观、动态地分析大气环境容量阈值，并从社会学角度出发提供了解决环境影响评价问题的新思路。

（3）在实际应用中，通常将以上多种方法进行优化、修正以及耦合，建立新的综合模型，这样充分考虑到多种因素对大气环境容量的制约，尤其在面对大尺度的区域性、复合型大气污染等问题时，新的综合模型可有效解决传统单一方法的局限性及不足，其方案更合理可行、推广前景更好。

第8章 空气污染数值预报

空气污染(质量)预报是当今环境科学研究的热点与难点问题之一(Seinfeld et al. ,2006)。由于大气污染物包含复杂的污染气体的化学变化、颗粒物多项微物理过程以及气体污染物向颗粒物的转化过程,而大气是空气污染物的载体,因此污染物的输送和扩散计算取决于大气热力和动力状态的合理描述。此外,空气污染预报也离不开天气预报。研究证明,污染物排放量及其理化转化过程和大气对污染物的稀释扩散能力是影响空气质量的两个关键因子;大气污染物的浓度积累与扩散,除了受污染物排放数量、组成、排放方式、排放源的密集程度及位置等影响外,不同的大气环流形势和天气过程对大气污染物的稀释扩散的影响也是非常重要的。故此,传统的统计预报方法不能描述这些复杂的理化过程和传输机制,而空气污染数值预报方法则可弥补潜势(气象条件)预报和统计预报方法的局限性,成为最有发展前景的预报方法。

8.1 空气污染数值预报的定义

空气污染预报可分为污染潜势预报和污染浓度预报两大类。污染潜势预报是在天气预报的基础上,预报标志大气对污染物稀释扩散能力的气象条件。当污染潜势预报的气象条件符合可能造成严重污染形势的标准时,可发出警报,以便于政府环境管理部门采取必要的应急措施。这在 20 世纪 70 年代以前的早期空气污染预报中应用较多。浓度预报要求能预报出污染物的浓度及其变化,预报方法主要分为统计预报法、天气型相似预报法和数值预报方法。其中数值预报方法是目前发展最为完善、应用最为广泛的预报方法。

大气污染物浓度的变化遵循物质守恒原理,也就是连续方程:

$$\frac{\partial(\varphi_i\sqrt{\hat{\gamma}})}{\partial t}+\frac{\partial(\varphi_i\sqrt{\hat{\gamma}}\hat{v}_j)}{\partial \hat{x}_j}=\dot{Q}_{\varphi_i}=\sqrt{\hat{\gamma}}Q_{\varphi_i} \tag{8.1}$$

式中:φ_i 为第 i 种微量成分;$\hat{\gamma}$ 为坐标转换的 Jacob 系数;t 为时间变量;$\hat{v}_j$ 为 j 方向的风速;$\hat{x}_j$ 为空间变量;Q 为源、汇和化学转化项之和。此方程属于黏性的斯托克斯方程,迄今还没有什么方法可以直接求解。在 20 世纪 70 年代以前,人们根据所关心的问题,对方程(8.1)进行不同程度的简化,来研究所关心的微量成分的变化。例如:箱模式(主要关注大气污染物的化学转化,略去了外界对此输送过程的影响,可以详细地考虑化学反应过程)和高斯扩散模型(只考虑湍流扩散过程,忽略了化学转化过程,被广泛应用在环境评价工作中)。直到 20 世纪 70 年代后期和 80 年代初期,分裂算子方法在大气化学模式中得到应用,才使得大气成分的数值模式进入了一个新时代,也可以说大气污染物的数值研究才真正开始。

大气污染数值预报方法就是将连续方程(8.1)在时间和空间上进行离散化,利用污染物的时间插值和空间插值实现污染物预报的方法。而空气污染数值模式是指:有针对性地给定一定的初值和边值,通过计算机,在一定时间尺度和空间范围求解离散后的污染物扩散方程,以及描述大气热力和动力状态的方程组。空气污染的数值模式有不同的分类。根据污染气团与坐标系的关系,可分为拉格朗日型、欧拉型、半欧拉半拉格朗日型、随机模型和网格质点模型。按照是否考虑局地变化项,可分为演变模式和诊断模式。按照模式的空间尺度分类,有局地尺度、城市尺度、中尺度、大尺度(区域尺度)和全球尺度模式。按模拟的污染过程,又可分为酸雨、光化学烟雾、干沉降和微生物扩散传输等。

8.2 空气污染数值预报模式的发展

8.2.1 国外空气污染数值预报模式的发展

空气污染数值预报模式的发展与人们关注环境和气候问题密切相关。20 世纪 70—80 年代,酸雨是欧美各国关心的主要环境问题之一,而且涉及污染物的跨境输送和环境外交。为此,区域酸沉降和酸雨模式得到了一定发展,如:区域酸沉降模式 RADM(Stockwell et al.,1990)、ADOM(Macdonald et al.,1993)和 STEM(Huang et al.,2017a)。与此同时,城市的空气污染和光化学现象的发生促使人们关注城市和区域的臭氧问题,发展了城市空气质量模式(urban airshed model,UAM)(Scheffe and Morris,1993)和区域氧化剂模式(regional oxidant model,ROM)(Davis et al.,2000)。1985 年,费尔曼(Ferman)等证实南极春季发生"臭氧洞"现象,引起了人们对平流层臭氧及其化学过程的关注。此后,相关学者发展了多个全球二维平流层化学模式,有 10 个模式参加了世界气象组织(WMO)平流层臭氧的研究和评估工作,为氯氟烃(chloro-fluoro-carbon,CFCs)减排措施的评估和平流层臭氧的保护提供了科学依据和技术支持。

除了 CO_2 和 CFCs 等长寿命的温室气体外,臭氧也是一种温室气体,因此人们很早就认识到大气化学过程对气候变化具有重要作用。20 世纪 80 年代,发展了一维辐射-对流-光化学耦合模式和二维气候-化学耦合模式,研究臭氧变化对气候变化的影响。此后,查尔森(Charlson)等(1992)估算硫酸盐气溶胶对气候变化的影响,表明了气溶胶在气候变化中的重要性。20 世纪 90 年代,全球三维大气化学模式发展初期,平流层和对流层的全球三维大气化学模式受计算条件的限制只能用于短期的数值模拟。随着计算机的发展,现在全球三维大气化学模式可以进行长期的数值模拟,被用于臭氧和气溶胶的分布、变化及其气候效应的研究。在计算机技术高速发展的促进下,目前云尺度模式、区域模式和全球天气气候模式都在耦合大气化学过程,如区域模式有全球化学-气候模式(chemistry-climate model,CCM)和 WACCM(whole-atmosphere community climate model)等(Robock,2011),而且全球模式模拟的垂直范围也在扩展,如 WACCM 模式的范围从地面到 130 km 的高空。

在全球尺度的空气污染与气候变化耦合的空气污染模式发展的同时,用于全球、区域和中小尺度的污染预报及其与天气相互作用研究的空气污染模式也得到迅速发展。在全球尺度上,欧洲数值预报中心在发展全球范围的在线耦合的空气质量模式 ECMWF IFS(Morcrette et al.,2008),加拿大有全球在线的空气污染模式 GEM-AQ(Menard et al.,1995),美国有

MOZART(Horowitz et al.,2002),芬兰气象局有 SILAM,日本气象厅有全球气溶胶模式 MASINGAR(Tanaka,2002;Sofiev et al.,2015)。这种全球尺度的模式不仅可以模拟和预报局地污染物,而且在污染物的洲际传输、沙尘暴及火山在全球范围的影响等方面发挥了重要作用。美国国家环保局在 20 世纪 90 年代末发展的公共多尺度空气质量模式(community multi-scale air quality,CMAQ)(Binkowski et al.,2003),以及美国国家海洋大气局开发的轨迹模式 HYSPLIT 和之后开发的在线完全耦合的区域空气质量预报模式 WRF-Chem(Hess et al.,1997;Grell et al.,2005),目前都广泛应用于空气质量预报研究领域与污染来源及轨迹分析。

美国国家环保局还推荐了 6 个烟流模式用于局地环境评价(Yamartino et al.,1996),如高斯烟羽扩散模式(bouyant line and point source model,BLP)、稳态高斯扩散模式 CALINE3、高斯扩散模式(complex terrain dispersion model plus algorithms for unstable situations,CTDMPLUS)、线性高斯模式(offshore and coastal dispersion model,OCD)、稳态高斯扩散模式(industrial source complex model,ISC3)、高斯型解的拉格朗日型 K 模式 CALPUFF。其中,CALPUFF 是三维非稳态拉格朗日扩散模式系统,与传统的稳态高斯扩散模式相比,它能更好地处理长距离污染物传输(50 km 以上的距离范围)。ISC3 是基于统计理论的正态烟流模式,模拟范围小于 50 km,模拟物质为一次污染物,模式采用逐时的气象观测数据,据此确定气象条件对烟流抬升、传输和扩散的影响。

另外,随着民众生活水平的提高,街区尺度的城市交通污染排放以及部分特殊点源和面源的排放对相关人群暴露水平的影响,也逐渐引起重视。街区尺度的空气污染模式对城市建筑参数、街区大小、半封闭的管道流体力学以及高分辨率的排放源的要求都非常高。

8.2.2 国内空气污染数值预报模式的发展

我国的空气质量预报工作起步较晚。从 1973 年第一次全国环保工作会议开始,陆续在大气扩散模式、污染气象学以及空气污染预报等方面进行了多项研究,但主要是依托国外的空气污染预报方法展开的,包括从早期的潜势预报到后来的数值预报。20 世纪 80 年代,北京、沈阳、兰州、天津、南京等城市通过统计方法来预测城市内空气质量。随着计算机技术的迅速发展和预报模拟精度及准确度的不断提高,逐渐形成了由潜势预报、统计预报和数值预报相结合的空气质量预报系统。

1997 年,中国气象科学研究院建立了非静稳箱格的大气污染浓度预报和潜势预报系统(city air pollution prediction system,CAPPS)(朱蓉等,2001)。CAPPS 是用有限体积法对大气平流扩散方程积分得到污染物浓度,它所需的排放可根据污染物 SO_2、NO_2、PM_{10}、CO 的浓度和大气环境容量反算获得。它的气象驱动场依托美国 NCAR/PSU 中尺度数值天气预报模式(MM5),并根据国家环境标准给出污染指数和污染潜势预报,在实际应用中非常方便快捷。

中国科学院大气物理研究所自主研发了嵌套网格空气质量预报系统(nested air quality prediction modeling system,NAQPMS)(Wang et al.,2001,2018)。NAQPMS 为三维欧拉输送模式,垂直坐标采用地形追随坐标,水平分辨率一般为 3.0~81.0 km。NAQPMS 可用于多尺度污染问题的研究,不但可以研究区域尺度的空气污染问题(如臭氧、细颗粒物、酸雨、沙尘等污染物的跨界跨国输送等),还可以研究城市尺度空气污染的发生机理及其变化规律,以及不同尺度之间的相互影响过程。NAQPMS 模式目前主要应用于空气质量预报领域，已在北京、上海、深圳、郑州等城市的空气质量预报业务中得到大量应用。

中国气象科学研究院大气成分研究所开发了完全在线的亚洲沙尘暴数值预报系统 CUACE/Dust(Zhou et al.，2008)。该系统将直径小于 40 μm 的沙尘气溶胶粒子按粒级分为 12 档。起沙是沙尘暴数值预报中非常重要的一环，主要描述有多少沙子如何从地表进入到大气中。CUACE/Dust 起沙模块以沙尘释放模型(Marticorena et al.，1995，1997；Alfaro et al.，2001)为基础。该模型理论基础比较合理，它以土壤结构、土壤类型以及分布状况为基础，同时考虑了地面粗糙度、土壤含水量和近地面大气运动的影响，给出了比较接近实际状态的垂直沙通量，经撒哈拉沙漠土壤质地验证起沙合理。该模式通过使用中国的沙漠和沙漠化分布数据、土壤质地数据、沙尘释放后的实测粒度数据等，形成了适用于亚洲沙尘释放的起沙方案。该系统经过 2004 年 4 月以及 2005、2006 和 2007 年春季的实时运行，取得了良好的预报效果。该系统已经可以较准确地描述亚洲沙尘浓度的空间分布，并且于 2007 年通过了中国气象局严格的业务化评估，成为中国气象局的业务数值预报模式，使我国成为国际上第一个开展沙尘暴数值预报实时运行的国家。该模式支撑中国气象局于 2008 年成功申报世界气象组织国际沙尘暴计划亚洲区域中心，至今该系统一直是世界气象组织亚洲沙尘暴业务中心的核心预报模式。

中国气象科学研究院大气成分研究所将观测与数值模式系统研发紧密结合，成功研发了将气溶胶(分 12 个粒级)与其前体气体在线耦合、并包括热力学平衡、能够准确描述六类七种大气气溶胶组分分布的气溶胶-大气化学数值模式系统(CUACE)(Zhou et al.，2012，2016，2018)。该系统在线耦合了 60 余种气体成分和六类七种气溶胶等空气污染物，形成了对 PM_{10}、$PM_{2.5}$、$PM_{1.0}$、O_3 和能见度的数值模拟能力。同时，通过观测获得的气溶胶-云滴之间的关系，以及分档的多组分气溶胶的活化参数化方案，在模式中建立的气溶胶、云雾和降水相互作用的参数化方案，使该系统不仅能模拟出干气溶胶，还能模拟出受其作用影响的云雾对能见度的影响。在 CUACE 数值模式系统的基础上，通过预报六类七种气溶胶组分的浓度及其对云雾的影响，建立了包含能见度预报的我国区域性雾-霾数值预报系统(CUACE/Haze-Fog)，该系统参与了 2008 年北京奥运会和 2009 年国庆 60 周年气象保障服务任务，提供了 PM_{10}、O_3 和以能见度预报为指示的区域性雾-霾的数值预报，取得了良好的效果。CUACE/Haze-Fog 于 2012 年在中国气象局开始实时运行，2014 年通过严格的业务化评估，确定其为业务的雾-霾数值预报系统，可提供不同尺度的覆盖全国的雾-霾数值预报。该预报系统还被世界气象组织选为未来开展空气质量预报和化学天气数值预报先导性项目中的气溶胶模式系统。

8.3 空气污染数值预报模式的关键组成

作为一种数值模式，空气污染模式包含数理方程的初值、边值和计算过程。因此，空气污染模式的关键组成包括输入、理化过程以及产品(图 8.1)。空气污染模式的输入包括气象驱动、排放源以及化学初、边值问题。其理化过程包括大气化学机制、气溶胶微物理以及不稳定气溶胶的热力学平衡过程。下面将详细说明。

8.3.1 空气污染数值模式的气象驱动

空气污染数值预报中污染物的大尺度三维输送以及湍流扩散过程都依赖气象条件实现，

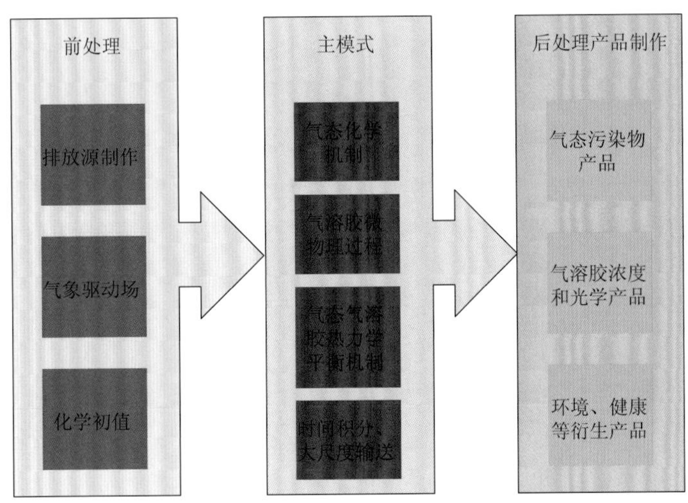

图 8.1　空气污染模式的关键组成

同时大气中的温、湿状态还为气态污染物的化学反应以及颗粒物的微物理过程提供环境条件，因此气象驱动是空气污染数值模式必不可少的条件之一。空气污染数值模式与大气模式的关系也是随着计算条件和大气模式的发展而发展的。早期空气污染数值模式与大气模式是平行发展的，它们之间的关系是离线的，即大气模式和空气污染模式是单独分别运行的，其中，大气模式先运行，以一定的时间间隔输出气象场，作为空气污染模式的气象驱动。而空气污染模式依据这些存储的气象场计算污染物的输送、扩散以及转化，二者的时间积分和空间积分不是同步的。所以，离线方式中的空气污染模式的计算精度受到大气模式储存的气象场的要素、时间间隔和空间分辨率的限制。随着计算能力的发展，20 世纪 80 年代以后，空气污染模式和大气模式逐渐出现了在线耦合的关系。这种在线耦合的关系是在大气模式中耦合污染物的大尺度和湍流传输过程，以及微观尺度的理化转化过程。在线耦合的方式使得气象要素风速、温度、气压、湿度的积分与污染物的时间、空间积分同步，污染物的理化过程所需的许多相关的气象变量可以同步从大气模式中获得。因此，这种方式大大提高了空气污染物的模拟和预报精度。

由于实现了同步时间和空间的积分，在线耦合的空气污染数值模式的另一个好处就是可以建立空气污染物对天气和气候的反馈影响关系。空气污染与天气气候的相互作用关系是当前空气污染研究的重要拓展，与多学科交叉，涉及多个相关前沿和热点的科学问题。

8.3.2　空气污染数值模式的污染物排放源

排放源清单包含不同污染物及其前体物的直接排放强度信息，包括物种排放量、排放因子、排放物位置和高度等信息，是空气污染数值模式的关键支撑子系统。一般来说，排放源清单主要包括人类活动、化石燃料燃烧等排放的污染物。这种排放源清单包含的物种中，气态的有 SO_2、NO_x、CO、NH_3、多种 VOCs，气溶胶主要排放物有元素碳 EC、有机碳 OC、$PM_{2.5}$、PM_{10} 等。排放源清单的精度不仅受排放源的构成、活动水平和排放因子信息的影响，还受到能源结构和各类技术更替变化的信息、排放清单的基础数据库的空间分辨率、VOCs 和颗粒物

的源谱等多因素的影响。而且除少数物种之外，清单校验技术发展缓慢，对排放清单缺少独立和全面的验证及对清单中“丢失”源的追踪等。随着排放源资料被广泛地用于数值模拟，污染物排放清单的空间精度和时空分布的准确性越来越受到关注，一系列改善排放清单时空精度的方法也被研发出来(Gurney et al.，2009；Oda et al.，2011)。

20 世纪 70 年代，欧美发达国家开始建立大气污染物排放清单。例如美国环保署(USEPA)开发了国家大气污染物排放清单(NEI)(https://www.epa.gov/air-emissions-inventories/national-emissions-inventory-nei)，并在长期研究基础上，发展了一套完整的排放因子数据库(AP42)。欧盟于 1990 年开始建立 CORINAIR 和 EMEP 系列排放清单(EEA(European Environment Agency)，2007)，覆盖欧洲各国，并于 2003 年发展为 TNO 系列清单(Kuenen et al.，2014)，用于环境影响评估和污染控制规划。大气复合污染问题的出现和复杂大气化学模式的发展使得排放源清单的研究对象开始关注更多的化学成分，尤其是颗粒物和挥发性有机物的化学组成(Klimont et al.，2002；Streets et al.，2003)。由于经济发展和技术进步过程中，人为源排放在总量、时空分布、化学物种相对比例等方面变化迅速，而模式往往需要及时、具有时效性的排放资料，因此，基于技术的动态清单方法学可以实现清单的快速更新(Bond et al.，2004；Zhang et al.，2007)。目前，全球范围应用广泛的全球和区域排放清单还包括 EDGAR (Crippa et al.，2014)、GAINS(Amann et al.，2011)和 REAS(Kurokawa et al.，2013)。

中国的排放源清单研究始于 20 世纪 90 年代初。早期的研究独立而分散，多针对 SO_2、NO_x 等与酸雨问题相关的大气成分(王文兴，1994；Akimoto et al.，1994)。美国阿岗国家实验室的科学家 Streets 等(2003)依托 TRACE-P 项目，开发了基础年为 2000 年的亚洲地区排放清单，这是第一个覆盖亚洲的大气污染物的综合排放清单。随后清华大学的研究者以技术为切入点，考察不同技术对排放的影响，并以此为依据对复杂排放源进行梳理和细致分类，确定了适合中国特点的源分类，构建了基于技术的动态排放清单方法学(Streets et al.，2006；Zhang et al.，2007；Wei et al.，2008；Zhao et al.，2008；Lei et al.，2011)，并针对中国的重点排放源开展了一系列本地的排放因子测试工作，提高了清单中排放因子的本土化率和数据质量(Chen et al.，2005；Li et al.，2009；Liu et al.，2009；Huo et al.，2012；Shen et al.，2012)。清华大学还研发了针对区域复杂源的多尺度嵌套、高时空分辨率的排放清单技术，使排放清单的空间分辨率可达 1 km，时间分辨率可达 1 h；同时开发了化学物种分配功能，可满足国内外主要化学机制空气质量模型的耦合导入；大幅度提高了排放清单的空间和化学物种精度，使得区域排放清单能够直接应用于模式，初步解决了中国区域排放清单的模式适用性问题(Zhang et al.，2009)。由欧美和亚洲多国参加的化学洲际传输大型研究计划 INTEX 第二阶段在西北太平洋进行的研究中，亚洲清单改进和更新至 2006 年。2012 年，清华大学发布了基于云计算平台的中国多尺度排放清单(MEIC)(http://www.meicmodel.org)。MEIC 是基于技术的自下而上的中国人为源排放清单模型，通过集成最新的活动水平数据和本地化的排放因子数据库，采用动态过程的高精度排放清单技术，确定主要大气污染物和温室气体(SO_2、NO_x、CO、NMVOC、NH_3、CO_2、$PM_{2.5}$、PM_{10}、BC 和 OC)以及 700 多种人为排放源的排放量，提供模式可用的多尺度高分辨率排放资料，在全球有广泛应用。

随着机动车产业的迅速发展，我国机动车保有量激增，机动车尾气和道路扬尘排放逐渐成为城市大气的主要污染源之一，也是导致雾-霾频发、光化学烟雾产生的重要因素。同时，城市交通基础设施建设滞后于日益增长的机动车通行需求，车路矛盾突出，交通拥堵严重，易造成机动车处于怠速状态，燃料燃烧不充分，这是导致城市交通排放和能耗迅速增加的重要原因之一，并进一步加剧了城市的空气污染。经验及科学研究表明：机动车尾气的排放污染是世界上主要国际都市及我国大部分城市的空气污染主要来源之一，一般占到30%～80%。在清单的研发中，机动车排放是$PM_{2.5}$最重要的来源之一，但这部分流动源排放的不确定性也很大。此外，道路作为机动车行驶的载体，随着道路交通流量的增加，道路扬尘也成为城市逸散性粉尘的重要源之一。移动源排放清单的建立，需要机动车排放模型做基础（图8.2）。西方发达国家自20世纪70年代起就对城市机动车污染控制问题做了大量研究。以美国的机动车排放模型研究为例，经历了从传统的排放模型（美国EPA的MOBILE模型与加州空气资源部的EMFAC模型）到比较适应现代交通情况的综合排放模型（CMEM、NGM和MOVES模型）。同样在欧洲也经历了由COPERT模型到ARTEMIS模型的发展过程。在以上众多模型中，许多模型如COPERT、ARTEMIS模型等，本质上使用相同的模拟方法，即获得排放与平均速度的函数关系，只是后者对区域性的机动车工况特征（主要是交通特征）、排放污染物、新的机动车类型以及活动水平等方面进行了添加和改进（Faris et al.，2014）。而我国对机动车污染的研究和控制起步较晚，仅仅在京津冀、长三角、珠三角等经济较为发达的地区相继开展相关研究。从20世纪90年代由清华大学首先将MOBILE5引入到我国机动车排放因子计算开始到现在，我国已引入多个国外开发的排放因子计算模型，并主要在经济发达城市进行了应用。然而，像MOBILE5等模型是基于国外车辆测试结果而建立的，其模型中的核心排放数据均来自美国EPA。与美国相比，我国在车型分类及单车排放因子方面均存在较大差异，导致模型模拟结果和中国的实际情况可能存在较大误差。而COPERT模型是以各个欧盟成员国排放测试实验室的测试数据为基础建立的，在车型分类和法规工况上与我国更相近，但是由于实际驾驶工况及道路情况不同，我国与欧洲的机动车排放也有相当程度的不同。国内最新的机动车排放模型是由原环境保护部机动车污染监控中心牵头完成的国家和区域排放模型及排放因

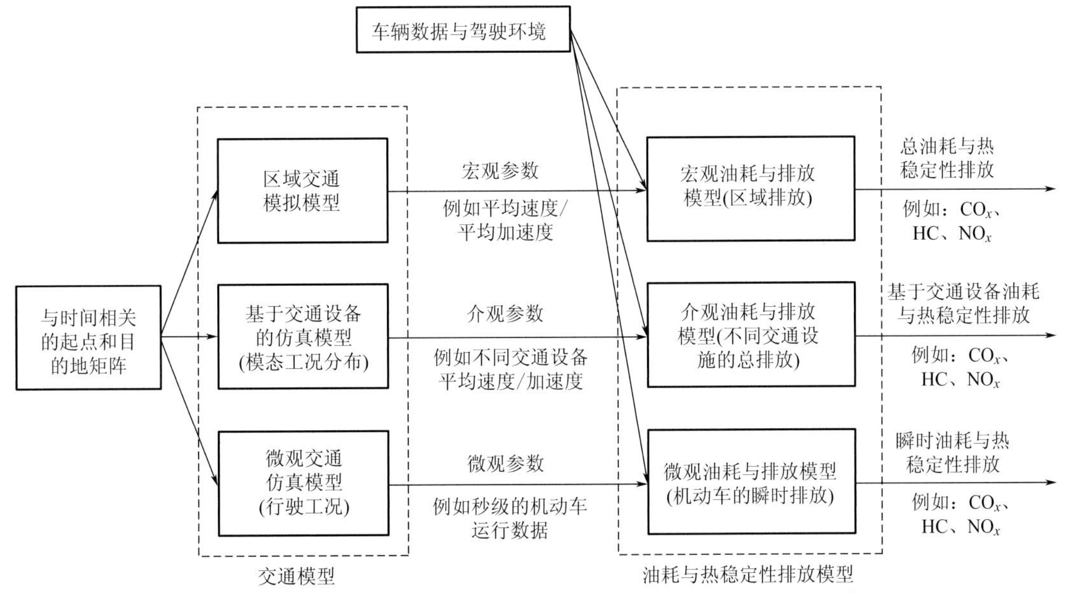

图8.2 机动车排放源获取流程（引自Faris et al.，2014）

子的研究成果。它通过对典型机动车行驶工况的实际调查，提供了城市综合的基本排放因子模型。该研究完成了345个城市的机动车平均排放因子，为全国污染源普查任务所需的机动车污染源排放系数估算提供了很好的依据。但是，由于应用目的不同，该模型对交通、道路及工况细节的描述尚无法完全满足高时空分辨率排放清单以及空气质量模型的要求。

农业活动过程中的秸秆燃烧和森林草原大火等生物质燃烧是另一类不确定性较大的排放源，对中国大气污染及雾-霾天气的形成也有着极大的贡献。在我国仅秸秆露天燃烧方面，每年约有114亿t的秸秆露天燃烧，约占其全年产量的1/4（曹国良等，2007；何立明等，2007）。而生物质燃烧能够释放出大量的颗粒物，如SO_2、NO_x、BC、OC、CO_2、CO等，特别是燃烧过程中产生的颗粒物90%以上为粒径小于2.5 μm的细颗粒物，且具有高浓度的OC、BC、K^+等，这能显著改变大气的化学性质，使得其对空气污染以及雾-霾天气形成的影响更为复杂。尽管我国已在生物质燃烧方面开展了广泛的研究（曹国良等，2005；王书肖等，2008；田贺忠等，2011），但是在目前的空气污染数值预报系统中，中国的排放源数据还没有农业活动和森林大火的实时排放源数据，生物质燃烧中颗粒物的组成和粒径分布等直接影响模拟结果的化学谱数据也十分缺乏。

在排放源清单的制作中，直接从排放数据计算和确定排放源清单的方法称为自下而上的方法（即bottom-up方法），这也是上述各类排放源清单制作的方法。另外一种排放源的制作方法是自上而下的方法（即top-down方法），包括通过卫星等手段观测的污染物浓度的遥感信号反演计算排放源清单。目前此方法反演的NO_x的排放清单精度比较可信。还有一种top-down的方法是利用污染物浓度，通过集合卡尔曼滤波或者伴随的数学方法反算出排放源。集合卡尔曼滤波方法对参与化学反应较少的物种（比如黑碳）较适合，但是对反应性气体及其衍生的物种，就不如伴随的方法准确。伴随的方法可以反映非常复杂的化学反应过程，因此理论上更加合理；但是伴随方法的应用也受到伴随模式自身编写十分复杂、计算量巨大等因素的限制。

除了人为排放的污染物外，还有自然排放的污染物，主要包括沙尘、海盐、植被生长过程中的生物排放以及火山喷发。沙尘起沙过程非常复杂，空气污染数值模式一般将此过程简化分为两类过程。首先是裸露地表的土壤颗粒因为大气风速吹动形成的滚动过程，此时起沙层大约1 m高，也称水平起沙；另外一个过程是水平滚动的沙子回落地面，将土壤中的颗粒弹射进入大气中的过程，此过程起沙称为垂直沙通量，也是空气污染模式所需的真正的起沙量。只有当风速超过一定的临界值时，起沙才会发生。这个临界值的大小受土壤质地、植被和土壤含水量等因素决定。目前已有多种参数化方法实现临界起沙速度和不同要求的沙尘气溶胶的自然排放的计算（Marticorena et al.，1995；Alfaro et al.，2001；Shao，2001）。因海洋占全球约70%的面积，因此海盐合理排放的获得也非常重要。与沙尘类似，海盐的排放也是运动的大气吹过洋面发生的。通常海盐通过两种方式释放到大气中，一种是翻滚的海浪产生大气泡破裂（breaking），向空气中释放海盐气溶胶，这种方式称为间接释放；另外一种是将浪尖的白盖（white cap）里较小的飞沫或液滴直接吹到大气中释放海盐气溶胶，这种称为直接释放。目前，已经依据地面10 m风速建立了单位面积上分档的海盐释放强度模型（Gong et al.，1997）。由此可知，沙尘和海盐的排放量与下垫面的类型、特征以及近地面的温度和风速等气象条件密切相关。生物排放是指植被生长过程中向大气排放的气体和有机气溶胶等污染物。生物排放计算与包含植被种类和生长状态的陆面过程，以及微观的植物叶孔的光合作用和蒸腾作用相关,非常复杂。目前,只有包含生物量、植被生长周期、物种等相对简单的参数化应用。与此相关的复杂实时生长排放的过程正在深入研究开发中。

8.3.3 空气污染数值模式的化学初值和边值

空气污染数值预报的基础是与其数理方程相配套的初值和边值问题,需要设定初值和边值才能进行离散求解,因此初、边值的设定非常重要。在空气污染数值预报研究中,人们通常将数值模式的化学初值设为零,采用延长模拟时间的冷启动方式,实现化学物种的初值、边值与反应的协调,从而忽略空气污染数值模式的初值问题。冷启动对于单个的污染事件的模拟是合理的,但是越来越多的空气污染数值模式应用于空气质量以及相关的雾-霾天气的预报中,由此带来的初值和边值的暖启动显得更为重要了。

空气污染模式的初值提供通常有以下几种方法:最早也是最简单的方式是利用空气污染物浓度的历史平均值作为初值。后来随着不同尺度的空气污染数值模式的发展,比较普遍的一种方法是降尺度方法,即利用更大时间和空间尺度的模式为较小尺度的预报模式提供初值。这种方法的精度会受大尺度模式的空间分辨率以及理化过程的精度的影响。还有一种方法则是采用模式前一天的运算结果作为当前计算的初值,这种方法在当前空气污染业务预报中用得最多;但是由于数值模式预报效果会随着预报时长的增长而降低,因此这种滚动的方法也会将前期误差带入到后期新的计算中。目前也有多种研究对此方法进行改进,即利用观测资料对这些初值进行优化和改进。具体的方法有两种,即沿用气象模式初值优化的最优插值方法(OI 方法)和数值同化方法(data assimilation 方法)。这两种方法都可以利用地基和空基的观测资料实现初值的优化,其精度和计算量也各有优缺点。数值同化方法因其理论基础扎实,可同化的数据多样,有更好的应用前景(Liu et al. ,2001;Niu et al. ,2008;Pendlebury et al. ,2018)。

边值的提供主要是通过历史平均值或者更大时间和空间尺度的模式为中小尺度的预报模式提供(Liu et al. ,2001;Pendlebury et al. ,2018)。目前在空气污染预报模式中用的较多的一种方法是狄利克雷法。在此方法中,模式的边界被设成刚性边界或者随时间和空间变化,这两种设定的选择则依据模式边界的风速情况:当风速由模式边界向模式区域里面吹的时候,外界浓度的输送就可能通过边界影响到预报模式区域中;当风速是从预报模式区域向外吹的时候,边界则设为窗区。

上述化学初、边值的方法对于生命周期不同的物种的应用也不尽相同。对于长寿命的物种,上述各方法均可应用。但是对于只有几秒或者几分钟的短寿命的反应性气体物种,空气污染模式的不同气相化学机制自身的协调则更为重要。化学的初、边值对空气污染模式的预报影响也受观测资料性质的约束。相对于气象观测,空气污染物的观测资料稀少且分布不均,代表性也差一些,如何利用观测资料来提高初值精度的同时又能够抑制误差的影响就显得相当重要了。

8.3.4 空气污染数值模式的内核——化学模式部分

除了大尺度的输送扩散之外,空气污染模式的微过程内核可分为气相化学机制和气溶胶机制。另外,为了研究污染物对天气气候的影响,还需包含空气污染物通过辐射反馈机制以及通过气溶胶-云交互作用的反馈机制影响天气与气候。本节主要讨论一般空气质量模式的气相化学机制和气溶胶机制。

8.3.4.1 气相化学机制

大气化学包含平流层化学和对流层化学，其中对流层化学也称低层大气化学。对流层是天气现象和化学物质变化较为复杂的大气层，与人类及一切生命活动密切相关。如光化学烟雾的形成机制、酸雨产生的原因与危害、温室效应的原因和某些重要污染物（如重金属汞和铅、农药 DUT 和六六六、多氯联苯等）的环境化学行为与生态效应等。这些化学过程包含多个光解反应和氧化反应。本节介绍的大气化学气相化学机制，主要针对的是对流层化学，包含硫化学、氮化学、臭氧生成和 VOC 参与的光化学烟雾的形成，实现对流层内多个包含一次污染物和二次污染物生成在内的复杂的化学反应方程联立求解。这些气相化学机制可以实现复杂的化学反应的定量计算，获得气态化学污染物的时空变化，也可为由气体转化的硫酸盐、硝酸盐、铵盐和有机碳等二次气溶胶提供生成率。气相化学反应中无机气体如硫化学、氮化学的反应比较确定，不同温度下的反应参数可解可测。比较复杂的是有机物质的气相反应。因为大气中的含碳组分包含无机组分（CO、CO_2 和黑碳）和数以万计的有机物。按照大气中有机物的挥发性进行区分，有机物可分为挥发性有机物、不挥发性有机物以及半挥发性有机物。可挥发性有机污染物统称为 VOCs，是烷烃、烯烃、芳香烃、醇、醛、酮、有机酸等一大类有机物的统称，是光化学污染的核心物种和二次有机物的重要来源。不同分子量的有机气体的化学活性不同，从而使其在大气中的反应也不同，如何简化分类是不同机制发展的重要目标（唐孝炎等，2006）。

（1）CBM 机制

碳键机制 CBM 是根据分子结构类型对 VOCs 进行分类的归纳化学机制（Luecken et al.，2008）。该机制以分子中的碳键为反应单元，将成键状态相同的碳原子看作一类，例如在 CBM-Ⅳ中有饱和碳键（PAR）、碳碳双键（OLE）、乙烯（ETH）、异戊二烯（ISOP）、甲苯（TOL）、二甲苯（XYL）等 12 类。1 个分子的丁烷和 1 个分子的丙烯混合物被分解为来自丁烷的 4 个分子的 PAR 以及来自丙烯的 1 个分子的 OLE 与 1 个分子的 PAR，共计 5 个分子的 PAR 和 1 个分子的 OLE。CBM 机制的优点在于物种数类较少，计算速度相对较快，但是将一些大分子分解成官能团来处理会忽略一些重要的有机自由基种类。

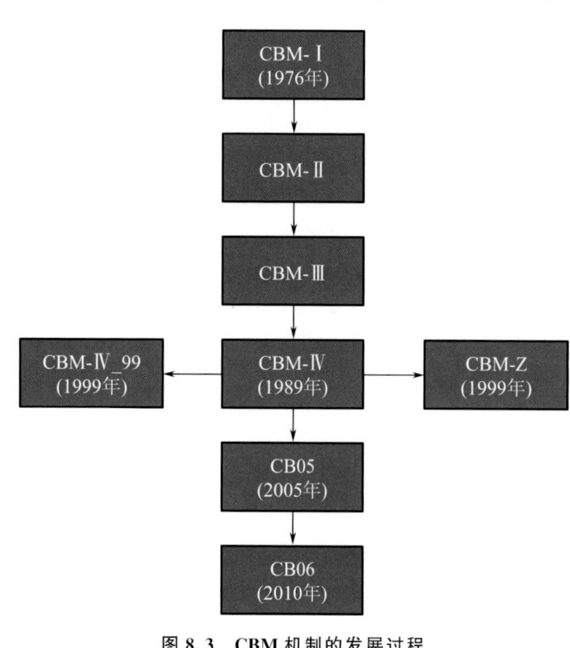

图 8.3 CBM 机制的发展过程

CBM 机制已经发展到 CB06 版本，不同版本之间的无机物种变化不大，主要变化还是有机物种及其化学反应越来越复杂、越来越完善（图 8.3）。该版本包括 77 个物种、218 个化学反应，其中光化学反应有 28 个（表 8.1）。

表 8.1　CBM-Ⅳ、CBM-Z、CB05 和 CB06 机制的比较　　单位：个

机制	反应数	物种数	光解反应数	无机反应数	有机反应数	无机物种数	有机物种数
CBM-Ⅳ	81	33	11	27	54	16	17
CBM-Z	132	52	15	45	87	16	36
CB05	156	51	23	54	102	16	35
CB06	218	77	28	54	164	16	61

(2)RADM 机制

区域酸沉降机制(RADM)是对碳氢处理采用固定参数化方法的归纳机理，按照不同污染物与 OH 自由基的反应速率和反应活性进行分类，如在 RADM2 机制中按照不同污染物与 OH 自由基的反应速率将烷烃分为乙烷、HC3(2.7×10^{-13} $cm^3\cdot s^{-1}<k_{OH}<3.4\times10^{-13}$ $cm^3\cdot s^{-1}$)、HC5(3.4×10^{-12} $cm^3\cdot s^{-1}\leqslant k_{OH}\leqslant6.8\times10^{-12}$ $cm^3\cdot s^{-1}$)和 HC8($k_{OH}>6.8\times10^{-12}$ $cm^3\cdot s^{-1}$)4 类。RACM 机制是在 RADM 的基础上发展起来的，都属于按照有机物分子类型进行分类的归纳化学机制(Stockwell et al.，1990)。该机制目前已经发展到 RACM2 版本，此版本包含 119 个物种、363 个化学反应，其中光化学反应有 34 个(表 8.2)。相对以前的版本，也是无机物种变化不大，有机物种及其化学反应越来越复杂、越来越完善(图 8.4)。

表 8.2　RADM2、RACM 和 RACM2 机制的比较　　单位：个

机制	反应数	物种数	光解反应数	无机反应数	有机反应数	无机物种数	有机物种数
RADM2	156	63	21	26	130	17	46
RACM	237	77	23	35	202	21	56
RACM2	363	119	34	317	102	21	98

(3)SAPRC 机制

SAPRC 机制也是按不同有机分子与 OH 自由基的反应活性进行分类，也属于按分子种类进行分类的归纳化学机制(Luecken et al.，2008)。如 SAPRC99 机制中，根据 VOCs 与 OH 的反应速率常数，将芳香族化合物分为 ARO1($k_{OH}\leqslant1.4\times10^{-11}$ $cm^3\cdot s^{-1}$)和 ARO2($k_{OH}>1.4\times10^{-11}$ $cm^3\cdot s^{-1}$)，烯烃分为 OLE1($k_{OH}\leqslant4.7\times10^{-11}$ $cm^3\cdot s^{-1}$，除乙烯外)和 OLE2($k_{OH}>4.7\times10^{-11}$ $cm^3\cdot s^{-1}$，除乙烯外)，烷烃分为 ALK1($k_{OH}\leqslant3.4\times10^{-13}$ $cm^3\cdot s^{-1}$，主要为乙烷)、ALK2(3.4×10^{-13} $cm^3\cdot s^{-1}\leqslant k_{OH}<1.7\times10^{-12}$ $cm^3\cdot s^{-1}$，主要为丙烷和乙炔)、ALK3(1.7×10^{-12} $cm^3\cdot s^{-1}\leqslant k_{OH}<3.4\times10^{-12}$ $cm^3\cdot s^{-1}$)、ALK4(3.4×10^{-12} $cm^3\cdot s^{-1}\leqslant k_{OH}\leqslant6.8\times10^{-12}$ $cm^3\cdot s^{-1}$)和 ALK5($k_{OH}>6.8\times10^{-12}$ $cm^3\cdot s^{-1}$)。

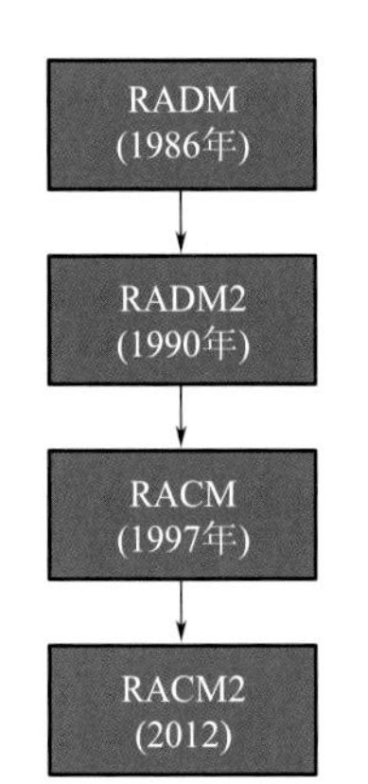

图 8.4　RACM 机制的发展过程

SAPRC 已经发展到 SAPRC07 版本，该版本包含 110 个物种和 291 个化学反应(表 8.3)，新版本在有机物及其反应上增加完善了许多(图 8.5)。

表 8.3　SAPRC99 与 SAPRC07 机制的比较　　单位：个

机制	反应数	物种数	光解反应数	无机反应数	有机反应数	无机物种数	有机物种数
SAPRC99	211	78	30	45	166	21	57
SAPRC07	291	110	34	55	236	26	84

（4）MECCA 机制

CBM、RACM 和 SAPRC 机制中，每一个版本中的物种数目、氧化反应和光化学反应是固定的，对应的反应参数库也是固定的，不能更改。德国马普化学所开发了综合的化学机制 MECCA。该机制是包括臭氧、氮化物、硫化物、有机气体、卤代温室气体以及气溶胶等多物种多相态的综合化学机制。该机制应用一种 KPP 编译器可以比较灵活地根据研究对象或者所关注的问题，随机增加或者减化化学物种以及相应的化学反应，目前在气候系统模式中应用较多。

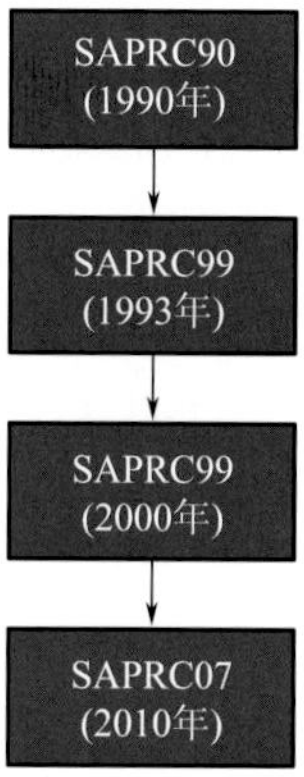

SAPRC90
(1990年)
↓
SAPRC99
(1993年)
↓
SAPRC99
(2000年)
↓
SAPRC07
(2010年)

图 8.5　SAPRC 机制的发展过程

8.3.4.2　气溶胶微物理

（1）气溶胶谱分布的数值描述

大气中有六大类七种气溶胶组分，主要包括：沙尘、海盐、硫酸盐、硝酸盐、铵盐和碳类气溶胶（包括元素碳（也叫黑碳）和有机碳气溶胶）。与气态污染物相比，除了相态不同之外，气溶胶还有一个非常重要的特征，那就是气溶胶粒子的大小不同，此种特征称为气溶胶的谱分布（Whitby et al.，1972；Zhou et al.，2018）。气溶胶的粒子大小从纳米量级跨度到微米量级，因此如何描述气溶胶粒子的谱分布以及不同大小粒子之间的相互作用，成为精细化的空气污染数值模式的关键。目前空气污染数值模式中有 3 种方式描述气溶胶的谱分布。第一种是模态方法，即利用函数表示气溶胶的谱分布，比较常用的函数是对数正态分布函数，利用此函数的散度和中值半径即可获得整个的气溶胶的谱分布。模态方法的好处是计算过程中函数参数不变，导致气溶胶的谱型是不变的，因此该方法计算简单易行。第二种是分档方法，也就是将气溶胶谱按照气溶胶粒径大小不同分成不同的档，每一档作为独立变量参与气溶胶的微物理过程以及大尺度的计算，不同档之间存在物质交换。故此，气溶胶的谱型是变化的，它较之模态方法要更复杂。由于气溶胶的谱型可以变化，更接近实际情况，故该方法更加合理。第三种方法是连续函数法，这种方法可以更为精确地用函数描述气溶胶的谱分布，因此，其计算较之分档法更为精确、也更为复杂，只在一些单点的物理概念模型中使用。

在早期的空气质量数值模拟中，气溶胶采用总体的浓度来进行表述。随着计算机的快速发展和人们对气溶胶微物理的深入理解，越来越多的模式对更多的气溶胶组分采用分档的方式进行描述，也使得解析得到的气溶胶微物理以及获得的实际时空变化更为合理。下面将以分档法为例对气溶胶的微物理过程进行介绍。

（2）气溶胶微物理过程

① 碰并

碰并是改变气溶胶组成和粒径大小的重要微物理过程。大气中的气溶胶粒子在无规则的布朗热运动、大气湍流作用以及自身重力等作用下，产生碰并、聚合。一般来说，布朗运动改变粒径小于 1 μm 的气溶胶组成和大小，而湍流和因重力作用导致沉降速度不同而发生的碰并则改变 1 μm 及以上大粒子的大小和组成。分档气溶胶的碰并(Seinfeld et al. ,1997)可以表示成：

$$\frac{\mathrm{d}N_k}{\mathrm{d}t}=\frac{1}{2}\sum_{j=1}^{k-1}K_{j,k-1}N_jN_{k-j}-N_k\sum_{j=1}^{\infty}K_{k,j}N_j \tag{8.2}$$

式中：N_k 为第 k 档的数浓度；$K_{j,k-1}$ 为 j 档粒子与 $k-1$ 档粒子之间的碰并系数。式(8.2)中右边第一项表示粒径小于 k 档的气溶胶间碰并之后对 k 档数浓度的贡献，第二项是 k 档气溶胶与各档气溶胶粒子碰并导致气溶胶粒子的移出。碰并是非常复杂的过程，小的粒子被大的粒子吸附，较大的粒子有可能被撞碎，而且粒子间存在多次碰撞以及多粒子之间的碰撞。为了使问题简单化，模式中气溶胶粒子的碰并只考虑单次碰并，且每一档内的不同组分之间是完全内部混合的。这种内部混合是从组成含量的角度，而不是从物理混合的角度，即气溶胶不同组分都存在于每一个气溶胶粒子中，而不是这些组分在气溶胶粒子中完全均匀地混合在一起(Gelbard et al. ,1980；Jacobson et al. ,1994；Gong et al. ,2003)。采用 Jacobson 等研发的半隐式解析方法式(8.3)求解方程(8.2)(Jacobson et al. ,1994)：

$$V_kN_k^{t+1}=\frac{V_kN_k^t+\Delta t\sum_{j=1}^{k}\left\{\sum_{i-1}^{k-1}f_{i,j,k}\beta_{i,j}V_iN_i^{t+1}\right\}}{1+\Delta t\sum_{j=1}^{N_B}(1-f_{k,j,k})\beta_{k,j}N_j^t} \tag{8.3}$$

式中：N_B 为总的档数；$\beta_{i,j}$ 为碰并核函数；$f_{i,j,k}$ 为碰并之后的分派函数。利用分档方法计算气溶胶碰并过程的时候，数浓度或者质量浓度只能保证一个量满足碰并动力方程。也就是在保证质量守恒的情况下，气溶胶的数浓度是不守恒的(Zhang et al. ,1999)。为此我们引入了体积 V_k，这样保证气溶胶碰并之后体积(质量)是守恒的。所谓半隐式方法就是方程(8.3)右边分子中小于 k 档的气溶胶数浓度用当前时步计算值，是显式的，而其他部分气溶胶数浓度用前一时步的数浓度计算，是隐式的。这样在保证稳定的情况下，就免去了迭代计算造成的超额计算量。碰并核函数 $\beta_{i,j}$ 可表达为：

$$\beta_{i,j}=\frac{4\pi(r_i+r_j)(D_i+D_j)}{\dfrac{r_i+r_j}{r_i+r_j+(\delta_i^2+\delta_j^2)^{1/2}}+\dfrac{4(D_i+D_j)}{(\overline{v}_{pi}^2+\overline{v}_{pj}^2)(r_i+r_j)}} \tag{8.4}$$

式中：r_i 为气溶胶粒子半径；D_i 为气溶胶粒子的扩散系数；δ_i 为气溶胶的自由长，表示为 $\delta_i=\dfrac{\{(2r_i+\lambda_{pi})^3-(4r_i^2+\lambda_{pi}^2)^{3/2}\}}{6r_i\lambda_{pi}}-2r_i$，$\lambda_{pi}=\dfrac{8D_i}{\pi v_{pi}}$；$\overline{v}_{pi}$ 为热速度(分子热运动时的平均速度)，表示为 $\overline{v}_{pi}=\left(\dfrac{8\kappa_BT}{\pi m_i}\right)^{1/2}$，$\kappa_B$ 是波尔兹曼常数，m_i 对于气溶胶，则是气溶胶的质量，对于空气，就是空气的质量。另外，分派函数 $f_{i,j,k}$ 的表达为：

$$f_{i,j,k}=\begin{cases}\left(\dfrac{V_{k+1}-V_{i,j}}{V_{k+1}-V_k}\right)\dfrac{V_k}{V_{i,j}} & (V_k\leqslant V_{i,j}<V_{k+1};k<N_B)\\ 1-f_{i,j,k-1} & (V_{k-1}<V_{i,j}<V_k;k>1)\\ 1 & (V_{i,j}\geqslant V_k;k=N_B)\\ 0 & (\text{其他})\end{cases}\text{，其中 }V_{i,j}=V_i+V_j \tag{8.5}$$

式中：N_B 为气溶胶的总的数浓度。

联合方程(8.2)—(8.5)即可求解分档多组分的气溶胶碰并之后的数浓度和质量变化。

② 核化与凝结

氧化产生可凝的二次气溶胶硫酸盐和有机碳通过两种方式转化成固态的气溶胶。一种方式叫核化，是指物质从连续相(气态)形成新相(固态)质粒的过程，最终形成新的颗粒。核化过程一般形成的是细质模态的气溶胶粒子，放在模式的最小档内。硫酸盐的核化率是：

$$\frac{\partial \chi_{H_2SO_4}}{\partial t} = -C_1 \chi_{H_2SO_4}^{C_2} \tag{8.6}$$

式中：$\chi_{H_2SO_4}$ 为可溶性硫酸盐的质量混合比浓度；$\frac{\partial \chi_{H_2SO_4}}{\partial t}$ 为硫酸盐气溶胶的核化产生率；C_1、C_2 为与温度和湿度有关的转化参数(Kulmala et al.,1998)，分别表示为：

$$C_2 = A + BE \tag{8.7}$$

$$C_1 = \left(\frac{1}{N_{ac}}\right)^A \left(\frac{6.023\times 10^{23}\rho_a}{98.1\times 10^3}\right)^{C_2} \frac{\exp(BD+C)}{\rho_a} \times 4.189 \times r_0^{-3}\rho_d \times 10^6 \tag{8.8}$$

式中：

$$A = 25.1289 - 4890.8/T - 1743.3/T - 2.2479\times T \times RH/273.15$$

$$B = 7643.4/T - 1.9712T/(273.15\times RH)$$

$$C = -1743.3/T$$

$$D = 1.2233 - \frac{0.0154RA}{RA+RH} - 0.0415\ln(N_{wv}) + 0.0016T$$

$$E = 0.0102$$

$$N_{ac} = \exp(-14.5125 + 0.1335T - 10.4562RH + 1958.4RH/T)$$

式中：T 为大气温度(K)；RH 为大气相对湿度(%)；RA 为相对酸度；N_{ac} 为核化率，是核化成 1 $cm^{-3}\cdot s^{-1}$ 硫酸盐所需的临界气态硫酸浓度；N_{wv} 为水汽浓度(cm^{-3})。

可凝二次气溶胶的另一种转化过程是可凝结的气态物质吸附在气溶胶粒子上，而不是形成新的颗粒，这个过程叫凝结。硫酸盐的凝结率可表述为：

$$\frac{\partial \chi_{H_2SO_4}}{\partial t} = -C_3 \chi_{H_2SO_4} \tag{8.9}$$

式中：

$$C_3 = 4\pi r_i D \cdot F(Kn) \cdot A \cdot R \cdot T \cdot N_i$$

$$F(Kn) = \frac{1+Kn}{1+1.71Kn+1.33Kn^2}$$

$$A = \left[1 + 1.33Kn \cdot F(Kn)\left(\frac{1}{a_c} - 1\right)\right]^{-1}$$

式中：Kn 为努森数，是气体自由程与气溶胶半径的比，是判断气体运动是否适合连续流体运动的判别量；r_i 为第 i 档的平均半径；D 为气体扩散到固体表面的扩散系数，与气体的蒸汽压和大气温度有关，大气温度越高，扩散系数就越大；a_c 为气溶胶表面的容纳系数。

在大气气溶胶的二元核化理论中，核化过程主要由气溶胶和水分子两个参与量完成。气态硫酸通过凝结和核化向硫酸盐转化，在硫酸浓度一定的情况下，这两个过程相互竞争。当温度高且大气中的气溶胶粒子含量少的时候，气态硫酸的核化速度超过凝结速度，会有较多的新粒子生成。当温度较低而大气中的气溶胶数浓度较高时,凝结速度就会超过核化速度。凝结不会改变原来大气中的气溶胶数浓度,但是由于凝结增长,不同档之间会出现质量增长;而核化会增加气溶胶数浓度,但是产生的质量主要集中在最小档。因此,可挥发性 VOC 转化成颗粒物时不考虑核化作用,只考虑凝结作用。

然而,目前大气气溶胶的核化也有三元核化理论(Andreae,2013),此理论中除了硫酸和水分子外,VOC 也参与气溶胶的成核过程。考虑到有机分子的种类以及物理特性的不同,三元法就更为复杂了。

③ 干沉降

气溶胶干沉降速度不仅受地表特征的影响,也受大气状态的制约,同时受气溶胶自身大小和密度的影响。中国气象局化学天气平台 CUACE 中的气溶胶沉降方案是在 Slinn(1982)等理论基础上,拓展到分档海盐(Gong et al.,1997),最后应用到分档的不同气溶胶组分上(Zhang et al.,2001;Gong et al.,2003)。具体理论叙述如下。

$$V_d = V_g + \frac{1}{R_a + R_s} \tag{8.10}$$

式中:V_d 为干沉降速度;V_g 为因重力作用导致的沉降;R_a 为植被冠层上的空气动力学阻滞作用导致的沉降;R_s 为地表阻滞导致的沉降。

$$V_g = \frac{\rho d_p^2 g C}{18\eta} \tag{8.11}$$

式中:ρ 为气溶胶颗粒密度;d_p 为颗粒直径;g 为重力加速度;C 为针对细颗粒的修正因子;η 为空气黏滞系数。

$$C = 1 + \frac{2\lambda}{d_p}(1.257 + 0.4e^{-0.55d_p/\lambda}) \tag{8.12}$$

式中:λ 为空气分子的自由长,与大气温度、气压以及空气的动力学黏滞度有关。

$$R_a = \frac{\ln(z_R/z_0) - \psi_H}{\kappa u_*} \tag{8.13}$$

式中:z_R 为计算所在的高度;z_0 为植被冠层的粗糙度长度;ψ_H 为稳定度函数;κ 为冯·卡曼常数,值为 0.4;u_* 为边界层摩擦速度。

$$R_s = \frac{1}{\varepsilon_0 u_* (E_B + E_{IM} + E_{IN}) R_1} \tag{8.14}$$

式中:E_B、E_{IM} 和 E_{IN} 分别为布朗运动、碰并以及地表截获作用造成的沉降;ε_0(=3)为修正系数;R_1 为粘在地表的颗粒物比率修正参数,可用斯托克斯数 St 表示为 $R_1 = \exp(-St^{1/2})$,是对粒径大于 5 μm 粒子在地表发生反弹的修正;$E_B = Sc^{-\gamma}$,Sc 为施密特数,是空气动力学黏性与颗粒物的布朗扩散系数的比;$E_{IM} = \left(\frac{St}{\alpha + St}\right)^{\beta}$,其中 $\alpha = 0.8$,$\beta = 2$;$E_{IN} = \frac{1}{2}\left(\frac{d_p}{A}\right)^2$,$A$ 为截获气溶胶的主体特征半径。

由于气溶胶吸湿增长会改变其沉降速度,因此模式中气溶胶的直径都是考虑吸湿增长之后的湿气溶胶粒子直径。对于多组分分档气溶胶的吸湿特性,气溶胶的混合显得尤为重要,尤其是非亲水性气溶胶和亲水性气溶胶之间的混合。通常计算干沉降气溶胶采用的混合是非亲水性气溶胶完全被亲水性气溶胶包裹,不影响亲水性气溶胶的吸水效果,也就是亲水性都是吸湿增长的。

Gong 等(2003)研究发现,气溶胶颗粒物直径在接近 0.1～2 μm 的时候,沉降速度最小。大于或者小于这个粒径,沉降速度会增加。风速越大,沉降速度会越大。而地表或冠层的粗糙度越大,沉降速度也越大。在不同稳定度下,摩擦速度是不一样的,所以风速大,沉降不一定就大。

④ 气溶胶的湿清除

气溶胶的湿清除包括云内和云下清除过程。云下清除是从地面到云底之间由于雨雪在下降过程中通过惯性碰并、布朗扩散等过程捕获气溶胶,达到清除气溶胶的作用,早期也称为雨除。因此该过程受大气条件、气溶胶浓度、水成物浓度、状态等因素影响。雨除过程中很多微物理过程类似气溶胶干沉降中的微物理过程。多个研究发现,雨除对于粒径在 0.1～1 μm 之间的气溶胶清除率较低,也称雨除的窗区效应(Wang et al.,1978;Slinn,1984;Herbert et al.,1986)。这也类似于干沉降过程中 1 μm 左右的气溶胶干沉降速率最小。对于第 i 档粒径为 r_i 的气溶胶的云下清除率(Slinn,1977,1984;Gong et al.,1997)可以表示成:

$$L(r_i)=\psi(r_i)\chi(r_i) \tag{8.15}$$

式中:$\chi(r_i)$为气溶胶的数浓度;$\psi(r_i)$为云下清除率。

$$\psi(r_i)=\int_0^{\infty}E(r_i,a)A_x[V_t(a)-V_g(r_i)]N(a)\mathrm{d}a \tag{8.16}$$

式中:a 为雨滴半径;$V_t(a)$为雨滴的沉降速度;$V_g(r_i)$为气溶胶的沉降速度;$E(r_i,a)$为捕捉效率;A_x 为雨滴下落时有效通过面积;$N(a)$为雨滴数浓度。由于公式(8.16)需要雨滴的数浓度,而且积分耗时巨大,所以采用经验的方法,利用降水率(mm・s^{-1})近似计算云下清除率:

$$\psi(r_i)=\frac{cp\overline{E}(r_i,R_m)}{R_m} \tag{8.17}$$

式中:c 为无量纲数,值为 0.5;p 为降水率(mm・s^{-1});$\overline{E}(r_i,R_m)$为平均的碰撞效率,与雨滴的平均半径 R_m 有关。

$$R_m=0.35\ \mathrm{mm}\left(\frac{p}{1\ \mathrm{mm}\cdot\mathrm{h}^{-1}}\right)^{1/4} \tag{8.18}$$

对于降雪的云下清除率可表达为:

$$\psi(r_i)=\frac{\gamma p\overline{E}(r_i,\lambda)}{D_m} \tag{8.19}$$

式中:γ 为无量纲数,值为 0.6;D_m 为雪的特征长度;λ 为特征捕捉长度,类似气体的自由长;D_m 和 λ 都与大气的温度有关。

式(8.17)和(8.19)的关键是求解捕捉效率。捕捉效率与粒子间的布朗耗散、截获、惯性碰并、电泳、热泳以及电场效应等过程都有关。气溶胶模式中云下清除的捕捉效率主要考虑布朗耗散、惯性碰撞以及截获 3 种作用对气溶胶的清除作用。对于雨滴,捕捉效率的半经验公式是:

$$E=\frac{4}{ReSc}[1+0.4Re^{1/2}Sc^{1/3}+0.16Re^{1/2}Sc^{1/2}]+$$
$$4\mathscr{R}[\omega^{-1}+(1+2Ke^{1/2})\mathscr{R}]+\left[\frac{St-S_*}{St-S_*+2/3}\right]^{3/2} \tag{8.20}$$

式(8.20)中等号右边第一项表示雨滴布朗耗散对气溶胶的清除,第二项表示雨滴对气溶胶的截获清除,第三项表示惯性碰并清除(图 8.6)。其中:Re 为雷诺数,$Re=R_mV_t/\nu$,ν 为空气动力学黏性系数;Sc 为颗粒物的施密特数,$Sc=\nu/D$;St 为斯托克斯数,$St=[\tau(V_t-V_g)]/R_m$,τ 为颗粒物的特征张弛时间(停留时间);$\mathscr{R}=r_i/R_m$;$\omega=\mu_w/\mu_a$,μ_w 为水的黏性系数,μ_a 为空气的黏性系数；S_* 为临界斯托克斯数，斯托克斯数大于临界值，颗粒物雷诺数很小，惯性力远小于黏性力，这种情况下粒子的运动是满足斯托克斯黏性方程的黏性运动，而不是惯性流体运动。其表达式为：

$$S_* = \frac{12/10 + (1/12)\ln(1+Re)}{1+\ln(1+Re)} \tag{8.21}$$

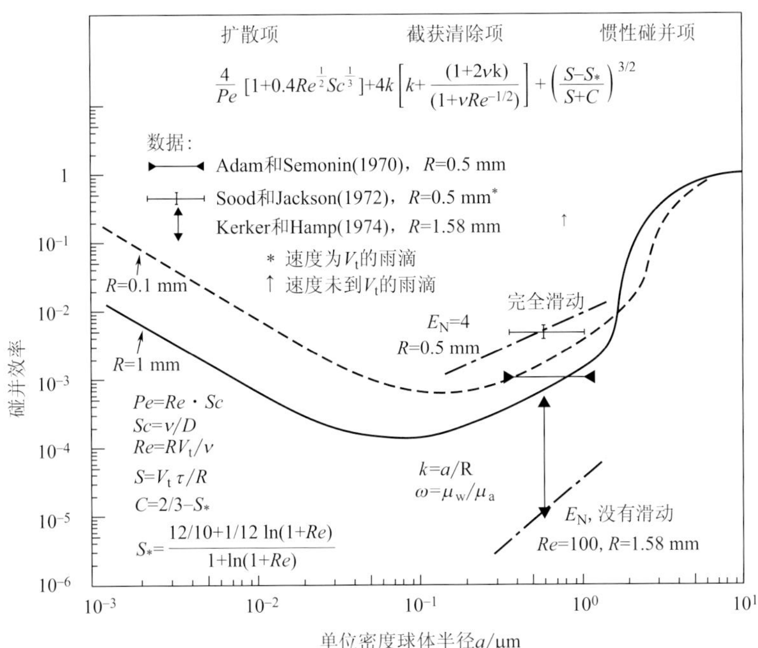

图 8.6　雨滴布朗耗散运动对气溶胶的扩散、截获和惯性碰并等清除方式的清除系数随粒径的变化(引自 Slinn，1977)

雪的捕捉效率：

$$E = \left(\frac{1}{Sc}\right)^{\alpha} + \left\{1 - \exp[-(1 + Re_{\lambda}^{1/2})]\frac{r_i^2}{\lambda^2}\right\} + \left[\frac{St - S_*}{St - S_* + 2/3}\right]^{3/2} \tag{8.22}$$

与式(8.20)相同，式(8.22)中等号右边第一项表示雪晶布朗耗散对气溶胶的清除，第二项表示雪晶对气溶胶的截获清除，第三项表示惯性碰并清除。但是雨滴与雪晶的布朗耗散清除和截获清除的表达式完全不同。

对于雪除，还需要确定式(8.19)中雪晶的特征长度 D_m，具体值详见表 8.4。式(8.19)和(8.22)中的参数 λ，以及式(8.22)中的 α，具体值详见表 8.5。

表 8.4　雪除的参数值(D_m)

雪分类	D_m/cm
霰	1.4×10^{-2}
枝状晶	2.7×10^{-3}
辐枝状晶	1.0×10^{-3}
片状晶	3.8×10^{-4}
柱状晶	3.8×10^{-3}

表 8.5 雪除的参数值(λ 和 α)

雪分类	$\lambda/\mu m$	α
雨夹晶	1000	2/3
凇附雪晶	100	2/3
粉状雪	50	2/3
星片状雪	10	1
薄片状雪	50	
实心片状雪	100	

⑤ 云内清除

云内清除是通过两个过程来实现的。其一是气溶胶活化成 CCN(云凝结核),作为云的凝结核,参与云的形成,成为云滴的一部分而被清除。其二是与云滴碰并,在云内通过降水达到清除作用。本节主要描述云内气溶胶与降水雨滴碰并清除以及雨滴蒸发导致气溶胶返回。气溶胶的云内清除不仅与气溶胶自身的亲水特征有关,还与降水量以及降水类型(降水频率以及持续时间)、主导气流的方向密切相关(Rodhe,1983;Giorgi et al.,1985,1986),过程非常复杂。而降水云滴蒸发之后,气溶胶会重新返回到大气中。因此,云内清除不仅与降水形成有关,也与降水蒸发有关。本节的云内清除方案描述如下(Giorgi et al.,1986)。

$$\frac{\partial \chi_{ip}}{\partial t}(\text{云内}) = -\lambda \chi_{ip} \tag{8.23}$$

式中:χ_{ip} 为气溶胶的清除率;λ 为云内清除率,是根据水汽的凝结率和降水率 $\dot{Q}$(单位:$kg \cdot m^{-3} \cdot s^{-1}$)推导而来的。

$$\lambda = \frac{F}{\Delta t}(1 - e^{-\beta T_c}) \tag{8.24}$$

式中:T_c 为降水持续时间;F 为网格内发生降水体积的比例;β 为衰减系数。

对于稳定性降水:$T_c = \Delta t$,$F = \dfrac{\dot{Q}F_0}{\dot{Q} + L\beta_-}$,$\beta = \dfrac{\beta_-}{F_0} + \dfrac{\dot{Q}}{FL}$,$10^{-4} \leqslant \beta \leqslant 10^{-3}$。其中 $L = 0.5 \times 10^{-3}\ kg \cdot m^{-3}$,$\dfrac{\beta_-}{F_0} = 10^{-4}$,$F_0 = 0.8$。

对于不稳定降水:$T_c = 25\ min$,$\beta = 1.5 \times 10^{-3}\ s^{-1}$,$L = 2 \times 10^{-3}\ kg \cdot m^{-3}$,$F = \dfrac{\dot{Q}\Delta t / T_c}{\dot{Q}\Delta t / T_c + L\beta}$。

上述计算式中,很多参数有很大的敏感性,也就是不确定性。例如:当 F_0 从 0.6 到 1,$\dfrac{\beta_-}{F_0}$ 从 10^{-4} 到 10^{-3},T_c 从 15 min 到 35 min,气溶胶的生命周期就能相差 25%。

(3)不同模式中的气溶胶机制

① 常用的气溶胶机制

与气相化学机制相类似,气溶胶机制就是解析气溶胶的谱分布以及上述微物理过程的模块,不同气溶胶机制的区别在于气溶胶组分的数量以及气溶胶谱分布的解析方式。目前气溶胶机制有:(a)GOCART 机制(Yu et al.,2010),该机制的气溶胶组分有硫酸盐、黑碳、有机碳、沙尘和海盐,不含有机气溶胶生成机制,仅沙尘和海盐有谱分布信息。这种机制相对简单,适合较大的如全球尺度的空气污染模式或者气候模式中污染时空分布的模拟。(b)MADE 机制(Aquila et al.,2014),该机制是欧洲模态分布的气溶胶动力机制,其气溶胶分为无机气溶胶和有机气溶胶。该机制包含二次有机气溶胶的生成机制,气溶胶的谱分布采用三模态的对数正态分布。(c)MOSAIC 机制(Gao et al.,2016),该机制的气溶胶谱采用分档法,气溶胶的谱分布分为 4 档或者 8 档,气溶胶组分也分为无机气溶胶、有机气溶胶和二次有机气溶胶三大类。(d)MAM 机制(Liu et al.,2016),该机制最早用于 CAM5 模式,气溶胶组分分为无机气溶胶、有机气溶胶、二次有机气溶胶、海盐、黑碳和沙尘气溶胶,它们的谱分布采用 3 类 7 个模态的正态对数分布。

② 热力学平衡模式

气溶胶组分中硝酸盐和铵盐在大气中是不稳定的,在一定的大气热力条件下,会在固态与其液态及气态的前体物之间进行动态的转化。气溶胶的热力学平衡模式就是根据系统论中吉布斯能量最小的原理,求解这些不同相态物质之间的热力学平衡过程以及浓度变化。这一类模式也可以称为热力学平衡的总体模式,是相对于求解大气扩散的动力模式而言的。热力学平衡模式中比较关键的参数是:平衡常数或化学势、溶液活度系数、水的活度以及潮解时造成相态变化的相对湿度。目前用得较多的机制有:EQUIL、MARS、SEQUILIB、AIM、SCAPE、KEQUIL 以及 EQUISOLV、ISORROPIA 和 GFEMN 等模式(Yang et al.,2000)。这些模式在计算热力学平衡时的热力学控制变量,计算二元和多元活度系数的方法,以及是否考虑气溶胶颗粒的曲率影响等方面都有差别。此外,不同模式考虑的化学物种个数、不同相态化学成分等也不尽相同。气溶胶组分数目、平衡化学反应方程个数、气溶胶是否有尺度分档及采用的计算方法等也有不同。从计算方法上看,EQUIL、KEQUIL 模式通过解一系列关于化学势的非线性方程,来计算各组分的平衡浓度,而 AIM 是通过直接使系统的吉布斯自由能最小化的方法来计算的。这几个模式在计算浓度时没有采取任何近似,因此所费机时较大。另外,EQUIL、KEQUIL 模式还采用了按气溶胶尺度分档的方法,假定在每一个尺度档上,粒子的化学组分与气相成分平衡。MARS 和 SEQUILIB 是针对与空气质量模式相连接的需要发展起来的,因此计算效率是该模式的重要考虑,它把浓度计算按情况分别采用近似方法,其精度依赖于所采用的近似方法。SCAPE 模式则在比较了前面几种模式算法的基础上,选择在计算上效率较高,且具有足够精度的算法,能够给出较好的结果,但对于有些无机气溶胶或某些混合体系(如$(NH_4)_2SO_4$、NaCl、KCl 体系等),由于气溶胶质量变化与相对湿度的关系还与环境相对湿度的历史有关,所以 SCAPE(SCAPE 2)模式很难模拟气溶胶的这种多阶段行为。与上面模式不同,EQUISOLV 模式采用了不同的计算方式,其平衡浓度是在给定初始场下,分别求解单个平衡方程,经过反复迭代,最后得到收敛的浓度场。这种方法的优点是易于增加新的物种和方程,但缺点是计算量太大。而 ISORROPIA 则通过获得尽可能多平衡方程的解析解,以减少迭代次数,并在计算中尽可能利用查表方法,因此虽然模式考虑的物种较多,但其计算速度也是较快的。

8.3.5 中国气象局化学天气平台 CUACE 及其应用

中国气象局化学天气平台 CUACE(表 8.6)是包含了气态化学、气溶胶机制、热力学平衡以及排放源处理的综合化学模式系统(Zhou et al.,2008,2012,2018;Wang et al.,2010)。系统中气态化学选用 RADMII 机制,有 66 个物种、141 个反应,其中光化学反应有 21 个。气溶胶包含了硫酸盐、黑碳、有机碳、沙尘、海盐、硝酸盐和铵盐等7种组分，采用分档的形式描述气溶胶的谱分布。每个组分一共分12档，分别是0.005～0.01 μm、0.01～0.02 μm、0.02～0.04 μm、0.04～0.08 μm、0.08～0.16 μm、0.16～0.32 μm、0.32～0.64 μm、0.64～1.28 μm、1.28～2.56 μm、2.56～5.12 μm、5.12～10.24 μm、10.24～20.48 μm，跨度4个量级。对这种分档法数目进行了最优验证，既保证应用时的计算时效，又可以满足如核化、凝结、碰并以及气、粒分离等气溶胶动力过程的计算精度需求(Gong et al.,2003)。而该分档过程中，半径范围选择采用几何级数方法，即满足 $i=1+\ln[(r_i/r_1)^3]/\ln(RAT)$，$RAT$ 是相邻档之间的平均体积比。这种分档方法有利于每一个组分每一档积分的守恒性和稳定性(Jacobson et al.,1994)。解析硝酸盐和铵盐的热力学模式则选用了ISORROPIA机制，并进行了计算优化处理，使其计算速度提高了10倍，进一步满足CUACE应用的快速时效要求。

表 8.6　CUACE 模式的关键机制

气态化学	RADM2
气溶胶	7种：沙尘、海盐、黑碳、有机碳、硫酸盐、硝酸盐、铵盐，分12档
无机盐的热力学平衡	ISORROPIA
垂直输送	MRF机制
大尺度输送	三维正定输送方案 MPDATA
CUACE与气象模式关系	完全在线，双向反馈

CUACE模式已经完全在线并耦合到了中尺度模式MM5和中国气象局新一代数值天气模式GRAPES中(Wang et al.,2010)。在此耦合的基础上，还建立满足业务要求的亚洲沙尘暴数值预报系统CUACE/Dust和中国气象局雾-霾数值预报系统CUACE/Haze-fog。其中，CUACE/Dust于2007年通过中国气象局业务化评估，使我国成为国际上第一个有效开展沙尘暴数值预报业务与实时发布沙尘暴预报产品的国家，提高了我国沙尘暴预报的准确率，也为发起世界天气研究计划“国际沙尘暴研究与发展示范计划”(WMO/WWPR/SDS RDP)，以及为后续国际沙尘暴预警咨询系统(WMO/SDS WAS)“亚洲与中太平洋区域中心”落户中国奠定了基础。目前它也是WMO亚洲沙尘暴业务预报中心的业务预报系统(http://eng.nmc.cn/sds_was.asian_rc/)。它可预报未来3～7 d亚洲区域沙尘浓度的空间分布和变化过程，以及整层沙尘载荷量和光学厚度。CUACE/Haze-fog可提供120 h PM_{10}、$PM_{2.5}$、O_3，以及以能见度为指标的雾-霾数值预报产品。CUACE/Haze-fog于2012年开始通过中央气象台以及各省(区、市)向全国提供数值预报产品，2014年通过中国气象局业务化评估，成为正式的业务系统。

CUACE也实现了与国家气候中心气候系统模式的耦合，初步实现了与国家气候中心的区域气候模式BCC-AGCM2的在线耦合，并参与到全球AEROCOM的全球模式比对计划以及IPCC气候变化研究中。

8.4　未来空气污染数值模式的发展趋势

空气污染数值模式主要服务于空气质量预报、空气质量恶化对人体健康影响以及空气污染对天气气候影响等相关应用和科学研究。空气污染数值模式发展先后经历了以统计理论为基础和以数值预报为基础的不同发展阶段，其中，空气污染数值预报模式又经历了与天气气候模式平行发展的阶段以及现在二者之间完全在线耦合的新阶段。随着计算机条件、探测能力、人们对空气污染机制的理解以及对居住环境更高的要求，气态化学和气溶胶机制的细化、二次气溶胶机制、污染与天气气候相互作用机制等的完善是空气质量模式内核的重要发展趋势。基于这种趋势，科学家们提出了化学天气（chemical weather）的概念（Epitropou et al.，2011）。此概念也是基于完全在线耦合空气污染数值模式，将大气中的化学组分作为数值模式系统中的一种基本预报量，与天气模式中得到的风速、温度、气压和湿度等一样，预报其时空变化及影响，这是数值天气模式的一种延伸和拓展。

随着空气污染模式与天气气候模式完全在线耦合的发展以及天气气候模式自身的发展，平流层化学机制的影响研究也将逐渐深入。在空气污染（质量）数值模式系统自身发展方面，从全球到街区空间尺度的统一，纳米级的空气污染物颗粒到千千米级的天气气候的尺度统一，秒级的理化反应到年代际的天气气候变化时间尺度的统一，都是未来空气质量数值模式系统发展的必然趋势。在应用方面，更多地基、空基观测资料同化应用，以便进一步提高模式的初值和边值以及效果验证。空气污染数值模式的发展将进一步提高空气污染的预报水平，推动空气污染预报服务的不断拓展和延伸，包括其对人体健康的影响及防护、助力协调生态环境保护与可持续发展等，都会起到强有力的科技支持。

8.5 小结

（1）定量地预报空气污染是认识污染变化规律、控制污染以及减缓污染对人类和环境影响的重要手段。空气污染物的定量预报方法经历了从统计预报方法到数值预报方法发展的过程。统计预报方法因无法描述污染的内在机理和演变规律而逐渐被数值预报方法代替。

（2）大气的驱动是空气污染的外因。空气污染数值模式与天气气候数值模式的关系也经历了离线方式到在线方式。在线方式实现了污染物与气象要素的同步积分，因此更为精确，同时也为研究空气污染对天气气候的反馈机理提供了可能。

（3）排放源是空气污染形成的内因，是空气污染数值模式的关键输入之一。排放源清单的制作包括自上而下和自下而上两种方式。自下而上的方法从排放着手，比较精确，是目前许多清单的制作方法。自上而下的方式是通过反演的方式建立清单，误差相对较大，是前一种方法的补充。排放源清单的精度受排放源自身信息的影响，也受能源结构、各类技术更替变化的信息、空间分辨率、VOCs 和颗粒物的源谱等因素的影响。此外，自然排放的海盐和沙尘则受到对其排放机制认识不足的限制。目前全球和区域都有不同的排放源清单，用于不同尺度的空气污染研究。

（4）空气污染数值模式用于预报大气中的气态污染物和气溶胶（颗粒）污染物，而这两大类污染物之间还可以进行转化。空气污染数值模式中的气态污染物的预报受气相化学机制的影响。气相化学机制不同，则光化学、可解析的有机物的物种数目不同。目前气相（态）化学机制包括 CMB 机制、RADM 机制、SAPRC 机制和 MECCA 机制。气溶胶污染物的数值预报则受制于气溶胶谱的解析和微物理过程的参数化。分档气溶胶的处理方式因其可以动态地计算气溶胶的谱分布，所以可以更好地研究气溶胶对辐射和降水的影响，以及对健康的影响，它是未来发展的趋势。

（5）空气污染数值模式的精度受时间和空间积分的数值方法的发展状况限制。数理方法中的初值问题是空气污染数值预报研究的关键。利用数值同化的方法同化含带空气污染物信息的地基和空基等观测资料，可以有效地改进空气污染数值模式的预报效果。

参考文献

白志鹏,蔡斌彬,董海燕,等,2006.灰霾的健康效应[J].环境污染与防治,28(3):198-201.

北京市气象局,2013. 霾预警信号等级及防御指南[EB/OL].(2013-10-17)[2019-12-20].http://www.weather.com.cn/beijing/sygdt/10/1988562.shtml.

蔡载昌,张义生,许新宜,等,1991.环境污染总量控制[M].北京:中国环境科学出版社:12-15.

曹国良,张小曳,王丹,等,2005.中国大陆生物质燃烧排放的污染物清单[J].中国环境科学,25(4):389-393.

曹国良,张小曳,王亚强,等,2007.中国区域农田秸秆露天焚烧排放量的估算[J].科学通报,52(15):1826-1831.

曹玉珍,莫翠云,蔡明,2006.基于MATLAB的灰色模型在广州市降尘预测中的应用[J].中国环境监测,22(5):54-56.

陈朝晖,程水源,苏福庆,等,2007.北京地区一次重污染过程的大尺度天气型分析[J].环境科学研究,20(2):99-105.

陈淳祺,陈瑜琪,汤圣君,等,2013.2001—2010年武汉市气象环境对空气质量影响分析[J].环境科学与技术,36(5):130-133.

陈红岩,胡非,曾庆存,等,1998.大气环境污染优化控制的实际问题[J].气候与环境研究,3(2):163-172.

陈连生,孙宏,2010.我国环境与健康研究的现状及发展趋势[J].环境与健康杂志,27(5):454-456.

陈敏,马雷鸣,魏海萍,等,2013.气象条件对上海世博会期间空气质量影响[J].应用气象学报,24(2):140-150.

陈泮勤,1983.几种稳定度分类法的比较研究[J].环境科学学报,4(3):357-364.

陈献,2016.北京市冬季$PM_{2.5}$污染对呼吸、循环系统疾病影响的时间序列分析[D].石家庄:河北医科大学.

陈小敏,邹倩,周国兵,2013.重庆主城区冬春季降水强度对大气污染物影响[J].西南师范大学学报(自然科学版),38(7):113-121.

陈燕,蒋维楣,郭文利,等,2005.珠江三角洲地区城市群发展对局地大气污染物扩散的影响[J].环境科学学报,25(5):700-710.

陈亦君,尤佳红,束炯,等,2014.基于WRF-RTIM的上海地区霾预报MOS方法研究[J].环境科学学报,34(3):574-581.

褚金花,2013.两种典型灾害天气对我国相关地区空气质量影响的初步研究[D].兰州:兰州大学.

代伟,曲东,2011.基于GM(1,1)模型的秦皇岛市大气污染物SO_2预测[J].中国环境管理干部学院学报,21(1):55-57.

邓聚龙,1986.灰色控制系统[M].武汉:华中理工大学出版社:125-134;150-159.

邓利群,钱骏,廖瑞雪,等,2012.2009年8—9月成都市颗粒物污染及其与气象条件的关系[J].中国环境科学,32(8):1433-1438.

丁国安,薛桁,瑞兆,1982.武汉地区低空风的特征[C]//大气湍流扩散级污染气象文集.北京:气象出版社.

丁士晟,1985.中国MOS预报的进展[J].气象学报,43(3):332-338.

董继元,王式功,尚可政,2009.降水降雪对中国部分城市空气质量的影响[J].干旱区资源与环境,23(12):44-48.

范绍佳,黄志兴,刘嘉玲,1994.大气污染物排放总量控制 A-P 值法及其应用[J].中国环境科学,14(6):407-410.

方修琦,李令军,谢云,2003.沙尘天气过境前后北京大气污染物质量浓度的变化[J].北京师范大学学报(自然科学版),39(3):407-411.

冯鑫媛,2009.兰州不同粒径颗粒物污染特征及沙尘天气对其影响的研究[D].兰州:兰州大学.

冯鑫媛,王式功,2014.冷锋天气过程大气边界层特征与颗粒物污染[J].干旱区研究,31(4):585-590.

高歌,2008.1961—2005 年中国霾日气候特征及变化分析[J].地理学报,63(7):761-768.

郭虎,付宗钰,熊亚军,等,2007.北京一次连续重污染过程的气象条件分析[J].气象,33(6):32-36.

国家环保总局计划司《环境规划指南》编写组,1994.环境规划指南[Z].北京:清华大学出版社:289-300.

国家环境保护总局,中国环境科学研究院,1991.城市大气污染总量控制方法手册[M].北京:中国环境科学出版社.

国家环境保护总局影响评价管理司,2006.环境影响评价岗位培训教材[M].北京:化学工业出版社.

郝吉明,许嘉钰,吴剑,等,2017.我国京津冀和西北五省(自治区)大气环境容量研究[J].中国工程科学,19(4):13-19.

何建军,余晔,刘娜,等,2013.基于 WRF 模式的兰州秋冬季大气污染预报模型研究[J].气象,39(10):1293-1303.

何立明,王文杰,王桥,等,2007.中国秸秆焚烧的遥感监测分析[J].中国环境监测,23(1):42-50.

贺泓,王新明,王跃思,等,2013.大气灰霾追因与控制[J].中国科学院院刊,3(3):344-352.

胡德良,2007.臭氧空洞现状[J].世界科学(4):14.

胡敏,何凌燕,黄晓锋,等,2009.北京大气细粒子和超细粒子理化特征、来源及形成机制[M].北京:科学出版社.

胡伟,胡敏,唐倩,等,2013.珠江三角洲地区亚运期间颗粒物污染特征[J].环境科学学报,33(7):1815-1823.

胡毅,李萍,杨建功,等,2010.应用气象学[M].北京:气象出版社.

胡艺文,2017.黑龙江省大气 $PM_{2.5}$ 环境容量测算研究[D].哈尔滨:哈尔滨工业大学.

黄嘉佑,1990.气象统计分析与预报方法[M].北京:气象出版社:40-80.

黄晓娴,王体健,江飞,2012.空气污染潜势-统计结合预报模型的建立及应用[J].中国环境科学,32(8):1400-1408.

黄欣欣,蔡琳,2006.大气污染与肺癌关系研究进展[J].中国公共卫生,22(12):1443-1445.

黄嫣旻,魏海萍,段玉森,等,2013.上海世博会环境空气质量状况和原因分析[J].中国环境监测,29(5):58-63.

纪晓玲,桑建人,马筛艳,等,2013.银川市灰霾天气环流分析及预报思路[J].干旱气象,31(4):820-824.

贾佳,郭秀锐,程水源,2016.APEC 期间北京市 $PM_{2.5}$ 特征模拟分析及污染控制措施评估[J].中国环境科学,36(8):2337-2346.

贾康,苏京春,2015.胡焕庸线:我国"半壁压强型"环境压力与针对性供给管理战略[J].中共中央党校学报,19(1):64-75.

贾晓鹏,陈开锋,2011.沙尘事件对兰州河谷大气环境 PM_{10} 的影响[J].中国沙漠,31(6):1573-1578.

姜学恭,陈受钧,云静波,2014.基于 CALIPSO 资料的沙尘暴过程沙尘垂直结构特征分析[J].气象,40(3):269-279.

蒋维楣,曹文俊,蒋瑞宾,1993.空气污染气象学教程[M].北京:气象出版社:3-37.

金维明,2012.降水量变化对大气污染物浓度影响分析[J].环境保护科学,38(2):23-26.

阚海东,陈秉衡,2002.我国部分城市大气污染对危害风险的研究 10 年回顾[J].中华预防医学杂志,36(1):

59-61.

孔锋，代光烁，李曼，等，2017. 中国不同历时霾日数时空变化特征及其与城镇化和风速的关联性研究(1961—2015)[J]. 灾害学，32(3)：63-70.

雷孝恩，张美根，韩志伟，等，1998. 大气污染数值预报基础和模式[M]. 北京：气象出版社.

李朝阳，魏毅，2012. 基于 MATLAB 灰色 GM(1,1)模型的大气污染物浓度预测[J]. 环境科学与管理，37(1)：48-53.

李崇银，王力群，顾薇，2011. 冬季蒙古高压与北太平洋海温异常的年际尺度关系[J]. 大气科学，35(2)：193-200.

李桂玲，周敏，陈长虹，等，2014. 2011 年春季沙尘天气影响下上海大气颗粒物及其化学组分的变化特征[J]. 环境科学，35(5)：1644-1653.

李丽霞，郜艳晖，周舒冬，等，2007. 广义加性模型及其应用[J]. 中国卫生统计，24(3)：243-244.

李令军，王英，李金香，等，2012. 2000—2010 北京大气重污染研究[J]. 中国环境科学，32(1)：23-30.

李璐，刘永红，蔡铭，等，2013. 基于气象相似准则的城市空气质量预报模型[J]. 环境科学与技术，36(5)：162-167.

李沛，2016. 北京市大气颗粒物污染对人群健康的危害风险研究[D]. 兰州：兰州大学.

李巍，张莹莹，丁中华，2005. 大同市二氧化硫污染特征与环境容量核定研究[J]. 环境科学与技术，28(3)：27-29.

李文慧，陈洁，王繁强，等，2013. 基于修正 A 值法的西安市大气环境容量与剩余容量估算[J]. 安全与环境工程，20(4)：71-75.

李文杰，2001. 美国空气污染状况及治理措施[J]. 全球科技经济瞭望(2)：44-45.

李霞，杨静，麻军，等，2012. 乌鲁木齐重污染日的天气分型和边界层结构特征研究[J]. 高原气象，31(5)：1414-1423.

李亚云，束炯，沈愈，2017. 上海市 $PM_{2.5}$ 浓度统计释用综合集成研究[J]. 中国环境科学，37(2)：486-496.

李颖敏，范绍佳，张人文，2011. 2008 年秋季珠江三角洲污染气象分析[J]. 中国环境科学，31(10)：1585-1591.

李玉麟，1995. *A-P* 值法在城市大气环境规划中的应用[J]. 云南环境科学，14(1)：24-31.

李宗恺，1985. 空气污染气象学原理及应用[M]. 北京：气象出版社.

廖晓农，孙兆彬，唐宜西，等，2015. 高空偏北风背景下北京地区高污染形成的环境气象机制研究[J]. 环境科学，36(3)：801-808.

刘罡，李昕，胡非，2000. 大气污染物浓度的神经网络预报[J]. 中国环境科学，20(5)：429-431.

刘建忠，1998. 冷锋天气过程对兰州城区空气污染影响的研究[D]. 兰州：兰州大学.

刘建忠，王式功，2002. 冷锋天气过程对兰州城区空气污染影响的研究[C]//王式功，杨德保，尚可政，等. 城市空气污染预报研究. 兰州：兰州大学出版社：157-160.

刘娜，余晔，陈晋北，等，2012. 兰州春季沙尘过程 PM_{10} 输送路径及其潜在源区[J]. 大气科学学报，35(4)：477-486.

刘朋，2010. 灰色理论在西北地区城市大气污染物浓度预测及质量评价中的应用[D]. 兰州：兰州大学.

刘庆阳，刘艳菊，赵强，等，2014. 2012 年春季京津冀地区一次沙尘暴天气过程中颗粒物的污染特征分析[J]. 环境科学，35(8)：2843-2850.

刘晓刚，2007. 重庆市主城区二氧化硫地面浓度场分布特征及污染防治对策研究[D]. 重庆：重庆大学.

刘永红，谢敏，蔡铭，等，2011. 基于 BP 神经网络的佛山空气质量预报模型的研究[J]. 安全与环境学报，11(2)：125-130.

刘子锐，2011. 北京大气颗粒物污染浓度变化、组成特征及形成机制研究[D]. 北京：中国科学院研究生院.

刘宗平，马卓，魏明理，等，1994. 白银矿区环境污染对动物健康影响的流行病学研究[J]. 甘肃农大学报(2)：

162-168.

陆雍森，1999. 环境评价[M]. 2 版. 上海：同济大学出版社.

吕美仲，彭永清，1992. 动力气象学教程[M]. 北京：气象出版社：176-186.

吕艳丽，刘连友，屈志强，等，2012. 中国北方典型沙尘天气特征研究[J]. 中国沙漠，32(2)：447-453.

马戎，2008. 山谷城市大气环境容量及总量控制研究[D]. 成都：西南交通大学.

马小明，李诗刚，亲胜基，等，1999. 中国城市大气污染物总量控制方法及案例研究[J]. 北京大学学报(自然科学版)，35(2)：265-270.

马晓力，王文勇，2006. 川西古镇大气环境容量计算模型[J]. 四川环境，25(1)：88-90.

马晓明，王东海，易志斌，等，2006. 城市大气污染物允许排放总量计算与分配方法研究[J]. 北京大学学报(自然科学版)，42(2)：271-275.

马雁军，杨洪斌，张云海，2003. BP 神经网络法在大气污染预报中的应用研究[J]. 气象，29(7)：49-51.

毛节泰，张军华，王美华，2002. 中国大气气溶胶研究综述[J]. 气象学报，60(5)：625-634.

蒙伟光，樊琦，王雪梅，等，2001. 欧洲一些国家城市大气污染研究的进展[R]. 全国城市空气污染预报及污染防治学术会议，中国环境科学学会大气环境分会.

宁海文，2006. 西安市大气污染气象条件分析及空气质量预报方法研究[D]. 南京：南京信息工程大学.

潘小川，李国星，高婷，2012. 危险的呼吸——$PM_{2.5}$ 的健康危害和经济损失评估研究[M]. 北京：中国环境科学出版社.

彭红，秦瑜，1992. 降水对气溶胶粒子清除的参数化[J]. 大气科学，16(5)：622-630.

齐冰，刘寿东，杜荣光，等，2012. 杭州地区气候环境要素对霾天气影响特征分析[J]. 气象，38(10)：1225-1231.

钱跃东，王勤耕，2011. 针对大尺度区域的大气环境容量综合估算方法[J]. 中国环境科学，31(3)：504-509.

钱正安，蔡英，刘景涛，等，2006. 中蒙地区沙尘暴研究的若干进展[J]. 地球物理学报，49(1)：83-92.

秦肖生，曾光明，2000. 非线性灰色模型在污染物总量预测中的应用[J]. 江苏环境科技(4)：18-21.

秦艳，施介宽，1999. 大区域大气总量控制模式的影响因素及改进研究[J]. 中国纺织大学学报，25(5)：9-12.

任成，李明香，1999. 应用均生函数预测营口市大气污染趋势[J]. 辽宁城乡环境科技，19(5)：29-31.

陕振沛，马德山，2010. 灰色预测 GM(1,1)模型的研究与应用[J]. 甘肃联合大学学报(自然科学版)，42(5)：24-27.

尚可政，王式功，杨德保，等，1998. 兰州城区冬季空气污染预报方法研究[J]. 兰州大学学报(自然科学版)，34(4)：165-170.

尚可政，王式功，杨德保，等，1999. 兰州冬季空气污染与地面气象要素的关系[J]. 甘肃科学学报，11(1)：1-5.

尚可政，达存莹，付有智，等，2001. 稳定能量及其与空气污染的关系[J]. 高原气象，20(1)：76-81.

尚可政，王式功，杨德保，等，2002. 兰州城区空气污染预报的动力统计模型[J]. 兰州大学学报(自然科学版)，38(3)：114-119.

师华定，高庆先，张时煌，等，2012. 空气污染对气候变化影响与反馈的研究评述[J]. 环境科学研究，25(9)：974-980.

石云，2010. Bp 神经网络的 Matlab 实现[J]. 湘南学院学报，31(5)：86-88.

史红香，王毓军，胡筱敏，2006. 城市大气污染物总量测试研究[J]. 环境保护科学，32(1)：11-14.

世界卫生组织，2011. 应对全球清洁空气挑战[EB/OL]. (2011-09-26)[2019-06-17]. http://www.who.int/mediacentre/news/releases/2011/air_pollution_20110926/zh/.

舒锋敏，罗森波，罗秋红，等，2012. 基于关键气象因子和天气类型的广州空气污染预报方法应用[J]. 环境化学，31(8)：1157-1164.

宋宇，唐孝炎，方晨，等，2002. 北京市大气细粒子的来源分析[J]. 环境科学，23(6)：11-16.

孙红继，孙绳武，李元宜，2004. ARMS 扩散模型在锦州市大气环境容量核算中的应用[J]. 辽宁城乡环境科技，

24(6):26-31.

孙维,程小泉,王晖,等,2017.合肥市冬季 PM_{10} 污染特征及大气环境容量测算研究[J].气象与环境学报,33(2):80-86.

孙珍全,邵龙义,李慧,2010.沙尘期间大气颗粒 PM_{10} 与 $PM_{2.5}$ 化学组分的浓度变化及来源研究[J].中国粉体技术,16(1):35-40.

唐贵谦,李昕,王效科,等,2010.天气型对北京地区近地面臭氧的影响[J].环境科学,31(3):573-578.

唐孝炎,张远航,邵敏,2006.大气环境化学[M].2版.北京:高等教育出版社.

陶燕,2009.兰州市大气颗粒物理化特性及其对疾病人群危害风险的影响[D].兰州:兰州大学.

田贺忠,赵丹,王艳,2011.中国生物质燃烧大气污染物排放清单[J].环境科学学报,31(2):349-357.

拓瑞芳,陈长和,张中锋,1994.复杂地形上气象条件对城市污染影响的数值模拟[J].兰州大学学报(自然科学版),30(4):143-151.

王宝民,刘辉志,王新生,等,2004.基于单纯形优化方法的大气污染物总量控制模型[J].气候与环境研究,9(3):520-526.

王辉赞,张韧,王彦磊,等,2006.基于 Kalman 滤波的副热带高压数值预报误差修正[J].热带气象学报,22(6):661-666.

王介民,邱琪,贾立,1992.复杂地形城市大气湍流结构特征机器在大气扩散研究中的应用[J].中国环境科学,12(3):161-166.

王丽,2013.京津冀典型城市大气颗粒物中水溶性无机离子特征研究[D].北京:北京化工大学.

王莉莉,2012.北京及周边大气污染特征分析及天气和气团轨迹影响评估[D].北京:中国科学院大学.

王莉莉,王跃思,王迎红,等,2010.北京夏末秋初不同天气形势对大气污染物浓度的影响[J].中国环境科学,30(7):924-930.

王敏珍,郑山,王式功,等,2012.兰州市大气气态污染物与呼吸系统疾病日入院人数的时间序列分析[J].卫生研究,41(5):771-775.

王明洁,朱小雅,陈申鹏,2013.1981—2010 年深圳市不同等级霾天气特征分析[J].中国环境科学,33(9):1563-1568.

王勤耕,吴跃明,1997.一种改进的 *A-P* 值控制法[J].环境科学学报,17(3):278-283.

王勤耕,夏思佳,万祎雪,等,2009.当前城市空气污染预报方法存在的问题及新思路[J].环境科学与技术,32(3):189-192.

王珊,修天阳,孙扬,等,2014.1960—2012 年西安地区雾霾日数与气象因素变化规律分析[J].环境科学学报,34(1):19-26.

王式功,黄建国,陈长和,等,1989.城市空气污染预报浅谈[J].环境研究与监测(4):51-53.

王式功,杨德保,陈长和,1994.兰州市不同季节大气污染物时空变化规律的对比分析[J].兰州大学学报(自然科学版),30(3):150-155.

王式功,杨德保,黄建国,1996.兰州市八种主要空气污染物浓度分布类型及其相互关系[J].兰州大学学报(自然科学版),32(1):121-125.

王式功,杨德保,尚可政,等,1997.兰州市区冬半年低空风特征与空气污染物浓度的关系[J].兰州大学学报(自然科学版),33(3):97-105.

王式功,杨德保,李腊平,等,1998.兰州城区冬半年冷锋活动及其对空气污染的影响[J].高原气象,17(2):142-149.

王式功,杨民,祁斌,等,1999.甘肃河西沙尘暴对兰州市空气污染的影响[J].中国沙漠,19(4):354-358.

王式功,董光荣,陈惠忠,等,2000a.沙尘暴研究的进展[J].中国沙漠,20(4):349-356.

王式功,姜大膀,杨德保,等,2000b.兰州市区最大混合层厚度变化特征分析[J].高原气象,19(3):363-370.

王式功,杨德保,尚可政,等,2002.城市空气污染预报研究[M].兰州:兰州大学出版社.

王式功,王金艳,周自江,等,2003.中国沙尘天气的区域特征[J].地理学报,58(2):193-200.

王书肖,张楚莹,2008.中国秸秆露天焚烧大气污染物排放时空分布[J].中国科技论文在线,3(5):329-333.

王婷婷,钱晓东,2010.时间序列的非线性趋势预测及应用综述[J].计算机工程与设计,31(7):1545-1549.

王文兴,1994.中国酸雨成因研究[J].中国环境科学,14(5):323-329.

王耀庭,李威,张小玲,等,2012.北京城区夏季静稳天气下大气边界层与大气污染的关系[J].环境科学研究,25(10):1092-1098.

王跃思,姚利,刘子锐,等,2013.京津冀大气霾污染及控制策略思考[J].中国科学院院刊,28(3):353-363.

王跃思,姚利,王莉莉,等,2014.2013年元月我国中东部地区强霾污染成因分析[J].中国科学:地球科学,44(1):15-26.

王振波,方创琳,许光,等,2015.2014年中国城市 $PM_{2.5}$ 浓度的时空变化规律[J].地理学报,70(11):1720-1734.

王自发,谢付莹,王喜全,等,2006.嵌套网格空气质量预报模式系统的发展与应用[J].大气科学,30(5):778-790.

魏凤英,1999.全国夏季降水区域动态权重集成预报试验[J].应用气象学报,10(4):402-409.

吴兑,2012.近十年中国灰霾天气研究综述[J].环境科学学报,32(2):257-269.

吴兑,毛节泰,邓雪娇,等,2009.珠江三角洲黑碳气溶胶及其辐射特性的观测研究[J].中国科学(D辑:地球科学),39(11):1542-1553.

吴兑,吴晓京,李菲,等,2010.1951—2005年中国大陆霾的时空变化[J].气象学报,68(5):680-688.

吴兑,廖碧婷,吴晟,等,2012a.2010年广州亚运会期间灰霾天气分析[J].环境科学学报,32(3):521-527.

吴兑,刘启汉,梁延刚,等,2012b.粤港细粒子($PM_{2.5}$)污染导致能见度下降与灰霾天气形成的研究[J].环境科学学报,32(11):2660-2669.

吴方堃,王跃思,安俊琳,等,2010.北京奥运时段VOCs浓度变化、臭氧产生潜势及来源分析研究[J].环境科学,31(1):10-16.

吴耀光,吴淮,王如杰,2013.AERMOD模型在工业园区大气环境容量计算中的应用研究[J].科技创新导报,(4):159-160.

向敏,韩永翔,邓祖琴,2009.2007年我国城市大气污染时空分布特征[J].环境监测管理与技术,21(3):33-36.

向荣,许昱,欧劲,2014.空气污染对儿童变应性鼻炎影响的Meta分析[J].中国医药导报,11(15):109-113.

肖杨,毛显强,马根慧,等,2008.基于ADMS和线性规划的区域大气环境容量测算[J].环境科学研究,21(3):13-16.

辛金元,2007.中国地区气溶胶光学特性地基联网观测与研究[D].兰州:兰州大学.

辛金元,王跃思,唐贵谦,等,2010.2008年奥运期间北京及周边地区大气污染物消减变化[J].科学通报,55(15):1510-1519.

徐芙蓉,施介宽,2003.A值法研究大气总量控制的环境质量达标保证率[J].四川环境,22(2):70-73.

徐盛荣,2005.哈尔滨市大气环境容量测算方法[J].北方环境,30(1):81-83.

徐晓峰,张小玲,李青春,2003.北京地区一次强沙尘天气过程的气象因子及空气污染状况分析[J].气象科技,31(6):321-327.

许克,2014.2013年度中国十大环境新闻[J].环境(1):30-35.

许绍李,1956.谈谈我国工业的地区分布[M].上海:上海人民出版社.

薛文博,付飞,王金南,等,2014.基于全国城市 $PM_{2.5}$ 达标约束的大气环境容量模拟[J].中国环境科学,34(10):2490-2496.

严国梁,韩永翔,张祥志,等,2014.南京地区一次灰霾天气的微脉冲激光雷达观测分析[J].中国环境科学,34

(7):1667-1672.
严李锟,刘臣辉,2010. 基于 *A-P* 值法的大气污染控制法的改进[J]. 环境科学导刊,29(4):64-66.
杨德保,王式功,黄建国,1994. 兰州市区大气污染与气象条件的关系[J]. 兰州大学学报(自然科学版),30(1):132-136.
尹聪,朱彬,曹云昌,等,2011. 秸秆焚烧影响南京空气质量的成因探讨[J]. 中国环境科学,31(2):207-213.
尹晓惠,2004. 中国北方 147 个强沙尘暴天气个例的综合研究[D]. 兰州:兰州大学.
于文革,王体健,杨诚,等,2008. PCA-BP 神经网络在 SO_2 浓度预报中的应用[J]. 气象,34(6):97-101.
余波,周英,刘祖涵,等,2014. 基于混沌理论的兰州市近 10 a 空气污染指数时间序列分析[J]. 干旱区地理,37(3):570-578.
余光辉,李玲玲,李振国,等,2010. 太原市主要大气污染物分析与预测[J]. 环境科学与管理,35(4):171-173.
於方,过孝民,张衍燊,等,2007. 2004 年中国大气污染造成的健康经济损失评估[J]. 环境与健康杂志,24(12):999-1003.
袁素珍,雷孝恩,1982. 320 米塔上测定的大气稳定度类和风速廓线[J]. 中国环境科学,2(3):29-34.
曾庆存,1996. 自然控制论[J]. 气候与环境研究,1(1):11-20.
张虹,2005. 区域大气环境总量控制模型研究及应用[J]. 中国科技信息(6):116-121.
张建忠,孙瑾,缪宇鹏,2014. 雾霾天气成因分析及应对思考[J]. 中国应急管理,85(1):16-21.
张婕,2018. 卫星气溶胶产品评估与融合改进及其在区域 $PM_{2.5}$ 浓度估算中的应用[D]. 兰州:兰州大学.
张凯,2006. 北京大气 PM 中水溶性无机盐的连续观测与分析研究[D]. 北京:中国科学院大气物理研究所.
张美根,韩志伟,雷孝恩,2001. 城市空气污染预报方法简述[J]. 气候与环境研究,6(1):113-118.
张美英,何杰,2011. 时间序列预测模型研究综述[J]. 数学的实践与认识,41(18):189-195.
张明,赵海燕,刘江,2013. 传输矩阵与线性优化法耦合测算乌鲁木齐市大气环境容量[J]. 新疆环境保护,35(3):1-4,10.
张鹏达,2014. 基于 BP 神经网络的城市环境空气质量预测模型[J]. 自动化技术与应用,1:9-11;19.
张伟,王自发,安俊岭,等,2010. 利用 BP 神经网络提高奥运会空气质量实时预报系统预报效果[J]. 气候与环境研究,15(5):595-601.
张新民,柴发合,王淑兰,等,2010. 中国酸雨研究现状[J]. 环境科学研究,23(5):527-532.
张兴赢,张鹏,张艳,等,2007. 近 10 a 中国对流层 NO_2 的变化趋势、时空分布特征及其来源解析[J]. 中国科学(D 辑:地球科学),37(10):1409-1416.
张秀宝,高伟生,应龙根,1989. 大气环境污染概论[M]. 北京:中国环境科学出版社:107-112.
张莹,2016. 我国典型城市空气污染特征及其健康影响和预报研究[D]. 兰州:兰州大学.
赵辉,郑有飞,徐静馨,等,2016. APEC 期间京津冀区域大气污染物消减变化分析[J]. 干旱区地理,39(6):1221-1229.
赵晓妮,2013. 气象局正式开展空气污染气象条件预报[EB/OL]. (2013-09-02)[2019-12-20]. http://www.cma.gov.cn/2011xwzx/2011xqxxw/2011xqxyw/201309/t20130902_225104.html.
郑庆锋,史军,2012. 上海霾天气发生的影响因素分析[J]. 干旱气象,30(3):367-373.
郑晓霞,赵文吉,晏星,等,2014. 降雨过程后北京城区 $PM_{2.5}$ 日时空变化研究[J]. 生态环境学报,23(5):797-805.
中国科学院大气物理研究所大气边界层物理与大气化学国家重点实验室,1999. 空气污染数值预报模式系统[M]. 北京:气象出版社.
中华人民共和国环境保护部,2008. 2007 年中国环境状况公报[R/OL]. (2008-06-04)[2019-06-16]. http://www.zhb.gov.cn.
中华人民共和国环境保护部,2014. 2013 中国环境状况公报[EB/OL]. (2014-05-27)[2019-12-20]. http://

www. cnemc. cn/jcbg/zghjzkgb/201706/t20170606_646747. shtml.

中华人民共和国环境保护部，2017. 2016 中国环境状况公报[EB/OL]. (2017-05-31)[2019-12-20]. http://www. cnemc. cn/jcbg/zghjzkgb/201706/t20170615_646748. shtml.

周敬宣，2010. 环境规划新编教程[M]. 武汉：华中科技大学出版社.

周势俊，宋煜，吴士杰，2000. Kalman 滤波法在城市空气污染预报中的应用[J]. 中国环境监测，16(4)：50-54.

周秀杰，苏小红，袁美英，2004. 基于 BP 网络的空气污染指数预报研究[J]. 哈尔滨工业大学学报，36(5)：582-585.

周业晶，周敬宣，陶涛，2017. 基于系统动力学的以 GDP-$PM_{2.5}$ 达标为约束的大气环境承载力模型研究——以武汉市为例[J]. 安全与环境工程，24(6)：24-33.

朱蓓蕾，1989. 动物毒理学[M]. 上海：上海科学技术出版社.

朱佳雷，王体健，邓君俊，等，2012. 长三角地区秸秆焚烧污染物排放清单及其在重霾污染天气模拟中的应用[J]. 环境科学学报，32(12)：3045-3055.

朱江，汪萍，2006. 集合卡尔曼平滑和集合卡尔曼滤波在污染源反演中的应用[J]. 大气科学，30(5)：871-882.

朱乾根，林锦瑞，寿绍文，等，1992. 天气学原理和方法[M]. 3 版. 北京：气象出版社.

朱蓉，徐大海，孟燕君，等，2001. 城市空气污染数值预报系统 CAPPS 及其应用[J]. 应用气象学报，12(3)：267-278.

ADAM J R, SEMONIN R G, 1970. Precipitation Scavenging-1970[R]. Engelmann R J, Slinn W G N, coords, AEC Symposium Series. Available as CONF-700601 from NTIS, Springfield, Va.

AKIMOTO H, NARITA H, 1994. Distribution of SO_2, NO_x and CO_2 emissions from fuel combusion and industrial activities in Asia with 1°×1° resolution[J]. Journal of the Atmospheric Sciences, 28: 213-225.

ALFARO S C, GOMES L, 2001. Modeling mineral aerosol production by wind erosion: Emission intensities and aerosol size distribution in source areas[J]. J Geophys Res, 106(D16): 18075-18084.

AMANN M, BERTOK I, BORKEN-KLEEFELD J, et al, 2011. Cost-effective control of air quality and greenhouse gases in Europe: Modeling and policy applications[J]. Environmental Modelling & Software, 26(2): 1489-1501.

ANDERSON H R, BREMNER S A, ATKINSON R W, et al, 2001. Particulate matter and daily mortality and hospital admissions in the west midlands conurbation of the United Kingdom: Associations with fine and coarse particles, black smoke and sulphate[J]. Occup Environ Med, 58: 504-510.

ANDREAE M O, 2013. The aerosol nucleation puzzle[J]. Science, 339(6122): 911-912.

AQUILA V, KAISER J C, HENDRICKS J, et al, 2014. The MESSy aerosol submodel MADE3(v2.0b): Description and a box model test[J]. Geoscientific Model Development, 7(3): 1137-1157.

ARNOLD J R, DENNIS R L, TONNESEN G S, 2003. Diagnostic evaluation of numerical air quality models with specialized ambient observation: Testing the Community Multi-scale Air Quality modeling system (CMAQ) at selected SOS 95 groundsites[J]. Atmos Environ, 37: 1185-1198.

Battelle Memorial Institute, Center for International Earth Science Information Network-CIESIN-Columbia University, 2013. Global Annual Average $PM_{2.5}$ Grids From MODIS and MISR Aerosol Optical Depth (AOD) [Z]. NASA Socioeconomic Data and Applications Center (SEDAC), Palisades, NY.

BINKOWSKI F S, ROSELLE S J, 2003. Models-3 Community Multiscale Air Quality (CMAQ) model aerosol component 1. Model description[J]. Journal of Geophysical Research, 108(6): 1-18.

BOND T C, STREETS D G, YARBER K F, et al, 2004. A technology-based global inventory of black and organic carbon emissions from combustion[J]. Journal of Geophysical Research, 109: D14203.

BRUNEKREEF B, HOLGATE S T, 2002. Air Pollution and Health Lancet[M]. Salt Lake City: Academic

Press.

BURNETT R T,BROOK J,DANN T,et al,2000. Association between particulate and gas phase components of urban air pollution and daily mortality in eight Canadian cities[J]. Inhal Toxicol,12(Suppl 4):15-39.

CAO J J,XU H M,XU Q,et al,2012. Fine particulate matter constituents and cardiopulmonary mortality in a heavily polluted Chinese city[J]. Environmental Health Perspectives,120:373-378.

CHARLSON R J,1969. Atmospheric visibility related to aerosol mass concentration:Review[J]. Environ Sci Technol,33:913-918.

CHARLSON R J,SCHWARTZ S E,HALES J M,et al,1992. Climate Forcing by Anthropogenic Aerosols[J]. Science,255(5043):423-430.

CHEN Y,XIE S D,2012. Temporal and spatial visibility trends in the Sichuan Basin,China,1973 to 2010[J]. Atmospheric Research,112:25-34.

CHEN Y J,SHENG G Y,BI X H,et al,2005. Emission factors for carbonaceous particles and polycyclic aromatic hydrocarbons from residential coal combustion in China[J]. Environmental Science & Technology,39:1861-1867.

CHEN R,LI Y,MA Y,et al,2011. Coarse particles and mortality in three Chinese cities:The China Air Pollution and Health Effects Study(CAPES)[J]. Science of the Total Environment,409:4934-4938.

CHEN J,XIN J,AN J,et al,2014. Observation of aerosol optical properties and particulate pollution at background station in the Pearl River Delta region[J]. Atmospheric Research,143(24):216-227.

CHENG S,LI J,FENG B,et al,2007. A gaussian-box modeling approach for urban air quality management in a northern Chinese city—I. model development[J]. Water Air & Soil Pollution,178(1/2/3/4):37-57.

COWAN J D,1990. Discussion:McCulloch-Pitts and related neural nets from 1943 to 1989[J]. Bulletin of Mathematical Biology,52(1-2):73-97.

CRIPPA M,JANSSENS-MAENHOUT G,GUIZZARDI D,et al,2014. EDGAR_v4. 3:A global air pollutant emission inventory from 1970 to 2010[J]. AGU Fall Meeting Abstracts,22:A22B-06.

DANARD M,WANG X,1996. Numerical integration of a linear barotropic model using three methods of treating meteorological and gravitational modes separately[J]. Meteorology and Atmospheric Physics,58(1-4):1-11.

DAVIS R,KALKSTEIN L,1990. Development of an automated spatial synoptic climatological classification [J]. International Journal of Climatology,10(8):769-794.

DAVIS R E,GAY D A,1993. A synoptic climatological analysis of air quality in the Grand Canyon National Park[J]. Atmospheric Environment,27(5):713-727.

DAVIS J M,NYCHKA D,BAILEY B,et al,2000. A comparison of regional oxidant model(ROM)output with observed ozone data[J]. Atmospheric Environment,34(15):2413-2423.

DENNIS R,BYUN D,NOVAK J,1996. The next generation of integrated air quality modeling:EPAs Model-3 [J]. Atmos Environ,30:1925-1938.

DOCKERY D W,POPE C A III,XU X,et al,1993. An association between air pollution and mortality in six U. S. cities[J]. N Engl J Med,329:1753-1759.

DOMINICI F,PENG R D,BELL M L,et al,2006. Fine partiaulate air pollution and hospital admission for cardiovascular and respiratory diseases[J]. Journal of the American Medical Association,295(10):1127-1134.

DOMINICI F,DANIELS M,ZEGER S L,et al,2009. Air pollution and mortality:Estimating regional and national dose-response relationships[J]. J Am Stat Assoc,7:100-111.

DRAXLER R R,1980. An improved gaussian model for long-term average air concentration estimates[J]. Atmospheric Environment,14(5):597-601.

EEA(European Environment Agency),2007. EMEP/CORINAIR Emission Inventory Guidebook-2006[EB/OL]. (2016-11)[2019-06-17]. http://www. eea. europa. eu/publications/EMEPCORINAIR4? utm_source =EEASubscriptions&utm_medium=RSSFeeds&utm_campaign=Generic.

EPITROPOU V, KARATZAS K D, BASSOUKOS A, et al, 2011. A new environmental image processing method for chemical weather forecasts in Europe[J]. Springer Berlin Haidelberg,3:781-791.

FAIRLEY D,2003. Mortality and air pollution for Santa Clara County,California,1989-1996[C]//Revised Analyses of Time-Series Studies of Air Pollution and Health:Special Report. Boston:Health Effects Institute: 97-106.

FARIS W F,RAKHA H A,KAFAFY R M,et al,2011. 'Vehicle fuel consumption and emission modelling:An in-depth literature review[J]. International Journal Vehicle Systems Modelling and Testing, 6(3/4): 318-395.

FARIS W,RAKHA H,Elmoselhy S,2014. Impact of Intelligent Transportation Systems on Vehicle Fuel Consumption and Emission Modeling:An Overview[J]. SAE Int J Manf,7(1):129-146.

GAO W H,FAN J W,EASTER R C,et al,2016. Coupling spectral-bin cloud microphysics with the MOSAIC Aerosol Model in WRF-Chem:Methodology and results for marine stratocumulus clouds[J]. Journal of Advances in Modeling Earth Systems,8(3):1289-1309.

GELBARD F,SEINFELD J H,1980. Simulation of multicomponent aerosol dynamics[J]. J Colloid Interf Sci, 78(2):485-501.

GIORGI F,CHAMEIDES W L,1985. The rainout parameterization in a photochemical model[J]. J Geophys Res,90:7872-7880.

GIORGI F,CHAMEIDES W L,1986. Rainout lifetimes of highly soluble aerosols and gases as inferred from simulation with a general circulation model[J]. J Geophys Res,91(D13):14367-14376.

GOLDER D,1972. Ralations among stability parameters in the surface layer [J]. Boundary Layer Meteo,3: 47-58.

GONG S L,BARRIEL A,1997. Modeling sea-salt aerosol in the atmosphere,1. Model development[J]. J Geophys Res,102:3805-3818.

GONG S L,BARRIE L A,BLANCHET J-P,et al,2003. Canadian aerosol module:A size-segregated simulation of atmospheric aerosol processes for climate and air quality models 1. Module development[J]. J Geophys Res,108(D1):4007.

GRELL G A,PECKHAM S E,SKAMAROKC W C,et al,2005. The WRF-Chemistry Air Quality Model:updates and online/offline comparisons[R]. American Geophysical Union,Falling meeting,A21F-02.

GUAITA R,PICHIULE M,MATE T,et al,2011. Short-term impact of particulate matter($PM_{2.5}$)on respiratory mortality in Madrid[J]. International Journal of Environmental Health Research,21(4):260-274.

GURNEY K R,MENDOZA D L,ZHOU Y Y,et al,2009. High resolution fossil fuel combustion CO_2 emission fluxes for the United States[J]. Environmental Science & Technology,43:3535-3541.

HASTIE T J,TIBSHIRANI R J,1990. Generalized Additive Models[M]. New York:Chapman and Hall.

HAYMAN S,1999. The McCulloch-Pitts model[C]//International Joint Conference on Neural Networks. IEEE.

HERBERT F,BEHENG K D,1986. Scavenging of ariborne particles by collision with water drops-Model studies on the combined effect of essential microdynamic mechanisms[J]. Meteorol Atmos Phy,35:201-211.

HESS G D,MILLS G A,DRAXLER R R,et al,1997. Comparison of HYSPLIT-4 model simulations of the ETEX data,using meteorological input data of differing spatial and temporal resolution[C]//European Commission, Joint Research Centre, Ispra(Italy); International Atomic Energy Agency, Vienna(Austria); World Meteorological Organization, Geneva(Switzerland).

HO W C, LIN Y S, CAFFREY J L, et al, 2011. Higher body mass index may induce asthma among adolescents with pre-asthmatic symptoms: A prospective cohort study[J]. BMC Public Health, 11: 542.

HOLZWORTH G C, 1964. Estimates of mean maximum mixing depths in the contiguous United States [J]. Monthly Weather Review, 92(5): 235.

HOLZWORTH G C, 1967. Mixingdepths, wind speeds and air pollution potential for selected locations in the United States[J]. Journal of Applied Meteorology, 6(6): 1039-1044.

HOROWITZ L W, HESS P, LAMARQUE J, et al, 2002. Chemical weather forecasts using the MOZART2 global model in ITCT 2K2[R]//American Geophysical Union, Falling meeting, A62B-0179.

HU J L, WANG Y G, YING Q, et al, 2014. Spatial and temporal variability of $PM_{2.5}$ and PM_{10} over the North China Plain and the Yangtze River Delta, China[J]. Atmospheric Environment, 95: 598-609.

HUANG M, CARMICHAEL G R, PIERCE R B, et al, 2017a. Impact of intercontinental pollution transport on North American ozone air pollution: An HTAP phase 2 multi-model study[J]. Atmospheric Chemistry & Physics, 17(9): 5721.

HUANG Q Q, CAI X H, SONG Y, et al, 2017b. Air stagnation in China(1985-2014): Climatological mean features and trends[J]. Atmospheric Chemistry & Physics, 17: 1-23.

HUO H, YAO Z, ZHANG Y Z, et al, 2012. On-board measurement of emissions from diesel trucks in five cities in China[J]. Atmospheric Environment, 54: 159-167.

IPCC, 2007. The physical science basis-contribution of working group I to the fourth assessment report of IPCC [M]. New York: Cambridge University Press.

JACOBSON M Z, TURCO R P, JENSEN E J, et al, 1994. Modeling coagulation among particles of different composition and size[J]. Atmos Env, 28(7): 1327-1338.

JIANG N, HAY J E, FISHER G W, 2005. Synoptic weather types and morning rush hour nitrogen oxides concentrations during Auckland winters[J]. Weather and Climate, 25: 43-69.

KALKSTEIN L, 1979. A synoptic climatological approach for environmental analysis[J]. Proceedings of the Middle States Division Association of American Geographers, 13: 68-75.

KALKSTEIN L S, NICHOLS M C, BARTHEL C D, et al, 1996. A new spatial synoptic classification: Application to air-mass analysis[J]. International Journal of Climatology, 16(9): 983-1006.

KALKSTEIN L S, SHERIDAN, S C, GRAYBEAL D Y, 1998. A determination of character and frequency changes in air masses using a spatial synoptic classification[J]. International Journal of Climatology, 18(11): 1223-1236.

KALMAN R E, 1960. A new approach to linear filtering and prediction problems[J]. Transactions of the ASME-Journal of Basic Engineering, 82(1): 35-45.

KAN H D, STEPHANIE J L, CHEN G H, et al, 2006. Differentiating the effects of fine and coarse particles on daily mortality in Shanghai, China[J]. Environment International, 33: 376-384.

KATSOUYANNI K, TOULOUMI G, SPIX C, et al, 1997. Short-term effects of ambient sulphur dioxide and particulate matter on mortality in 12 European cities: Results from time series data from the APHEA project [J]. British Medical Journal, 314: 1658-1663.

KATSOUYANNI K, TOULOUMI G, SAMOLI E, et al, 2001. Confounding and effect modification in the short-term effects of ambient particles on total mortality: Results from 29 European cities within the APHEA2 project[J]. Epidemiology, 12: 521-531.

KERKER M,HAMPL V,1974. Scavenging of aerosol particles by a failing water drop and calculation of washout coefficients[J]. Journal of the Atmospheric Sciences,31(5):1368-1376.

KLEIN W H,LEWIS F B M,ENGER I,1959. Objective prediction of five-day mean temperatures during winter[J]. J Meteorol,16:672-682.

KLIMONT Z,STREETS D G,GUPTA S,et al,2002. Anthropogenic emissions of non-methane volatile organic compounds in China[J]. Atmospheric Environment,36:1309-1322.

KONG L B,XIN J Y,ZHANG W Y,et al,2016. The empirical correlations between $PM_{2.5}$, PM_{10} and AOD in the Beijing metropolitan region and the $PM_{2.5}$, PM_{10} distributions retrieved by MODIS[J]. Environmental Pollution,216:350-360.

KRISHNAMURTI T N,KISHTAWAL C M,LAROW T,et al,1999. Improved weather and seasonal climate forecasts from multimodel superensemble[J]. Science,285(5433):1548-1550.

KRISHNAMURTI T N,KISHTAWAL C M,LAROW T,et al,2012. Multi-mode superensemble forecasts for weather and seasonal climate[J]. Science,285(5433):1548-1550.

KUENEN J J P,VISSCHEDIJK A J H,JOZWICKA M,et al,2014. TNO-MACC_II emission inventory:A multi-year(2003-2009)consistent high-resolution European emission inventory for air quality modelling[J]. Atmos Chem Phys,14(20):10963-10976.

KULMALA M,LAAKSONEN A,PIRJOLA L,et al,1998. Parameterization for suluric acid/water nucleation rates[J]. J Geophys Res,103(D7):8301-8307.

KUROKAWA J,OHARA T,MORIKAWA T,et al,2013. Emissions of air pollutants and greenhouse gases over Asian regions during 2000-2008:Regional Emission inventory in ASia(REAS) version 2[J]. Atmos Chem Phys,13(21):11019-11058.

LEE J T,SCHWARTZ J,1999. Reanalysis of the effects of air pollution on daily mortality in Seoul,Korea:A case-crossover design[J]. Environ Health Perspectives,107:633-636.

LEE H J,LIU Y,COULL B A,et al,2011. A novel calibration approach of MODIS AOD data to predict $PM_{2.5}$ concentrations[J]. Atmos Chem Phys,11(15):7991-8002.

LEI Y,ZHANG Q,HE K B,et al,2011. Primary anthropogenic aerosol emission trends of China,1990—2005[J]. Atmospheric Chemistry and Physics,11:931-954.

LI X H,WANG S X,DUAN LEI,et al,2009. Carbonaceous aerosol emissions from household biofuel combustion in China[J]. Environmental Science & Technology,43:6076-6081.

LI G X,ZHOU M G,CAI Y,et al,2011. Does temperature enhance acute mortality effects of ambient particle pollution in Tianjin City,China[J]. Science of the Total Environment,409:1811-1817.

LI P,XIN J Y,BAI X P,et al,2013a. Observational studies and a statistical early warning of surface ozone pollution in Tangshan,the largest heavy industry city of North China[J]. International Journal of Environmental Research & Public Health,10(3):1048-1061.

LI P,XIN J Y,WANG Y S,et al,2013b. Time-series analysis of mortality effects from airborne particulate matter size fractions in Beijing[J]. Atmospheric Environment,81:253-262.

LI P,XIN J Y,WANG Y S,et al,2013c. The acute effects of fine particles on respiratory mortality and morbidity in Beijing,2004-2009[J]. Environmental Science & Pollution Research,20(9):6433-6444.

LI P,XIN J Y,WANG Y S,et al,2015. Association between particulate matter and its chemical constituents of urban air pollution and daily mortality or morbidity in Beijing City[J]. Environmental Science and Pollution Research,22(1):358-368.

LINARES C,DIAZ J,2010. Short-term effect of $PM_{2.5}$ on daily hospital admissions in Madrid(2003-2005)[J].

International Journal of Environmental Health Research,20(2):129-140.

LIU T H,JENG F T,HUANG H C,et al,2001. Influences of initial conditions and boundary conditions on regional and urban scale Eulerian air quality transport model simulations[J]. Chemosphere-Global Change Science,3(2):175-183.

LIU H,HE K B,LENTS J M,et al,2009. Characteristics of diesel truck emission in China based on portable emissions measurement systems[J]. Environmental Science & Technology,43:9507-9511.

LIU X,MA P L,WANG H,et al,2016. Description and evaluation of a new 4-mode version of Modal Aerosol Module(MAM4)within version 5. 3 of the Community Atmosphere Model[J]. Geoscientific Model Development,8(9):8341-8386.

LOPE-VILLARRUBIA E,CARMEN I,NIEVES P,et al,2011. Characterizing mortality effects of particulate matter size fractions in the two capital cities of the Canary Islands[J]. Environmental Research,112:129-138.

LUDWIG F L,1976. Sulfur isotope ratios and the origins of the aerosols and cloud droplets in California stratus [J]. Tellus,28(5):427-433.

LUECKEN D J,PHILLIPS S,SARWAR G,et al,2008. Effects of using the CB05 vs. SAPRC99 vs. CB4 chemical mechanism on model predictions: Ozone and gas-phase photochemical precursor concentrations[J]. Atmospheric Environment,42:5805-5820.

LUND I,1963. Map-pattern classification by statistical methods[J]. Journal of Applied Meteorology,2(1):56-65.

LUO Y F,LI W L,ZHOU X J,et al,2000. Analysis of the atmospheric aerosol optical depth over China in 1980s[J]. Acta Meteorologica Sinica,14(4):490-498.

MA Y J,XIN J Y,ZHANG W Y,et al,2016. Optical properties of aerosols over a tropical rain forest in Xishuangbanna,South Asia[J]. Atmospheric Research,178:187-195.

MACDONALD A M,BANIC C M,LEAITCH W R,et al,1993. Evaluation of the Eulerian acid deposition and oxidant model(ADOM)with summer 1988 aircraft data[J]. Atmospheric Environment,27(6):1019-1034.

MACINTOSH D L,STEWART J H,MYATT T A,et al,2010. Use of CALPUFF for exposure assessment in a near-field,complex terrain setting[J]. Atmospheric Environment,44(2):262-270.

MALLONE S,STAFOGGIA M,FAUSTINI A,et al,2011. Saharan dust and associations between particulate matter and daily mortality in Rome,Italy[J]. Environmental Health Perspectives,119:1409-1414.

MARTICORENA B,BERGAMETTI G,1995. Modeling the atmospheric dust cycle. Part 1:Design of a soil-derived dust emission scheme[J]. Journal of Geophysical Research,100:16415-16430.

MARTICORENA B,BERGAMETTI G,AUMONT B,et al,1997. Modeling the atmospheric dust cycle:2-Simulations of Saharan dust sources[J]. Journal of Geophysical Research,102:4387-4404.

MASSINI G,1998. Hopfield neural network[J]. International Journal of the Addictions,33(2):8.

MCCLELLAND J L,RUMELHART D E,1986. A distributed model of human learning and memory[M]// Parallel Distributed Processing. MIT Press.

MELO A M V D,SANTOS J M,MAVROIDIS I,et al,2012. Modelling of odour dispersion around a pig farm building complex using AERMOD and CALPUFF. Comparison with wind tunnel results[J]. Building & Environment,56:8-20.

MENARD R,ROBICHAUDA,KAMINSKI J,et al,1995. Assimilation of MOPITT observations using GEM-AQ[J]. Annals of the New York Academy of Sciences,762(1):79-88.

MORCRETTE J J,BELJAARS A,BENEDETTIA,et al,2008. Sea-salt and dust aerosols in the ECMWF IFS model[J]. Geophysical Research Letters,35(24):L24813.

NASCIMENTO-CARVALHO C M,CARDOSO M A,OLLI R,et al,2011. Sole infection by human metapneumovirus among children with radiographically diagnosed community—acquired pneumonia in a tropical region[J]. Influenza & Other Respiratory Viruses,5(4):285-287.

NING G C,WANG S G,MA M N,et al,2018a. Characteristics of air pollution in different zones of Sichuan Basin,China[J]. Science of the Total Environment,612:975-984.

NING G,WANG S,YIM S H L,et al,2018b. Impact of low-pressure systems on winter heavy air pollution in the northwest Sichuan Basin,China[J]. Atmospheric Chemistry and Physics,18(18):13601-13615.

NIU T,GONG S L,ZHU G F,et al,2008. Data assimilation of dust aerosol observations for the CUACE/dust-forecasting system[J]. Atmos Chem Phys,8:3437-3482.

NIU S J,LU C S,YU H Y,et al,2010. Fog research in China:An overview[J]. Advances in Atmospheric Sciences,27:639-662.

NOZAKI,1973. Mixing Depth Model Using Hourly Surface Observations. Report 7053[R]. USAF ETAC.

ODA T,MAKSYUTOV S,2011. A very high-resolution(1 km × 1 km)global fossil fuel CO_2 emission inventory derived using a point source database and satellite observations of nighttime lights[J]. Atmospheric Chemistry and Pysics,11:543-556.

O'DONNELL M J,FANG J,MITTLEMAN M A,et al,2011. Fine particulate air pollution($PM_{2.5}$)and the risk of acute ischemic stroke[J]. Epidemiology,22(3):422-431.

OSTRO B,BROADWIN R,GREEN S,et al,2006. Fine particulate air pollution and mortality in nine California counties:Results from CALFINE[J]. Environ Health Perspect,114:29-33.

PAN Y,TIAN S,LI X,et al,2015. Trace elements in particulate matter from metropolitan regions of Northern China:Sources,concentrations and size distributions[J]. Science of the Total Environment,537:9-22.

PASQUILL F,1961. The estimation of the dispersion of windhome material[J]. Meteorological Magazine,90:33-49.

PENDLEBURY D,GRAVEL S,MORANM D,et al,2018. Impact of chemical lateral boundary conditions in a regional air quality forecast model on surface ozone predictions during stratospheric intrusions[J]. Atmospheric Environment,174:148-170.

POPE C Ⅲ,THUN M,NAMBOODIRI M,et al,1995. Particulate air pollution as a predictor of mortality in a prospective study of U. S. adults[J]. Am J Respir Crit Care Med,151(3 Pt 1):669-674.

ROBOCK A,2011. Climatic consequences of nuclear conflict[J]. Science,315(5816):1224-1225.

RODHE H,1983. Precipitation scavenging and tropospheric mixing[M]//Pruppacher H R,Semonin R G,Slinn W G N. Precipitation,Scavenging,Dry Deposition and Resuspension. New York:Elsevier:719-729.

RODHE H,GRANAT L,1984. An evaluation of sulfate in European precipitation 1955—1982[J]. Atmospheric Environment,18(12):2627-2639.

SABETGHADAM S,AHMADI-GIVI F,2014. Relationship of extinction coefficient,air pollution,and meteorological parameters in an urban area during 2007 to 2009[J]. Environmental Science & Pollution Research International,21:538-547.

SANDU A,DAESCU D N,CARMICHAEL G R,et al,2005. Adjoint sensitivity analysis of regional air quality models[J]. Journal of Computational Physics,204(1):222-252.

SCHICHTEL B A,HUSAR R B,FALKE S R,et al,2001. Haze trends over the United States 1980—1995 [J]. Atmospheric Environment,35(30):5205-5210.

SCHMOLKE S R,PETERSEN G,2003. A comprehensive Eulerian modeling framework for airborne mercury species:Comparison of model results with data from measurement campaigns in Europe[J]. Atmospheric Environment,37(3):51-62.

SCHWARTZ J,DOCKERY D W,NEAS L M,1996. Is daily mortality associated specifically with fine particles? [J]. J Air Waste Manage Assoc,46(10):927-939.

SCIRE J S,STRIMAITIS D G,YAMATINO R J,2001. A user's guide for the CALPUFF dispersion model [EB/OL]. (2002-02)[2019-12-20]. http://www. src. com/ calpuff/calpuff1. htm.

SEINFELD J H,PANDIS S N,1997. Atmospheric Chemistry and Physics: From Air pollution to Climate Change[M]. New York:John Wiley & Sons,INc.

SEINFELD J H,PANDIS S N,2006. Atmospheric Chemistry and Physics: From Air Pollution to Climate Change[M]. New York:Wiley-Interscience.

SHAO Y,2001. A model for mineral dust emission[J]. J Geophys Res,106(D17):20239-20254.

SHAO P,XIN J Y,AN J L,et al,2017. The empirical relationship between $PM_{2.5}$ and AOD in Nanjing of the Yangtze River Delta[J]. Atmospheric Pollution Research,8:233-243.

SHEN G,TAO S,WEN S Y,et al,2012. Retene emission from residential solid fuels in China and evaluation of retene as a unique marker for soft wood combustion[J]. Environmental Science & Technology,46(8):4666-4672.

SLINN W G N,1977. Some approximations for the wet and dry removal of particles and gases from the atmosphere[J]. Water,Air,and Soil Pollution,7(4):513-543.

SLINN W G N,1982. Predictions for particle deposition to vegetative surfaces[J]. Atmos Env,16:1785-1794.

SLINN W G N,1984. Precipitation Scavenging[J]. Atmospheric Science and Power Production:466-532.

SOFIEV M,VIRA J,KOUZNETSOV R,et al,2015. Construction of the SILAM Eulerian atmospheric dispersion model based on the advection algorithm of Michael Galperin[J]. Geoscientific Model Development,8(11):3497-3522.

SON J Y,LEE J T,KIM K H,et al,2012. Characterization of fine particulate matter and associations between particulate chemical constituents and mortality in Seoul,Korea[J]. Environmental Health Perspectives,120:872-878.

SOOD S K,JACKSON M R,1972. Scavenging Study of Snow and Ice Crystals,Repts[R]. IITRI C6105-9,1969 and IITRI C6105-18,ITT Research Inst. ,Chicago,Ill.

STOCKWELL W R,MIDDLETON P,CHANG J S,et al,1990. The second generation Regional Acid Deposition Model Chemical Mechanizm for Regional Air Quality Modeling[J]. J Geophy Res,95:16343-16376.

STONE M,1974. Cross-validatory choice and assessment of statistical predictions(with discussion)[J]. Journal of the Royal Statistical Society:Series B(Methodological),36:111-147.

STREETS D G,BOND T C,CARMICHAEL G R,et al,2003. An inventory of gaseous and primary aerosol emissions in Asia in the year 2000[J]. Journal of Geophysical Research,108(D21):8809.

STREETS D G,ZHANG Q,WANG L T,et al,2006. Revisiting China's CO emissions after TRACE-P:Synthesis of inventories,atmospheric modeling,and observations[J]. Journal of Geophysical Research,111(D14306).

TANAKA T Y,2002. Development of a Global Tropospheric Aerosol Chemical Transport Model MASINGAR and its Application to the Dust Storm Forecasting[R]. American Geophysical Union,Fall Meeting 2002.

TANNER P A,LAW P T,2002. Effects of synoptic weather systems upon the air quality in an Asian megacity [J]. Water Air and Soil Pollution,136:105-124.

TESCHE T W,MORRIS R,TONNESEN G,et al,2006. CMAQ/CAMx annual 2002 performance evaluation over the eastern US[J]. Atmospheric Environment,40(26):4906-4919.

TIE X X, WU D, BRASSEUR G, 2009. Lung cancer mortality and exposure to atmospheric aerosol particles in Guangzhou, China[J]. Atmospheric Environment, 43(14): 2375-2377.

TRIANTAFYLLOU A G, 2001. PM_{10} pollution episodes as a function of synoptic climatology in a mountainous industrial area[J]. Environment Pollution, 112: 491-500.

TURNER D B, 1964. A diffusion model for an urban area[J]. J Appl Meteor, 3(1): 83-91.

VAFA-ARANI H, JAHANI S, DASHTI H, et al, 2014. A system dynamics modeling for ruban air pollution: A case study of Tehran, Iran[J]. Transportation Research Part D: Transport and Environment, 31: 21-36.

WANG Q W, TAN Z M, 2015. Multi-scale topographic control of southwest vortex formation in Tibetan Plateau region in an idealized simulation[J]. Journal of Geophysical Research: Atmospheres, 119(20): 11543-11561.

WANG P K, GROVER S N, PRUPPACHER H R, et al, 1978. On the effect of electric charge on the scavenging of aerosol particles by clouds and small raindrops[J]. J Atmos Sci, 35: 1735-1743.

WANG Z, MADEA T, HAYASHI M, et al, 2001. A nested air quality prediction modeling system for urban and regional scales: Application for high-ozone episode in Taiwan[J]. Water, Air, and Soil Pollution, 130: 391-396.

WANG Z, AKIMOTO H, UNO I, 2002. Neutralization of soil aerosol and its impact on the distribution of acid rain over east Asia: Observations and model results[J]. Journal of Geophysical Research: Atmospheres, 107 (D19): ACH-1-ACH 6-12.

WANG H, ZHANG X, GONG S L, et al, 2010. Radiative feedback of dust aerosols on the East Asian dust storms[J]. Journal of Geophysical Research: Atmospheres, 115(D23214): 1-13.

WANG X, DICKINSON R E, SU L, et al, 2017. $PM_{2.5}$ pollution in China and how it has been exacerbated by terrain and meteorological conditions[J]. Bulletin of the American Meteorological Society, 99: 105-120.

WANG Z, PAN X, UNO I, et al, 2018. Importance of mineral dust and anthropogenic pollutants mixing during a long-lasting high PM event over East Asia[J]. Environmental Pollution, 234: 368-378.

WEI W, WANG S X, CHATANI S, et al, 2008. Emission and speciation of non-methane volatile organic compounds from anthropogenic sources in China[J]. Atmospheric Environment, 42: 4976-4988.

WHITBY K T, HUSAR R B, LIU B Y H, et al, 1972. The aerosol size distribution of Los Angeles smog[J]. Journal of Colloid & Interface Science, 39(1): 177-204.

WHO, 1994. Updating and revision of the air quality guidelines for Europe -Inorganic air pollutants[Z]. EUR/ICP/EHAZ 94 05/MT04. Regional Office for Europe, World Health Organization, Copenhagen.

WHO, 2000. Air quality guidelines for Europe[Z]. 2nd ed. Copenhagen, World Health Organization Regional Office for Europe, 2000(WHO Regional Publications, European Series No. 91).

WHO, 2016. Ambient(outdoor)air quality and health[R]. World Health Report 2016. Geneva.

WILLMOTT C, 1987. Synoptic weather-map classification: correlation versus sums-of-squares[J]. The Professional Geographer, 39(2): 205-207.

XIN J Y, ZHANG Q, WANG L L, et al, 2014. The empirical relationship between the $PM_{2.5}$ concentration and aerosol optical depth over the background of North China from 2009 to 2011[J]. Atmospheric Research, 138: 179-188.

XIN J Y, WANG Y S, PAN Y P, et al, 2015. The campaign on atmospheric aerosol research network of China: CARE-China[J]. Bull Amer Meteor Soc, 96(7): 1137-1155.

XIN J Y, GONG C S, LIU Z R, et al, 2016. The observation-based relationships between $PM_{2.5}$ and AOD over China[J]. J Geophys Res: Atmos, 121(18): 10701-10716.

YAMARTINO R, STRIMAITIS D, GRAFF A, et al, 1996. Advanced mesoscale dispersion modeling using kinematic simulation[J]. Air Pollution Modeling and Its Application, 21:443-450.

YANG Z, SEIGNEUR C, SEINFELD J H, et al, 2000. A comparative review of inorganic aerosol thermodynamic equilibrium modules: Similarities, differences, and their likely causes[J]. Atmospheric Environment, 34(1):117-137.

YARNAL B, 1984. Procedure for the classification of synoptic weather maps from gridded atmospheric pressure surface data[J]. Comp Geosci, 10(4):397-410.

YU H, CHIN M, WINKER D M, et al, 2010. Global view of aerosol vertical distributions from CALIPSO lidar measurements and GOCART simulations: Regional and seasonal variations[J]. Journal of Geophysical Research: Atmospheres, 115(D4):1-19.

YU S, GAO W, XIAO D, et al, 2016. Observational facts regarding the joint activities of the southwest vortex and plateau vortex after its departure from the Tibetan Plateau[J]. Advances in Atmospheric Sciences, 33(1):34-46.

ZANOBETTI A, SCHWARTZ J, 2009. The effect of fine and coarse particulate air pollution on mortality: A national analysis[J]. Environ Health Perspectives, 117:898-903.

ZHANG Y, SEIGNEUR C, SEINFELD J H, et al, 1999. Simulation of aerosol dynamics: A comparative review of algorithms used in air quality models[J]. Aerosol Science and Technology, 31:487-514.

ZHANG L, GONG S, PADRO J, et al, 2001. A size-segregated particle dry deposition scheme for an atmospheric aerosol module[J]. Atmos Env, 35:549-560.

ZHANG Q, STREETS D G, HE K B, et al, 2007. NO_x emission trends for China, 1995-2004: The view from the ground and the view from space[J]. Journal of Geophysical Research, 112(D22306).

ZHANG Q, STREETS D G, CARMICHAEL G R, et al, 2009. Asian emissions in 2006 for the NASA INTEX-B mission[J]. Atmospheric Chemistry and Physics, 9(14):5131-5153.

ZHANG X Y, WANG Y Q, NIU T, et al, 2012. Atmospheric aerosol compositions in China: Spatial/temporal variability, chemical signature, regional haze distribution and comparisons with global aerosols[J]. Atmospheric Chemistry & Physics, 12:779-799.

ZHANG Y, WANG S, FAN X, et al, 2019. A temperature indicator for heavy air pollution risks (TIP)[J]. Science of the Total Environment, 678.

ZHAO Y, WANG S, LEI D, et al, 2008. Primary air pollutant emissions of coal-fired power plants in China: Current status and future prediction[J]. Atmospheric Environment, 42:8442-8452.

ZHAO Y, QIU L, XU R, et al, 2015. Advantages of city-scale emission inventory for urban air quality research and policy: The case of Nanjing, a typical industrial city in the Yangtze River Delta, China[J]. Atmos Chem Phys Discuss, 15:18691-18746.

ZHOU C H, GONG S L, ZHANG X Y, et al, 2008. Development and evaluation of an operational SDS forecasting system for East Asia: CUACE/Dust[J]. Atmos Chem Phys, 8: 787-798.

ZHOU C, GONG S L, ZHANG X Y, et al, 2012. Towards the improvements of simulating the chemical and optical properties of Chinese aerosols using an online coupled model CUACE/Aero[J]: Chemical and Physical Meteorology, 64(1)

ZHOU C, ZHANG X, GONG S, et al, 2016. Improving aerosol interaction with clouds and precipitation in a regional chemical weather modeling system[J]. Atmospheric Chemistry and Physics, 16(1):145-160.

ZHOU C, SHEN X, LIU Z, et al, 2018. Simulating aerosol size distribution and mass concentration with simultaneous nucleation, condensation/coagulation, and deposition with the GRAPES-CUACE[J]. Journal of Meteorological Research, 32(2):265-278.